JOSEPH MEURERS
KOSMOLOGIE HEUTE

DIE PHYSIK

Einführungen

1984

WISSENSCHAFTLICHE BUCHGESELLSCHAFT

DARMSTADT

JOSEPH MEURERS

KOSMOLOGIE HEUTE

Eine Einführung in ihre philosophischen
und naturwissenschaftlichen Problemkreise

1984
WISSENSCHAFTLICHE BUCHGESELLSCHAFT
DARMSTADT

CIP-Kurztitelaufnahme der Deutschen Bibliothek

Meurers, Joseph:
Kosmologie heute: e. Einf. in ihre philos.
u. naturwiss. Problemkreise / Joseph Meurers. –
Darmstadt: Wissenschaftliche Buchgesellschaft,
1984.
(Die Physik)
ISBN 3-534-07020-8

12345

Bestellnummer 7020-8

Satz: Maschinensetzerei Janß, Pfungstadt
Druck und Einband: Wissenschaftliche Buchgesellschaft, Darmstadt
Printed in Germany
Schrift: Linotype Garamond, 9/11

ISSN 0724-7494
ISBN 3-534-07020-8

INHALT

Teil II: Entfaltung und Forschungswege

VORWORT

Dieses Buch versteht sich als Versuch zum Gegenüber von Philosophie und Naturwissenschaft für den Forschungsbereich der Kosmologie. Dieser repräsentiert die Bestrebungen des menschlichen Geistes, Aussagen über das Ganze der Wirklichkeit zu gewinnen. Er gehört mit zu den ältesten Denkbemühungen der Menschheit und reicht von den Ioniern bis in modernste Astronomie und Naturwissenschaft.

Die Gesamtheit dieser Denkbemühungen ist der Gegenstand des Folgenden, sie in ihrem geistesgeschichtlichen und philosophischen Zusammenhang darzustellen, das Ziel.

Das Buch gliedert sich in zwei Teile. Der erste umfaßt die Denkbemühungen von den Anfängen der Kosmologie im abendländischen Denken bis zu deren Grundlegung in der heutigen Naturwissenschaft, wo sie eine endgültige Ausformung erfahren haben dürfte, sowohl bezüglich der Denkwege als auch deren Bestätigung durch die Wirklichkeit.

Der zweite Teil befaßt sich mit den Versuchen im naturwissenschaftlichen Bereich, auf der Basis der Grundlegung, Weltmodelle zu konstruieren, um so zu Aussagen über das Weltall als Ganzes zu gelangen.

Es wird versucht aufzuzeigen, daß die Kosmologie, die heute vornehmlich im Bereich der Naturwissenschaften (Astronomie) angesiedelt ist, auch in ihrer modernen Form, die sich in der Sprache der Mathematik ausdrückt, nicht ihre Problematik verloren hat, welche bereits bei den ersten Anfängen (der Ionier) zu finden ist und die ihr durch das ganze abendländische Denken hindurch eigen blieb.

Es ist hier die Form einer Einführung gewählt worden. Das heißt, daß von vornherein keine Vollständigkeit in der Stoffgestaltung angestrebt werden kann. Es soll aufgezeigt werden, wie die kosmologischen Denkbemühungen im Philosophischen, wo sie ihren Ausgang nahmen, sich bis zur Gegenwart repräsentieren. Das impliziert, daß die Kosmologie im naturwissenschaftlich-mathematischen Bereich „philosophisch" hinterfragt werden soll.

Wenn Philosophieren heißt, und diese Auffassung wird hier vertreten, „anfragen bei", nicht im Sinne destruktiven Zweifels, sondern in der Weise des Bewußtmachens der geistigen Situation hinsichtlich erreichter Erkenntnisse bzw. des Offen-Bleibens von Fragen, dann ist das ein intellektuelles Tun, dessen Berechtigung nicht bestritten werden kann.

Dem glaubt sich dieses Buch verpflichtet. Es wendet sich nicht nur an den Fachmann, sondern möchte vor allem auch dem Außenstehenden einen Eindruck davon vermitteln, was vom Philosophischen bis hin zum Naturwissenschaftlichen geschieht, wenn der menschliche Geist in seinem Fragen sich dem Ganzen der Wirklichkeit stellt.

Es wurde versucht, darauf sowohl die mathematisch-physikalische als auch die philosophische Darstellung des Stoffgebietes abzustimmen. Beides hat eine gewisse Unabhängigkeit voneinander, so daß insbesondere ein völliges Verständnis des Mathematisch-Physikalischen nicht unbedingt erforderlich ist. Eine solche ambiguide Situation ist mit einem Unternehmen unvermeidlich verbunden, das Philosophisches und Mathematisch-Naturwissenschaftliches in Zusammenhang miteinander bringen soll.

Daher sollen die Literaturverzeichnisse dem Zwecke dienen, im Anschluß an diese Darlegungen in eigenem Studium die Kosmologie heute in ihrer verzweigten Problemlage zwischen Philosophie und Naturwissenschaft weiter kennenzulernen.

Dem Verlag ist zu danken für die Anregung zu diesem Buche und dessen verlegerische Betreuung.

Wien, Sternwarte der Universität
Salzburg, Institut für Philosophie der Universität
Am Winteranfang 1982 — Joseph Meurers

TEIL I

VORGESCHICHTE UND GRUNDLEGUNG

EINLEITUNG: ZIEL UND GEGENSTAND

Kosmologie heißt Lehre vom Kosmos. Was aber bedeutet Kosmos? Im Griechischen beinhaltet „κόσμος" das Schöne, das Geordnete. Das Schöne und das Geordnete gehören zusammen. Das Schöne ist immer geordnet, ob alles Geordnete auch immer schön ist, bleibe dahingestellt.

Stellt man an die wissenschaftliche Spezialdisziplin, deren Gegenstand heute der Kosmos ist, an die Astronomie nämlich, die Heimatrecht an den hohen Schulen der Gegenwart hat, die Frage nach dem Schönen des Kosmos, so stellt sich diese Frage sehr bald als eine Gretchenfrage heraus. Nämlich, sie kommt in Verlegenheit: Das Schöne, das Erhabene des Sternenhimmels ist nicht einer ihrer Forschungsaspekte; und das ist legitim; denn die Astronomie, die mit die ältesten Denkbemühungen der Menschheit repräsentiert, ist seit alters her eine Wissenschaft, welche die Positionen der Sterne am Himmel, ihre Bewegungen mißt, wie es schon Ptolemäus und seine Vorgänger in den Jahrhunderten vor ihm taten. Schönheit aber kann man nicht in Maß-Relationen einfangen. Es ist nicht möglich zu sagen, dies Bild gefällt mir 3,5 mal besser als ein anderes. Schönheit ist eine Qualität und keine Quantität – und doch eignet dem Firmament, obwohl es zum Messen direkt herausfordert, auch die Schönheit, die nicht meßbar und darum nicht legitimer Aspekt der messenden Astronomie ist.

D. h., Kosmologie im umfassenden Sinne des Wortes genommen, ist nicht identisch mit dem, was Astronomie genannt wird. Letztere greift mit ihren Methoden nicht alles, was sich am Firmament zeigt – und das Firmament repräsentiert in seiner unmittelbaren Erscheinung das, was man Kosmos nennt.

Es ist nicht nur die Schönheit, die Harmonie und Ordnung, welche man, wie im folgenden zu sehen sein wird, nicht im Griff hat. Darüber etwas auszusagen, was am Firmament meßbar ist, genügt sicher, solange die Astronomie (mit Recht) sich als Maß-Wissenschaft versteht. Sie kann, darf – und muß sich in Akt setzen mit ihren legitimen Methoden. Es ist ihr nicht möglich zu warten, bis die anstehenden wissenschaftstheoretischen oder philosophischen Probleme gelöst sind. Es ist ein großes Geheimnis der Wirklichkeit, daß sie erforschbar ist, ohne gleich – oder vielleicht nie – alles preiszugeben. Das muß man wissen und anerkennen, wo auch immer man sich wissenschaftlich legitim betätigt. Tut man es nicht, verhält man sich nicht seinsgerecht, d. h., man wird der gegebenen Wirklichkeit nicht gerecht, verhält sich ihr gegenüber nicht konform; und das führt notwendig – auch außerhalb des Wissenschaftlichen – zu Konflikten, wie immer, wenn man sich gegen die ehernen Gesetze der Wirklichkeit stellt. Die Astronomie, so wie sie heute an den Sternwarten oder an anders benannten Instituten gleicher Art betrieben wird, ist nicht identisch mit der Frage nach dem Kosmos, wie sie die Griechen formulierten.

Sie ist es deshalb nicht, weil es die Maß-Struktur, die „Maß-Relationen an sich“, nicht gibt. Gemessen werden kann immer nur „Etwas“, die Länge einer Tischkante, eine Entfernung zwischen zwei Punkten. Aber sowohl die Tischkante wie die beiden Punkte müssen vorhanden, gegeben sein, bevor man messen kann. Der Meßakt, als ein Handeln des Humanum, ist nicht autark in der Wirklichkeit. Es gibt immer und je den Träger der Maß-Struktur, d. h. dasjenige, was gemessen wird, und dieser Träger ist nicht identisch mit dem Messen selbst, kann daher auch nicht durch das Messen erforscht oder auch nur besser erkannt werden, bzw. nur insoweit erkannt werden, als er Maß-Struktur trägt. Diese in der Natur der Sache gelegene Ungereimtheit wird sich in der im folgenden zu besprechenden Kosmologie immer wieder zeigen: Die erkenntnistheoretischen und wissenschaftstheoretischen Probleme der Kosmologie beginnen da, wo die Astronomie aufhört, d. h. das Messen zu Ende ist (s. I. 18).

Dies ist das Anliegen des Folgenden: Es handelt sich um Kosmologie, wie sie heute im naturwissenschaftlichen Bereich verstanden wird. Diese ist eine mathematische Wissenschaft; d. h., ihre legitime Sprache ist diejenige der Mathematik; denn ihre Resultate kommen aus der Astronomie, der legitimen Maß-Wissenschaft des Firmamentes. Aber es wird hier unvergleichlich viel mehr betrachtet, nämlich der Träger der Maß-Struktur (welch letzterer die mathematische Kosmologie ja zunächst nur zugewandt ist), der Kosmos, das Weltall, das Universum, d. h. die gesamte stoffliche Wirklichkeit. Dadurch verschärft sich das Spannungsverhältnis von Maß-Struktur einerseits und deren Träger andererseits, wie vielleicht sonst nirgends im Bereich des messenden Erkenntnisbemühens.

An dieser Stelle steht die Problematik, welche in diesem Buche entfaltet werden soll und die zugleich als eine Einführung in einen naturwissenschaftlichen und philosophischen Fragenkreis gedacht ist. Es handelt sich also nicht um ein Lehrbuch der mathematischen Kosmologie, wie sie legitim heute im astronomisch-physikalischen Forschungsbereich betrieben wird. Hieran ist kein Mangel, und dieser wäre von einem einzelnen angesichts der stürmischen Entwicklung dieses Faches kaum noch erstellbar. Vielmehr bedingen sich die beiden angeschnittenen Fragenkreise gegenseitig in dem, was zu behandeln ist. Das Naturwissenschaftliche hat eine andere Akzentuierung als das Philosophische. Beides muß aber, entsprechend der Zielsetzung dieses Buches, zusammengebracht werden; und dafür eignet sich naturgemäß nicht jeder einzelne Beziehungszusammenhang der mathematischen Kosmologie und auch nicht des Philosophischen.

Es wird im folgenden versucht, alles so darzustellen, daß sich für beide in Rede stehenden Gedankenkreise eine Einführung, insbesondere für Anfänger ergibt, wobei es natürlich Meinungssache bleibt, wie weit eine Einführung zu gehen hat. Auf diese Einführung abgestimmte Literaturverzeichnisse sollen einen Leitfaden geben, für den weiteren Weg über das im folgenden Dargestellte hinaus.

I. KAPITEL: KOSMOLOGIE ALS IDEE

1. Die Denkbemühungen in Altertum und Mittelalter

a) Die Dreigliederung des Denkens der Alten

In den Anfängen abendländischen Denkens ist der Begriff Kosmologie nicht konzipiert. Die heute in der Philosophiegeschichte so bezeichneten Denkbemühungen sind einfach da und entfalten sich.

Sie sind insbesondere in dem angesiedelt, was in der Fachsprache vorsokratische Philosophie bzw. Philosophie der Ionier genannt wird (s. I. 3, I. 4). Diese Denkversuche zielen darauf, Aussagen über die Welt als Ganzes zu machen. Sie entspringen der gleichen intellektuellen Intention wie die moderne mathematische, eben auch so genannte Kosmologie im Bereich heutiger Astronomie und Physik; denn auch letztere macht Aussagen bzw. versucht Aussagen zu machen, welche die Wirklichkeit als Ganzes betreffen, insoweit diese Maß-Struktur trägt. Es ist sehr bemerkenswert, daß heute, nach zweieinhalbtausend Jahren, die Naturwissenschaft eine Disziplin entfaltet hat, welche in ihrer Weise das gleiche Forschungsziel hat, wie es der abendländische Geist schon in seinen Anfängen beinahe wie selbstverständlich ansteuerte.

Das Denken der Alten, d. h. in der Zeit bis zum Eintritt des Christentums in die Geistesgeschichte, gliedert sich in drei Perioden: Die erste wird direkt als kosmologische bezeichnet – diese sind die intellektuellen Bemühungen der Ionier; mit Sokrates beginnt die zweite, die anthropologische Periode – der Mensch in seinem unmittelbaren Phänomen wird als Objekt des Bedenkens entdeckt, bei ihm wird angefragt, um über die Welt Aufklärung zu erhalten. Sokrates ging über den Marktplatz, um die ihm Begegnenden zu fragen, was gut sei, was das Gesetz und dergleichen. Als dritte Periode gilt die sogenannte systematische Periode: Das eigene Denken orientiert sich in kritischer Haltung an der Vorzeit, systematisiert die Gedanken und entwickelt das, was man als philosophisches System zu bezeichnen sich angewöhnt hat. Bei Plato und Aristoteles kommt dieses Denken zu seiner größten Blüte, wie vielleicht überhaupt das Denken des ganzen Altertums.

Diese dreifache Gliederung des Denkens der Alten ist nicht einfach die

Beschreibung eines historisch-geistesgeschichtlichen Prozesses. Vielmehr entspricht sie darüber hinaus der inneren Denkstruktur des Humanum und damit einem unmittelbaren Bezug zu der mathematischen Kosmologie der Gegenwart. Der Geist will bewußt oder unbewußt wissen, was „die Welt im Innersten zusammenhält", in der Überzeugung, daß, wenn er dieses wisse, er auch die Wirklichkeit verstehe.

So drängt es ihn zunächst nach irgendwie gearteten Aussagen über das Ganze der Wirklichkeit, und dies so sehr, daß er sich selbst darüber ganz vergißt, wie es sich so charakteristisch bei den Ioniern zeigt. Auch die heutige mathematische Kosmologie „vergißt" (legitim) des Menschen; denn sie ist auf die Maß-Struktur der Wirklichkeit ausgerichtet; und der Mensch ist in seinem Humanum nicht meßbar!

Eine Kosmologie als Versuch einer Aussage über die Welt als Ganzes kann sich grundsätzlich an zwei verschiedenen Aspekten orientieren, gegebenenfalls auch beide miteinander kombinieren. Man kann einmal versuchen, die Welt in ihrem gegenwärtigen Zustand als Ganzes zu verstehen, so wie sie jetzt ist und sich repräsentiert. Es ist aber auch möglich, das Gegenwärtige des Ganzen der Wirklichkeit als Produkt einer Entwicklung aus einem irgendwie gearteten Anfang verstehen zu wollen. Beides schließt einander nicht aus; nicht immer aber ist beides praktiziert worden, auch in der mathematischen Kosmologie nicht.

b) Das Letzte und das Ganze

Jede Aussage über die Wirklichkeit als Ganzes muß auf dasjenige zielen, was dieser zugrunde liegt, eben sie im Ganzen zusammenhält, erst möglich macht und bedingt (s. I. 6., I. 8). Es muß also der Versuch gemacht werden, zu einem irgendwie gearteten Letzten zu gelangen. Dieses Letzte kann nun ein Letztes *„jetzt"* sein, indem man gemäß dem bereits Vergangenen die Welt in ihrem gegenwärtigen Zustand, im Hinblick auf das sie *„bedingende"* Letzte, zu begreifen sucht oder als Ergebnis einer Entwicklung aus einem Letzten, als Ausgangspunkt gedacht, die Wirklichkeit *„jetzt"* herleiten will. Es ist klar, daß in beiden Möglichkeiten das *„Letzte"* eine ganz verschiedene Funktion hat. Auch in der mathematischen Kosmologie wird sich das zeigen.

In den Anfängen des abendländischen Denkens scheint es dem Intellekt selbstverständlich gewesen zu sein, die Wirklichkeit als eine Entwicklung aus einem Letzten zu begreifen, sie also zunächst nicht statisch zu betrachten. Die Folge davon ist, daß sich die Denker jener Frühe vor allem dadurch unterscheiden, was sie als Letztes annehmen, aus dem sie die Wirklichkeit herzuleiten suchen. Auch für die Gegenwart ist keineswegs unwichtig, was hier von ihnen konzipiert wurde.

Thales (um 580 v. Chr.) nannte das Wasser, aus dem alles hervorgegangen sei. Viel mehr weiß man von ihm nicht, wie überhaupt die Anfänge der abendländischen Philosophie nur in Fragmenten überliefert sind. Man kann die Frage stellen, was eine solche Aussage für die Gegenwart noch für eine Bedeutung hat.

Natürlich ist Wasser, wenn man so will, eine Primitivität. Entscheidend ist aber die hier vorliegende Denkstruktur: Aus einem irgendwie zugrundegelegten Letzten wird versucht, die Wirklichkeit herzuleiten, einem Letzten, welches in Funktion und Umschreibung vage, unbestimmt bleibt. Ja, es muß die Frage gestellt werden, ob denn der sogenannte „Urknall" heutiger mathematischer Kosmologie, sich soviel von dem unterscheidet, was bei Thales das Wasser ist?! Davon wird noch zu handeln sein.

Der abendländische Geist hat dann auch schon gleich erkannt, daß ein Letztes, was auch immer als intellektuell formulierter Begriff dafür stehen mag, nie ganz durchschaubar sein dürfte, d. h. der Intellekt spätestens beim Letzten mit dem Geheimnis der Wirklichkeit konfrontiert wird, wobei es in seine Freiheit gestellt ist, ob er das anerkennt oder nicht. Radikal ging dann Anaximander (um 570 v. Chr.) vor, indem er das ἄπειρον, das Unbestimmte, das Unendliche als das Letzte bezeichnete, aus dem alles durch Differenzierung zu individuellen Bestimmtheiten hervorgegangen sein soll, ein Letztes setzend, das nicht in Begriffe zu fassen ist, prinzipiell und von seiner Struktur her nicht. Bereits in so ferner Vergangenheit, ohne Mathematik und Physik, ohne die gewaltigen Erfahrungen der Gegenwart bezüglich der Wirklichkeit, hat der menschliche Intellekt festgestellt, daß ein Letztes unbestimmt, nicht in Begriffe zu bringen sei, daß aber trotzdem so von ihm gehandelt werden müsse, als ob es möglich sei. – In der mathematischen Kosmologie repräsentiert der Urknall dasjenige, was man in der Mathematik einen singulären Punkt nennt. Singuläre Punkte bedeuten in der Mathematik das Unbestimmt-Werden von Funktionen zwischen irgendwelchen Größen. Die eindeutige Zuordnung zwischen Letzteren, außerhalb der singulären Punkte gesteuert durch die Funktion, ist in den singulären Punkten nicht mehr möglich, die Beziehungen werden unbestimmt. Ist das so sehr weit vom ἄπειρον des Anaximander entfernt?! Auch hier zeigen sich analoge Denkstrukturen zur Moderne.

c) Das Werden

Die Veränderung und das Werden (s. I. 12) der Wirklichkeit zum Angelpunkt seines Denkens gemacht zu haben, mehr als alle vor ihm, ist das Charakteristikum des Heraklit von Ephesos (um 480 v. Chr.). Wenn auch jenen denkerischen Anfängen, von denen hier die Rede ist, die Ableitung der Welt „aus" einem Letzten selbstverständlich war, so hat doch Heraklit dem Werden der Wirklichkeit einen ganz anderen Akzent gesetzt: Die Welt „ist" Werden, Veränderung selbst, an und für sich. Mit πάντα ῥεῖ („Alles fließt") wird meistens die Kosmologie Heraklits charakterisiert. Diese Formulierung ist zwar in den Fragmenten (s. oben) nicht wörtlich überliefert, sie trifft aber genau Heraklits Position. Bei Heraklit wird zum ersten Male deutlich (wieweit ihm selbst das bewußt war, ist eine andere Frage), daß Werden, Veränderung, und zwar unabhängig vom Ursprung, ein Konstituens der Wirklichkeit ist. Das ist das Neue bei Heraklit. Nicht als wenn Werden nicht prinzipiell von einem Anfang herkommen müsse, ist die These, sondern daß Werden und Veränderung heute und jetzt, in Vergangenheit und Zukunft dasjenige ist, wodurch Wirklichkeit verstehbar wird.

Weil damit im Denken Heraklits dem Werden als Prozeß und Vorgang der Vorrang eingeräumt wird, tritt sogleich der Aspekt in Erscheinung, daß Werden, Veränderung, Bewegung immer „solche von Etwas" sind. Es muß etwas geben, „das" sich verändert, sich bewegt oder wird, einen „Träger" von alledem, damit Werden und Veränderung, möglich sind. Bewegung, Veränderung sind immer nur solche von „Etwas", an dem diese sich vollziehen. Dieser Träger ist aber nicht die Bewegung bzw. Veränderung selbst. Vielmehr gehen diese „an" ihm vor, er stellt hier ein statisches Element dar, um überhaupt Bewegung und Veränderung möglich zu machen, auch wenn er selbst dadurch verändert wird. Die absolute Veränderung, die Bewegung an sich gibt es nicht. Vielmehr bedürfen sie eines Trägers ihrer selbst, der aus Bewegung und Veränderung nicht ableitbar ist.

Das hat Heraklit, vielleicht wieder unbewußt, gesehen, indem er den „Logos" einführte, ein Prinzip, gemäß dem „Alles geschieht", welches also durch seine Ordnungsfunktion der Träger der sich dauernd ändernden Wirklichkeit ist, die sonst in einem Chaos versinken müßte. Wenn moderne Kosmologie sich der Bewegung im Universum intellektuell zu bemächtigen sucht, etwa im Sinne einer Expansion des Universums (Rotverschiebung), steht sie dem gleichen intellektuellen Spannungsgefüge gegenüber wie schon Heraklit.

Der große Gegenspieler des Heraklit im philosophischen Gespräch der Alten in jener Frühzeit war Parmenides (um 540 v. Chr.). Er war fasziniert von der Idee des Seins, das unveränderlich ist. In einem der von ihm überlieferten Fragmente heißt es vom Sein: „Wie es niemals geworden, so kann es auch nimmer vergehen." Weil aber nun, mindestens vordergründig, Bewegung eine Gegebenheit ist, ist diese im Aspekt des Parmenides Trug. Mit Parmenides tritt zum ersten Male geschichtsmächtig im abendländischen Denken die Idee auf, diese Welt könne in ihrer unmittelbaren Erscheinung trügen. Zenon fügte diesem Gedanken seines Lehrers seine bekannten Paradoxien bezüglich der Bewegung hinzu. Seitdem hat der Gedanke, die Welt könne in ihrer unmittelbaren Erscheinung Trug sein, die Denkbemühungen der Menschheit nicht wieder verlassen.

Kaum bewußt ist der modernen Wissenschaft und auch nicht der mathematischen Kosmologie, wie sehr des Parmenides Trugidee praktiziert wird. Sind doch die Erscheinungen im allgemeinen als Objekt wissenschaftlicher Untersuchung nicht das Eigentliche der Wirklichkeit. Vielmehr soll herausbekommen werden, was den Erscheinungen zugrunde liegt, und niemand wird bestreiten, daß es sich heute um das wissenschaftliche Erkenntnisbemühen so verhält. De facto wird des Parmenides Trugidee praktiziert. Für die philosophischen Aspekte ist das nicht gleichgültig, gerade auch, wenn das Ganze der Wirklichkeit in Rede steht.

In der gleichen Richtung liegt, aber viel fruchtbarer und nachhaltiger als bei Parmenides, die Zahlenlehre der Pythagoräer, beginnend mit Pythagoras (um 570 v. Chr.) selbst. Heisenberg hat diese einmal „zu den stärksten Impulsen menschlicher Wissenschaft" gehörend bezeichnet. Zahl und Harmonie sind in dieser Kosmologie die Konstituentien der Wirklichkeit.

Freilich ist hier Vorsicht am Platze: Es ist nämlich nicht so, daß sich Naturwissenschaft, wie sie heute verstanden ist, direkt von den Pythagoräern herleitet. Die pythagoräischen Gedanken haben, wenigstens zunächst, nichts mit der Maß-Struktur der Wirklichkeit zu tun, dem Gegenstand von Physik und mathematischer Kosmologie. Auch die Denkstrukturen sind nicht analog, wie bei fast allen bisher skizzierten Beispielen.

Bei der pythagoräischen Zahlenlehre handelt es sich nicht direkt um das Messen, dessen Resultate in Zahlen ausgedrückt sind. Z. B. konstituiert die Zahl im Zusammenhang mit der Leier diese nicht durch die in Zahlen ausgedrückten Längen der Saiten, vielmehr durch die Saiten„verhältnisse". Diese machen die wohlklingende Leier erst zu einer solchen und konstituieren sie damit. Das ist die Rolle, welche im pythagoräischen Denken die Zahl als Konstituens der Wirklichkeit spielt. Sie ist nicht einfach die Maß-Zahl, sondern dasjenige, was „Harmonie" konstituiert. In der Naturwissenschaft heute und auch in der mathematischen Kosmologie kommt die Zahl fast nur als Maß-Zahl vor, wie es eben der reinen Maß-Struktur entspricht. Es gibt erst wenige Ansätze in jener anderen Richtung: Die sogenannten Naturkonstanten der heutigen Physik könnten als ein solcher verstanden werden.

Mit Empedokles (um 480 v. Chr.) kommt ein neues Betrachtungselement in die Kosmologie der Alten. Die Welt wird wie bei Heraklit als Entwicklung gesehen. Aber die treibende Kraft ist eine Polarität, Liebe und Haß, welche, wie man heute im dialektischen Materialismus sagt, als dialektisches Prinzip die Wirklichkeit gestalten, und zwar aus den Urelementen Luft, Wasser, Erde und Feuer. Letzteres ist heute nicht mehr von Interesse, wohl aber das dialektische Prinzip. Man muß sehen, daß mit Empedokles die kosmologischen Denkbemühungen einen neuen, und zwar grundsätzlich anderen Weg einschlagen, den abendländisches Denken immer wieder beschritten hat bis in diese Tage. Die mathematische Kosmologie ist innerhalb ihres mathematischen Bereiches davon nicht direkt betroffen. Aber in den qualitativen Aussagen der einzelnen kosmologischen Weltmodelle finden sich durchaus dialektische Züge der Denkstrukturen, und darauf kommt es an, will man das Denken der Alten auf die Gegenwart anwenden, nicht aber auf das, was sie sich im einzelnen über Bereiche dachten, für die ihnen die Erfahrungsgrundlagen fehlten.

In der sich neigenden Epoche des ionischen Denkens bzw. der Vorsokratiker nähert sich das Denken in erstaunlicher Weise heutiger Kosmologie, und zwar nicht in den einzelnen Aussagen, sondern in seiner Struktur. Geknüpft ist diese ausklingende Entwicklung an die Namen Anaxagoras und Demokrit bzw. Leukippos.

Von Anaxagoras (um 460 v. Chr.) ist durch Aristoteles überliefert, er habe auf die Frage, warum er das Dasein dem Nichtgeborensein vorziehe, geantwortet: „Weil ich Astronomie treiben und die den Kosmos durchwaltende Ordnung erforschen kann.“ Kein Denker jener Frühzeit hat sich so eindeutig und intellektuell bewußt zum Gegenstand heutiger mathematischer Kosmologie bekannt wie Anaxagoras: Die Beschäftigung mit dem Kosmos gilt als Lebensziel und Inhalt denkerischen Bemühens.

Nach Anaxagoras ist das Letzte, allem Zugrundeliegende der νοῦς. Die offizielle Übersetzung dafür ist Geist. Wie immer, sind solche Übersetzungen zentraler Begriffe philologisch richtig, aber philosophisch problematisch. Der νοῦς steht natürlich in der Nähe des Logos von Heraklit, wenngleich grundsätzliche Unterschiede bestehen. „Das Weltall steuert der Blitz“, heißt es bei Heraklit, und „Weder ein Gott noch ein Mensch hat das Weltall gemacht, . . . ist ewiges und lebendiges Feuer, welches nach Massen sich entzündet und erlischt.“ D. h., das die Entwicklung dirigierende und in Ordnung haltende Prinzip ist der Wirklichkeit immanent, ein Teil von ihr. Demgegenüber sagt dann Anaxagoras: „Geist ist ein nicht durch Grenze Bestimmtes, . . . sondern allein selbständig für sich.“ „. . . über alles herrscht der Geist. Auch den gesamten Umlauf beherrscht der Geist; der Geist ist es, was dem Getriebe den Anstoß gab." Bei Anaxagoras ist deutlich ausgesprochen, daß das Letzte, νοῦς, nicht der Welt eingeborgen ist. Der „Urknall" moderner mathematischer Kosmologie steht den Denkstrukturen Anaximanders sehr nahe.

Mit des Leukippos und Demokrit Namen ist die Idee des Atoms verbunden. Nicht nur was die Denkstrukturen betrifft, sondern auch in den einzelnen Aussagen und Vorstellungen stimmen ihre Gedanken am meisten von allen Vorsokratikern erstaunlich weit mit dem überein, was heute Physik und Kosmologie über den gleichen Gegenstand sagen. Κατὰ λόγον καὶ ἀνάγκην (so Leukippos), d. h. gemäß Vernunft und Notwendigkeit bewegen sich die Atome, treten zusammen und wieder auseinander, wodurch die Strukturen und Formen der Wirklichkeit entstehen und das Weltgeschehen bestimmen. Leukippos schrieb den Διακόσμος (s. I. 5). Man kann dieses Wort mit Weltordnung übersetzen und erhält dann genau die Konzeption, die sich in dem heute gebräuchlichen Wort Kosmologie ausdrückt.

Leukippos tritt durch den Ablauf der Geistesgeschichte ganz hinter Demokrit (um 420 v. Chr.) zurück. Dem letzteren schreibt man die großartige Erklärung der Wirklichkeit durch den Atomismus zu, obwohl sich alle grundsätzlichen Gedanken, soweit die Überlieferung reicht, auch schon bei Leukippos finden. Die Welt ist, wie auch bei Heraklit und Anaxagoras, ein Werden, in das λόγος und ἀνάγκη als Regulative des Werdens ähnlich wie des Heraklit Logos eingeborgen sind. Ausgesprochen ist hier in moderner Terminologie „Gesetz und Ordnung" oder auch "law and order", und dies reicht bis in jene Bereiche, die man heute als kulturelle und gesellschaftliche bezeichnet; denn auch damit hat sich Demokrit – wie übrigens auch andere der vorstehend erwähnten Denker – beschäftigt, was natürlich hier nicht in Rede steht. Selbstverständlich fehlte Demokrit die Erfahrung und Einsicht heutiger Naturwissenschaft, und sein Atomismus repräsentiert nur eine Denkstruktur. Aber innerhalb dieser gilt, daß ein Werden der gegebenen Welt nur verstehbar ist aus letzten Elementen dieser Welt. Sie sind unveränderlich und Träger dieses Werdens, wie es heute mit gewissen Einschränkungen die Atome bzw. Elementarteilchen sind. Die moderne mathematische Kosmologie hat diesen Gedanken erst in den letzten Jahren in Zusammenhang mit der Entdeckung der „Hintergrundstrahlung" ganz in sich integriert.

Mit den bisher geschilderten Gedanken und Denkbemühungen ist, soweit die Überlieferung zurückgeht, das abendländische Denken in die Geistesgeschichte eingetreten. Es sind Bemühungen, sich das Ganze der Wirklichkeit zugänglich zu machen und dieses in den intellektuellen Erkenntnisgriff zu bekommen; genau das ist Kosmologie.

Vorstehendes ist selbstverständlich keine Darstellung des ionischen Denkens als Ganzes. Hier ist lediglich (in erster Näherung) chronologisch angeführt, auf welchen Denkwegen bzw. Denkstrukturen die einzelnen Denker versucht haben, sich dem Ganzen der Wirklichkeit zu nähern. Das ist das Wichtige und auch für die heutige Kosmologie Bleibende. Denkwege und Denkstrukturen nämlich sind unabhängig von den zeitlich jeweils vorliegenden Erfahrungsinhalten, und das gilt auch für die gegenwärtige mathematische Kosmologie. Dieser Umstand ermöglicht es, die heutige mathematische Kosmologie mit den kosmologischen Denkbemühungen bis hin zu den Ioniern in Zusammenhang zu bringen.

d) Der Mensch

Als in der Mitte des fünften vorchristlichen Jahrhunderts das kulturelle Schwergewicht sich nach Athen verlagerte (das Perikleische Zeitalter), geschah das gleiche für die philosophischen Denkbemühungen jener Kulturräume. Aber auch Denkwege und Denkstrukturen änderten sich. Das All war nicht mehr des Ziel der Denkbemühungen, man lebte nicht mehr, um Astronomie zu treiben (Anaxagoras), sondern der Mensch in seiner unmittelbaren Erscheinung trat in den Mittelpunkt, auf ihn richteten sich primär die Denkbemühungen. In der außerordentlichen Person des Sokrates repräsentiert sich diese Wende. Durch die Straßen Athens wandelnd, suchte er im Gespräch mit den Menschen die Fragen nach Gutem und Bösem, nach den Grundlagen der Lebensgestaltung zu beantworten. Wenn man will, kann man in moderner Formulierung sagen, daß die Ethik sein Ziel war.

Jedoch wäre diese Feststellung allein eine zu enge Charakterisierung. Nämlich in des Sokrates' Fragen und dem Versuch, im fragenden Gespräch Wahrheit zu erarbeiten, kam eine andere Denkstruktur zum Tragen, die man griechisch mit ἐπαγωγή bezeichnet, modern übersetzt die Induktion. Sokrates geht in seinem fragenden Gespräch z. B. so vor, daß er etwa fragt, was ein sittlicher Mensch sei. Er stellt einzelne Eigenschaften des Menschen in die Betrachtung, ob sie sittlich sind oder nicht. Auf diese Weise sucht er das einzukreisen, was schließlich den sittlichen Menschen ausmacht. Ob dergleichen immer gelingt oder ob überhaupt je, steht hier jetzt nicht in Rede. Aber das ist die oder mindestens eine Denkstruktur, derer in seinen (von Plato überlieferten) Dialogen sich Sokrates immer wieder bedient; und diese hat seitdem ihren Platz im abendländischen Denken (s. I. 11).

Man sieht sofort, wie verschieden das von alledem ist, was die Ionier in ihren kosmologischen Bestrebungen taten und auch nur tun konnten; denn diese Bestrebungen können nicht induktiv vollzogen werden, sondern nur deduktiv, indem die Wirklichkeit irgendwo hergeleitet werden muß, um sie zu verstehen. Der bekannte Aspekt, daß nicht jede Denkstruktur bzw. Methode für jede Fragestellung geeignet ist, taucht auch hier auf, und somit bleibt für eine Kosmologie im üblichen Sinne des Begriffes kein Platz.

Plato (427), durch den bekanntlich Sokrates dem Abendland überliefert ist, formiert seine Gedanken zu einem System, das auf der Konzeption der Idee beruht, auch „Reich der Ideen“ genannt. Es wird von dem, wie man heute sagen würde, erkenntnistheoretischen Gedanken ausgegangen, daß der Intellekt sich veranlaßt sieht (und zwar mit Erfolg), im täglichen Fluß der Phänomene immer wieder für bestimmte Erscheinungen die gleiche Bezeichnungsweise zu verwenden, denselben „Begriff“. Z. B. hier erscheint jetzt ein Phänomen, das mit Baum bezeichnet wird, dann dort wieder eines. Plato sagt, daß im Intellekt ein εἶδος, ein Bild, eine Idee angelegt ist, das immer wieder den Geist in die Möglichkeit versetzt, das Phänomen „Baum“ von allen anderen abzusondern. Das allem zugrundeliegende ist das ideale Reich der Ideen, an denen die seienden Dinge teilhaben, je mehr, um so vollkommener sind sie, um dann vom Intellekt geschaut zu werden. Über Sokrates hinaus und eben ganz anders als bei den kosmologischen Bestrebungen der Ionier, findet hier eine Reflexion auf die Weise des Erkennens statt. Dabei ist die Wirklichkeit statisch gedacht, den Gedanken des Parmenides nahekommend. Es hebt die dritte Epoche des alten Denkens an, die kritische Periode, die seitdem das abendländische Denken bestimmt.

Das steht hier nicht in Rede, wo es nur um das Kosmologische geht. Aber es muß bemerkt werden, daß mit Plato ein Gedankenstrom beginnt, der wegen seiner beherrschenden, Sein und Denken zugleich durchleuchtenden Forschungsweise auch für die heutige mathematische Kosmologie von Bedeutung ist.

Der Vollständigkeit halber sei bemerkt, daß auch bei den Ioniern sich Gedanken über das Wesen der Erkenntnis finden, wie etwa die εἴδωλα-Theorie des Demokrit; aber diese Gedanken beherrschen nicht so akzentuiert die Denkbemühungen wie in der späteren Zeit.

In Aristoteles (384), dem Schüler Platos, setzt sich jene Linie ganz anders fort. Mit dem Ideenreich des Plato ist der Schüler nicht einverstanden. Ihn drängt es, von den Gegebenheiten auszugehen, Gegebenheiten, in welche das Humanum eingeschlossen ist im Unterschied zur Gedankenwelt der Ionier. Eine Ethik z. B., wie Aristoteles sie schrieb, wäre im Bereich der frühen Kosmologie undenkbar, aber auch hier ist wieder zu bemerken, daß durchaus schon ethische Aspekte bei den Ioniern auftauchten, um nur an Anaximander zu erinnern mit seinem dunklen Spruch über die Dinge, welche einander Buße und Strafe zahlen müssen für ihr Unrecht, gemäß dem Ablauf der Zeit.

e) Die Geozentrik und der erste Beweger

Für die Kosmologie heute ist wichtig, daß Aristoteles zum ersten Male geschichtsmächtig die Idee vom ersten Beweger formuliert hat. Er erkannte, daß Bewegung eines Anstoßes bedarf, ein zentrales Problem etwa des heutigen Bildes von der Expansion des Universums. Verzichtet man auf die Fixierung des Anstoßes einer Bewegung, verzichtet man auf die Erklärung letzterer. Man kann das tun; aber man soll dies dann auch zugeben.

Die umfassendsten kosmologischen Bemühungen der Alten, die auch für die Gegenwart noch wichtig sind, betreffen die Geozentrik, d. h., es sind die Versuche, die Bewegungen des Sternenhimmels zu erklären. Des Aristoteles erster Beweger steht ja auch in diesem Denkbereich. Wie die heutige Kosmologie beim „Urknall" vor der nicht bewältigten Frage steht, was diesen initiierte, so die Alten vor dem Problem, was denn den Umschwung des Himmels und seiner Sphären bewirke, aus welcher sie ersteren bestehend dachten – jedem Planeten, auch der Sonne, eine Sphäre um die Erde zuschreibend. An diesem grundsätzlichen Problem der Geozentrik sah Aristoteles, daß Bewegung aus sich selbst nicht erklärbar ist.

Damit war aber klar, daß die ganze Geozentrik aus sich nicht erklärbar ist. Zu diesem, wenn man will, wissenschaftstheoretischen Aspekt kam noch manches andere hinzu: Die Bewegungen der Planeten an der Sphäre sind so kompliziert, daß man schon sehr früh einer Vielzahl von Sphären (Epizyklen) bedurfte, um die Planetenbahnen am Himmel zu erklären. Der Plato-Schüler Eudoxos (370 v. Chr.) benutzte bereits 27 Sphären. Aristoteles selbst fügte dem noch 22 weitere Sphären hinzu und postulierte für jede einen Beweger. – Thomas von Aquin ließ später die Sphären von Engeln bewegt sein. –

Trotzdem bekam man die Planetenbewegungen nicht recht in den Griff in dem Sinne, daß die Abweichungen von den Positionen am Himmel gegenüber den berechneten um so größer wurden, je länger man die Beobachtungen auf der Basis tradierter Meß-Resultate über Jahrzehnte bzw. Jahrhunderte ausdehnte; und dabei kam es zum ersten Bruch mit der Geozentrik: Hipparch (150 v. Chr.) sah sich angesichts der sich türmenden Schwierigkeiten veranlaßt, die Sphären nicht mehr konzentrisch in bezug auf die Erde anzusetzen; vielmehr schob er die Erde aus dem geometrischen Mittelpunkt hinaus, wenngleich er alle Sphären die Erde umschließen ließ. Diese war zwar noch der Mittelpunkt des Alls, aber nicht mehr in streng geometrischem Sinne. Man nennt solche Sphären auch exzentrisch. Darüber hinaus benutzte Hipparch zuerst die Epizykel zur Darstellung der Planetenbahnen am Himmel. Die Epizykel erlaubten eine kombinierte Kreisbewegung, welches wesentlich flexibler in den Annahmen zu Bahnberechnungen gestaltet werden kann als einfache Sphären. Dieser Umstand in Zusammenhang mit den exzentrischen Sphären verschaffte der damaligen geozentrischen Kosmologie, wenn man so sagen darf, eine solche – und das ist entscheidend – „wissenschaftliche" Startbasis, welche die Geozentrik – auch gerade wissenschaftlich – im abendländischen Denken durch Jahrhunderte mächtig halten sollte. Man muß nämlich auch heute noch zur Kenntnis nehmen, daß es mit jenem damals entwickelten mathematisch-physikalischen Apparat möglich war, im Rahmen der jenen Zeiten technisch zur Verfügung stehenden Meßgenauigkeiten, die Planetenbewegungen befriedigend in den Griff zu bekommen. Ja, es sei die Meinung vertreten, daß, natürlich mutatis mutandis, die Situation die gleiche war wie in der Kosmologie heute im naturwissenschaftlichen Bereich.

Jedoch blieb die Geozentrik von Anfang an und noch während des ganzen Mittelalters problematisch. Aber der zündende Funke, es einmal anders zu versuchen, der sprang nicht über, bis Kopernikus kam. Zum einen kam die Diskussion um die konzentrischen und exzentrischen Sphären nicht zur Ruhe; zum anderen stand die Frage, ob die Sphären sich berührten oder nicht, wie die Bewegung von der äußersten Sphäre, dem Primum mobile oder Fixsternhimmel auf die inneren Sphären übertragen würden, stets im Raum. Und schließlich blieb auch die Frage offen, aus welchem Stoff die Sphären bestehen sollten. Solche und ähnliche nicht gelöste Probleme begleiteten die Geozentrik durch deren Geschichte bis zur Ablösung durch Kopernikus und seine Nachfolger. Welche analogen Probleme die moderne Kosmologie begleiten, wird noch zu zeigen sein.

Mit den fortschreitenden Beobachtungserfahrungen in bezug auf den Sternenhimmel und deren zunehmenden Genauigkeiten wurden die Schwierigkeiten trotz der Erfolge des Hipparch langsam wieder größer. Der Grund ist, daß das System eben nicht der Wirklichkeit entsprach. Jedoch liegt es in der Natur des Epizykels, daß die Schwierigkeiten immer wieder, wenigstens bis zu einem gewissen Grade, überwunden werden konnten.

In einmalig genialer Weise gelang dies Ptolemäus (150 n. Chr.), durch den wissenschaftlich die Geozentrik des Altertums ihre höchste Aufgipfelung erfuhr und ihren Abschluß zugleich. Seine μεγάλη σύνταξις, aus dem Arabischen unter „Almagest" bekannt, ist auch heute noch ein wissenschaftlich-astronomisches Werk von Weltgeltung.

Es ist nun höchst bemerkenswert, daß Ptolemäus die Problematik der Geozentrik und damit auch diejenige seines eigenen Werkes in einer Weise gesehen hat, wie sie in kritischer Selbstbesinnung ein Wissenschaftler der Moderne kaum besser formulieren könnte. Der Preis, welchen Ptolemäus für seine Leistung bezahlen mußte, war die Kompliziertheit der Sphären und Epizyklen, die er für sein System benötigte, welches zweifelsohne so funktionierte wie noch keines vor ihm. Im Almagest stehen diese Sätze: „Es wird sich wohl niemand im Hinblick auf die Dürftigkeit menschlicher Machwerke Gedanken machen, daß die hier vorgetragenen Annahmen zu künstlich seien. Darf man doch Menschliches nicht mit Göttlichem vergleichen . . ." „Die Einfachheit der Vorgänge am Himmel darf man nicht nach dem beurteilen, was uns Menschen als einfach gilt, zumal man über den Begriff einfach auf Erden keineswegs einig ist." Man sieht daraus eindrucksvoll, daß sich Ptolemäus selbstkritisch der Problematik seiner „Theorie" und damit der Geozentrik voll bewußt war. Hier ist nichts anderes ausgesprochen als die Problematik jeglicher Kosmologie, auch und gerade in bezug auf den naturwissenschaftlichen Bereich.

f) Die Harmonie der Zahl

In diesem Zusammenhang muß noch einmal auf die Pythagoräer eingegangen werden. Eine besondere Position nehmen diese in der Kosmologie der Alten ein, weil sie durch die Zahlenlehre in besonderer, moderner mathematischer Kosmologie nahestehender Weise der Wirklichkeit zugewandt waren, obwohl ihr vornehmliches Interesse dem Humanum galt. Der pythagoräische Lehrsatz ist der zeitlose Ruhm dieser Schule.

Der philosophisch-kosmologische Grundgedanke der Pythagoräer war, daß die Zahl ein wesentliches Konstituens der Wirklichkeit sei. Von Philolaos, einem Mitglied der Schule, 100 Jahre später als Pythagoras (532 v. Chr.), stammen diese Worte: „Die Natur der Zahlen ist erkenntnisspendend, führend und lehrend für Jegliches in jeglichem Ding, das zweifelhaft oder unbekannt ist; denn keine Sache wäre irgendwem klar, weder in ihrem Verhältnis zu sich selbst noch zu irgendeinem anderen, wenn die Zahl und ihr Wesen nicht wären."

Man hat daraus den Schluß gezogen, daß dies im abendländischen Denken der Grundstein von dem sei, was sich heute als sogenannte mathematische Naturwissenschaft repräsentiert. Das braucht nicht unmittelbar falsch zu sein, trifft aber keineswegs das denkerische Anliegen der Pythagoräer. Denn das zielt vielmehr darauf, daß die Zahl, und zwar die reine Zahl, so wie sie im Denken des Humanum geheimnisvoll angelegt ist, die Wirklichkeit in der gleichen Weise trägt wie dasjenige, was heute Naturgesetz genannt wird. Es handelt sich dabei um den schon lange vor den Pythagoräern liegenden Gedanken, daß die Götter alles nach Maß, Zahl und Gewicht gemacht hätten, um die Idee der „Harmonie in der Natur", obwohl die Pythagoräer diesen Begriff so nicht hatten.

Es ist gängige Meinung, daß Pythagoras selbst auf die Rolle der reinen

Zahl aufmerksam geworden ist, weil die Saitenlängen der Lyra zu deren Wohlklang in bestimmten Proportionen zueinander stehen müssen, damit eine Lyra diesen ihren Wohlklang repräsentieren kann. Proportionen sind aber reine Zahlen, die numeri numerati, nicht die numeri numerantes, wie später Thomas von Aquin unterscheiden sollte. Es handelt sich dabei um zwei verschiedene Aspekte des Phänomens der Zahl. Die zählende Zahl (numerans) ist der Quantität der Wirklichkeit zugewandt, das Abzählen und Messen beinhaltend. Sie ist mächtig etwa in der messenden und zählenden Naturwissenschaft der Gegenwart. Die gezählte (numeratus) Zahl repräsentiert unabhängig von ihrer Quantität einen Sturkturbezug der Wirklichkeit, welcher nicht in der Quantität selbst aufgeht. Spricht man z. B. von einem Dreieck, einer ebenen Figur mit drei Ecken, so sind hier letztere nicht einfach nur abgezählt, sondern die Drei repräsentiert hier auch eine Figur und deren Struktur; gibt nicht nur eine Quantität, sondern auch eine Qualität wieder, nämlich diejenige des Dreiecks, welches sich dadurch von allen anderen Figuren in der euklidischen Ebene unterscheidet.

In diesem Sinne faßten die Pythagoräer die Zahl als ein Konstituens der Wirklichkeit auf, nicht einfach als Mittel zum Abzählen und Messen, wie es legitim die heutige Naturwissenschaft tut. Unabhängig von den Pythagoräern hat dieser Gedanke das abendländische Denken nicht mehr verlassen bis in unsere Tage.

Am Beispiel des Goldenen Schnittes sei das näher erläutert. Diesen brachten die Alten in Zusammenhang mit dem Phänomen der Schönheit. Eine Strecke AB (unten in Abb. 1) galt ihnen als besonders schön geteilt, wenn dies nach dem Goldenen Schnitt geschah. Auf die Probleme der Ästhetik, welche bis in die darstellende Kunst hineinspielen, sei jetzt nicht eingegangen.

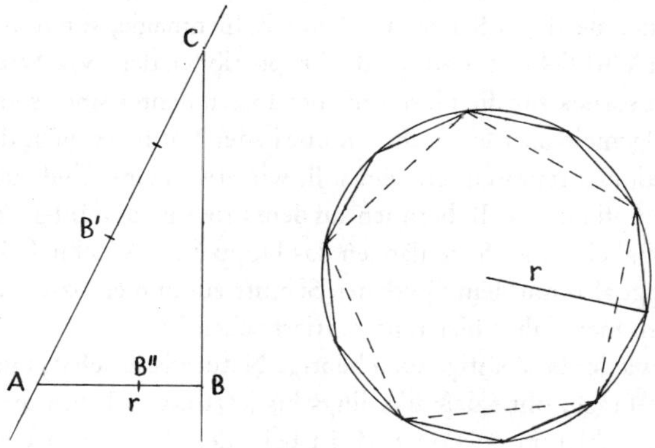

Abb. 1

Die Abb. 1 zeigt die Operation des Goldenen Schnittes in Zusammenhang mit dem, einem Kreise vom Radius r einbeschriebenen, regelmäßigen Zehn-Eck (Abb. 1 S. 19). Diese geht folgendermaßen vor sich: Zur Strecke AB (Abb. 1 S. 19) wird ein rechtwinkeliges Dreieck konstruiert, dessen zweite Kathete BC doppelt so lang ist wie AB. Auf der Hypothenuse AC wird AB als AB′ abgetragen. Halbiert man die Strecke B′C, so ist jede Hälfte die Seite eines einem Kreis mit dem Radius r = AB einbeschriebenen, regelmäßigen Zehn-Ecks (Abb. 1 S. 19). Die Teilung der Strecke AB durch die Hälfte von B′C in AB″ und B″B galt als besonders ästhetisch; und AB heißt nach dem Goldenen Schnitt geteilt (Abb. 1 S. 19), wobei also das Verhältnis AB : B″B gemeint ist, welches ungefähr 1.62 ist.

Das Beispiel des Goldenen Schnittes zeigt sehr anschaulich, wie sich die Pythagoräer die Funktion der Zahl als Konstituens der Wirklichkeit dachten, nämlich als numerus numeratus gemäß der scholastischen Unterscheidung. Das heißt, die im vorstehenden auftretenden Proportionen beschreiben eine (in diesem Falle) geometrische Wirklichkeit, eben die des Goldenen Schnittes. Sie beinhalten neben dem rein Numerischen eine Qualität, die Besonderheit des Goldenen Schnittes, ausgedrückt durch die Proportionen, wie zum Beispiel die Proportionen der Lyra-Saiten, die nicht einfach ein Abzählen im Sinne von Messen sind.

Natürlich behält, wie noch einmal bemerkt sei, die numerus numerans ihre Bedeutung und hat die Naturwissenschaften zu dem gemacht, was diese heute sind. Aber darüber hinaus hat der menschliche Geist im Ablauf seiner Geschichte auch immer wieder nach der numerus numeratus in der gegebenen Wirklichkeit gesucht. An die eigentliche, aber natürlich nicht ernst zu nehmende Zahlenmagie sei erinnert, in welcher jeweils die Zahl die Rolle der numerus numeratus spielt. Aber unabhängig von letzterem steht die Frage nach dem numerus numeratus im Seinsbezug des Gegebenen. Die Proportionen der Lyra-Saiten sind keine Zahlenmagie, sondern Strukturbezüge der Wirklichkeit; und wie die Proportionen der Lyra-Saiten nur ein anderer Ausdruck für die Harmonie des Instrumentes sind, so sucht man oft ganz allgemein nach einer „Harmonie in der Natur“, welche durch Zahlenproportionen repräsentiert sein soll, wie etwa beim Goldenen Schnitt. Viele Blütenpflanzen z. B. beruhen auf dem Prinzip des Fünf-Ecks. Letzteres ist bezüglich seiner Seitenlängen das Doppelte des Zehn-Ecks (Abb. 1 S. 19), hängt also mit dem Goldenen Schnitt zusammen bzw. geht daraus hervor, den man daher hier repräsentiert sehen kann.

Immer wieder beschäftigt auch heutige Naturwissenschaft und Kosmologie diese Frage, ohne daß allerdings bis jetzt etwas Definitives erreicht wäre. Eine Zahlenproportion z. B. ist bei jedem Meßakt mächtig – denn man braucht eine Einheit für jeden (welchen auch immer) Maß-Stab. Diese aber wird willkürlich, wenn vielleicht auch zweckmäßig, vom Intellekt festgesetzt. Hier ist und bleibt ein Unbehagen in der numerus numerans. Immer wieder regt sich die Tendenz nach sogenannten „natürlichen" Einheiten für das Messen, welche in der Natur vorgegeben sind, etwa der Durchmesser des Protons für die Längenmessung. Damit ist aber die numerus numerans überschritten und direkt reelle Proportionen, gegeben als Strukturbezüge der Wirklichkeit, sind angesprochen, ebenso wie die Pythagoräer das verstanden haben.

In der heutigen Kosmologie wird darauf aufmerksam gemacht, daß zwischen Großem und Kleinem, zwischen All und atomarem Bereich Spuren bestimmter Zahlenverhältnisse sich zu finden scheinen.

Trotzdem bleibt der Gedanke, die Zahl im Sinne der numerus numeratus, wenn vielleicht auch nicht als einziges, aber doch als wesentliches Konstituens der Wirklichkeit anzusprechen, problematisch, heute und auch durch die Geistesgeschichte hindurch. Muß man doch rückblickend für die Geozentrik sagen, daß sie deshalb so lange nicht zu ihrem eigentlichen Durchbruch kam, weil man sich nicht entschließen konnte, die geometrische Harmonie dadurch zu zerstören, daß man die Erde aus dem Zentrum der Sphären schob, bis schließlich Hipparch diesen Schritt tat, welcher dann dem Genie des Ptolemäus erlaubte, die Geozentrik zu ihrer höchsten Entfaltung im Altertum zu bringen. Gerade die Idee der Harmonie hat hier entwicklungshemmend gewirkt. Wie aber immer auch es sein mag, der Faden, welchen die Alten mit der Idee, eine Zahlenharmonie der Wirklichkeit zu spinnen, begonnen haben, zieht sich hin bis in unsere Tage, in modernste Bemühungen um die Erforschung der Natur.

Wenn auch nicht dominierend, so stehen die Zahlenideen der Pythagoräer und ihre Lehre auch in der ersten Aufgipfelung des abendländischen Denkens. So hat der späte Plato im Dialog Timäus seine Kosmologie niedergelegt. Timäus aber war ein Pythagoräer aus Untertialien. Auch bei Aristoteles finden sich deutlich Anlehnungen an die Pythagoräer, wenngleich er diesen sehr kritisch gegenüberstand. Es ist bereits bemerkt, daß in dieser Periode die Kosmologie nicht mehr den gleichen Akzent hatte wie bei den Ioniern; und was im einzelnen, etwa im Timäus, gedacht wurde, ist heute nicht mehr von solchem Interesse, daß es hier dargestellt werden müßte.

Jedoch eine Kosmologie bedarf, wie auch immer man sie interpretieren mag, eines Anfanges oder einer irgendwie gearteten Grundlage, auf welcher ihr Gedankengebäude errichtet wird. Es ist dasjenige, was die Welt im Innersten zusammenhält, wie es im Faust heißt. Das Bewußtsein von dieser Problematik hat seit Plato und Aristoteles das abendländische Denken nicht mehr losgelassen in dem Sinne, daß es immer stärker um diese Frage kreiste, sie immer mehr differenzierte; und das ist das kosmologisch Bleibende jener Gedanken bis in unsere Zeit.

g) Hyle und Demiurg

Für das Verständnis der Weiterentwicklung der kosmologischen Denkbemühungen im abendländischen Denken insbesondere in das Mittelalter hinein, sind die Begriffsinhalte Hyle und Demiurg wichtig.

Der Begriff Hyle (ὑλή) wird in zwei verschiedenen Weisen gebraucht: In der Philosophiegeschichte bezeichnet man häufig die ganze ionische Naturphilosophie als Hylozoismus. Hyle heißt ganz allgemein „Stoff"; und es soll zum Ausdruck gebracht werden, daß die Ionier ausgegangen seien von einem nicht näher umschriebenen Letzten, eben einem Stoff, der aber von vornherein als belebt angesehen wurde.

Davon zu unterscheiden ist die philosophische Bedeutung des Begriffs Hyle, der zuerst im Denken des Aristoteles klar entfaltet ist. Über den Stoff kann nichts ausgesagt werden, er ist das völlig Undifferenzierte und Unbestimmte, im wesentlichen das ἄπειϱον des Anaximander; und bewußt wird von Aristoteles darüber nichts ausgesagt. Erst ein Zusammen, nämlich dasjenige von Form und Stoff, gibt Aspekte, wo etwas ausgesagt werden kann, von Aristoteles οὐσία genannt (Wesen oder Substanz).

Das fortschreitende kritische Denken konnte sich naturgemäß mit solchen allgemeinen Begriffsinhalten nicht begnügen. Es wollte mehr über Letztes und den Anfang von Allem aussagen als etwa in ἄπειϱον, νοῦς oder πάντα ῥεῖ enthalten ist. So konstituierte Plato die Lehre vom Demiurg, ein Begriff, welcher seitdem aus abendländischem Denken nicht mehr verschwunden ist. Niedergelegt ist sie im Timäos, steht also unter pythagoräischen Sternen.

Der Demiurg ist gedacht als ein schöpferisches Prinzip, ein Schöpfergott, welcher die Wirklichkeit gebildet hat, und zwar, wie Plato durchaus wollte, als eine gute Welt. Aber für diese seine Tat traf er Vorbedingungen an, welche nicht von ihm stammen, nämlich bei Plato das Reich der Ideen, gemäß denen er die Welt gestaltete und die selbst nicht geschaffen sind. Der Demiurg ist also in dieser Sicht kein völlig unabhängiges Wirkprinzip, sondern trotz seiner Macht (oder Allmacht) gebunden an vorgegebene Seinsbezüge. Er repräsentiert ganz allgemein ein Schöpfungsprinzip, welches an von ihm Unabhängiges und Vorgegebenes gebunden ist, um überhaupt schaffen zu können, gerade und auch dann, wenn dieses Schaffen die ganze, überhaupt mögliche Wirklichkeit betrifft. Damit ist zum ersten Male im abendländischen Denken konkret, differenziert gesagt, wie die Welt geworden sei.

h) Das denknotwendig Eine Letzte

Es gibt keinen Zweifel, daß es sich dabei um kosmologische Fragen handelt, wenngleich diese inhaltlich nichts zu tun haben mit dem, was man heute naturwissenschaftliche Probleme nennt.

Das junge Christentum sah sich, wie vielleicht bisher keine geistige Strömung im Abendland, vor die Notwendigkeit gestellt, seine intellektuellen Denkbemühungen auf die begriffliche Fixierung dessen zu richten, was der Wirklichkeit zugrunde liegt, d. h. im eigenen Selbstverständnis einen Gottesbegriff zu entwickeln, der der geistigen Situation gerecht werden konnte.

Diese ist dadurch charakterisiert, daß auf der einen Seite das Christentum sich als die religiöse Erfüllung des Judentums verstand, welches durch Jahrtausende in einer polytheistischen Umwelt den Einen Gott festhielt, neben dem es keine anderen Götter geben dürfe und könne, und daß zum anderen das Christentum selbst gezwungen war, vom göttlichen Erlöser, dem Vater und dem Hl. Geist zu sprechen, was ihm von seiten des Judentums dann auch den Vorwurf einbrachte, in den Polytheismus des Heidentums zurückzufallen. Es handelt sich also hier um theologische Denkbemühungen, die insofern einen Bezug zu jeglichen Kosmologien haben, als sie um ein Letztes kreisen, was eine Notwendigkeit für jede Kosmologie gleich welcher Art ist.

Da nun in den ersten nachchristlichen Jahrhunderten das Wissen um den Sternenhimmel sich nicht grundsätzlich vermehrte – bis weit in das Mittelalter hinein –, blieb der naturwissenschaftliche Erkenntnisstand bei dem stehen, was Ptolemäus so vorzüglich systematisiert und formuliert hatte.

Für die Kosmologie allgemein hatte das zur Folge, daß sie sich immer mehr im Bereich der Philosophie und Theologie ansiedelte, die sowieso von der Geozentrik beherrscht waren. Das diesbezüglich stagnierende Wissen wurde durch die Jahrhunderte bis hin zu Kopernikus und Galilei mitgeschleppt und die eigentlichen Denkbemühungen auf die philosophischen und theologischen Fragenkreise ausgerichtet.

Trotzdem ist das alles nicht gleichgültig für eine „Kosmologie heute" im Problembereich des Naturwissenschaftlichen. Eine Kosmologie, wie auch immer sie betrieben werden mag, hat stets das Ziel, das Ganze der Wirklichkeit zu erfassen; und dazu gehört eine irgendwie geartete Aussage über den Grund, das Letzte, was einer solchen Wirklichkeit zugrunde liegt.

So hatte Plato vom Demiurg gesprochen, welcher die Welt schuf, aber abhängig war von einem Etwas, das er für sein Schaffen vorfand.

Das Christentum jedoch, in seiner geschilderten geistigen Situation, setzte ganz andere und neue Akzente, welche unabhängig von theologischen und weltanschaulichen Positionen gesehen werden können. Um sich gegen den Vorwurf des Polytheismus abzusetzen, erarbeitete es den Gedanken des „denknotwendig Einen Letzten" als eine rein logische Aussage. Wenn es nämlich ein der Wirklichkeit zugrundeliegendes Letztes, Absolutes, Allmächtiges, Alles aus sich Entlassendes gibt, so kann dies nur einmal seiend gedacht werden, weil es sonst nicht das Absolute sein könnte, indem es Etwas mit Etwas anderem teilen müßte. Für das junge Christentum war dies der Anlaß, die Platonische Idee des Demiurg abzulehnen.

An deren Stelle wurde der bekannte Gedanke einer „Schöpfung aus Nichts" gesetzt; es handelt sich dabei, wie ausdrücklich bemerkt sei, um eine theologische Formulierung, welche im Sinne der sogenannten „theologia negativa" zu verstehen ist, die im späten Mittelalter zuerst Meister Eckhardt (1260) voll entwickelte; es ist das Prinzip, über Begriffsinhalte beim Versuch einer Definition nicht auszusagen, was sie beinhalten, sondern, was mit ihnen nicht gemeint ist. So hat Eckhardt von Gott gesprochen, indem er festlegte, was Gott nicht ist. Es kann kein Zweifel sein, daß es sich hier um eine weit über Theologisches hinaus fruchtbare Methode handelt. Demgemäß heißt „Schöpfung aus Nichts" einfach, daß das Schaffende „nicht" als Demiurg verstanden wird, es keines Vorgegebenen bedarf und nötig hatte, um eine Wirklichkeit zu formieren. Das „Wie" bleibt offen, über die Negation wird nicht hinausgegangen.

Die theologia negativa ist ein typisches Beispiel für das, was hier Denkstruktur genannt wird. Es handelt sich um im Logischen wurzelnde Verhaltensweisen des Humanum gegenüber der Wirklichkeit, welche unabhängig von speziellen Denkinhalten und darum auch für eine Kosmologie wichtig sind.

Und hier muß, auch in bezug auf eine „Kosmologie heute", insbesondere in mathematischer Form hingewiesen werden, daß das eine Letzte, worauf man die Wirklichkeit bauen will, möglichst einfach sein, möglichst wenig Strukturen enthalten muß, weil ja alles weitere für ein volles Verständnis wieder der Erklärung bedürftig wäre.

Das junge Christentum machte hiermit insofern Ernst, als es die denknotwendig eine göttliche Natur konstituierte, welche es in die Trinität der Personen auffächerte und bewußt im Geheimnis des Glaubens ließ, d. h. das Letzte als nicht erklärbar und erfaßbar verstand. Hier steht Kosmologie jeglicher Art vor der intellektuellen Möglichkeit, Letztes vielleicht noch auszusagen, aber nicht mehr verstehen zu können.

Auch moderne Kosmologie kann sich vor die hier zum Ausdruck kommende Denkstruktur gestellt sehen, den Anfang und die letzte Grundlage des Wirklichen nicht mehr verstehen zu können, weil dies möglicherweise zu kompliziert ist, um noch einer Erklärung zugänglich zu sein; und wenn man den Versuch macht, eine Kosmologie zu konstruieren, so muß danach getrachtet werden, die Grundlage, das Erste oder den Anfang möglichst einfach zu gestalten, weil sonst alle Seinsprobleme, die durch ihn vielleicht geklärt sind, doch in ihm selbst, wenn auch in anderer Form, wiederkehren.

Alles dies kann man den kosmologischen Denkbemühungen der ersten nachchristlichen Jahrhunderte ablesen, unabhängig davon, daß jene Bemühungen ausschließlich theologischen Interessen entsprangen. In der Abfolge des Mittelalters verblieb dann die Kosmologie ganz im Bereich der Philosophie und Theologie. Auf diese Entwicklung hier weiter einzugehen, sprengte den Rahmen dieser Darlegungen. Groß sind die Leistungen im einzelnen, nur auf die Raum-Zeit-Lehre Thomas' von Aquin sei hingewiesen; aber sie betreffen im allgemeinen und in ihrem ganzen Umfang nicht direkt die mathematische Kosmologie; und wo hier wichtige Beziehungen bestehen, werden sie im folgenden zu diskutieren sein.

i) Die ausgezeichneten Punkte im All

An der Neige des Mittelalters steht die Gestalt des Nikolaus' von Kues (1401). Er brachte zum ersten Male seit Ptolemäus neue Aspekte in den kosmologischen Erkenntnisbereich, welche im vollen Umfange auch heutige Kosmologie betreffen (s. I. 14).

Die Geozentrik hatte bekanntlich die Erde dadurch ausgezeichnet, daß sie diese im Mittelpunkt des Alls dachte. Die Position des Kusaners zur Geozentrik ist nicht klar; eine direkte Stellungnahme gegen sie hat er nicht bezogen. Jedoch findet sich bei ihm die überraschende Bemerkung, daß es im Weltall keine ausgezeichneten Punkte gebe, und dies ist mit Sicherheit eine ganz allgemeine Ausgangsposition heutiger Kosmologie für den Bereich der Naturwissenschaften.

Demgegenüber führte die sogenannte kopernikanische Wende keineswegs zur Beseitigung ausgezeichneter Punkte. Denn Kopernikus stellte die Sonne in den Mittelpunkt der Wirklichkeit und ließ die Planeten einschließlich der Erde sich in Kreisen um diese bewegen. Da letzteres falsch ist – sie bewegen sich bekanntlich in Ellipsen um die Sonne, wie zuerst Kepler erkannte –, war von seiten der messenden Beobachtung das kopernikanische System in seiner ursprünglichen Form keineswegs ein so bedeutsamer Fortschritt gegenüber der alten Geozentrik, wie man vielleicht annehmen sollte.

Natürlich besteht die geistesgeschichtliche Bedeutung des Kopernikus in der Wiederbelebung des heliozentrischen Gedankens, der sich ja schon im Altertum findet, in dem Sinne, daß die Erde sich bewegt. Aber das ist nicht seine säkulare Leistung. Bekanntlich wurden die Gedanken des Kopernikus (1543) in den Sumpf gesellschaftspolitischer Auseinandersetzungen seiner Zeit hineingezogen, was bis heute nachwirkt und zu einer grundsätzlichen Fehlbeurteilung des Kopernikus führt. Man meint nämlich oft, sein grundlegendes Werk habe Kopernikus so abgefaßt, um von vornherein Konflikten mit den damaligen gesellschaftlichen Mächten auszuweichen.

Genau das ist falsch und verdeckt die eigentliche Bedeutung dieses Mannes in der Geschichte des menschlichen Erkenntnisbemühens. Diese hat zweihundert Jahre später niemand anders erkannt als Kant. Im Vorwort zur Kritik der reinen Vernunft (I. 10) beruft sich nämlich Kant für seine philosophische Position auf Kopernikus, indem er sagt, daß er diesen nachahmen und einmal zusehen wolle, wie die Dinge sich darstellten, wenn man nicht, wie bis dahin üblich, die intellektuelle Erkenntnis von den Dingen abhängen ließe bei einer mehr oder minder passiven Rolle des Intellektes, sondern umgekehrt vom im Erkenntnisvorgang aktiv handelnden Intellekt selbst, wie es auch Kopernikus tat, indem er zusehen wollte, wie es aussehe, wenn man an Stelle der Erde die Sonne in das Zentrum setze und sich um sie alles bewegen ließe.

Kant hat nämlich klar erkannt und formuliert, daß sich bei Kopernikus eine Denkstruktur repräsentiert, welche bis dahin im abendländischen Denken mindestens nicht geschichtsmächtig war. Sie wird heute als „Modell-Denken“ bezeichnet, d. h., man probiert Modelle aus, ob und inwieweit sie auf die Wirklichkeit passen, ohne von vornherein überhaupt den Anspruch zu erheben, die Wirklichkeit zu erfassen. Dies ist eine intellektuelle Haltung, welche heute entscheidend die mathematische Kosmologie prägt. Man verstellt sich aber derartige Aspekte in dem Werk Kopernikus’, wenn man sie als Angst vor der Inquisition interpretiert. Weil Kopernikus eine neue Denkhaltung praktizierte, konnte sein Tun von solcher Wirkung sein, ohne daß gegenüber der vorhergehenden Zeit über Ptolemäus hinaus auch nur die geringste neue Entdeckung im Bereiche der Astronomie gemacht worden war.

Die Kosmologie des Mittelalters schließt mit Giordano Bruno (1548) und bescherte dem abendländischen Denken für den Bereich der Naturwirklichkeit eines der größten Probleme, das bis heute unverändert fortbesteht. Die Unendlichkeit des Alls steht in Rede, angefüllt in unendlicher Fülle mit Sternen und mit Erden, welche Leben tragen wie die unsrige! Das sprach in dieser Form zuerst Giordano Bruno aus. Es nutzt nichts, dem entgegenzuhalten, daß Bruno ein Schwärmer war, ein unsauberer Denker, ein „Dichter-Philosoph“. Er hat in Verfolg kopernikanischer Gedanken klar erkannt, daß das Unendliche, seit Euklid als idealer mathematischer Gegenstand im Erkenntnisbegriff abendländischen Denkens, nun auch im dunklen Himmel mit seinen leuchtenden Punkten in der Form des Immer-weiter realiter dem Intellekt begegnet, eine Begegnung, welche bis heute nicht bewältigt ist.

2. Kosmologie in der Philosophie der Neuzeit

a) Die geistesgeschichtliche Situation

Mit der anhebenden Neuzeit werden die kosmologischen Denkbemühungen durch die rasante Entwicklung der Naturwissenschaften entscheidend beeinflußt; ja, man kann direkt von einer Auflösung dieser Bemühungen sprechen in dem Sinne, daß sie nicht mehr als ein geschlossener Block – unabhängig von den Aussagen im einzelnen – in Erscheinung treten, wie es lange Zeiträume des Mittelalters hindurch der Fall war.

Unter dem Einfluß des Kusaners, Brunos, Galileis und Kopernikus', um nur diese zu nennen, ist das kritische Denken voll erwacht und geschichtsmächtig geworden. „Kritisches Denken" soll heißen, daß der Erkenntnisvorgang immer mehr bedacht wird. – Ansonsten war nämlich auch das Mittelalter durchaus „kritisch". –

Bekanntlich steht die Neige des Mittelalters unter dem leuchtenden Aspekt der Renaissance, der Wiederbelebung des Gedankengutes der Alten mit Sokrates, welcher in der Weise, wie Plato es überlieferte, den Menschen als Objekt des Bedenkens entdeckte. So geht auch alles, was den Menschen zum Mittelpunkt hat, in die Denkbemühungen der beginnenden und sich entfaltenden Neuzeit ein.

Die sich differenzierenden Fragestellungen in der Philosophie und das sich immer weiter auffächernde Interesse der einzelnen Denker machen es schwierig, die kosmologischen Denkbemühungen systematisch zu verfolgen, weil es eine solche Systematik, wie sie etwa bei den Ioniern vorhanden war, nicht mehr gibt. Vielmehr sind jene Bemühungen in philosophische Positionen und Denksysteme eingebettet und von daher auch bestimmt. Verschob sich mit Beginn des Mittelalters die Kosmologie immer mehr in den Bereich der Theologie bzw. der theologisch bestimmten Philosophie, so wird sie jetzt ein Teil eines sich immer mehr säkularisierenden Denkens. Die großen philosophischen Systeme beziehen sich aber natürlich alle auch auf die Natur. Daher muß schließlich die Frage gestellt werden, was man in bezug auf die philosophische Neuzeit als Kosmologie bezeichnen will. Sind nicht die großen, die neuere Philosophiegeschichte prägenden Entwürfe eigentlich alle zugleich auch Kosmologie, um nur an die Monadenlehre von Leibniz oder an Hegel zu erinnern?

So repräsentieren in der Neuzeit die großen philosophischen Systeme dasjenige, was für Altertum und Mittelalter als Kosmologie bezeichnet wurde, dadurch daß sie nach Zeit- und Interessenlage die jeweiligen neuen naturwissenschaftlichen Einsichten miteinbeziehen.

Es muß in diesem Zusammenhang noch einer Tatsache Rechnung getragen werden: Die Astronomie der Neuzeit, d. h. die unmittelbar auf den Kosmos gerichteten Denkbemühungen, begann erst damit, daß Galilei ein Fernrohr, dessen Erfinder er nicht ist, auf den Himmel richtete. Erst durch die Benutzung des Fernrohrs, auch in der damaligen primitiven Ausführung, kamen neue, bis dahin unbekannte Fakten zutage, welche unmittelbar in eine Kosmologie im heutigen naturwissenschaftlichen Sinne eingearbeitet werden konnten.

Mit Hilfe des Fernrohres gelang es in die Tiefen des Alls einzudringen und Entfernungsbestimmungen vorzunehmen, die die kühnsten Träume Brunos hinter sich ließen.

Dieses Eindringen erschloß nicht den Kosmos, das Universum als Ganzes, sondern ging von Einzelobjekt zu Einzelobjekt. Man beschäftigte sich mit diesem Stern, mit jenem Nebel und suchte durch Entwicklung der Instrumententechnik immer tiefer in den Raum einzudringen, unter Beibehaltung jenes Prinzips. Den Kosmos als Ganzes – sicherlich nicht grundsätzlich falsch – wollte man durch Summierung der Einzeleinsichten in den Griff bekommen.

So vermehrt zwar die fortschreitende astronomische Forschung in nie erwarteter Weise das Wissen um das All. Aber wenn Kosmologie als Aussagen über das Universum als Ganzes verstanden wird, so verläuft die Wissensvermehrung zunächst nicht in dieser Richtung. Sie bleibt ein Fernziel, von dem man aber der Meinung war, es werde selbstverständlich einmal erreicht werden. Erst ein grundsätzliches Ereignis in der fortschreitenden Forschung um die Jahrhundertwende rief hier eine Änderung hervor.

Zuvor aber seien die kosmologischen Denkbemühungen einiger Denker der Neuzeit vorgestellt.

b) Denker der Kosmologie in der Neuzeit

α) *Gassendi*

Es ist zuerst Gassendi (1592) zu nennen, ein strenggläubiger Kleriker, aber entschiedener Gegner des Aristoteles und Thomas, und damit auch der mit der Theologie verbundenen Kosmologie. Die Atome ließ er von Gott geschaffen sein wie auch ihre „Gesetze“ (das κατὰ λόγον καὶ ἀνάγκην des Demokrit), dann aber entwickelte sich die Welt im rein mechanistischen

Sinne, wobei er der Meinung Ausdruck gab, daß Entdeckungen wie diejenigen Galileis (Fallgesetze) eine solche Entwicklung immer besser verstehen lassen würden. Er zeichnete damit einen Weg der Kosmologie, die Wirklichkeit „mechanistisch" zu verstehen, ohne sich aber in Einzelheiten einer unmittelbaren Darstellung einer solchen Entwicklung zu verlieren, wie es vielleicht die Ionier getan hätten, wäre ihnen das Wissen dieser späteren Zeit zur Verfügung gewesen. Einen großen Teil seiner Denkbemühungen widmete Gassendi wie fast alle Denker jener Zeit, wie man heute sagen würde, erkenntnistheoretischen Fragen. Es ging ihm dabei vor allem darum, seine, wenn man so will, mechanistisch-materialistische kosmologische Denkrichtung mit seiner metaphysischen Position zu vereinbaren. Dabei trat er sehr in die Nähe von Bacon, dem Gedanken folgend, alles Metaphysische, Gott, dem Bereich der Offenbarung zuzuschreiben, unerreichbar für das „natürliche Licht" des Verstandes, welches nur dort mächtig ist, wo es um das Erkennen und Erfassen des unmittelbar Gegebenen geht. Seine Gegnerschaft gegen die Scholastik, vor allem aber auch gegen Descartes hat hier ihre Wurzel.

Daß in einer solchen geistigen Situation das unmittelbar Kosmologische nicht mehr den gleichen Stellenwert hat wie etwa noch bei Nikolaus von Kues oder Giordano Bruno ist selbstverständlich. Dieses wurde immer mehr in das Theologische abgedrängt; und es sei der Vollständigkeit halber erwähnt, daß man dafür in der Philosophiegeschichte auch den allerdings nicht sehr gängigen Begriff der Emanationssysteme geprägt hat, womit zum Ausdruck gebracht werden soll, daß sich die betreffenden Denkbemühungen besonders auf das Problem der Schöpfung konzentrierten.

Vielleicht gibt es keine bessere Charakterisierung des philosophischen Denkbemühens vom Beginn der Neuzeit bis heute in bezug auf die Problemkreise der Natur und der nicht-humanen Wirklichkeit, und damit auch hinsichtlich der kosmologischen Bestrebungen, als wie sie im „Lehrbuch der Geschichte der Philosophie" von Windelband-Heimsoeth formuliert wird (I. 19, S. 317): „... ist die Entwicklung der naturwissenschaftlichen Methode von Kepler und Galilei bis zu Newton zwar nicht selbst der Werdegang der modernen Philosophie, aber doch diejenige Ereignisreihe, auf welche dieser stetig bezogen erscheint." Es sei hier die Meinung vertreten, daß bis in unsere Tage des sich neigenden zwanzigsten Jahrhunderts das Verhältnis von Philosophie und Naturwissenschaft so strukturiert geblieben ist und im Ablauf der Geistesgeschichte wohl auch immer bleiben wird. Auf welche Problemkreise auch immer sich die philosophischen Denkbemühungen richten mögen, alles, was in der Wirklichkeit als deren möglicher Gegenstand auftritt, repräsentiert sich irgendwie auf dem Hintergrund der Naturwirklichkeit und ist daher bewußt oder unbewußt affiziert von dem jeweiligen Wissen um diese. Das gilt auch für die Kosmologie im engeren Sinne. Ihre Entfaltung auch im naturwissenschaftlich-mathematischen Bereich ist eine Abfolge intellektueller Ereignisse, die, wie hier dargestellt werden soll, das philosophische Tun als Ganzes betreffen, gleichgültig, welche Wege dieses geht.

β) *Bacon*

Ein markantes Beispiel hierfür ist Francis Bacon (1561), der erste der englischen Empiristen. War auch sein Philosophieren vielleicht mehr Programm als Aussage, so ist seine Gestalt in ihrer intellektuellen Haltung doch sehr charakteristisch für den Stellenwert kosmologischer Denkbemühungen.

Sein zentrales Werk, das Novum Organum, und eine Ergänzung dazu, die Silva Silvarum, trägt enzyklopädischen Charakter. Darin wird geschildert, was je in den einzelnen Wissenschaften erarbeitet wurde. Es werden drei Erkenntnisbereiche unterschieden, Geschichte, Poesie und Philosophie. Die Geschichte gliedert sich nach ihm in historia civilis und historia naturalis. Von letzterer ist gesagt, daß sie das Wirken der Natur, d. h. den Ablauf des Naturgeschehens, beinhalte; hier sei noch viel zu erforschen.

Die Philosophie soll die Problemkreise Gott, Natur in ihrem aktuellen Zustand und den Menschen umfassen. Von Gott wird gesagt, man könne nur wissen, daß er sei, mehr nicht. Kosmologisch wird damit, unabhängig vom Theologischen, auf ein Letztes verzichtet, worauf die Natur gründet. Doch ist die Naturwirklichkeit das Hauptgebiet der Philosophie. Es wird unterschieden zwischen „spekulativer" Naturlehre und „operativer". Zur ersteren gehören Physik und Metaphysik. Die Physik ist den unmittelbar vorliegenden Phänomenen zugewandt, den Ursachen und Wirkungen hic et nunc, die Metaphysik den „Formen" und „Zwecken", wie er sagt, was ihn aber nicht hindert, sich gegen teleologische Deutungen der Naturerscheinungen zu wenden. Die Mathematik betrachtet er als eine Hilfswissenschaft der Physik, und er ist ein entschiedener Gegner des Kopernikus. Als Empirist verlangt er die laufende Erweiterung der Erfahrung durch Experiment und unmittelbare Begegnung mit dem Gegebenen, ungebunden durch Tradition und nicht getrübt durch Spekulation. So heißt es im Novum Organon (I, 84): „Es wäre eine Schande für die Menschheit, wenn die Gebiete der materiellen Welt, die Länder, Meere und Gestirne in unserer Zeit unermeßlich erweitert . . . wären, die Grenzen der intellektuellen Welt dagegen in der Enge des Altertums festgebannt blieben" und (I, 129) „. . . ein großer Unterschied zwischen den Idolen des menschlichen Geistes und den Ideen des göttlichen Geistes, d. h. zwischen gewissen leeren Bestimmungen und den wahren Zeichen und Eindrücken, wie sie den geschaffenen Dingen eingeprägt worden sind".

Hier ist eine geistige Landschaft der Wissenschaft gezeichnet, die charakteristisch für die Neuzeit bis in diese Tage ist. Die Fülle der einzelnen Disziplinen steht, da jede forscht für sich und ihren Bereich, den „wahren Zeichen und Eindrücken" an dem einzelnen Objekt zugewandt. Der Akzent liegt auf der Induktion und nicht auf der Deduktion, welche als Entwurf überschattet ist von der Gefahr der „Idole des menschlichen Geistes". Wie selbstverständlich liegt alledem die Intention zugrunde, daß in der Erwerbung von Wissen und Erfahrung von je einzelnem, von selbst eine Erkenntnis der Gesamtwirklichkeit erwachsen werde, was natürlich auch das Ziel einer Kosmologie ist.

Deutlich z. B. ist hier der Unterschied zu den Ioniern, bei denen deduktive Entwürfe bestehen, welche das Ganze der Wirklichkeit aus einem Grundprinzip herzuleiten trachten. Genau der umgekehrte Weg ist bei Bacon konzipiert, wobei aber der Zugang zu einem irgendwie gearteten Letzten versperrt ist. Dieser Weg ist vorgezeichnet durch eine Wissenschaft, die mit Galilei begann. Als dieser nämlich nicht mehr fragte, „was" Bewegung sei, wie es die Frage jahrhundertelang war, sondern nur noch, „wie" sie vor sich gehe und Fallstrecken und Fallwege maß, war die „spezielle Methode am speziellen Gegenstand" geboren, wie sie bis heute das wissenschaftliche Tun bestimmt. Für eine Kosmologie ist das keine günstige Situation; denn sie wird unter solchen Umständen nur dann möglich, wenn das Einzelwissen so „dicht" geworden ist, daß so etwas wie ein wissenschaftliches Weltbild sich abzuzeichnen beginnt – und das ist bis heute jedenfalls nicht der Fall.

Vielleicht wird Kosmologie überhaupt erst zu einer solchen, wenn sie sich neben den jeweiligen wissenschaftlichen Einzeleinsichten einer irgendwie gearteten Grundkonzeption bedient, in welche sie die Wirklichkeit einzuordnen versucht; und die liefert die mit der Neuzeit anhebende Wissenschaft nicht, gerade auch die Astronomie nicht. So liegt Bacons Konzeption ganz in der Linie der Zeit. Die Aussage über das Ganze ist zwar angestrebt, aber über den langen Prozeß einer geistesgeschichtlichen Entwicklung; und insofern ist Kosmologie nicht unmöglich, kann aber zunächst nur in philosophischen Systemen, welche entsprechende Grundkonzeptionen enthalten, wirksam werden. Erst die mathematische Kosmologie der Jahrhundertwende brachte hier eine Änderung der geistesgeschichtlichen Situation.

γ) *Descartes*

Ein solches philosophisches System wurde von Descartes (1596) entwikkelt, praktisch gleichzeitig noch mit Bacon, aber eben doch ganz anders. Sein Verfahren ist rational-deduktiv und nicht primär ein Sammeln von Einzeleinsichten. Die Spekulation wird genauso verworfen wie bei Bacon und das Ziel absolut sicherer Einsicht proklamiert. So ist denn Descartes' Ausgangspunkt das bekannte cogito, ergo sum, das nicht bezweifelbare Faktum. Man sieht, die Konzeption ist auf den Menschen, nicht auf die Natur bezogen und stark methodisch akzentuiert, wie seine damit verbundene Position des radikalen Zweifels zeigt.

Davon ausgehend konstituiert er eine duale, sich vom Absoluten her in Geist und Stoff gliedernde Welt (res cogitantes und res extensae). Stoff ist bei Descartes rein mechanisch aufzufassen und zu erfassen (Physik). Das Absolute wird in der Weise des ontologischen Gottesbeweises eingeführt, indem aus der Idee der Vollkommenheit, welche im Humanum angelegt ist, gefolgert wird, daß es auch ein vollkommenes Wesen geben müsse.

Auf dieser Basis wird ein großes philosophisches System gebaut, das auch nur zu skizzieren hier nicht möglich ist. Entsprechend der geistigen Situation nimmt dasjenige, was man heute unter Erkenntnistheorie zusammenfaßt, einen breiten Raum ein. Was die Naturwirklichkeit betrifft, so handelt es sich primär um Naturphilosophie, nicht sosehr um einen kosmologischen Weltentwurf. So lehrte er z. B. die Unmöglichkeit des leeren Raumes, und die Körper werden, ähnlich wie bei Thomas, als Teile des Raumes konstituiert.

Jedoch ist eines seiner ersten größeren Werke ein typisch kosmologisches, betitelt Le Monde. Unter Zugrundelegung der Geozentrik wird hier in rational-deduktiver Form ein mechanisches Weltbild der Natur entworfen, gemäß dem Grundsatz, daß die Stoffstruktur mechanisch ist. Es ist nun sehr charakteristisch für die Akzentuierung des kosmologischen Denkens innerhalb der damaligen Philosophie, daß dieses Werk erst nach seinem Tode veröffentlicht wurde. Es existiert heute nur noch ein Bruchstück davon, alles andere ist verlorengegangen. Ob Descartes wegen dieses Werkes eine Auseinandersetzung mit kirchlichen Autoritäten fürchtete, bleibe dahingestellt. Nach Le Monde nämlich begann er seine „metaphysischen Meditationen"; und den hier in Rede stehenden Fragebereichen widmete er fortan seine ganze Kraft. Es repräsentiert sich darin die so oft im Denken der Neuzeit anzutreffende Akzentverlagerung zum Humanum hin, der Weise seines Denkens und Erkennens, der Tragweite seiner Erkenntnisse, dem Bedenken seiner selbst. Vielleicht hat diese Entwicklung im Existentialismus unserer Tage ihre bisher höchste Aufgipfelung erfahren.

Daß dabei der Fragenkreis der Naturwirklichkeit zurückgedrängt wird, bleibt nicht aus, wenngleich die geistesgeschichtliche Ereignisreihe (Windelband-Heimsoeth) der naturwissenschaftlichen Forschung und ihrer Ergebnisse den Hintergrund jeglichen modernen philosophischen Bemühens darstellt. Davon ist natürlich auch die Kosmologie betroffen; auch sie gehört jenem Hintergrund an, vor welchem sich in der Neuzeit bis heute das philosophische Geschehen abspielt.

Dies sei hier sine ira et studio festgestellt. Vielleicht sind auch die Fragen um das Humanum (in des Wortes weitester Bedeutung) wichtiger als diejenigen um die nichthumane Wirklichkeit, die Natur. Sicher waren sie das für Descartes, obwohl er der Erfinder der Analytischen Geometrie ist, ohne welche heutige Naturwissenschaft undenkbar wäre. Er gibt ein markantes Beispiel dafür, wie Kosmologie im Denkbemühen der Neuzeit steht, wobei allerdings immer wieder darauf aufmerksam gemacht werden muß, daß alle naturwissenschaftlichen Disziplinen schon von der Fragestellung her jeweils nur Einzelresultate lieferten, die bestenfalls auf induktivem Wege kosmologisch Verwendung hätten finden können.

δ) *Leibniz*

Es wurde schon die Frage gestellt, inwiefern nicht die großen philosophischen Systeme alle auch Kosmologie sind. Das trifft insbesondere auf Leibniz' Monadologie mehr noch als auf Descartes zu. Während letzterer von einer als absolut sicher angesehenen inhaltlich begrenzten Aussage (z. B. cogito, ergo sum) ausgeht, steht bei Leibniz eine das Ganze der Wirklichkeit betreffende ontologische Aussage, d. h. deren monadologische Struktur, wie bei Demokrit die atomistische.

Leibniz faßte, analog zum Atomismus, aber auch nur analog, die Wirklichkeit als ein System von isolierten Einheiten auf, inhaltlich verschieden strukturiert je nach den Seinsbereichen (z. B. Stoff, Leben), denen sie angehören. Der Begriff der Monade stammt nicht von Leibniz; aber er hat ihn so gestaltet, daß der Begriff universell anwendbar wurde, und zwar unabhängig von wahr und falsch. Die einzelne Monade ist kraft ihres inneren Zusammenhangs und der daraus resultierenden Verhaltensweisen je auf das Ganze der Wirklichkeit angelegt. Verursacht ist das durch die prästabilierte, unmittelbar auf das Absolute zurückgehende Harmonie, welche die Welt zu einem Ganzen, innerlich Abgestimmten macht, etwa wie die Saiten eines Musikinstrumentes.

Es ist die Vorstellung, daß die Monaden nicht aufeinander wirken. Diese scheinbare sogenannte Wirkung ist nichts anderes als ein gegenseitiges Verhalten der Monaden im Rahmen der prästabilierten Harmonie, die sich dann im Bereich der Physik etwa als Gesetz und Gesetzeszusammenhang darstellt. Die Wirklichkeit ist hiernach also kein Wirkzusammenhang, sondern ein Verhaltenszusammenhang. Das ist der grundsätzliche Unterschied zum Atomismus Demokrits.

Das Musikinstrument kann wieder als erläuterndes Beispiel dienen: Wenn die Künstlerhand die Saiten rührt, dann wirken diese ja nicht aufeinander; und die Symphonie kommt nur dadurch zustande, daß sich die Saiten im Erklingen zueinander entsprechend ihren Längen verhalten. Die Künstlerhand kann das Verhalten auslösen, ist aber an dessen innere Gesetzlichkeit, an die hier geltende „prästabilierte Harmonie" gebunden. Auf diese Weise ist das Musikinstrument ein Ganzes, wie die Weltwirklichkeit auch, und entläßt aus sich die Symphonie, analog zu jener, die ja auch immer wieder Neues aus sich gebiert.

Sosehr eine solche Konzeption natürlich auch kosmologisch ist, man würde sie doch eher als naturphilosophisch bezeichnen, wobei allerdings zu bemerken ist, daß der Monadenbegriff nicht auf die Natur beschränkt ist, sondern die ganze Wirklichkeit, Humanum und Gesellschaft, umfaßt.

Was den hier allein interessierenden kosmologisch-naturphilosophischen Bereich angeht, so wird wie bei Descartes alles bewußt streng methodisch abgehandelt; aber grundsätzliche, das Weltall direkt betreffende Aussagen finden sich wenig, wohl weil sich das mehrende naturwissenschaftliche Material in einer Fülle von Einzeleinsichten repräsentierte, die integrierende Aussagen rein naturwissenschaftlichen Inhalts noch nicht zuließ.

Trotzdem findet sich bei Leibniz eine wichtige These, welche erst in der heutigen mathematischen Kosmologie ihre ganze Bedeutung zeigt. Er war Anhänger des Kopernikus, der Heliozentrik, ohne allerdings die Geozentrik deshalb einfach zu verwerfen und verhöhnte sie keineswegs als primitiven Irrtum wie etwa Giordano Bruno.

Hatte Kopernikus die geniale Idee, es mit den Himmelsbewegungen einmal anders zu versuchen, so ging Leibniz darüber hinaus noch einen entscheidenden Schritt weiter: Er projizierte das Gegenüber von Helio- und Geozentrik bezüglich der Planetenbewegungen am Himmel auf die Relativität der Bewegung. Betrachtet man die Bewegung zweier Körper gegeneinander, isoliert von allem anderen, so wie es bei Heliozentrik und Geozentrik der Fall ist, so ist es prinzipiell möglich, ohne dem Phänomen Gewalt anzutun, den einen oder den anderen Körper als ruhend anzusehen; und, so war Leibniz' Überlegung weiter, darum könnten auch Kopernikus und Ptolemäus (Helio- und Geozentrik) nicht ohne weiteres gegeneinander ausgespielt werden. In der Tat ist es so, daß auch moderne Astronomie bei der metrischen Vermessung des Sternenhimmels aus Zweckmäßigkeitsgründen, bis in das Mathematische hinein, sich des geozentrischen Standpunktes bedient, nicht anders als Ptolemäus auch.

Zur Zeit der Wende vom Mittelalter zur Neuzeit gibt es vier grundsätzlich neue bleibende kosmologische Aussagen, das Universum direkt betreffend: Die Homogenität des Weltalls durch Nikolaus von Kues (keine ausgezeichneten Punkte), die Unendlichkeit des Alls (Giordano Bruno), die theoretische und versuchsweise Umkehr des Standpunktes (Kopernikus) und Leibniz' Gedanke von der Gleichwertigkeit der Zusammenhänge im Gegenüber von Heliozentrik und Geozentrik.

Diesen Gedanken Leibniz' hat man dahingehend zu erklären versucht, daß er im Hinblick auf seine bekannten Bestrebungen, die christlichen Konfessionen wieder zu einen, eine Kontroverse mit Rom vermeiden wollte. Rom hielt damals noch an den geozentrischen Positionen fest, hatte aber nicht mehr die Macht, dieser Position mit gesellschaftlicher Gewalt Recht zu verschaffen. Diese Erklärung ist völlig abwegig und eine geistesgeschichtliche Fehlinterpretation, wodurch die eigentliche Leistung, die mit jenem Leibnizschen Gedanken gegeben ist, verdeckt wird. Andererseits ist es auch zu weitgehend, wenn gesagt wird, Leibniz sei mit seiner Idee bereits auf dem Wege der Relativitätstheorie gewesen. Wenn auch Leibniz, unabhängig von Newton, der Erfinder der Differential- und Integralrechnung ist, ohne welche die Relativitätstheorie und heutige Kosmologie nicht möglich sind, war doch die damalige Zeit keineswegs reif für solche intellektuellen Positionen, wie sie mit Relativitätstheorie und Kosmologie der Gegenwart verbunden sind.

Aber eines sollte hier noch angemerkt werden: Leibniz sah immer und je das Ganze der Philosophie und der intellektuellen Bemühungen der Menschheit. Es lag ihm nicht daran, aus diesen durch apodiktische Irrtumserklärung etwas auszuscheiden. In jeder Aussage des Humanum ist irgendwie Wahrheit mitenthalten, und sei sie ein noch so ein großer Irrtum. So heißt es in einem Brief an Rémond aus dem Jahre 1714: „Ich finde, daß die meisten Philosophen in einem guten Teil von dem, was sie behaupten, recht haben; nicht jedoch im selben Maße in dem, was sie ablehnen."

Sucht man für den die Relativität von Bewegung formulierenden Gedanken von Leibniz nach einer außerhalb des unmittelbar Fachlichen liegenden Motivation, dann wäre sie mit diesem Zitat gegeben. Wäre dieser Satz von Leibniz insbesondere in der Philosophie der Neuzeit mehr bedacht worden, das philosophische Denkbemühen hätte heute einen höheren Stellenwert, als es de facto einnimmt.

Die Entwicklung der Naturwissenschaft ging über Leibniz und Newton in den Einzeldisziplinen weiter ins 18. Jahrhundert mit einem sich immer stärker vermehrenden Wissen im einzelnen, ohne daß sich eine spezifische, d. h. auf die naturwissenschaftlichen Fragenkreise orientierte Kosmologie zeigte.

ε) *Lamettrie*

Die ersten Anzeichen dafür werden in der Jahrhundertmitte mit dem berühmten Buch von Lamettrie „L'homme machine" bemerkbar, dem vielleicht ersten großangelegten Versuch, den Menschen auf die Natur zurückzuführen (1748). Wenn nämlich aus Einzeldisziplinen bzw. Einzeleinsichten so etwas wie eine „naturwissenschaftliche" Kosmologie werden soll, so ist ein erster Schritt dazu getan, indem Erkanntes auf anderes Erkanntes zurückgeführt wird.

Ein zweiter Schritt wird getan, wenn der Mensch in die Evolution, in ein irgendwie geartetes evolutives Prinzip eingebettet wird. Dies geschah geschichtsmächtig durch Darwin mit dem Werk „On the Origin of Species by means of Natural Selection" (1856).

Damit sind in der Moderne des abendländischen Denkens die ersten Schritte, wenn auch damals noch nicht bewußt, zu einer Kosmologie auf naturwissenschaftlicher Basis getan. Das Kosmologische ist hier dadurch charakterisiert, daß zunächst in der unmittelbaren Gegebenheit nicht Zusammengehörendes als ein Ganzes zu sehen versucht wird, als ein aufeinander Zurückführbares.

Das betrifft alles zunächst den Bereich des Biologischen und bedeutet noch keinesfalls einen Durchbruch zum Ganzen der Wirklichkeit. Dieser scheint sich im naturwissenschaftlichen Bereich erst in unseren Tagen anzubahnen, in denen sich die Einbeziehung auch des Biologischen in den Kosmos als Ganzes vollzieht.

Das aber ist erst dann möglich, wenn auch im Problemkreis des Anorganischen ein solcher Durchbruch geschieht. Hierzu war der erste Schritt die Auffindung des Satzes von Seeligers (I. 17). Er beinhaltet die geistesgeschichtlich erste Aussage über das Universum als Ganzes in der Sprache der Mathematik und ist der Ausgangspunkt heutiger Kosmologie in dem Versuch, das Universum als Ganzes zu fassen.

Parallel dazu geht im Philosophischen die großartige Entfaltung des Idealismus vor sich, bekanntlich ausgelöst durch Kant. Sie ist vielleicht die bis heute in der Geschichte abendländischen Denkens letzte Epoche der Konstruktion großer philosophischer Systeme, und dieses ist für die Beurteilung einer Kosmologie heute von großer Bedeutung.

ι) *Kant*

Läßt man jene Epoche mit Kant beginnen und mit dem Neukantianismus – im weitesten Sinne des Wortes – enden, so steht mit Kant jemand an ihrem Beginn, der eine „Allgemeine Naturgeschichte und Theorie des Himmels" (1755) schrieb (s. I. 10), und am Ende steht der Neukantianismus, der alles mögliche wollte, aber bloß keine „Kosmologie"; sagte doch einer seiner markantesten Vertreter: „Kant verstehen, heißt über ihn hinausgehen" (W. Windelband in den Präludien, der sich aber sehr wohl der Bedeutung der Naturwissenschaften für die Philosophie [S. 29] bewußt war).

Kants „Naturgeschichte" ist noch keine Kosmologie in der legitimen Sprache der Mathematik, aber sie zielt von ihrem Denkimpuls her auf eine Kosmologie für den Bereich der Natur, wie es in dieser Weise durch die Jahrhunderte vorher nicht mehr geschah. Und zwar weder im Bereich der Naturwissenschaft noch in der Philosophie. Physikalisch ist Kants Entwurf falsch, weil er gegen den Drehimpuls-Satz verstößt, was allerdings Kant nicht wissen konnte. Laplace verbesserte später diesbezüglich Kants Konstruktion.

Wichtig für die weitere Entwicklung ist aber, daß hier wieder ausschließlich Naturwirklichkeit gesehen wird, isoliert und für sich, nicht eingebettet in ein philosophisches System oder in diesbezügliche Denkbemühungen. Der Akzent ist wieder verlegt allein auf die Natur und den Versuch, sie als Ganzes in den Griff zu bekommen. – Letzteres ist ja das Charakteristikum jeglicher Kosmologie; und darin besteht die geistesgeschichtliche Bedeutung der Kantischen Konzeption.

Von gleichem Gewicht ist der unmittelbare Aussageinhalt von Kants Theorie. Die Denkstruktur geht, wenn auch nicht ausdrücklich, auf die Idee des Anaximander zurück (S. 9), sich die Wirklichkeit durch Differenzierung entwickeln zu lassen.

Ein Anfang wird gesetzt, der Urnebel, welcher von vornherein gewisse Ordnungselemente in sich trägt, also kein Chaos ist. Es gelten die Gesetze der Mechanik, wie Newton sie entwickelt hatte; und bis in Einzelheiten bedient Kant sich dieser. Es wird ein durchaus physikalisches Gedankengebäude errichtet, unabhängig von philosophischen Aspekten.

Was den unmittelbar astronomischen Inhalt von Kants Entwurf angeht, so ist klar, daß vieles zeitbedingt gemäß dem damaligen Standard des Wissens ist. Das Entscheidende aber ist, daß Kant eine Konzeption entworfen hat, welche sich in vielen ihrer Grundstrukturen in erster Näherung als richtig erwiesen hat. Daher kommt es, daß ausgesprochen oder unausgesprochen Kants Entwurf vor allem für kosmologische Untersuchungen auch heute noch immer ein gewisser Leitfaden ist. D. h. natürlich nicht, daß man sich an Kant orientiert, um etwa kosmologische Weltmodelle zu konstruieren; aber es ist doch so, daß sich Grundansichten, die heutigen Modellen gemeinsam sind, in dem Kantischen Entwurf finden und bis dahin wohl kaum so markant ausgesprochen wurden wie durch ihn.

So sieht Kant das Universum als unendlich an, eine Frage, die in der heutigen kosmologischen Problematik keineswegs ausgestanden ist. Er interpretiert die Milchstraße als ein eigenständiges Sternsystem, dem alle sichtbaren Sterne des Himmels angehören; sie ist klein im Vergleich zu den Dimensionen des Universums. Die damals als Nebelflecken bezeichneten Gebilde des Himmels bezeichnet er richtig als eigenständige Milchstraßensysteme, die analog zu dem unsrigen gebaut sind; und unter dem Einfluß des Newtonschen Gravitationsgesetzes sollen sich diese Milchstraßensysteme wieder zu übergeordneten Systemen zusammenfinden. Diese grundsätzlich die Struktur des Alls bestimmenden Ansichten Kants sind heute vollauf bestätigt. Natürlich gibt es daneben eine Fülle von Aussagen, welche dem Kenntnisstand der damaligen Zeit entsprechen und die sich nicht bestätigt haben. Aber die genannten sehr grundsätzlichen Aussagen, die sich bestätigten, sind wegen ihrer fundamentalen Konzeption auch heute noch Richtschnur kosmologischen Forschens, zwar nicht im mathematischen Ansatz, wohl aber in der Gedankenrichtung.

Kants Konzeption enthält aber noch etwas anderes, was lange nicht in die wissenschaftliche Fragestellung der astronomischen Forschung aufgenommen wurde. Kant versuchte nämlich, das Universum aus seiner Entwicklung heraus zu verstehen, mindestens das Planetensystem, wovon gleich noch zu sprechen sein wird. Hier muß angemerkt werden, daß erst heute, im sich neigenden 20. Jahrhundert, die astronomische Forschung mit dem Versuch begonnen hat, das Universum nicht nur „jetzt" zu betrachten, sondern es als das Produkt einer Entwicklung zu verstehen. Die oben geschilderte geistesgeschichtliche Situation astronomischer Forschung der Nach-Galilei-Zeit bis hin zu Kant hat das verhindert. Allerdings liegen die Entdeckungen, welche hier eine Änderung bewirkt haben, weit jenseits Kantischer Vorstellungen und der damaligen wissenschaftlichen Situation.

Das ändert aber nichts am Grundsätzlichen von Kants Konzeption, deren einer Aspekt die Entwicklung (Evolution) durch Differenzierung aus etwas möglichst Undifferenziertem, und deren anderer die konkrete physische Ausformung ist, d. h. von einem noch nicht geformten (aber nicht chaotischen) Etwas auszugehen, um daraus die heute gegebene und beobachtete Formenbildung des Stoffes im All herzuleiten bzw. zu verstehen. Beide Denkstrukturen hat Kant die Astronomen gelehrt, und sie folgen dieser Lehre bis heute.

Mit Kant hat – wenn man so will – *philosophisches Denken maßgebend in den Gang naturwissenschaftlicher Forschung eingegriffen, wie vielleicht in solcher Konkretheit und Zielstrebigkeit noch nie in der abendländischen Geistesgeschichte.* Dabei ist anzumerken, daß Kant seine Theorie des Himmels hauptsächlich, trotz aller physikalischen Substanz, vom Philosophischen her entwickelt hat. Erst die Gegenwart zeigt wieder ein solches Gegenüber, um nicht zu sagen, ein Zusammen von Philosophie und Naturwissenschaft, was für die Kosmologie darzustellen eine der Zielsetzungen dieser Darlegungen ist.

ϰ) *Hegel*

Aber zwischen Kant und der Gegenwart steht die Gestalt Hegels und die mächtige Geistesbewegung des deutschen Idealismus. Hegel unter die Denker einer Kosmologie einzordnen, mag vielleicht zunächst befremdend erscheinen. Es steht hier wieder die Frage, inwiefern große philosophische Weltentwürfe nicht immer auch zugleich Kosmologie sind.

Für Hegel (1770) genügt es in diesem Zusammenhang, auf sein dialektisches Prinzip hinzuweisen. Das wird als eine durchgängige Struktur der Wirklichkeit angesehen, welches deren Werden und Entwicklung aus sich entläßt und bewirkt.

Das bekannte Beispiel aus der Phänomenologie des Geistes vom Keim und der Pflanze drückt das Prinzip am besten aus: Keim ist nur dadurch ein solcher, daß er dazu bestimmt ist, nicht mehr Keim zu sein, sondern zur Pflanze zu werden. Ohne diese über ihn hinausweisende innere Struktur wäre er nicht Keim. Er ist also nur dadurch, daß er, wenigstens der Potenz nach, verneint ist. Diese innere Spannung, welche sein Keim-Sein ausmacht, bewirkt bei Vorhandensein der entsprechenden Bedingungen seine Entfaltung zur Pflanze, d. h. die Realisierung von allem, was in ihm angelegt ist, wobei dieses Angelegt-Sein in seiner Fülle das Ganze seines Keim-Seins ausmacht.

Dieses Prinzip als eine durchgängige, das Sein und dessen Werden bestimmende Struktur anzusehen, ist eine kosmologische Aussage. Ähnlich verhält es sich mit der Potenz-Akt-Lehre von Aristoteles-Thomas. Auch sie beinhaltet ein die Wirklichkeit bestimmendes Prinzip wie das dialektische von Hegel und kann ebenfalls als kosmologisch bezeichnet werden.

Für ein tieferes Verständnis moderner mathematischer Kosmologie heute ist dieses Gegenüber nicht unwichtig. Die Polarität der beiden Prinzipien repräsentiert sich darin, daß das aristotelisch-thomistische statisch ist, Hegels Prinzip aber dynamisch, wie obiges Beispiel von Keim und Pflanze zeigt. Hegel ist der Philosoph des Werdens, wie es sich zum ersten

Male bei Heraklit zeigt. Thomas aber ist, nachdem schon Parmenides die Alternative zu Heraklit entwickelt hatte, der große Vertreter des statischen Denkens, des Versuches, die Wirklichkeit aus ihrem „Jetzt“ zu verstehen, d. h. aus ihrer Dauer, nicht ihrer Veränderung. Diese Alternative besteht auch heute noch; und so gibt es vielleicht nur zwei ganz große Gegenspieler der Philosophiegeschichte, Thomas und Hegel – bis heute. Gerade der mit Darwin zunächst enthusiastisch begrüßte Versuch, die Welt als Produkt einer Entwicklung zu erklären, sie aus ihrem Werden zu verstehen, ist im sich neigenden zwanzigsten Jahrhundert, wie sich zeigen wird, problematischer denn je.

λ) *Marx und Engels*

Bekanntlich haben K. Marx (1818) und F. Engels (1820) im Anschluß an Hegel den dialektischen Materialismus entwickelt, in ihrem eigenen Selbstverständnis Hegel „vom Kopf auf die Füße“ stellend. Rein auf die Natur bezogen handelt es sich um einen kosmologischen Weltentwurf – eben Hegels Dialektik auf die Naturwirklichkeit angewandt –, der mit zu den bedeutendsten der Philosophiegeschichte gehört. Beide wollten keine Philosophen sein, und von Marx stammt das bekannte Wort, daß die Philosophen die Welt erklären wollten, daß es aber darauf ankäme, als Gebot der Stunde, sie zu verändern. Auch als Naturwissenschaftler sind beide eher als Dilettanten zu bezeichnen.

Aber vielleicht gerade deshalb gelang es F. Engels, nicht beschwert durch allzuviel Wissen und damit notwendig verbundenen Zweifeln, eine Dialektik der Natur auf der Basis Hegelscher Denkmittel zu entwerfen, welche, unabhängig von der Gesellschaftstheorie des Marxismus, wie es heute heißt, das dialektische Prinzip auf unmittelbare Phänomene der Natur anwendet und in ihrer Einfachheit und (vordergründigen) Durchsichtigkeit bestechend ist. Wie Hegels Dialektik kosmologisch ist, so auch ihre Anwendung auf unmittelbare Naturphänomene, vornehmlich durch Engels. Es ist geradezu eine Ironie der Geistesgeschichte, daß ein Dilettant wie Engels – und damit soll weder etwas herabgesetzt noch eine politische Bemerkung gemacht sein – demonstrieren mußte, welche Tragweite eigentlich in Hegels Dialektik beschlossen liegt.

Durch Lenin und Stalin wurden die dialektischen Gedankengänge von Marx und Engels gerade auch in kosmologisch-naturwissenschaftlicher Hinsicht weiterentwickelt – was im einzelnen hier nicht dargelegt werden soll –, mit dem Effekt, daß jene Gedankengänge sich mit politischer Macht verbanden wie weiland die Scholastik mit den politisch-kirchlichen Kräften des sich neigenden Mittelalters. Dergleichen muß stets zu katastrophalen

Konflikten führen; denn wie auch immer philosophische Systeme und Prinzipien geartet sein mögen, die Fülle des Lebens und der lebendigen Entwicklung des Humanums lassen sich niemals von einer einzigen Position der Geistesgeschichte aus für alle Zukunft festlegen, sosehr dergleichen politischen Machthabern entgegenkommt, welche den Ehrgeiz haben, für die Ewigkeit zu bauen, und ein für allemal gültige Wege für die Zukunft glauben festlegen zu können.

Bitter hat das auch die dialektisch-materialistische Staatsideologie der Sowjetunion erfahren müssen. Bei aller Bedeutung, die Hegels Dialektik durch deren unmittelbare Übertragung auf Phänomene der Natur gewinnt, wie Engels das tat, bleibt auch diese Konzeption dem ewigen Gesetz der Geistesgeschichte unterworfen, daß die Wirklichkeit stets mehr ist, als das Humanum in denkerischen Entwürfen fassen kann. So blieb es nicht aus, daß der zur politischen Ideologie erstarrte dialektische Materialismus der Sowjetunion mit der Naturwissenschaft in Konflikt geriet: In der Mitte der fünfziger Jahre wurde von wissenschaftlichen Gremien der UdSSR die Relativitätstheorie und die Interpretation der Rotverschiebung als Expansion der Welt für staatsgefährlich, weil unvereinbar mit dem dialektischen Materialismus, erklärt. Ähnliches erlebte man für den Bereich der Biologie, hier sei nur der Name Lyssenko genannt.

Dieser gesamte Konflikt ist aber bis heute nicht ausgestanden: Der zur Zeit bedeutendste Kosmologe der Sowjetunion, V. A. Ambarcumjan, hat ein Sammelwerk herausgegeben, „Probleme der modernen Kosmogonie" (deutsch, Basel und Stuttgart, 1976, S. 123ff.), in welchem – wenn auch nicht mehr im Namen des dialektischen Materialismus – bezweifelt wird, daß das Denkmodell einer als Ganzes expandierenden Welt richtig ist. Sollten sich diese Zweifel einmal als zutreffend herausstellen, wäre fast die ganze heutige mathematische Kosmologie nur noch reine Mathematik, aber keine naturwissenschaftliche Aussage mehr.

μ) *Schelling und Schopenhauer*

Die weitere Entwicklung der Kosmologie im Rahmen der Dialektik ist jedoch nicht durch den dialektischen Materialismus bedingt, weil dieser erst durch die Oktoberrevolution an Bedeutung gewann, sondern durch Schelling (1775) und Schopenhauer (1788).

Schellings Naturphilosophie bzw. Kosmologie ist stark theologisch orientiert, ähnlich wie diejenige im Mittelalter. Aber er sah die Notwendigkeit, die einzelnen naturwissenschaftlichen Fakten, gemäß dem damaligen Stande des Wissens, in seine Gedankenkonstruktionen einzubauen, wie sein Zeitgenosse Schopenhauer auch. Die für eine Kosmologie relevanten Gedanken sind in dem (fragmentarischen) Werk Schellings „Die Weltalter“ niedergelegt und in Schopenhauers „Die Welt als Wille und Vorstellung“ und „Über den Willen in der Natur“, um nur das Wichtigste zu nennen.

Was für die heutige mathematische Kosmologie von Bedeutung ist, wird in der Philosophie oft auch als Voluntarismus bezeichnet, obwohl dieser Begriff sich nicht so ganz durchgesetzt hat. Es handelt sich um den interessanten Gedanken, daß der Wille das letzte Konstituens der Wirklichkeit sei. War es der Gedanke Hegels, in der dialektischen Spannung des Wirklichen alles auf den Geist zurückzuführen, so greifen die dem sogenannten Voluntarismus zugeordneten Denker im Bereiche des Geistigen den Willen heraus, der ja zweifelsohne ein entscheidender Aspekt des Geistigen ist.

Die ersten wegweisenden Aussagen dürften von Jacobi (1743) stammen, der u. a. einmal formulierte: „Über dem Willen ist nichts; in ihm ist das Leben ursprünglich und der Verstand wird durch den Willen entwickelt“ (Ges. Werke. Bd. IV, Leipzig 1819, S. 17ff.). Schelling sagte: „Es gibt in der letzten höchsten Instanz gar kein anderes Sein als Wollen. Wollen ist Ursein, und auf dieses allein passen alle Prädikate desselben: Grundlosigkeit, Ewigkeit, Unabhängigkeit von der Zeit, Selbstbejahung. Die ganze Philosophie strebt nur dahin, diesen höchsten Ausdruck zu finden“ (In: Über das Wesen der menschlichen Freiheit, Ges. Werke Bd. IV, Hrsg. M. Schröter, München 1927ff., S. 242); und Schopenhauer sagt im zweiten Buch von „Die Welt als Wille und Vorstellung“: „Der Wille als Ding an sich ist von seiner Erscheinung gänzlich verschieden und völlig frei von allen Formen derselben“ . . . „Der Wille als Ding an sich . . . ist . . . schlechthin grundlos“ (§23).

Solchen Formulierungen liegt die Denkstruktur zugrunde, das Erlebnis des Willens, das nur möglich ist im Bereich des Personalen, des Ich, zu übertragen auf die nichthumane Wirklichkeit, wodurch sich eine kosmologische Aussage konstituiert. Das ist natürlich eine grundsätzliche Problematik, die hier nicht diskutiert werden kann. Vielmehr kann hier nur in Rede stehen, was die hinter obigen Aussagen stehenden Denkimpulse für die Kosmologie in ihrer weiteren Entwicklung bis in unsere Tage bedeutet bzw. bewirkt haben.

Letzteres kann nur als katastrophal bezeichnet werden. Die maßlose Übersteigerung, besonders bei der Interpretation von Naturphänomenen und der heute kaum noch verstehbare Anspruch, damit endgültig und ein für alle Male das Wesen der Natur erfaßt zu haben unter Abwertung (auch der damaligen) naturwissenschaftlichen Ergebnisse, haben wesentlich jenen unheilvollen Bruch zwischen Philosophie und Naturwissenschaft herbeigeführt, der bis heute nicht geheilt ist.

In Band II von „Welt als Wille und Vorstellung“ findet sich in dem Kapitel von der Materie folgendes: „... ist die Materie diejenige, wodurch der Wille, der das innere Wesen der Dinge ausmacht, in die Wahrnehmbarkeit tritt, anschaulich sichtbar wird. In diesem Sinne ist also die Materie die bloße Sichtbarkeit des Willens oder das Band der Welt als Wille mit der Welt als Vorstellung“ ... „ist jedes Objekt als Ding an sich Wille und als Erscheinung Materie“ (Schopenhauer, Ges. Werke Bd. II, hrsg. v. W. von Löhneyssen, Darmstadt 1976). Solche Formulierungen sind durchaus als philosophische Aussagen, wenn auch nicht als naturwissenschaftliche, diskutierbar. Wenn dieses aber als die eigentliche Aussage über die Materie angesehen wird, gegenüber welcher die physikalische vernachlässigbar ist und als sich an der Peripherie des ganzen Problemkreises bewegend eingestuft wird, dann tritt der Bruch offen zutage, und mit Recht geht der Physiker zur Tagesordnung über.

Wie obiges im einzelnen aussieht, möge an einem Beispiel aus „Welt als Wille und Vorstellung“, Bd. II, dargelegt werden, wo Kapitel 23 vom „Willen in der erkenntnislosen Natur“ handelt. Schopenhauer bezieht sich hier (a. a. O. S. 388f.) auf eine Mitteilung des bekannten Chemikers Liebig, wonach Kupfer in feuchter Luft (= mit Kohlensäure angereichert) sich beschlägt (= mit kohlensaurem Kupferoxyd bedeckt). Verbindet man aber das Kupfer mit Eisen in bloßer Berührung, bleibt der Vorgang aus. Liebig erläutert dies korrekt gemäß dem damaligen Stande des Wissens mit elektrischen Oberflächenspannungen der beiden verschiedenen Metalle, was hier im einzelnen nicht darzulegen ist. Schopenhauer aber macht daraus folgendes: „Die Sache ist bekannt und von technischem Nutzen. Ich führe sie an, um zu sagen, daß hier der Wille des Kupfers, durch den elektrischen Gegensatz zum Eisen in Anspruch genommen und beschäftigt, die für seine chemische Verwandtschaft zum Oxygen und zur Kohlensäure sich darbietende Gelegenheit unbenutzt läßt. Er verhält sich demnach geradeso wie der Wille in einem Menschen, der eine Handlung, zu der er sich sonst bewogen fühlen würde, unterläßt, um eine andere, zu der ein stärkeres Motiv ihn auffordert, zu vollziehen.“

Das ist natürlich das Ende einer irgendwie gearteten Zusammengehörigkeit von Philosophie bzw. Kosmologie und Naturwissenschaft. Hier werden denkerische Ansprüche vom Philosophischen präsentiert, die einfach irreal sind. Bedenkt man dann noch die Kübel von Hohn, welche über die Atomlehre ausgegossen werden (a. a. O. S. 408f.), geradezu unwürdig eines so bedeutsamen Geistes und deshalb besonders peinlich wirkend, dann muß man feststellen, daß alle Brücken zwischen Philosophie und Naturwissenschaft zerstört sind. In der gleichen Linie liegt es, wenn man etwa bei Schelling den Satz findet, daß der Magnetismus „eindimensional" sei, weil Nord- und Südpol der Magnetnadel auf einer Geraden lägen.

v) *Neukantianismus*

Gewöhnten sich die Naturwissenschaftler daran, über dergleichen zur Tagesordnung überzugehen, so kamen die Reaktionen in der zweiten Hälfte des 19. Jahrhunderts doch wieder aus der Philosophie selbst. Am geschichtsmächtigsten in jener geistigen Bewegung, welche heute in der Philosophiegeschichte Neukantianismus genannt wird, sie findet in Cohen (1842) und Natorp (1854) sowie Cassierer (1874) ihre Hauptvertreter.

Der Neukantianismus will Kant besser verstehen, als er sich selbst verstanden hat; man will einen „reinen" Kant herstellen.

Der Neukantianismus fuhr wie ein reinigendes Gewitter in die Phantasien, von denen vorstehend einige Beispiele gegeben wurden. Dabei sei noch einmal betont, daß die Gedanken um Schelling und Schopenhauer nicht einfach vom Tisch gewischt werden dürfen. Nur, so geht es nicht! Verwiesen sei diesbezüglich auf die Bemühungen von Hedwig Conrad-Martius, die hier nicht dargelegt werden können.

Sein großes Verdienst in bezug auf die Naturwissenschaft und damit die Kosmologie besteht darin, mit den Spekulationen Schluß gemacht, zum anderen aber auch eine gedankliche Analyse der mathematischen naturwissenschaftlichen Methode erstellt zu haben, die bis dahin in der Philosophiegeschichte einmalig war. Dieses muß als ein bleibendes Verdienst dieser Denkbemühungen herausgestellt werden.

Aber das geschah vor dem Hintergrund, einen „reinen" Kant herzustellen, eben ihn besser verstehen zu wollen, als er sich selbst verstand, mit der Konsequenz, daß alles, was sich mit Kant nicht in Übereinstimmung bringen ließ, radikal abgelehnt wurde. Hier kam es zu ähnlichen Peinlichkeiten wie bei Schopenhauer oder Schelling. Bekanntlich hatte Kant den Raum als die Form der Anschauung des äußeren Sinnes bezeichnet. Er kannte noch nicht die nichteuklidische Geometrie, die seine Aussage problematisch werden läßt. Bezüglich der Realität des Raumes (und der Zeit) hat Kant immer geschwankt; und die Herstellung eines reinen und konsequenten Kant konnte natürlich nicht zulassen, daß es so etwas wie eine subjektunabhängige Realität von Raum (und Zeit) gebe. Da kam nun der Michelsonsche Versuch, die Entdeckung, daß der Raum mit einer nichteuklidischen Geometrie zu „beschreiben" war, daß die Zeit eine Funktion des Koordinatensystems sein müßte – alles das führte den Neukantianismus in die größten Schwierigkeiten, wobei sich Natorp immerhin zu dem Eingeständnis durchrang, daß mit Kant das letzte Wort über den Raum nicht gesprochen sei. Im Prinzip aber war man nicht bereit, die Realitäten zur Kenntnis zu nehmen, wenn sie nicht in „gereinigte“ Kantische Denkschemata paßten. Arbeiten wie „Kant kontra Einstein“ waren die Folge.

Die Naturwissenschaftler interessierte das alles nicht mehr; und der Neukantianismus vertiefte nur noch den Graben, welchen die Vertreter des Idealismus zwischen Naturwissenschaft und Philosophie aufgeworfen hatten; denn auch er beanspruchte die Priorität des Philosophischen gegenüber dem Naturwissenschaftlichen, wobei allerdings zu bemerken ist, daß der größte Physiker des 19. Jahrhunderts, Hermann von Helmholtz, Kant und dem zu seiner Zeit beginnenden Neukantianismus sehr nahestand und als einer der wenigen der damaligen Naturwissenschaftler die Bedeutung der Philosophie für den naturwissenschaftlichen Bereich immer wieder zum Ausdruck gebracht hat.

Lange Zeit beherrschte der Neukantianismus das philosophische Bemühen vor allem im deutschen Sprachraum; und für eine irgendwie geartete Kosmologie war kein Platz mehr. So kam es, daß letztere direkt verpönt, als unseriöses intellektuelles Tun vor allem von den Universitäten praktisch verbannt war; denn der Neukantianismus ging extrem introspektiv vom Denken des Humanum aus, von dem, was in diesem unmittelbar aufweisbar ist und wies alles ab, was darüber hinausging, wodurch die oben genannten Analysen über naturwissenschaftliche Methoden zustande kamen.

Das führte den Neukantianismus aber auch dazu, mehr aus dem Denken heraus zu konstruieren, etwa im Sinne einer reinen Mathematik, als sich den Realitäten zu stellen und diese ernst zu nehmen, vor allem die naturwissenschaftlichen Resultate, gerade dann, wenn sie der philosophischen Ausgangsposition widersprachen. Wenn auch dem harten Urteil von H. Glockner in seiner „Europäischen Philosophie“ (I. 5, S. 997) nicht zugestimmt werden kann, wonach „sämtliche Richtungen des Neukantianismus – vor allem die in ihrer Einseitigkeit charakteristische „Marburger Schule“ –, ... im Ersten Weltkrieg in das Massengrab der aus der Wilhelminischen Ära überkommenen deutschen Hoffnungen gesunken“ seien, so ist damit doch eine Konfliktsituation gezeichnet, die starke Übereinstimmungen mit beschriebenen Situation des dialektischen Materialismus in der Stalin-Zeit aufweist.

Unter diesen Aspekten kann die geistesgeschichtliche Situation der Kosmologie dahingehend charakterisiert werden, daß sie einmal in der Philosophie ihren Platz verloren hatte, sie direkt als eine Verirrung philosophischer Denkbemühungen angesehen wurde, und daß zum anderen die Naturwissenschaftler, schon weil bei ihnen Kosmologie als „Philosophie“ verrufen war, nichts mehr von ihr wissen wollten und meinte, daß sich ihre Tätigkeit auf den Umgang mit Differentialgleichungen und Experimenten beschränken müsse und sie damit auch auskommen könnten.

Zeitlich kann das alles in die Epoche von der Mitte des 19. Jahrhunderts bis in die Zeit nach dem Ersten Weltkrieg eingeordnet werden. Mitten in dieser charakterisierten Zeitspanne trat ein Ereignis ein, und zwar im Bereiche der Naturwissenschaft, näherhin der Astronomie, welches alles das, was damals über die Kosmologie gedacht wurde, aus den Angeln heben sollte. Es handelt sich direkt um einen dialektischen Gegenschlag der Geistesgeschichte, durch den sich die kosmologischen Denkbemühungen in Form der mathematischen Kosmologie gerade zu der Zeit wieder eine wichtige Funktion im Bestreben nach Erkenntnis der Wirklichkeit eroberten, als die allgemeine Ablehnung der Kosmologie ihren Höhepunkt erreicht hatte. 1894 veröffentlichte der damalige Direktor der Münchner Sternwarte, H. v. Seeliger, einen Satz über das Universum als Ganzes (s. I. 17), ein Vorgang, der den Weg zur heutigen mathematischen Kosmologie – die jetzt offizielle Bezeichnung – frei machte. Daß davon auch die rein philosophischen Denkbemühungen nicht unberührt bleiben konnten, ist selbstverständlich.

3. *Die Entstehung der mathematischen Kosmologie*

a) Die geistesgeschichtliche Situation in der Astronomie

H. v. Seeliger stellte sich, zum ersten Male in der Geschichte der Astronomie, die Frage, wie es um ein Universum bestellt sein müßte, das folgenden drei Bedingungen genügt:
a) das Universum ist dreidimensional euklidisch unendlich
b) das Universum ist gleichmäßig mit Sternen besetzt
c) im Universum gilt überall das Newtonsche Gravitationsgesetz.

Diese Gesamtheit axiomatisch gesetzter Bedingungen verknüpft offenbar eine bestimmte Raumstruktur (die euklidische) mit einer definiten Stoffverteilung (gleichmäßiger Sternverteilung) und einem konkreten Gesetzeszusammenhang (Newtons Gesetz).

H. v. Seeliger konnte auf rein mathematischem Wege, der später dargestellt wird, zeigen, daß die obigen drei Bedingungen nicht miteinander vereinbar sind, d. h., daß ein solches Universum unmöglich ist. Er weist nach, daß unter den drei genannten Voraussetzungen die Schwerkraft an jedem Punkt des Universums unendlich groß sein müßte. Nicht nur, daß dieses einen Widerspruch zu den in unserem Sonnensystem beobachtbaren Tatsachen darstellt, es hat auch grundsätzlich keinen Sinn, von einer unendlich großen Schwerkraft zu sprechen. Das hieße nämlich nichts anderes, als daß die Schwerkraft unbestimmt ist. Ein Universum aber, in dem an jeder Stelle die Schwerkraft unbestimmt ist, d. h. keine bestimmte Wirkung ausüben kann, ist unmöglich und nicht existenzfähig.

Offensichtlich handelt es sich um eine Aussage größter Tragweite, die sich aber bezüglich der kosmologischen Denkbemühungen nur zeigt, wenn die Astronomie und ihre geistesgeschichtliche Entwicklung in den Blick genommen wird.

Setzt man als den Beginn der astronomischen Forschung die Einführung des Fernrohres im Bereich der Astronomie an, zuerst geschehen durch Galilei, so bedingte sie die Beschäftigung mit einem isolierten Einzelobjekt im All. Markant zeigt sich das bereits bei Galilei selbst, etwa bei seiner Untersuchung des Jupiter mit der Entdeckung der vier hellsten Begleiter dieses Planeten (Medicinäische Sterne). Daß Astronomie im heutigen Sinne mit dem Fernrohr begann, förderte zunächst und lange Zeit nicht Kosmologie in irgendeiner Form, obwohl die Tiefen des Raumes dadurch entdeckt werden konnten; denn im Fernrohr können immer nur Einzelobjekte und ein entsprechender Informationsgehalt sichtbar werden (s. S. 28). So merkwürdig es sich vielleicht anhört, aber die Astronomen vor Galilei hatten mehr das All als Ganzes im Blick als in späteren Zeiten. Das war auch wesentlich durch die Geozentrik bedingt, welche „alles“ auf die Erde bezog.

Gleichzeitig mit dem Ende der Geozentrik und dem Beginn der Benutzung des Fernrohres kam die Vorstellung auf, durch Sammeln von Einzelresultaten schließlich ein Bild des Alls als Ganzes zu erreichen. Dieser Gedanke erfuhr seine geistesgeschichtliche Aufgipfelung für alle Wissenschaften in der Aufklärung, nämlich aus den Einzelresultaten und Einzeldisziplinen ein wissenschaftliches Weltbild zu erhalten, das wie ein Mosaik sich zusammensetzt aus seinen einzelnen Stückchen. Die Problematik dieser Auffassung ist heute offenkundig, wo vergeblich nach einem sogenannten wissenschaftlichen Weltbild gesucht wird und das „Immer mehr von immer weniger“ der Regent der Stunde ist.

Das Untersuchen von einzelnen Gegenständen eines Forschungsbereiches ist selbstverständlich auch für die Astronomie notwendig wie eh und je. Aber eine Kosmologie kann sich dabei nicht entfalten; Kosmologie ist Frage nach dem Ganzen des Alls. Eine solche Frage wird, und eben nach langer Zeit, durch H. v. Seeliger gestellt. Aus dem vorhin Skizzierten ist unmittelbar ersichtlich, daß es sich um eine Frage nach dem All als Ganzem handelt; und auch die Antwort darauf betrifft das Universum als Ganzes. Es steht nicht mehr ein einzelnes Phänomen des Universums in Rede; und deshalb wurde diese Antwort zur Geburtsstunde heutiger Kosmologie!

b) Die mathematischen Strukturen des H. von Seeligerschen Satzes

Entsprechend der Zielsetzung dieses Buches sollen auch die mathematischen Denkwege heutiger Kosmologie (in Auswahl) dargestellt werden. Das ist jedoch nicht Selbstzweck. Vielmehr soll den Denkstrukturen nachgegangen werden, welche in der kosmologischen Mathematik, wenn sie vielleicht einmal so genannt werden darf, enthalten sind, und was es eigentlich ist, das innerhalb der mathematischen Ableitungen zu den kosmologisch relevanten Aussagen führt.

Der erste Schritt in der Beweisführung für den von Seeligerschen Satz besteht in einer Modifikation der Voraussetzung, der Raum solle gleichmäßig mit Sternen = Stoffkugeln besetzt sein. Die Gravitation einer symmetrischen Stoffkugel (Anordnung der Materie in konzentrischer Dichte) auf eine außerhalb liegende Masse wirkt auf diese in der gleichen Weise, als wenn die Masse der Stoffkugel im Zentrum vereinigt wäre, d. h., die Kraftwirkung nach außen ist nicht abhängig von der Dimension der Kugel. Dies ist eine strenge Folgerung aus dem Newtonschen Gravitationsgesetz, liegt also begründet in dessen mathematischer Struktur, wonach bekanntlich die Anziehungskraft K zweier Massen m_1 und m_2 aufeinander: $K \sim [m_1 \cdot m_2]/r^2$ ist, wenn r ihre Entfernung ist.

Das bedeutet, daß man eine Massenkugel mit in ihrem Inneren konzentrisch angeordnetem Stoff beliebig ausdehnen oder zusammenziehen kann, immer bleibt ihre Anziehungskraft auf eine Masse die gleiche, sofern diese sich jeweils auch außerhalb der Kugel befindet.

Die gemäß der erwähnten Voraussetzung im Raume gleichmäßig verteilten (konzentrischen) Stoffkugeln kann man sich nun so vergrößert oder auch verkleinert denken, daß um einen Punkt A (Abb. 2) ein massenfreier Hohlraum R_1 ist, umgeben von einem gleichmäßig mit Masse belegten Bereich, der nach außen durch R_2 begrenzt sei. Dabei ist zunächst ein begrenzter Teil des Universums ins Auge gefaßt mit endlich vielen Sternkugeln.

Ist O in Abb. 2 der frei gewählte Koordinatenanfangspunkt, dm ein Massenelement, das Gravitationskraft auf A ausübt, d dessen Entfernung von A, r der Abstand von dm gegen O, a das gleiche für A, wobei a klein gegen r sein soll (durch die freie Wahl von O immer möglich), dann ist das Kraftpotential aller Massen M:

$$V = \int_{(M)} \frac{dm}{d}, \tag{1}$$

wo d der Abstand dm von A ist. Führt man Polarkoordinaten r, γ und φ ein, dann ist, wenn ϱ die Dichte bedeutet

$$(2) \qquad dm = \varrho \cdot r^2 \cos\gamma \cdot d\gamma \cdot d\varphi \cdot dr.$$

Das in (1) eingesetzte, ergibt

$$(3) \qquad V = \int_0^{2\pi} d\varphi \cdot \int_0^{\pi} \sin\gamma \cdot d\gamma \cdot \int_{R_1}^{R_2} \frac{\varrho \cdot r^2}{d} \cdot dr.$$

Entwickelt man 1/d nach Kugelfunktionen, ist

$$(4) \qquad 1/d = \frac{1}{r} \cdot \sum_{n=0}^{\infty} \frac{a^n}{r^n} \cdot p^n(\cos\gamma),$$

wo p^n das Legendresche Polynom ist. (4) in (3) eingesetzt, ergibt:

$$(5) \qquad V = \sum_{n=0}^{\infty} a^n \cdot \int_0^{2\pi} d\varphi \cdot \int_0^{\pi} \sin\gamma \cdot p^n(\cos\gamma) \cdot d\gamma \cdot \int_{R_1}^{R_2} \frac{\varrho \cdot dr}{r^{n-1}}.$$

Läßt man in Abb. 2 O mit A zusammenfallen, was wegen der Freiheit der Wahl von O die Allgemeinheit der Aussage nicht begrenzt, wird (5) zu:

$$(6) \qquad V = \int_0^{2\pi} d\varphi \cdot \int_0^{\pi} \sin\gamma \cdot d\gamma \cdot \int_{R_1}^{R_2} r \cdot \varrho \cdot dr.$$

Geht aber in (6) $R_2 \rightarrow \infty$ (man denke sich in Abb. 2 R_2 unendlich weit ausgedehnt) strebt

$$(7) \qquad V \rightarrow \infty,$$

trotz endlicher Massendichte ϱ.

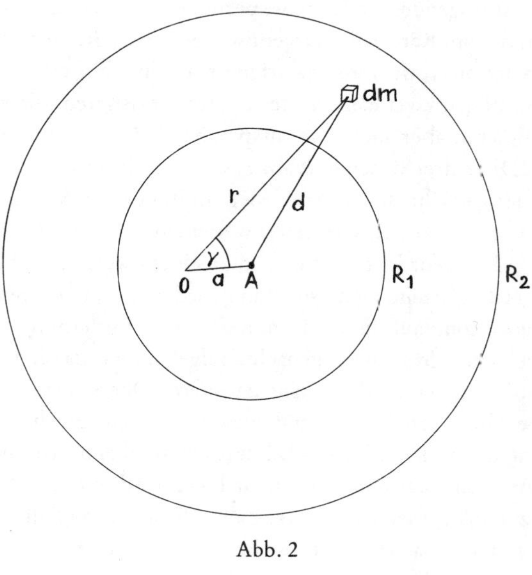

Abb. 2

Das Kräftepotential ist eine Ortsfunktion, deren erste Ableitung nach der Ortskoordinate die Größe der Gravitationskraft an der betreffenden Stelle gibt im Sinne des Newtonschen Gesetzes. Sie wäre wegen (7) unbestimmt bzw. unendlich, was dasselbe ist (= nicht in Maße zu fassen). Dabei ist an jeder Stelle die Massendichte endlich und von Null verschieden. In solchem Falle verlangt aber das Newtonsche Gesetz seinem unmittelbaren Inhalte nach auch eine endliche, durch eben dieses Gesetz bestimmte Schwerkraft. Es ergibt sich also ein Widerspruch.

Dieser ist nicht nur ein innerer, innerhalb der Beweisführung selbst, sondern er besteht auch gegenüber der Beobachtung; denn z. B. in der Sonnenumgebung und überall, wo bisher gemessen werden konnte, gibt es eine bestimmte Schwerkraft, und das gemäß der Zusammenhänge des Newtonschen Gesetzes.

Daraus folgt, daß es ein solches Weltall, wie es die von Seeligerschen Voraussetzungen repräsentieren, nicht gibt bzw. nicht geben kann.

c) Charliers hierarchisches Universum und seine mathematische Konstituierung

Der Satz von Seeligers hat durch Charlier eine bemerkenswerte Ergänzung erfahren (s. I. 2). Im Anschluß an obige Überlegungen stellte Charlier die Frage nach einem sogenannten hierarchischen Universum.

Darunter ist folgendes Gedankenexperiment verstanden (Abb. 3): Es sei St ein Stern, der am Rande eines irgendwie gearteten Sternsystems S_1 liegt, dessen Gravitationskraft er unterworfen ist. In einer hinreichenden Entfernung von S_1 mögen zwei weitere Sternsysteme existieren, die von dem ersten getrennt sind, aber auch eine entsprechende Gravitationswirkung auf St ausüben. Diese drei Systeme (Abb. 3) seien zu einem Obersystem S_2 zusammengefaßt gedacht, so daß St wieder am Rande von S_2 liegt. In hinreichender Entfernung von S_2 seien zwei weitere Systeme S_2, die wie das erste aufgebaut sind, angeordnet. Diese seien zu einem weiteren Obersystem S_3 zusammengefaßt gedacht, an dessen Rand wieder St liegt mit entsprechender Gravitationswirkung auf dieses. In hinreichender Entfernung von S_3 seien wieder zwei weitere Systeme S_3 gedacht, aufgebaut wie das erstere S_3. Diese drei Systeme lassen sich wieder zu einem weiteren Obersystem S_4 zusammenfassen, siehe Abb. 3, an dessen Rand wieder St mit entsprechender Gravitationswirkung darauf liegt. Diesen Bildungsprozeß kann man offensichtlich beliebig fortsetzen. Man braucht ihn auch nicht mit nur drei Systemen jeweils durchzuführen; vielmehr ist diese Zahl beliebig, sie muß nur endlich bleiben. Das nennt man nach Charlier ein hierarchisch aufgebautes Universum.

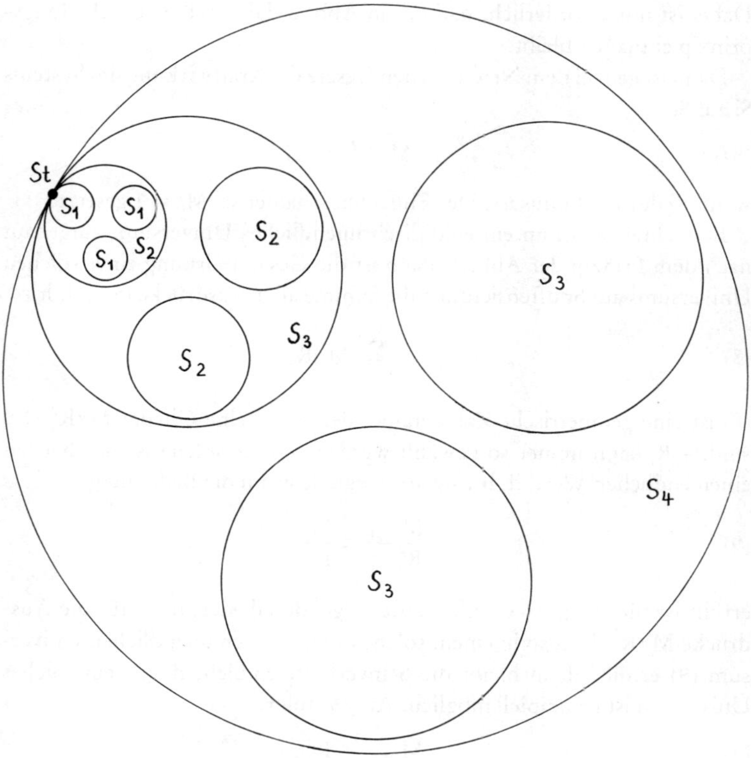

Abb. 3

Charlier hat nun die Gravitationskraft eines solchen Universums auf einen Stern (Abb. 3) an seinem Rande berechnet, insbesondere wenn ein solches Universum euklidisch unendlich ist, wie H. v. Seeliger auch.

Da die Zahl der jeweiligen Untersysteme beliebig ist, kann allgemein folgendes Schema aufgestellt werden:

System	Radius	Masse	Zahl der Untersysteme
Stern	R_0	M_0	–
S_1	R_1	M_1	N_1
S_2	R_2	M_2	N_2
S_3	R_3	M_3	N_3
.	.	.	.
.	.	.	.
.	.	.	.

Dabei ist nur erforderlich, daß das in Abb. 3 dargestellte Schachtelungsprinzip enthalten bleibt.

Dann ist gemäß dem Newtonschen Gesetz die Kraftwirkung des Systems Si auf St

$$M_i/R_i^2, \tag{8a}$$

wenn R_i dessen Radius ist. Der Einfachheit halber sei $M_o = 1$ gesetzt.

Betrachtet man nun ein euklidisch unendliches Universum, aufgebaut nach dem Prinzip der Abb. 3, dann ist die Gesamtwirkung eines solchen Universums auf St offensichtlich die Summe aller Ausdrücke (8a), d. h.

$$\sum_{i=1}^{\infty} M_i/R_i^2. \tag{8}$$

(8) ist eine geometrische Zahlenreihe, deren einzelne Glieder $M_i/R_i^2 < 0$ sind. – R_i kann immer so gewählt werden. – Eine solche Reihe aber hat einen endlichen Wert, d. h., sie konvergiert, wenn die Bedingung

$$\frac{M_{i+1}}{R_{i+1}^2} < \frac{M_i}{R_i^2} \tag{9}$$

erfüllt ist für alle je zwei aufeinanderfolgende Glieder, d. h. für die Ausdrücke M_i/R_i^2. Ist also in einem solchen hierarchisch unendlichen Universum (9) erfüllt, dann bleibt die Schwerkraft endlich, d. h., ein solches Universum ist prinzipiell möglich. Aus (9) folgt:

$$\frac{M_{i+1}}{M_i} < \frac{R_{i+1}^2}{R_i^2} \tag{10}$$

Nun ist ersichtlich (Abb. 3) die Masse M_i von S_i, $M_i = N_i \cdot M_{i-1}$, d. h. gleich den Massen des nächsten Untersystems seiner, oder $M_{i+1} = N_{i+1} \cdot M_i$. Letzteres macht aus (10):

$$N_{i+1} < \frac{R_{i+1}^2}{R_i^2} \tag{11}$$

(11) ist immer erfüllt, wenn gilt:

$$N_{i+1} < \frac{R_{i+1}}{R_i}, \tag{12}$$

da R_{i+1}^2/R_i^2 immer > 1 ist (Abb. 3). (12) ist also eine hinreichende Bedingung dafür, daß für ein nach Abb. 3 aufgebautes unendlich euklidisches hierarchiches Universum die Schwerkraft überall endlich, dieses also prinzipiell physikalisch möglich ist, im Unterschied zum Satz H. v. Seeligers.

Man könnte zunächst meinen, daß zwischen beiden Sätzen ein Widerspruch bestehe. Das ist aber nicht der Fall, weil die Voraussetzungen grundsätzlich voneinander verschieden sind. v. Seeliger hat eine gleichmäßige Stoffverteilung, Charlier eine hierarchische Anordnung des Stoffes gemäß Abb. 3. Offensichtlich verschwindet der von H. v. Seeliger aufgedeckte Widerspruch, wenn man die Stoffverteilung ändert. Damit besteht auch kein Widerspruch zwischen den beiden Sätzen.

Im Gegenteil, man kann aus ihnen eine grundsätzliche, allgemeine Aussage über das Universum als Ganzes gewinnen; und darauf gründet letzten Endes alles, was heute in den Naturwissenschaften Kosmologie genannt wird.

v. Seeliger hat gezeigt, daß eine bestimmte Geometrie (die unendlich-euklidische), eine bestimmte Stoffverteilung und ein bestimmter allgemein gültiger Gesetzeszusammenhang nicht miteinander verträglich sind. Das geschieht auf der Basis eines eindeutigen rein mathematischen Beweises, der seine Gültigkeit hat, ob überhaupt eine Welt existiert oder nicht; denn für den Beweis ist nicht wesentlich, daß die drei Voraussetzungen realisiert sind; er bedeutet vielmehr eine reine „Wenn-dann" = Konklusion, er ist, wenn man will, reine Mathematik (wie übrigens die ganze sich anschließende Kosmologie bis heute). Man kann das auch so ausdrücken: Wenn Gott eine Welt hätte schaffen wollen, so wie sie durch die drei v. Seeligerschen Voraussetzungen charakterisiert ist, wäre sie nicht möglich, er hätte sie so nicht schaffen können.

Mit dieser theologischen Einkleidung soll die Absolutheit des Aussageinhaltes des von Seeligerschen Satzes zum Ausdruck gebracht werden. Er dürfte daher einer der bedeutendsten Sätze der Naturwissenschaft überhaupt sein.

Man kann nämlich dem Satze auch eine andere Formulierung geben: Obige drei Bedingungen, betreffend Geometrie, Stoffverteilung und Gesetz, sind nicht miteinander verträglich, nachgewiesen in der mathematischen Beweisführung des Satzes. Nachgewiesen ist das also für eine bestimmte Kombination. Wenn das aber für eine (einzige) Kombination aufgezeigt ist, dann kann allgemein gesagt werden, daß nicht „jede" denkbare Kombination von Raum (Geometrie), Stoffverteilung und Gesetz möglich ist.

Das heißt nichts anderes, als *daß Raumstruktur (Geometrie), Stoffverteilung und Gesetzeszusammenhang nicht unabhängig voneinander sind,* sich mindestens in einer gewissen Weise gegenseitig bedingen. Das kann z. B. bedeuten, wenn man etwa zwei jener Komponenten annimmt oder festsetzt, die Wahl der dritten nicht mehr freisteht, ohne daß es gegebenenfalls möglich ist, die dritte Komponente aus den beiden anderen zu erschließen.

Anschaulich zeigt sich das bei den Deduktionen Charliers mit dem Modell des „hierarchischen Alls". Charlier behält zwei Annahmen von Seeligers bei, die Euklidizität des Raumes und das Newtonsche Gesetz. Die dritte Annahme wird so abgewandelt, daß ein mögliches Universum zustande kommt, das hierarchische. Dabei ist sie keineswegs aus der Euklidizität und dem Newtonschen Gesetz ableitbar, sondern ein genialer Einfall, der ein unendliches Weltall möglich macht.

Charliers Überlegungen zeigen, daß nicht jede Kombination von Raumgeometrie, Stoffverteilung und Gesetz möglich ist. Das gleiche beinhaltet aber auch den von Seeligerschen Satz. So kann zusammenfassend als Resultat der Überlegungen von Seeligers und Charliers eine allgemeine, zugleich naturwissenschaftliche und ontologische Aussage über die Welt formuliert werden, nämlich daß Raumstruktur (Geometrie), Stoffverteilung im Raume und Gesetz nicht unabhängig voneinander sind. Der Vergleich der beiden Sätze zeigt, daß es nicht auf die Endlichkeit oder Unendlichkeit des Alls ankommt, sondern auf den Zusammenhang von Raumstruktur, Stoffverteilung und Gesetz im Sinne einer nicht beliebigen Kombinierbarkeit.

Diese Entdeckung ist einmal selbstverständlich naturwissenschaftlich von einer nicht zu überbietenden grundsätzlichen Bedeutsamkeit; zum anderen repräsentiert sie eine rein ontologische, die Seinszusammenhänge von „Raum", „Stoff darin" und „Gesetz" betreffende Aussagen. Da sie die Wurzel heutiger Kosmologie im naturwissenschaftlichen Bereich bedeutet, ist letztere zugleich auch philosophischer Natur. Diese neuen Erkenntnisse setzten sich gerade in einer Zeit durch, als zumindest der deutschsprachige Kulturkreis von philosophischen Systemen beherrscht wurde, welche kosmologische Aussagen völlig aus dem Gegenstandsbereich der Philosophie zu verbannen suchten.

Dieses sei auch als eine Warnung an die Philosophie gedacht, nicht auf die Rolle zu verzichten, die ihr durch die Seinszusammenhänge auch in speziellen Wissenschaftsbereichen zugeschrieben wird.

d) Die logischen Zusammenhänge in den Beweisführungen von Seeligers und Charliers

Die im vorstehenden gegebenen mathematischen Beweise sind vielleicht für den Nichtfachmann etwas unzugänglich. Für das Verständnis des Folgenden und der in diesem Buch darzustellenden Zusammenhänge ist das jedoch kein Hindernis. Es handelt sich nämlich jetzt darum, aufzuzeigen, was eigentlich innerhalb der mathematischen Beweisführungen zu jener so weitreichenden Aussage führt; und das kann ohne Mathematik gesagt werden.

Das sind die Formeln (5), (6) bei von Seeliger einerseits und (8), (9) bei Charlier andererseits. Hier handelt es sich ganz allgemein um sogenannte Zahlenreihen. Eine Zahlenreihe (s. I. 7) ist grundsätzlich die Summe von unendlich vielen Zahlen, etwa $1 + 2 + 3 + \ldots$ Für dieses Beispiel ist die Summe unendlich groß, wie auch das Potential (6) bei von Seeliger, wenn das All unendlich ist ($R_2 \to \infty$). (Solche Reihen heißen nichtkonvergent.) Es gibt aber Reihen, welche, vielleicht entgegengesetzt einer vordergründigen Einstellung, doch endlich sind, d. h., die Summe der betreffenden unendlich vielen Zahlen ist endlich. (Solche Reihen heißen konvergent.) Das ist vielleicht eine der wichtigsten Entdeckungen der Mathematik des 18. Jahrhunderts. So ist z. B. die Summe aus den unendlich vielen Zahlen:

$$1 + \frac{1}{2} + \frac{1}{4} + \frac{1}{8} + \frac{1}{16} + \cdots = 2.$$

Wissenschaftstheoretisch, wie man heute sagt, ist das zunächst nicht einsehbar. Es ist keine Aussage a priori, sondern bedarf eines Beweises, der hier nicht dargelegt werden möge. Die mathematisch-logische Struktur, derzufolge es Zahlenreihen gibt, welche als Summe unendlich vieler Zahlen einen endlichen bzw. einen unendlichen Wert haben, ermöglicht vorstehende Aussagen über Endlichkeit bzw. Unendlichkeit des Alls.

Bei Charlier wird die Endlichkeit konstituiert durch die Bedingung (9), weil dann (8), d. h. die Summe aller Gravitationskräfte, auf St (Abb. 3) endlich ist. Die Bedingung (9) bedeutet aber physikalisch eine bestimmte Relation zwischen Massen (M_i) und Räumen (R_i).

Bei von Seeliger wird die Aussage durch die Zahlenreihe (5) bedingt, welche so lange endlich bleibt, als das für R_2 der Fall ist. Jedes Mal sind es also Zahlenreihen und deren mathematisch-logische Eigenschaften, welche die Aussage über das Zusammen von Raum, Stoff und Gesetz ermöglichen oder besser erzwingen.

An dieser Stelle entsteht eine Problematik, welche ihre beste formale Ausprägung im Neukantianismus erhalten hat (s. I. 13). Zunächst repräsentiert sich ein klassisches Beispiel wie logische Beziehungen der reinen Mathematik (das ist die Theorie der Zahlenreihen) zusätzlich, durch einen besonderen Akt des Intellektes, mit physikalischem Inhalt gefüllt werden. Darin besteht nämlich grundsätzlich der Übergang von der sogenannten reinen Mathematik zur mathematischen Physik bzw. überhaupt zur mathematischen Naturwissenschaft. Daß dieser Übergang überhaupt möglich ist, und er wird durch die Errungenschaften der Technik so eindrucksvoll dokumentiert, ist keineswegs selbstverständlich.

Will man Kant allgemeinverständlich formulieren, so in der Weise, daß er zum ersten Male in der Geschichte abendländischen Denkens die oben angesprochene Problematik gesehen hat; sie ist das Anliegen seiner Denkbemühungen, wie auch immer man über die resultierenden Lösungen urteilen mag. Diese weitverzweigte philosophische Problematik kann hier nicht dargelegt werden.

Aber da ist das „Unendliche", gegeben im unmittelbaren Erlebnis des Firmamentes: Es ist nicht so, wie in zweifelsohne einseitiger Betrachtungsweise der Neukantianismus will, daß Unendliches nur der reinen Mathematik begegnet, eine legitime Produktion des menschlichen Intellektes, und zwar als Konsequenz aufeinanderfolgender, immer wieder je möglicher Denkakte gleichen Inhaltes sei (I. 13, S. 274 ff.). In dem unmittelbaren Anblick des nächtlichen Firmamentes mit den funkelnden Sternen, welche hineingestreut sind in die Tiefen eines Raumes, der sich einfach im Dunkeln und als Dunkel darstellt, ist mehr als nur das, was man als „Unendlich" im Gefolge Kants wahrhaben wollte.

Zwar bedarf es jener vom Neukantianismus bewundernswert analysierter intellektueller Manipulationen, das Dunkel des Firmamentes mit den Sternen so zu erfassen, daß eine mathematische Behandlung im Sinne der Moderne möglich wird. Aber Behandlung heißt immer handeln mit Etwas; und dieses Etwas muß vorhanden sein, bevor man es „behandeln" kann. Das ist nichts anderes als das Gegenüber von funkelndem Firmament der Nacht und dem Humanum.

Hier steht eine Realität, und zwar diejenige des „Immer weiter", sie steht unabhängig von der wichtigen Fragestellung heutiger Kosmologie, ob nun das Universum in endliche Maße zu fassen ist oder nicht. Dieser an das Humanum von außen herangetragenen Realität steht eine andere gegenüber, welche an das Denken des Intellektes gebunden ist.

Es sind das jene eigentümlichen „Denkgesetze", wie sie im Augenblick einmal genannt sein mögen, welche u. a. die Konvergenz der Zahlenreihen erzwingen bzw. deren Nichtkonvergenz im Beispiel (8) bei Charlier bzw. (5) bei von Seeliger. Das liegt nicht a priori einfach vor, sondern kann und muß „bewiesen" werden; und der Intellekt wird, wenn er dergleichen tut, gezwungen, Konvergenz bzw. Nichtkonvergenz anzuerkennen – wie das nächtliche Firmament mit seinem „Immer weiter" auch.

Es begegnen sich so zwei voneinander unabhängige Strukturzusammenhänge, diejenigen der reinen Mathematik, des reinen Denkens und diejenigen des astronomischen Bereiches, des „Immer weiter". Beides ist grundsätzlich voneinander verschieden und wird erst durch einen besonderen Akt des Intellektes miteinander in Zusammenhang gebracht.

So genügt es z. B. in (8) für die reine mathematische Deduktion, daß

$M_i/R_i^2 < 1$, ohne daß irgendeine Aussage über die Zeichen M_i und R_i gemacht wird. Erst in dem intellektuellen Akt, in dem M_i mit einer Masse und R_i mit einer Entfernung im Sinne von Abb. 3 identifiziert wird, was unbeschadet der rein mathematischen Deduktion möglich ist, kommt jene grundsätzliche kosmologische Aussage zustande.

Das sind die objektiv vorliegenden logischen Strukturen der dargestellten grundlegenden Sätze der modernen mathematischen Kosmologie. Der Neukantianismus glaubte sie dahingehend interpretieren zu müssen, daß die aufgezeigte Gegenüberstellung nur eine scheinbare sei, daß beides in der reinen Intellektualität des Humanum geschehe, im bloßen Denken und dessen Kategorien (Kant!), das Faktum der Reihen als geometrische Gegebenheiten und auch der intellektuelle Akt des Ausfüllens dieser Gegebenheiten mit etwas Aktuellem – das Wort Wirklichem sei hier vermieden –, nämlich mit einer physischen Masse und einem ebensolchen Raume. Der Neukantianismus kann aber dann nicht mit der Frage fertig werden, wieso dergleichen überhaupt möglich ist, wieso der Intellekt sich veranlaßt sieht, darüber hinauszugehen und damit eine Aussage zu erhalten, welche eine „Gegebenheit“, das Firmament, den Gegenstand der Astronomie betrifft.

II. KAPITEL: KONSTITUIERUNG DER KOSMOLOGIE IM MATHEMATISCHEN BEREICH

1. Die Negation in den Sätzen von Seeligers und Charliers

Mit den Sätzen von Seeligers und Charliers ist in der Geschichte der Weltallforschung der Durchbruch zum Ganzen des Universums als Gegenstand des Interesses vollzogen. Dies geschah, wie im vorstehenden dargelegt, in der adäquaten Sprache, der Mathematik.

Aber, was sind die Aussageinhalte? Der von Seeligersche Satz sagt „nur" aus, was nicht möglich ist, ohne eine Gegenaussage positiven Inhaltes; es sei denn, man sieht die Verbundenheit von Stoff, Raum und Gesetz als eine solche an. Das hierarchische Modell von Charlier ist insofern eine wohl kaum je verifizierbare Theorie, weil schon das nächste Untersystem (Abb. 3) so weit entfernt sein müßte, daß es mit den heutigen technischen Mitteln völlig unerreichbar wäre, wenn etwa der bisherige beherrschbare Bereich als ein System S_1 angesehen wird; und von Hierarchie, wie Abb. 3 sie veranschaulicht, ist in dem gegenwärtig zugänglichen Raume nichts zu bemerken.

So beginnen bzw. müssen die modernen kosmologischen Denkbemühungen mit dem „Nichts", eben mit Negationen beginnen. Die Denksituation ist offenkundig so, daß tiefe neue Einsichten gewonnen sind; diese reichen aber andererseits nicht, etwas Neues einzuleiten. Daher ist es auch zu verstehen, daß jenen beiden Sätzen keine denkerischen Bemühungen um das Universum als Ganzes folgten, sie vielmehr isoliert blieben, genaugenommen bis heute. Es ist, kraß gesagt, im Sinne einer Spezialwissenschaft mit ihnen nicht viel „anzufangen".

Naturwissenschaftlich-astronomisch gesehen kann man sich damit zufriedengeben und neue Wege suchen, wie es dann auch geschah, worauf später noch eingegangen wird. Aber vom philosophischen oder auch wissenschaftstheoretischen Standpunkt aus muß die dargelegte Problematik noch weiter analysiert werden.

Die Bedeutung und die Funktion der Negation, d. h. des Nicht-Gesagten, des Nicht-Sagbaren bzw. des „Nicht-aussagen-Wollens", repräsentiert sich schon früh in abendländischem Denken. Heute faßt man dies unter dem Terminus „theologia negativa" zusammen (s. S. 24).

Dies ist zunächst, wie die Formulierung schon sagt, ein theologischer

Begriff. Es handelt sich dabei um die Weise, wie man Aussagen über das Absolute, den Weltgrund, der allem zugrunde liegt und alles aus sich entläßt, machen kann. Die theologia negativa geht von dem Prinzip aus, zu klären, was das Absolute nicht ist, ohne eine positive Gegenaussage auch nur zu versuchen.

Es begann bereits mit Anaximander (570 v. Chr.), welcher den Weltgrund als das ἄπειϱον bezeichnete (s. S. 9), das Unbegrenzte oder auch Unerfahrbare; und das „α-privativum" in jenem Wort als Ausdruck der Verneinung, urtümlich dem Griechischen zu eigen, ist bereits „negative Theologie". Philon, zur Zeit Christi Geburt der großartige Synthetiker jüdischer und griechischer Philosophie, nannte den letzten Urgrund das ἄποιον, das heißt dasjenige, was nicht irgendwie beschaffen ist, keine Eigenschaften hat. Scotus Eriugena (845 n. Chr.) formulierte das Absolute als das Bestimmungslose, und Nikolaus von Kues vertrat die Position, das Absolute, Letzte, sei durch keine endlichen Bestimmungen bzw. Begrifflichkeit in den Griff zu bekommen. Malebranche meinte, man könne über den letzten Urgrund nur sagen „Er ist", sonst nichts. Schelling interpretiert das Letzte als absolute Vernunft im Sinne einer Indifferenz gegenüber Natur und Geist, d. h. nicht gebunden an die Phänomene oder auch sie nur irgendwie repräsentierend.

Natürlich hat dies alles inhaltlich nicht unmittelbar mit moderner mathematischer Kosmologie zu tun. Aber wenn diese, wie es bei von Seeliger und Charlier zum ersten Male geschieht, das Ganze des Universums ausspricht, steht unvermeidbar die letzte Grundlage mit in Rede; denn *auch in mathematischer Form muß Kosmologie als Lehre vom Kosmos* (S. 3) irgendwo anfangen, wobei die Termini „Grundlage", „Anfang" in jeder Hinsicht völlig offen bleiben mögen und in keiner Weise begrifflich präliminiert sein sollen.

Wie der abendländische Geist „Grundlage" und „Anfang" begegnet bzw. darauf gestoßen ist, wurde auf S. 7ff. und auf S. 27ff. dargelegt. Es ist die Konfrontation mit einem als „nicht aussagbar" Empfundenen, die immer dann zutage tritt, wenn das Ganze der Wirklichkeit denkerisch angegangen wird; denn auch der νοῦς und λόγος der Alten bestimmen bestenfalls eine Funktion des Letzten, nicht aber dieses selbst.

Wichtig ist der *Aspekt der Negation, der Erkenntnis, daß Raumstruktur, Stoffverteilung und Gesetzeszusammenhang nicht unabhängig voneinander sind.* Mit diesen zusammengefaßten Aussagen der Sätze von Seeligers und Charliers – *tritt die mathematische Kosmologie ihren Weg in die Zukunft an.* Das Ziel dieses Weges ist klar: Von der Negation zu positiven Aussagen über das Ganze des Stofflichen zu gelangen.

2. *Der Michelsonsche Versuch und die Intention Einsteins*

Zur gleichen Zeit, als von Seeligers Satz veröffentlicht wurde, geschah unabhängig davon jenes grundsätzliche Ereignis, welches das einleiten sollte, was man heute im Unterschied zur klassischen Naturwissenschaft – nicht im Gegensatz dazu – die moderne nennt, der Michelsonsche Versuch. Dieser stellt ein Experiment dar, welches, vielleicht als erstes in der Geschichte der Physik, mit dem Weltraum als Ganzem gemacht wird, worauf ja auch die Kosmologie zielt. Dem Experiment liegt die rein physikalische, nicht direkt kosmologische Fragestellung zugrunde, welches die Geschwindigkeit der Erde gegen den sogenannten Weltäther sei. Die klassische Physik benötigte einen solchen, nachdem das Licht durch Hertz als eine elektromagnetische Wellenbewegung erkannt worden war; denn eine Welle muß immer eine solche von Etwas sein, es muß Etwas geben, das schwingt. Da das Licht sich im ganzen All ausbreitet, müßte demnach das All mit Etwas erfüllt sein, welches schwingt, wenn elektromagnetische Wellen (= Licht) sich ausbreiten, die Sterne z. B. leuchten. Das nannte man dann Weltäther, obwohl man mit diesem Begriff nie ganz zufrieden war (s. II. 2).

Die Frage nach dem Weltäther ist verbunden mit dem Problem, für alle Bewegungen im Bereich des stofflichen ein allgemeingültiges, sogenanntes absolutes Bezugssystem zu finden. Bewegung bedeutet für die Physik seit Galilei Ortsveränderung, welche über Strecken und die für deren Durchmessung notwendige Zeit, d. h. Geschwindigkeit, gemessen wird. Dazu braucht man aber Maß-Stäbe, welche sich in der Natur nicht finden, die vielmehr vom Menschen geschaffen werden müssen; nur in bezug auf solche künstlichen Maß-Stäbe ist Geschwindigkeit, Bewegung, meßbar. Bewegung, jenes charakteristische Phänomen der Wirklichkeit, das bereits Heraklit (S. 10) in seiner ganzen Bedeutung für ein Weltverständnis erkannte, ist relativ, immer nur in bezug auf Anderes feststellbar und erlebbar (was übrigens nicht nur für die physikalische Bewegung gilt.)

So wollte bzw. will der Michelsonsche Versuch die Bewegung der Erde gegen den das All erfüllenden Äther als Träger der Wellenbewegung des Lichtes feststellen. Es ist daher ein Experiment mit dem Kosmos als Ganzem, was hier nochmals hervorgehoben sei. Die innere Struktur des Experimentes ist ohne Problematik, klar und durchsichtig. Es gibt hier keine wissenschaftstheoretischen oder philosophischen Probleme im Unterschied zu den Sätzen von Seeligers und Charliers. Das Experiment sei daher auch hier nicht in seinen mathematischen Einzelheiten geschildert. Man kann sie in jedem modernen Physiklehrbuch nachlesen. Nur das Prinzip sei an Abb. 4 erläutert.

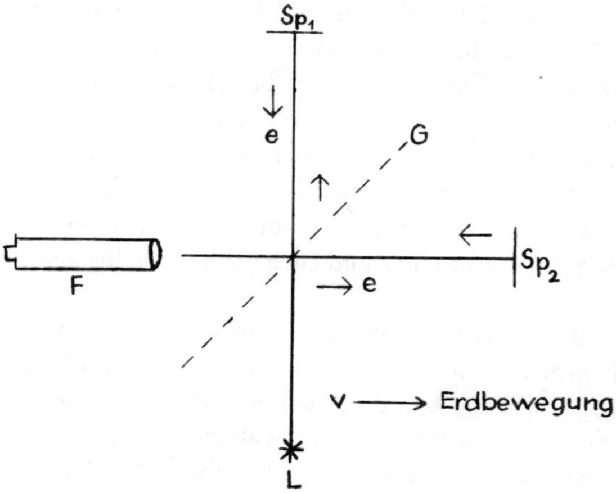

Abb. 4

Von einer Lichtquelle L geht ein monochromatischer (einfarbiger) Lichtstrahl auf den halb durchlässigen Spiegel G; d. h., dieser hat die Eigenschaft, den Lichtstrahl zu „teilen“, einen Teil zum Spiegel Sp_1 durchzulassen und den anderen zum Spiegel Sp_2 zu senden, wobei G von Sp_1 und von Sp_2 genau den gleichen Abstand e hat. Von Sp_1 und Sp_2 wird das Licht reflektiert und durch G in das Fernrohr F geleitet, wo beide Strahlen im Brennpunkt vereinigt werden. Ist nun das Kreuz mit Sp_1 und Sp_2 in Abb. 4 so orientiert, daß G–Sp_2 genau in Richtung der Erdbewegung durch den Raum zeigt, d. h. nach Osten, und Sp_1 senkrecht dazu, dann müßte im Falle eines von der Erde und deren Bewegung unabhängigen, den Raum erfüllenden Äthers folgendes eintreten: Das von G ausgehende und nach Sp_1 bzw. Sp_2 laufende Licht ist während seines Weges e sozusagen nur in den Äther als Träger seiner Wellenbewegung eingebettet, hat keine Beziehung mehr zur Erde, welche sich währenddessen mit der Geschwindigkeit v (etwa 25 km/sec) in Richtung Sp_2 bewegt. Dadurch ergeben sich unterschiedliche Laufwege von G nach Sp_1 bzw. Sp_2 bei gleicher Geschwindigkeit des Lichtes im unbewegten Äther, d. h. Wellen, welche zur gleichen Zeit von G nach Sp_1 und Sp_2 ausgehen, kommen zu einer verschiedenen Zeit im Fernrohr F an, welches die von Sp_1 und Sp_2 zurückkehrenden Strahlen auffängt. Gemäß den Gesetzen der Optik muß das in der Brennebene von F zu Interferenzstreifen im Bild von L führen, die sich dann auch noch verschieben müßten, wenn man die Versuchsanordnung in Abb. 4 um 90° dreht, so daß der Weg G–Sp_1 in die Bewegungsrichtung der Erde kommt. Das auch bis heute erstaunliche und nicht erwartete Resultat ist nun, daß sich jene Effekte nicht zeigen. Es repräsentiert sich alles so, als wenn v = Ø wäre, d. h. das Bild einer sich durch den ruhenden Äther als Träger der Lichtfortpflanzung hindurch bewegenden Erde ist mit dem Michelsonschen Versuch unvereinbar. *Das Ergebnis des Experimentes ist eine Negation, es besagt, was nicht möglich ist, ohne eine positive Alternative zu liefern.* Es wird oft gesagt, der Michelsonsche Versuch habe ein negatives Resultat. Das ist nicht wahr; die Situation ist vielmehr die gleiche, wie sie bereits beim Seeligerschen Satz und auch bei der theologia negetiva analysiert wurde.

Läßt man die heutige Kosmologie mit von Seeliger beginnen, so *setzt sich im Michelsonschen Versuch fürs erste die Negation als intellektuelle Denkstruktur fort;* und was schon die Alten bemerkten, daß dem Ganzen der Wirklichkeit sich stellen etwas anderes ist als die Frage nach Einzelaspekten (S. 8ff.), repräsentiert sich auch beim Michelsonschen Versuch, wo nach dem „Welt"-Äther, nach einem Ganzen gefragt wird. Wie die theologia negativa zeigt, drängen die Fragen nach dem Ganzen und Letzten der Wirklichkeit immer stärker in Richtung der Negation, als das bei vordergründigen Problemkreisen der Fall ist.

Dadurch wird der Intellekt jeweils vor eine Entscheidung gestellt: Entweder nimmt er die Negation an – und das ist die große geistesgeschichtliche Leistung der theologia negativa – oder nicht. Ersteres impliziert natürlich Erkenntnisverzicht.

Die heutige Kosmologie wurde nur dadurch möglich, daß man sich in der Intention A. Einsteins zur Annahme der Negation als Begründung der heute sogenannten Relativitätstheorie entschloß. Jene Intention kann so formuliert werden: Es sind bisher in der Physik die Resultate (richtig angestellter) Experimente angenommen worden, also sollte das auch beim Michelsonschen Versuch geschehen. Die Annahme des Resultates eines Experimentes bedeutet immer, das Resultat mathematisch ausdrücken; denn die Mathematik ist die legitime Sprache der Physik als einer messenden Wissenschaft.

Das geschah dann zunächst durch Einstein (1905). Seine mathematische Beschreibung des Versuches ist die spezielle Relativitätstheorie. *Damit war insofern ein Durchbruch erzielt, als man sich, vielleicht zum ersten Male in der Geschichte der Naturwissenschaften, unter Verzicht auf Erkenntnis einer Negation beugte.* Die für heutige Vorstellung noch sehr komplizierten mathematischen Gedankengänge Einsteins hier darzustellen, sprengte den Rahmen dieser Darlegungen. Es sei auf die Originalliteratur verwiesen (s. II. 1). Einsteins Gedankengänge sind, im Gegensatz zu seiner späteren „allgemeinen" Relativitätstheorie, noch nicht kosmologisch im hier verstandenen Sinne orientiert. Diese Wendung geschah zuerst durch Minkowsky. Damit sind die Arbeiten Einsteins keineswegs herabgesetzt. – Das Neue kam mit ihnen!

3. Die Minkowsky-Welt

Wie sehr Michelsons Versuch und Fragestellung kosmologisch, auf das Ganze der Wirklichkeit gerichtet sind, zeigten nach Einstein die Überlegungen H. Minkowskys (1908), wenngleich so etwas nicht direkt beabsichtigt war. – Den Terminus Kosmologie kannte man wohl noch nicht in der Naturwissenschaft. Dieser stand damals noch ganz im Bannstrahl der offiziellen Kathederphilosophie (S. 44/45).

Bei Minkowsky handelt es sich vordergründig um eine geometrische Darstellung des Versuchsresultates. Schon daß dergleichen möglich ist, zeigt, daß es sich bei einer Negation nicht einfach um ein „negatives" Resultat handelt. Im folgenden werden Minkowskys Gedankengänge aus didaktischen Gründen etwas modifiziert dargestellt:

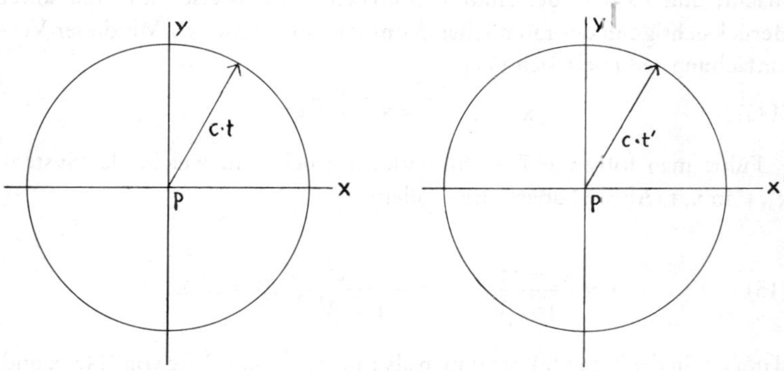

Abb. 5

Hat man im Dreidimensionalen einen Punkt P (zweidimensional in Abb. 5) und geht von P ein Lichtsignal nach allen Richtungen aus mit der Geschwindigkeit c, dann breitet sich dieses ersichtlich auf Kugelflächen aus, wobei nach der Zeit t seit dem Ausgang des Signals von P die Fläche (zweidimensional in Abb. 5 der Kreis) mit dem Radius c · t erreicht ist. Die Ausbreitung eines Lichtsignals von P aus im Dreidimensionalen läßt sich also beschreiben durch

(13) $$x^2 + y^2 + z^2 = c^2 \cdot t^2,$$

die Anwendung des pythagoräischen Lehrsatzes im Raume. Es sei nun ein weiteres Koordinatensystem x', y', z', t' (im zweidimensionalen, Abb. 5, x', y', t') gedacht, welches sich mit einer Geschwindigkeit v gegen das System x, y, z, t bewegt, dann kann die Negation des Michelsonschen Versuches mit (14) beschrieben werden:

$$x^2 + y^2 + z^2 - c^2 \cdot t^2 = x'^2 - y'^2 + z'^2 - c^2 \cdot t'^2. \tag{14}$$

Denn es ist nach dem Versuch gleichgültig, ob man die Ausbreitung des Lichtes von P in x, y, z, t oder in x', y', z', t' betrachtet, da sie unabhängig vom Bewegungszustand der Lichtquelle ist. (14) ist die Negation des Michelsonschen Versuches in der Sprache der Mathematik, wie sie zuerst Minkowsky formulierte; und man sieht hier unmittelbar anschaulich, daß eine Negation kein negatives Resultat zu sein braucht, ein Beispiel, welches über die in Rede stehenden begrenzten Fragestellungen weit hinausgeht und von grundsätzlich wichtiger wissenschaftstheoretischer Bedeutung (s. I. 18) ist: Man kann eine Negation mathematisch formulieren, wobei der mathematische Formalismus mehr sagt als die verbale Formulierung.

Das sei dargestellt an dem einfachen Formalismus, welcher (14) möglich macht, und zwar in der eindimensionalen Schreibweise, d. h. nur unter Berücksichtigung der räumlichen Komponente x bzw. x'. Mit dieser Vereinfachung reduziert sich (14) auf:

$$x^2 - c^2 \cdot t^2 = x'^2 - c^2 \cdot t'^2. \tag{14a}$$

Führt man folgende Transformationsformeln ein, welche das System x', t' in x, t (Abb. 5) überführen sollen:

$$x = \frac{x' + vt'}{\sqrt{1 - \beta^2}} \qquad t = \frac{t' + \dfrac{v \cdot x'}{c^2}}{\sqrt{1 - \beta^2}}, \quad (\beta = v/c), \tag{15}$$

dann gilt in der Tat (14a), setzt man also auf der linken Seite von (14a) x und t gemäß (15) ein, so erhält man die rechte Seite von (14a). (15) sind also, für alle Koordinaten geschrieben, die Transformationsformeln für (14), die mathematische Beschreibung des Resultates des Michelsonschen Experimentes.

Den Mathematikern F. Klein und C. Caley (s. I. 12, II. 12) gelang ebenfalls um die Jahrhundertwende, die Entdeckung, daß gewisse Bereiche der Geometrie auf sogenannte Transformationsgruppen zurückzuführen sind; d. h., daß alle Relationen innerhalb solcher Geometrien gegenüber bestimmten Transformationen invariant sind. So ist z. B. die sogenannte (übliche) euklidische Geometrie invariant gegen die Transformationsformeln:

$$\begin{aligned} x &= x' \cos\alpha - y' \sin\alpha + c_1 \\ y &= x' \sin\alpha + y' \cos\alpha + c_2. \end{aligned} \tag{16}$$

Rechtwinkelige und parallele Geraden werden wieder in solche übergeführt, es ist die Geometrie des pythagoräischen Lehrsatzes.

Die Transformationen (15) gehören der sogenannten hyperbolischen Gruppe an, wo die euklidische Geometrie nicht gilt. Das heißt aber jetzt, daß das Michelsonsche Experiment und sein Resultat an eine bestimmte Geometrie gebunden sind, charakterisiert durch die Transformationen (15), eine Geometrie, die selbstverständlich nicht vorstellbar ist wie die übliche euklidische, gegeben durch (16).

Dies alles hängt zusammen mit dem von Seeligerschen Satz (S. 48ff.). Der physikalische Vorgang im Michelsonschen Experiment ist gemäß der Fragestellung an eine bestimmte Geometrie gebunden; denn die Beschreibung (14) des Michelsonschen Experimentes und dessen Resultat sind notwendige und hinreichende Bedingungen voneinander, d. h., wenn das eine gilt, dann gilt auch das andere und umgekehrt.

Jedoch heißt das jetzt nicht, daß die Raumstruktur des Universums durch die Geometrie (14) bestimmt ist. Vielmehr steht hier nur die Lichtausbreitung in Rede, deren Zusammenhang mit der Bewegung der Lichtquelle sich in einer nichteuklidischen Geometrie ausdrückt.

Als negative Aussage beinhaltet der von Seeligersche Satz in seiner Allgemeinheit (S. 53) nur eine grundsätzliche Abhängigkeit von Raum, Stoff und Gesetz. In (14), dem „Gesetz“ der Lichtausbreitung, repräsentiert sich darüber hinaus in positiver Aussage eine Abhängigkeit zwischen Geometrie und Gesetz für die Lichtausbreitung in Einklang mit dem von Seeligerschen Satz; denn wenn letzterer die vorhin gezeichnete Allgemeingültigkeit hat, muß es jeweils eine Abhängigkeit von Geometrie und Gesetz geben, z. B. für den Vorgang der Lichtausbreitung die Relation (14).

Diese Abhängigkeit zeigt sich zunächst nur an dem Vorgang selbst, wie ja auch der von Seeligersche Satz in seiner zuerst formulierten Weise an die Gravitation gebunden ist. Dessen Verallgemeinerung (S. 50) ist eine logische Schlußfolgerung, die auf keinen konkreten Vorgang zielt. In dieser ist nichts darüber enthalten, welche Rolle die Geometrie, der Raum oder der Stoff im einzelnen konkreten Falle spielen. Es ist lediglich eine Abhängigkeit dieser drei Agenzien konstituiert: es sind nicht beliebige Kombinationen zwischen ihnen möglich.

Der Michelsonsche Versuch ist ein Experiment mit dem Universum als Ganzem (Frage nach dem Äther). Der von Seeligersche Satz ist ebenfalls das Resultat einer Frage nach dem Ganzen des Alls. Also müssen zwischen beiden Zusammenhänge bestehen, falls es sich um richtige Aussagen handelt; und das sind die Formeln (14) und (15) und der in dieser ausgedrückte Zusammenhang von Lichtausbreitung (deren Gesetz) und Geometrie (Raum).

Der Terminus „Minkowsky-Welt“ ist nur ein anderer Ausdruck für den allgemeinen von Seeligerschen Satz. Nämlich die Verbindung von Raum und Zeit (14) bedingt, daß irgendwelche Gesetzmäßigkeiten, in denen die Zeit vorkommt, d. h. in diesem Falle diejenige der Lichtausbreitung, verbunden sind mit dem Raum, hier speziell mit einem nichteuklidischen. „Von Stunde an sollen Raum für sich und Zeit für sich völlig zu Schemen herabsinken, und nur noch eine Art Union der beiden soll Selbstständigkeit bewahren." Mit diesen Worten leitete Minkowsky selbst seine diesbezüglichen Untersuchungen ein. Sie sind hinsichtlich des ja nur am Licht (am elektromagnetischen Phänomen) abrollenden Michelsonschen Versuches eine analoge Verallgemeinerung wie in bezug auf die speziellen Vorgänge im Bereich der Schwerkraft (Anziehung) bei der mathematischen Herleitung des von Seeligerschen Satzes (S. 50).

In beiden Fällen besteht eine Abhängigkeit von Geometrie und Gesetz, eine konkrete in der Minkowsky-Welt (Lichtausbreitung), eine allgemeine (nur negativ aussagbare) beim von Seeligerschen Satz bzw. seiner Verallgemeinerung. In der Minkowsky-Welt spielt die Stoffverteilung noch keine Rolle. Das ist erst anders in der allgemeinen Relativitätstheorie und ihren Weltmodellen.

Die Formeln (15) wurden unabhängig voneinander von Lorentz und Einstein bei deren Untersuchungen über die Problematik des Michelsonschen Versuches (S. 62) gefunden. Sie tragen auch den Namen Lorentz-Transformationen, weil Lorentz sie als Maß-Stabs-Veränderungen (Verkürzung in der Bewegungsrichtung) deutete, während Einstein sie zuerst in Zusammenhang mit geometrischen Überlegungen brachte, auf Grund seiner neuen Konzeption (S. 62) hinsichtlich des Michelsonschen Versuches.

4. Die philosophische Problematik der Minkowsky-Welt

a) Die Gegenstände der Problematik

Die Problematik der Minkowsky-Welt gründet darin, daß das Resultat des Michelsonschen Versuches eine Negation ist.

Der Weltäther, immer schon problematisch, kann entbehrt werden; denn er zeigt sich nicht: So nämlich kann man das Michelsonsche Resultat auch deuten – wodurch die mathematische Beschreibung sich nicht ändert.

Das hat sofort die wissenschaftstheoretische Konsequenz, daß die Lichtausbreitung (allgemein Ausbreitung elektromagnetischer Wellen) nicht mehr „verstanden" ist. Wenn nämlich Licht eine Wellenbewegung ist, und daran kann für bestimmte seiner Erscheinungsweisen kein Zweifel sein –, muß es etwas geben, das schwingt, das ist eine unausweichliche logische

Konsequenz. Dieses im ganzen All ausgebreitete „Fluidum“ nannte man bisher den Äther. Man muß diese Frage offenlassen, wenigstens bis jetzt. Es bleibt im Augenblick nur die Formulierung übrig, daß der Raum die Eigenschaft hat, die elektromagnetischen Wellen zu übertragen, wie auch diejenige, die Gravitation von einem Weltkörper zum anderen übertragen zu können, so daß die Schwerkraft zustande kommt. Die Versuche, den Äther zu retten, können hier nicht diskutiert werden; einmal sind sie nicht direkt kosmologisch orientiert, und zum anderen wäre der Äther noch problematischer, als er es schon vor dem Michelsonschen Versuch war. Was sich hier immer wieder bemerkbar macht, ist die Denkstruktur der Negation, welche im Resultat des Michelsonschen Versuches enthalten ist und die ihren Vorläufer oder auch ihre umgreifende Basis im von Seeligerschen Satz hat.

Mit der Minkowsky-Welt ist weiterhin das Problem der Bewegung verbunden. Heraklit (S. 10) erkannte es zuerst. Leukippos und Demokrit suchten es über die Atomlehre in den Griff zu bekommen (S. 13). Deren Gedanken wurden im Anschluß an Galileis Begründung der Mechanik durch Gassendi (S. 28) im Abendland wieder bekannt. Am Beginn der mechanistischen Naturerklärung war für ihn, wie für alle seiner Nachfolger in diesen Denkwegen, Bacon (S. 30), Descartes (S. 32) bis hin zu Lamettrie (S. 36), welche wesentlich jenes Erklärungsprinzip entwickelt haben, Bewegung problemlos, obwohl das im Mittelalter, z. B. bei Thomas, nicht immer der Fall war.

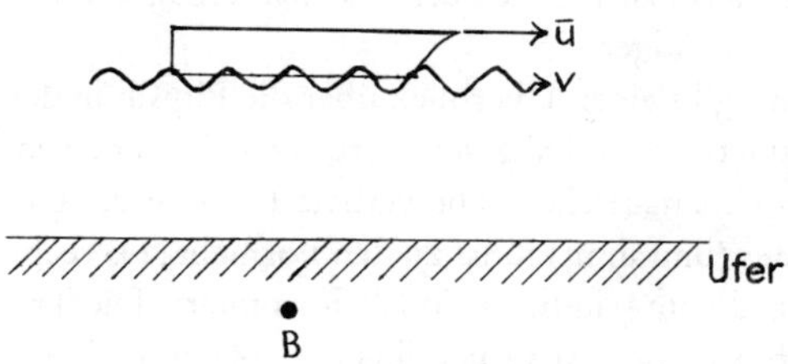

Abb. 6

In der Minkowsky-Welt hat es mit der Bewegung folgendes auf sich: Galilei hatte zuerst das sogenannte, anscheinend unmittelbar einsichtige, Additionstheorem der Geschwindigkeit formuliert: Es sei (Abb. 6) B ein Beobachter an einem Flußufer. Das Wasser fließe in bezug auf das Ufer mit der Geschwindigkeit v. In gleicher Richtung fahre auf dem Wasser ein Schiff, das die Geschwindigkeit $\bar{u}$ in bezug auf das Wasser habe. Dann wird B vom festen Ufer aus eine Geschwindigkeit u

$$u = \bar{u} + v, \tag{17}$$

für das Schiff, d. h. in bezug auf das feste Ufer, messen. Einmal wird das tatsächlich im Rahmen der Meßfehler auch gemessen, und zum anderen scheint das völlig einsichtig. Die Geschwindigkeiten addieren sich einfach: Ruhte das Wasser, hätte das Schiff in bezug auf das Ufer die Geschwindigkeit $\bar{u}$.

Wegen (14) ist jedoch, wie sich sofort aus (15) ergibt [$x/t = u$, $x'/t' = \bar{u}$]:

$$u = \frac{\bar{u} + v}{1 + \bar{u} \cdot v/c^2}. \tag{18}$$

Man sieht sofort: Je kleiner $\bar{u} \cdot v$ gegen die Lichtgeschwindigkeit c ist, um so kleiner wird $\bar{u} \cdot v/c^2$ und um so mehr nähert sich (18) der klassischen Galileischen Formel (17). Bei den normalen Geschwindigkeiten, die üblich dem Menschen mit seiner Technik zugänglich sind (die heutigen Teilchenbeschleuniger ausgenommen), ist $\bar{u} \cdot v$ immer sehr klein gegen c^2 ($\sim 10^{10}$), so daß die Differenzen (18) gegen (17) immer im Rahmen der Meßfehler bleiben, weshalb dann auch, zusammen mit dem unmittelbaren Anschauungsinhalt, Galilei und mit ihm die ganze Physik bis zu Michelson hin, (17) für selbstverständlich hielten.

Man kann das auch so ausdrücken, daß die Minkowsky-Welt, eine Konsequenz des von Seeligerschen Satzes, sich nur im Rahmen der Meßfehler von der unmittelbar gegebenen Wirklichkeit unterscheidet. Jedoch führt dieser Unterschied wieder ins „Nicht-Verstandene“, ähnlich wie das Ergebnis des Michelsonschen Versuches selbst bezüglich der Lichtausbreitung, d. h. deren Träger.

Das Schema I gibt einen Überblick über die Physik in der Minkowsky-Welt. Links ist letztere verbal geschildert, rechts in der eigentlich legitimen Sprache, der mathematischen: Die verbale Formulierung des Michelsonschen Resultates (umrahmt) führt zu den Formeln (14) rechts, hier nur für eine Raumkoordinate (eindimensional) formuliert. Die Transformationsformeln (15) führen den Ausdruck links in (14) in denjenigen rechts über und konstituieren damit eine hyperbolische Gruppe, d. h. die Geometrie der Minkowsky-Welt: Die physikalischen Zusammenhänge führen hier zu einer bestimmten Geometrie, sind also nicht unabhängig vom Raum, wie es die allgemeine Formulierung des von Seeligerschen Satzes aussagt (S. 53). In der durch (14) bedingten geometrischen Raum-Zeit-Struktur gilt dann auch nicht mehr das klassische Additionstheorem der Geschwindigkeiten, wie in der euklidischen Raum-Zeit-Struktur, sondern (18).

Betrachtet man zwei völlig gleiche Körper A und B (Raumschiffe z. B.) zunächst in der Position bei P (Mitte links Schema I), die sich mit einem Male von P aus mit der Geschwindigkeit v in entgegengesetzten Richtungen entfernen; – und es soll nichts weiter betrachtet werden als dieser Vorgang allein –. Sie sollen die Massen m = m′ haben, festgestellt durch Wiegen bei P, vor der Auseinanderbewegung.

Die Frage ist, wie jener in P ausgelöste Vorgang vom bewegten Körper A aus sich in der Minkowsky-Welt darbietet. In einer euklidischen Welt würde die Geschwindigkeit des Körpers B, von A aus gemessen, 2 v betragen, gemäß der Galilei-Formel (17), d. h. die einfache Addition der Geschwindigkeiten. In der Minkowsky-Welt gilt jedoch für die Addition von Geschwindigkeiten (18). Demgemäß mißt A als Geschwindigkeit von B nicht 2 v, sondern

$$u = \frac{2v}{1 + v^2/c^2} < 2v, \tag{19}$$

da in (18) in diesem Falle $\bar{u} = v$ ist. Offensichtlich mißt A eine kleinere Geschwindigkeit von B, als das in der euklidischen Welt der Fall wäre, obwohl keine äußeren Kräfte betrachtet werden, welche etwa B verlangsamen könnten.

Die Bewegung von P aus ist bei dem in Rede stehenden Gedankenexperiment durch zwei genau gleich große Kräfte ausgelöst, die A und B in bezug auf P zwei völlig gleiche entgegengesetzte Geschwindigkeiten v in bezug auf P erteilen. Man kann auch sagen, A und B bekommen den gleichen Impuls, welcher generell definiert ist als Masse × Geschwindigkeit. Der Impuls wäre in diesem Falle mv = m′ · v, da m = m′. Von dem sich von P entfernenden A aus gesehen hat in der euklidischen Welt (Galileis Additionstheorem der Geschwindigkeiten) B die Geschwindigkeit 2 v, da sich ja die Geschwindigkeiten addieren.

Es wird nun die Auffassung vertreten, daß es objektive Ereignisse gibt, die statthaben, wie auch immer die Welt aussehen mag, in welcher sie sich abspielen. Sie wären als Ereignisse eine Qualität und keine Quantität, die nur gemessen werden kann (s. Einleitung). Das Qualitative im betrachteten Gedankenexperiment ist das Faktum des völlig gleichen (abgesehen von den Richtungen) Auseinanderfliegens von A und B von P aus, d. h., daß die Impulse genau gleich sind. Gleich ist jetzt hier keine Maßangabe, sondern eine qualitative Aussage.

Diese Gleichheit hat nichts damit zu tun, in welcher Welt sie sich abspielt. Der Impuls von A ist m · v wie derjenige von B für m = m′, und beide haben aufeinander keinen Einfluß, da nach der Trennung bei P die Körper A und B keine Wirkung mehr aufeinander haben können. Das heißt, da von A aus gesehen B die Geschwindigkeit 2 v hat, ergeben sich die Impulse m · v für A und m′ · (2 v-v) für B, oder mv = m′ · v, wie es für die euklidische Welt zutrifft mit m = m′. Da nämlich die Ereignisse nach der Trennung in P völlig unabhängig voneinander sind und, wie gesagt, sich auch nicht beeinflussen, kann der Impulswert für B nicht von der Geschwindigkeit des Körpers

PHYSIK IN DER MINKOWSKY-WELT

Schema I

Verbal

Resultat des Michelsonschen Versuches: Die Ausbreitung des Lichtes ist unabhängig vom Bewegungszustand der Lichtquelle.

↓

Die Transformationsformel zwischen Koordinationssystemen konstituieren eine Hyperbolische Gruppe, die Geometrie der Minkowski-Welt.

↓

Neues Additionstheorem der Geschwindigkeiten.

Mathematische Beschreibung

$$x^2 - c^2 \cdot t^2 = x'^2 - c^2 \cdot t'^2 \qquad (14a)$$

(Hyperbolische Geometrie, eindimensional formuliert).

↓

$$x = \frac{x' + vt'}{\sqrt{1-\beta^2}} \qquad t = \frac{t' + \frac{v \cdot x'}{c^2}}{\sqrt{1-\beta^2}}, \quad (\beta = v/c) \qquad (15)$$

(Lorentztransformation)

↓

Unter Berücksichtigung von:

$x/t = u, x'/t' = \bar{u}$:

$$u = \frac{\bar{u} + v}{1 + \bar{u} \cdot v/c^2}. \qquad (18)$$

↓

Da $\bar{u} = v$, folgt

$$u = \frac{2v}{1 + v^2/c^2} < 2v, \qquad (19)$$

Wegen $mv = m' \cdot (u\text{-}v)$ und (19)

Massenänderung bei Bewegung
wegen Prinzip der Erhaltung
d. Schwerpunktes bzw. Impulses,

dargestellt an folgendem
Gedankenexperiment:

m = m′
in bezug
auf P.

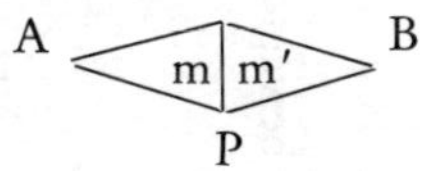

Dann:

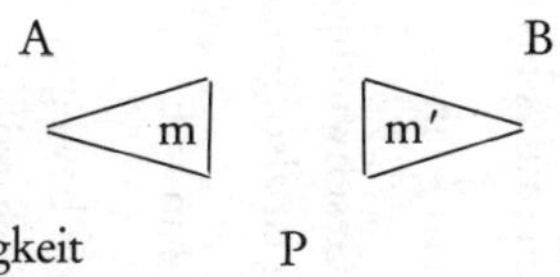

Mit der
Geschwindigkeit
– v von P aus.

Mit der
Geschwindigkeit
+ v von P aus.

Aber von A aus mit $\bar{u} = v$, d. h.,
Addition d. Geschw. nach (18)
und *nicht* nach (17).

Damit folgt für die Geschwindigkeit
von A aus betrachtet, wegen

(20) $m \cdot v = m'(u - v)$:

$m \neq m'$ in bezug auf A!

(21) $$m' = \frac{m}{\sqrt{1 - u^2/c^2}},$$

(22) $$m' = m + \frac{1}{2} \cdot m \cdot u^2/c^2 + \frac{3}{8} \cdot m \cdot u^4/c^4 + \ldots$$

in erster Näherung

$$m' = m + \frac{1}{2} \cdot m \cdot u^2/c^2$$

Das heißt
Massenänderung um

$$\Delta m = \frac{1}{2} \cdot m \cdot u^2/c^2$$

mit $\frac{1}{2} \cdot m \cdot u^2 = E$

(kinetische Energie)

(24) $E = m \cdot c^2$,
die Äquivalenz von Energie und Masse.

A abhängen, welche in 2 v enthalten ist. Sie muß daher abgezogen werden, damit man den richtigen Impulswert für B erhält.

Ist nun aber von A aus die Geschwindigkeit von B nicht 2 v, sondern u gemäß (19), dann ergibt sich für die Impulse die Relation

$$mv = m' \cdot (u-v) \tag{20}$$

d. h. $m \neq m'$. Von A aus gesehen ist die Masse von B nicht m, sondern m', gegeben durch (20), vorausgesetzt, das Prinzip der qualitativen Gleichheit der Vorgänge bei A und B und damit ihrer Impulse soll beibehalten werden.

(20) kommt also in obiger Ableitung dadurch zustande, daß in einem abgeschlossenen System – und das ist jeweils die Kombination A und B, sei es bei P oder beim Auseinanderfliegen – die Impuls-Summe unverändert ist (Impuls-Satz) und daß weiterhin diesem Satz eine absolute Gültigkeit zukommen soll. Dieses Prinzip wird in der Naturwissenschaft bis heute durchgängig aufrechterhalten, insbesondere auch in der Kernphysik.

Bemerkt sei noch, daß der Impuls-Satz äquivalent dem Satz der Erhaltung des Schwerpunktes für abgeschlossene Massensysteme ist. Auch aus diesem kann (20) abgeleitet werden (s. 2. Teil, II. 2, S. 791 ff.).

Drückt man gemäß (19) v durch u aus und setzt das in (20) ein, folgt (Schema I rechts unten)

$$m' = \frac{m}{\sqrt{1 - u^2/c^2}}, \tag{21}$$

d. h. von A aus gesehen, ist die Masse von B mit m' größer geworden. Entwickelt man (21) in eine Taylor-Reihe nach u, so folgt:

$$m' = m + \frac{1}{2} \cdot m \cdot u^2/c^2 + \frac{3}{8} \cdot m \cdot u^4/c^4 + \ldots \tag{22}$$

d. h., die Masse von B ist in bezug auf A bis auf Restbeträge um den Betrag $\Delta m = \frac{1}{2} \cdot m \cdot u^2/c^2$ größer. Nun ist $\frac{1}{2} \cdot m \cdot u^2 = E$ nichts anderes als die kinetische Energie eines mit der Geschwindigkeit u bewegten Körpers der Masse m. Die Massenänderung ist also gemäß (22)

$$\Delta m = E/c^2. \tag{23}$$

Ein mit einer Geschwindigkeit u bewegter Körper hätte also eine größere Masse, als wenn er ruht; und diese größere Masse ist bestimmt durch seine Geschwindigkeit u. D. h., kinetische Energie kann in Masse übergehen gemäß der allgemein bekannten Formel (Schema I unten)

$$E = m \cdot c^2. \tag{24}$$

(24) wurde zuerst von A. Einstein gefunden und ist heute experimentell bis hin zu ihrer technischen Verwertung (Reaktortechnik) aufs beste bestätigt. Die Restbeträge in (22) sind so klein, daß sie keine Rolle spielen.

Die vorstehenden in Schema I dargestellten Gedankengänge repräsentieren die Physik in der Minkowsky-Welt, d. h. eine Physik, welche an die Geometrie der Transformationsgruppe (15) gebunden ist, entsprechend dem von Seeligerschen Satz, daß Raumstruktur (= Geometrie) und Gesetze (= physikalische Zusammenhänge) nicht unabhängig voneinander sind, wobei das im Schema I Dargestellte die sogenannte spezielle Relativitätstheorie ist.

Es liegt hier ein Analogon zu dem Charlierschen Universum vor. Wie in Schema I die physikalischen Zusammenhänge an eine bestimmte nichteuklidische Geometrie gebunden sind, so sind die physikalischen Strukturen jenes Universum-Modells an die euklidische Geometrie gebunden bzw. mit ihr verträglich (S. 53, Abb. 3).

Mit (24), der weltbekannten, fast politischen Formel repräsentiert sich ein weiteres Nicht-Verstandenes in dem Sinne, daß man Fragen stehenlassen muß; denn es läßt sich einfach fragen, wie der Stoff als Festes, Körperhaftes in Erscheinung Tretendes es fertigbringt, sich in Energie zu verwandeln und umgekehrt. Physik und Technik braucht eine solche Frage nicht zu tangieren: Es ist einfach so.

Es sind im ganzen vier Aspekte, in denen sich das Nicht-Verstandene im vorhin definierten Sinne zeigt: Einmal der Michelsonsche Versuch selbst, in dem Faktum seiner reinen Negation (in Analogie zum verallgemeinerten v. Seeligerschen Satz). Verbunden damit ist die Konstitution der Minkowsky-Welt, die nach A. Einstein keine „absolute" Zeit mehr kennt, sondern für jedes bewegte Koordinatensystem eine besondere Zeit postuliert durch die Raum-Zeit-Union Minkowskys (S. 64), wie es die Formeln (14) und (15) zeigen. Weiter resultiert die nicht exakte Gültigkeit des Galileischen Additionsgesetzes der Geschwindigkeit, d. h. die Problematik der Bewegung, und schließlich die Äquivalenz von Stoff und Energie.

b) Die denkerische Struktur der Problematik

α) *Die Zeit*

Schema I zeigt anschaulich, daß die denkerische Problematik der Minkowsky-Welt im Nicht-Verstandenen des Michelsonschen Versuches begründet ist: Die oben in Schema I umrahmten Beziehungen lösen alle ins Nicht-Verstandene führende Aspekte aus.

Die mathematische Formulierung des Michelsonschen Versuches bedingt unvermeidbar, jedem Koordinatensystem eine besondere Zeit zuzusprechen, (14) in Schema I. Einstein formulierte es ursprünglich so, daß „Gleichzeitigkeit nichts mehr Absolutes sei“.

Von philosophischer Seite hat kaum eine andere Denkmanipulation moderner Naturwissenschaft eine solche Ablehnung erfahren. Die sich schon im 19. Jahrhundert anbahnende Entfremdung zwischen Naturwissenschaft und Philosophie führte im zwanzigsten Jahrhundert endgültig zu dem schon erwähnten Bruch zwischen beiden (S. 45ff.).

Vor allem ist es die Lehre Kants von Raum und Zeit (S. 44), die hier tangiert erscheint; und so kamen auch von dort, von der mächtigen, oft intoleranten, aber trotzdem hochverdienten Bewegung des sogenannten Neukantianismus die massivsten Angriffe gegen das sich oben dargelegte Neue in der Naturwissenschaft (S. 46). Durch nichts kommt die emotional geladene Situation markanter zum Ausdruck als durch die These, die Deutung des Michelsonschen Versuches sei falsch, weil sie mit Kant nicht vereinbar sei.

Kant lehrte, die Zeit sei die Form der Anschauung des inneren Sinnes. Newton war der Meinung, die Zeit fließe dahin, gleichmäßig und stetig, und die einzelnen Ereignisse seien markiert in diesem Fließen, gleichsam mitgenommen wie in einem Fluß. Newton trennte als Physiker und Astronom die Zeit von der übrigen Wirklichkeit und sprach ihr eine Sonderstellung gegenüber allem und jeglichem zu.

Gerade daran hatte sich Kant orientiert, aber zugleich Sinnvolleres getan, nämlich die Zeit (und den Raum) ganz dem Geistigen, dem Denken zugeordnet, was seiner philosophischen Intention sowieso entsprach, und sie als eine Form des Denkens im Sinne einer souveränen Ordnungsfunktion des Letzteren angesprochen (S. 44).

Die Kontroverse kommt nun dadurch zustande, daß es, wenn Zeit und Raum Ordnungsfunktionen des Denkens sind, nicht von einem Koordinatensystem abhängen kann, welche Zeit gilt. Genau das aber ist nach (14) der Fall; dabei kommt noch hinzu, daß es sich nicht um irgendeine Abhängigkeit handelt, sondern gerade um die durch (14) gegebene. Geht man z. B. von dem Koordinatensystem x, t in (14) mit der Zeit t aus, so folgt notwendig t′ gemäß (14) bzw. (15) und keine andere, wofern natürlich (14) allgemein Gültigkeit hat. Das ist schlicht mit der Kantschen Deutung von Zeit nicht vereinbar, mindestens nicht in der Weise, wie diese in der Kritik der reinen Vernunft formuliert ist.

(14) ist aber nichts anderes als die mathematische Formulierung einer realen Erfahrung der Wirklichkeit, nämlich (links in Schema I) der Unabhängigkeit der Ausbreitung des Lichtes vom Bewegungszustande der Licht-

quelle, d. h. eine Erfahrung, die sich in einer Negation ausdrückt. Infolgedessen enthält sie notwendig „Unverstandenes" im oben definierten Sinne, was natürlich in (14), der mathematischen Beschreibung, wiederkehrt; denn letzten Endes ist es vom unmittelbaren Zeiterleben her, so sei hier behauptet, nicht verstehbar, daß in verschiedenen zueinander bewegten Koordinatensystemen verschiedene „Zeiten" gültig sein sollen oder wie Einstein meinte (s. oben), daß die Gleichzeitigkeit nicht „absolut" sei.

Das Nicht-Verstandene bricht zum ersten Male an der Eigentümlichkeit des Lichtes auf, wie sie sich in dem Resultat des Michelsonschen Versuches zeigt; und daß dann gerade die „Zeit" davon betroffen ist, ist nur eine Folge der mathematischen Beschreibung.

Es dürfte schwer sein, angesichts dieser Tatsachen, nicht gesucht, nicht erwartet (S. 61/62), alleine mit dem Denken, wie es von Kant inauguriert wurde, in der Interpretation des Neukantianismus zurechtzukommen. Mit der Ordnungsfunktion des Denkens, die sicher existiert, ist es hier nicht getan. Im Michelsonschen Versuch repräsentiert sich eine vom Denken unabhängige Realität, deren intellektuelle Beherrschung bis heute nicht gelungen ist, unbeschadet ihrer technischen Anwendungen.

Die umfangreichen Diskussionen mit dem Neukantianismus können hier nicht dargelegt werden. Auch handelt es sich dabei nicht immer um unmittelbar kosmologische Problemkreise. Die Vertreter des Neukantianismus mußten selbst zugeben, daß „die starken Wandlungen, welche die exakten Wissenschaften . . . erfahren haben . . . eine tiefgreifende Umarbeitung erfordert hätten"; so sagte z. B. P. Natorp, einer der markantesten Vertreter des Neukantianismus zu Beginn dieses Jahrhunderts (s. I. 13). Er selbst leistete sie nicht mehr.

E. Cassirer kommt das Verdienst zu, hier eine Brücke geschlagen zu haben, die Frage ist nur, ob seine Lösung noch als Neukantianismus zu bezeichnen ist. Cassirer formuliert das selbst, wenn er in seinen diesbezüglichen Untersuchungen sagt: „. . . fanden sich viele Kritiker, die mir in den Schlußfolgerungen . . . zwar zustimmten, . . . aber an diese . . . die Frage knüpften, ob ich als Neukantianer derartige Folgerungen hätte ziehen dürfen." (s. I. 1, S. 132).

Cassirers Lösungsversuch geht in der Richtung einer Trennung von Empirie und Denkstruktur. Dies wird z. B. für den Raum so formuliert: „Die echte logische Allgemeinheit der Idee des Raumes schließt also seine physische Allgemeinheit nicht nur nicht ein, sondern sie ist geradezu dazu bestimmt, sie auszuschließen" (a. a. O. S. 75). An einer anderen Stelle heißt es: „Das faktische Ineinander von Raum/Zeit in allen empirisch-physikalischen Messungen schließt nicht aus, daß beide zwar nicht als Gegenstände, wohl aber als Arten der Gegenstandsbestimmung grundsätzlich Verschiedenes bedeuten“ (a. a. O. S. 85). Damit ist mindestens indirekt jene Mächtigkeit der Wirklichkeit zugegeben, der sich die Naturwissenschaft seit eh und je zugewandt empfindet.

Vielleicht wäre bezüglich der Zeitproblematik seit Kant und im Neukantianismus manches geistesgeschichtlich anders verlaufen, hätte man noch jenen großen Gedankenstrom gekannt bzw. beachtet, welcher von den Kirchenvätern um die Wende vom 3. und 4. nachchristlichen Jahrhundert ausgegangen ist. Aber die erklärte Metaphysikfeindlichkeit des 18. und 19. Jahrhunderts stand dem entgegen.

Jene Theologen waren auf das Zeitproblem dadurch gestoßen, daß sie vor der Notwendigkeit standen, die Ewigkeit Gottes, den Anfang der Welt und das Problem der Schöpfung mit den Mitteln ihrer Zeit neu zu überdenken.

Ihre Denkbemühungen sind naturgemäß von theologischen Interessen geleitet. Aber deren Denkwege und Inhalte sind letztlich unabhängig vom Theologischen, weil es sich beim Zeitproblem um allgemein-philosophische Fragestellungen handelt.

Der Ausgangspunkt ist ein von Kant grundsätzlich verschiedener, dies nicht unbedingt im Sinne einer Kontraposition.

So heißt es in der ersten der neun Predigten (Homilien) des Basilius (329) über die Genesis (Sechstagewerk): „Naturgemäß kam so mit der Welt und den Tieren und Pflanzen auf ihr der Lauf der Zeit, die immer neu kommt und vergeht und nie ihren Lauf unterbricht.“

Das Charakteristische ist hier, daß die Zeit mit den Dingen in eins gesehen wird. Nicht wird die Zeit gesehen als ein Agens sui generis wie bei Newton noch als eine Form des Denkens wie bei Kant. Zeit ist nicht ohne Dinge und Dinge sind nicht ohne Zeit möglich. Freilich hat die Zeit eine Eigenständigkeit; denn sie ist ein Nacheinander, und das ist einem einzelnen Gegenstand von sich aus nicht eigen.

Bei Ambrosius (374) heißt es in der 1. Homilie über das Sechstagewerk: „Eine Zeit nämlich gibt es erst seit dieser Welt, nicht vor der Welt“ (Exameron I, 20). Das ist das gleiche wie bei Basilius, nur umfassender und präziser formuliert.

Am gründlichsten hat sich damals Augustinus (354) mit dem Problemkreis der Zeit auseinandergesetzt. Bei ihm heißt es: „Also ist ohne Zweifel die Welt nicht in der Zeit, sondern zugleich mit der Zeit geschaffen worden“ (Gottesstaat, XI, 6). „Denn, wo kein Geschöpf vorhanden ist, an dessen sich ändernden Bewegungen Zeiten ablaufen, da kann es Zeiten überhaupt nicht geben“ (Gottesstaat, XII, 16). „Denn auch die Zeit ist Gottes Werk, da sich ihr Lauf nur vollzieht an der Bewegung der von Gott geschaffenen Dinge“ (Gottesstaat XII, 27).

Zunächst sind das die gleichen Thesen wie die des Basilius und Ambrosius. Aber sie gehen über letztere hinaus: Es ist nämlich bewußt die Bewegung in die Überlegungen miteinbezogen. Das ist insofern ein grundsätzlicher Schritt, als damit ein ganz allgemeines, kosmologisches Phänomen in die Betrachtungen mit hineingenommen wird; und für die Kosmologie heute ist Bewegung eines der zentralen Probleme. Bei Augustinus ist nicht einfach Zeit mit den Dingen verbunden, sondern mit deren Bewegung, und das ist nicht ohne weiteres dasselbe.

Nämlich durch Bewegung und nur durch sie kann Zeit „gemessen" werden. Das hat dann auch Augustinus erkannt: „. . . Wenn sich ein Körper bewegt, so messe ich mittels der Zeit die Dauer der Bewegung von ihrem Anfang bis zu ihrem Ende." Dabei wird die Eigenständigkeit des Zeitlichen ausdrücklich festgehalten: „Die Zeit ist . . . nicht die Bewegung der Körper" (Bekenntnisse, XI,24).

Daraus erhebt sich sofort die Frage, wie denn Zeit gemessen wird. Es führte hier zu weit, den Überlegungen Augustinus' im einzelnen nachzugehen. Das Grundsätzliche und geistesgeschichtlich Wichtige ist seine Einsicht, daß die Zeitmessung zustande kommt durch einen Akt des Denkens, der nicht an den Meß-Akt und dessen Methodik gebunden ist. Augustinus stellt sich die Frage, wieso man denn etwas messen könne, was nicht mehr da ist, die Vergangenheit, und etwas, das noch nicht da ist, die Zukunft. Beides geschieht ja offensichtlich, wobei die Gegenwart nur ein „singulärer" Augenblick zwischen Vergangenheit und Zukunft ist. „Ich messe die Zeit, das weiß ich. Aber ich messe nicht die Zukunft; denn diese ist ja noch nicht, ich messe auch nicht die Gegenwart; denn sie hat keine Ausdehnung im Raume. Ich messe auch nicht die Vergangenheit; denn sie ist nicht mehr. Was also messe ich?" (Bekenntnisse XI,26). „Also messen wir weder die zukünftige noch die vergangene, noch die gegenwärtige, noch die vorübergehende Zeit, und dennoch messen wir Zeit" . . . „Ich messe also nicht sie (die Dinge) selbst, die bereits nicht mehr sind, sondern ich messe etwas, was sich meinem Gedächtnis eingeprägt hat" (Bekenntnisse, XI,27).

Augustinus vertritt die Auffassung, daß Vergangenheit im Gedächtnis ist, ebenso die Zukunft, und daß innerhalb dieses Gedächtnisinhaltes gemessen wird. Anders sind die nicht „jetzt" seiende Vergangenheit und Zukunft dem Intellekt nicht zugänglich, und infolgedessen kann er auch nur hier sein Messen in Akt setzen. So folgt notwendig: „Aber wie kann die Zukunft, die doch noch nicht ist, verzehren oder erschöpfen, wie kann die Vergangenheit, die nicht mehr ist, zunehmen, wenn nicht der Geist, in dem dieses vorgeht, eine . . . Tätigkeit ausübt?" (Bekenntnisse XI,28). „In Dir, mein Geist, also messe ich meine Zeiten" (Bekenntnisse XI,27).

Man kann jetzt die Frage stellen, wieweit das alles noch von Kants Idee der Zeit als einer Anschauungsform des inneren Sinnes (S. 74) entfernt ist. Natürlich standen Augustinus noch nicht jene kritischen Denkmittel zur Verfügung wie dem Schöpfer der „Kritik der reinen Vernunft". Aber ein Widerspruch besteht zwischen beiden Positionen nicht. Dabei bleibt bei Augustinus, wie bei den Kirchenvätern überhaupt, die Verbindung von einem (transzentalen) Ding und der Zeit erhalten, was nicht die Absicht Kants und schon gar nicht die des Neukantianismus war.

Augustinus, der einen gewissen Abschluß in der Zeit jener alten Theologen repräsentiert, nimmt in seiner Ansicht über die Zeit eine Mittelstellung ein. Einerseits kommt sie durch eine vom Meßakt und dessen Methodik unabhängige Tätigkeit des Geistes zustande – der Meßakt ist zweitrangig und setzt jene Tätigkeit voraus –, und zum anderen bleibt die Zeit an die Dinge gebunden, im Gegensatz zu Newton, Kant und dem Neukantianismus.

Wenn nun in der Minkowsky-Welt jedes Koordinatensystem seine eigene Zeit hat, so ist das zwar nicht ohne weiteres identisch mit den Aussagen Augustinus' und der Alten; aber in letzteren ist enthalten, daß die Zeit ohne Dinge nicht sein kann, und das ist die allgemeine Voraussetzung für eine Beziehung vom Typ (15). Zwar folgt letztere nicht aus dieser Voraussetzung; aber sie impliziert diese.

Für $v = 0$ in (15) ist $t = t'$, d. h., das spezifische Zusammen von Zeit und Dingen ist an Bewegung gebunden, genau das beinhaltet auch des Augustinus Analyse (s. oben Gottesstaat XII, 16 und 27).

Freilich ist vorstehendes nicht so zu verstehen, als hätten Augustinus und seine Vorgänger etwas gesehen, was erst durch die heutige Naturwissenschaft bestätigt wurde. Daß die Zeit in der Weise von (15) an Koordinatensysteme bzw. mit diesen verbundene Körper gebunden sei, lag jenseits des Horizontes der damaligen Zeit und ist erst durch Michelsons Versuch zutage getreten. Bezüglich der Zeit gehört dieses zu dem bis heute Nicht-Verstandenen in der Minkowsky-Welt, bedingt durch das Resultat des Michelsonschen Versuches, der Unabhängigkeit der Ausbreitung des Lichtes vom Bewegungszustand der Lichtquelle (Schema I). Es ist nicht einzusehen einmal, daß die Zeit in jedem bewegten Koordinatensystem eine andere sein soll, und zum anderen, daß sie sich in ihrem Anders-Sein gerade so konstituiert von Koordinationssystem zu Koordinationssystem wie (15) das verlangt.

β) *Die Bewegung*

Auf das Nicht-Verstandene bezüglich der Bewegung in der Minkowsky-Welt wurde bereits hingewiesen (S. 67). Es repräsentiert sich in der Addition der Geschwindigkeiten (Formel (18) und Abb. 6. Während die

Addition der Geschwindigkeit in Abb. 6, das Galileische Additionstheorem, einsichtig und selbstverständlich erscheint, gilt das für die tatsächliche Addition der Geschwindigkeiten (18) in der Minkowsky-Welt in zweierlei Hinsicht nicht: Einmal daß es überhaupt nicht die Galileische Addition ist, die dem „gesunden Menschenverstand" entspricht, und zum anderen, daß es gerade diejenige nach (18) ist und keine andere. Sie folgt zwar aus dem Michelsonschen Versuch, dessen Resultat aber könnte auch anders sein, es ist nicht denknotwendig. Hier steht wieder Nicht-Verstandenes, Offenes; Und wie sich diese Situation einmal ändert, kann nicht vorausgesagt werden.

Damit aber wird Bewegung zu einem Problem, und weil Bewegung ein zentrales Phänomen des Alls ist, auch für die Kosmologie.

Dem Phänomen der Bewegung wurde im abendländischen Denken immer besondere Aufmerksamkeit geschenkt. Sie war bzw. ist also schon Problem. Jedoch beziehen sich die Fragestellungen nicht immer auf kosmologische Aspekte. Im allgemeinen wird Bewegung an und für sich in ihrem unmittelbaren Phänomen als Ortsänderung, was allein hier in Rede steht, für problemlos gehalten. Philosophisch aber sind Fragen nach dem Woher (S. 16), was sie eigentlich ist, über das Phänomen hinaus, bedeutsam (siehe z. B. Zenons Aporien S. 11).

Im Unterschied dazu macht (18), sozusagen von innen heraus, Bewegung zu einem Problem: Es ist vom Erscheinungsbild der Bewegung her nicht zu verstehen, wieso die Geschwindigkeiten sich nicht gemäß Abb. 6 addieren. Es ist eine billige Ausflucht, die Addition nach Abb. 6 sei „anschaulich", die nach (18) nicht; und in der Natur brauche nicht immer alles anschaulich zu sein. Natürlich ist das richtig, es geht aber auch gar nicht um das Nicht-Anschauliche, sondern darum, daß die Bewegung einfach nicht verstanden ist.

Davon sind alle kosmologischen Denkbemühungen betroffen, die in irgendeiner Form die Wirklichkeit als Erklärungsversuch auf Bewegung zurückzuführen suchen; denn sie führen diese dann auf etwas zurück, was mindestens seit dem Michelsonschen Versuch nicht mehr verstanden wird. Damit ist nicht gesagt, daß die Wirklichkeit nicht auf Bewegung zurückgeführt werden könne, sie wird dadurch nur nicht im Sinne eines vollständigen Verstehens erklärt.

Und hier spannt sich der Bogen von Heraklit (S. 10), Demokrit (S. 13), Gassendi (S. 28), Descartes (S. 32) Lamettrie (S. 36) bis zu Marx-Engels (S. 40) und H. v. Helmholtz, der zuerst den Satz von der Erhaltung der Energie vollgültig formulierte und es als die Aufgabe der Naturwissenschaft bezeichnete, „alles auf Bewegung und die Gesetze von Bewegung zurückzuführen". Heraklit erkannte zuerst die Bedeutung von Bewegung (Veränderung) für die Wirklichkeitserklärung, Demokrit entwarf seine

Lehre von den bewegten Atomen, Gassendi griff im Zusammenhang mit Galilei diese Gedanken wieder als ersten Schritt zu einer, wie man heute sagt, mechanistischen Naturerklärung auf (II. 4), welche dann von Descartes zuerst geschichtsmächtig konzipiert wurde. Lamettrie öffnete die Tür zu einer Verbindung der mechanistischen Konzeption mit der Evolutionslehre, was schließlich im dialektischen Materialismus (Marx und Engels) in seiner ganzen Tragweite entfaltet wurde. Für die Physik formulierte H. von Helmholtz, ohne ideologischen Hintergrund, die angeführte Bewegungs-Konzeption.

Allen diesen Intentionen liegt, ausgesprochen oder nicht, der Gedanke zugrunde, daß Bewegung an und für sich als reine Ortsveränderung unproblematisch sei und sich daher in besonderer Weise als mindestens eine Basis der Wirklichkeitserklärung eigne.

Durch (18), d. h. durch den Michelsonschen Versuch, hat sich die Situation völlig geändert, und es ist damit berechtigt, wenn man die obige Helmholtzsche Konzeption als diejenige der klassischen Naturwissenschaft allgemein bezeichnet und mit dem Michelsonschen Versuch die sogenannte moderne Naturwissenschaft beginnen läßt.

Es wurde bereits darauf hingewiesen (S. 68), daß die Formel (18) in diejenige (17) der klassischen Physik übergeht und damit alles wieder „verstanden" ist (Abb. 6), wenn die Geschwindigkeiten klein gegen die Lichtgeschwindigkeit sind, d. h. $\bar{u} \cdot v/c^2 \sim 0$ ist. Man hat dann die übliche euklidische Welt vor sich. Dies kann auch so ausgedrückt werden, daß die klassische Naturwissenschaft im Bereich der Lichtgeschwindigkeit in die moderne übergeht. Infolgedessen *ist kein gesichertes Resultat der Klassik durch die Moderne aufgehoben, vielmehr ist erstere durch letztere in umfassendere Zusammenhänge hineingestellt.*

Infolgedessen ist auch die mechanistische Naturerklärung durch die Moderne nicht aus den Angeln gehoben. Sie behält ihre Bedeutung für den Bereich der Klassik und ist hier als Erkenntnisprinzip unentbehrlich.

γ) *Die Äquivalenz von Stoff und Energie*

Dieser schwerwiegende Zusammenhang (S. 68) wird oft in seiner Erkenntnisproblematik dadurch heruntergespielt, daß man sagt, Energie habe Trägheit, wie auch der Stoff, die Materie. Um ein Seiendes, etwa einen Stein (Stoff), fortzubewegen, bedarf man einer „Anstrengung". Der Stein setzt Widerstand entgegen, wenn man ihn fortbewegen oder seine Bewegung ändern (bremsen bzw. beschleunigen) will – das Alltagserlebnis, auf welches schon Newton seinen Kraftbegriff gründete.

Energie, Licht, „Wucht“ eines fahrenden Autos und dergleichen ist ja auch ein Seiendes, und warum sollte das alles keine Trägheit besitzen, wie alle „Gegenstände“, die in der Wirklichkeit auftreten. Um einen Lichtstrahl aufzuhalten, muß man ja „etwas tun“, ihm z. B. einen Spiegel entgegenhalten; darüber hinaus übt er auf den Spiegel einen Druck aus, wenn er an ihm reflektiert wird, der sehr genau bekannt ist. Physikalisch ist es also durchaus berechtigt, der Energie eine Trägheit, eine Gegenständlichkeit, eine Masse zuzusprechen, und für das physikalische Tun genügt das auch vollauf. Weitere Überlegungen rein physikalischer Art sind nicht notwendig, sobald man weiß, wie groß die Trägheit der Energie ist, und die ist eben $E = m \cdot c^2$.

Mit dieser Formel (24) hat die Physik für den in Rede stehenden Zusammenhang den Anschluß an die Maß-Struktur der Wirklichkeit erreicht und kann sich infolgedessen als Maß-Wissenschaft mit ihren Methoden in Akt setzen, was bis hin zur technischen Verwertung in den Atomreaktoren reicht. Auch die Frage z. B., warum gerade c^2, nicht etwa c^3 oder eine andere Potenz, braucht die Physik nicht zu stören. Sie kann sagen, es sei eben so, und das stimmt ja auch.

Trotzdem stehen hier „Seinsbezüge“, welche sich in obigen Fragen ausdrücken; und es muß erlaubt sein, sie zu hinterfragen, auch wenn die Antwort vielleicht ausbleibt. Es ist damit die vorhin definierte Situation des „Nichtverstandenen“ (S. 62) beschrieben.

Bezüglich der Trägheit von Stoff sei noch bemerkt, daß man sich angewöhnt hat, sie in Gramm auszudrücken, als „Gramm-Masse“ insbesondere auch beim Wiegen, wo ja einfach zwei „Massen“ miteinander verglichen werden. Genaugenommen ist es nicht die Masse, die gemessen wird, sondern die Trägheit – und nur, weil die Trägheit genau proportional der Masse oder Stoff ist, auf welche sie sich bezieht, kann man sie als Maß für Masse und Stoff benutzen. Trägheit sowohl als Begriff wie auch als Seinsbezug ist umfassender als Stoff oder Materie, deshalb können Energie und Stoff durch die Formel (24) miteinander verbunden werden.

Wie es jedoch zugeht, daß sich Stoff in Energie (Licht) verwandelt und umgekehrt, kann jedenfalls bis heute nicht gesagt werden. Nun, das Faktum steht fest und kann an den unterschiedlichsten Experimenten nachgewiesen werden, wobei sich immer wieder (24) ergibt.

Stoff und Energie sind nicht dasselbe, sind von unterschiedlicher Qualität. Das geht schon daraus hervor, daß es eines übergeordneten Begriffes bedarf, nämlich der Trägheit, um beide für den Bereich der Maß-Struktur zusammenzufassen. (24) ist eine Gleichung für die Trägheit zweier voneinander verschiedener Phänomene der Realität, die als solche nicht meßbar sind, wohl aber besitzen sie eine Eigenschaft, die meßbar ist – die Trägheit.

So bleibt unabhängig von alledem, wodurch Physik als Maß-Wissenschaft hier möglich ist, die ontologische Frage, wie und auf welche Weise die beiden unterschiedlichen Qualitäten Energie und Stoff ineinander übergehen können. Sie ist analog der bekannten Qualität von Korpuskel und Welle beim Licht. Beides spielt, wovon noch zu handeln ist, in neuesten kosmologischen Gedankengängen eine ausschlaggebende Rolle.

Die hier in Rede stehende Äquivalenz von Energie und Stoff führt gemäß Schema I nur dann zu der von der Wirklichkeit bestätigten Formel (24), wenn Impulsgleichheit (S. 69) postuliert und das Gedankenexperiment mit den auseinanderfliegenden Teilen A und B (links im Schema I) akzeptiert wird. Es ist auf die ontologische Struktur dieser Setzung (der Unabhängigkeit der Ereignisse) bereits hingewiesen worden.

Wenn das Gesagte auch sicher der allgemeinen Meinung entspricht, so sei doch die Auffassung vertreten, daß es eine gewisse Inkonsequenz gegenüber dem Zeitphänomen bedeutet, wo man ohne weiteres hinnimmt, daß jedes Koordinatensystem, wofern es zu einem anderen bewegt ist, seine eigene Zeit hat, obwohl das dem Erlebnisinhalt von Zeit sicher widerspricht, beim Impulssatz (Summe der Impulse ist invariant für abgeschlossene Systeme) aber wie selbstverständlich die völlige Unabhängigkeit konstituiert. Es ist im Rahmen der physikalischen Maßwissenschaft nicht nötig, diese Frage zu diskutieren unter Berufung auf die glänzende Bestätigung von (24) durch die Realität. Das hellt aber die Inkonsequenz nicht auf, und man muß sie zunächst stehenlassen.

c) Das Verstandene und Nicht-Verstandene

Nachdem jetzt die Kosmologie in ihren ersten Denkansätzen entfaltet ist, scheint es zweckmäßig, auf die sich immer zeigende ontologische Grundstruktur einzugehen, die im vorstehenden mit dem Begriffspaar „verstanden“ – „nicht verstanden“ bezeichnet wurde (S. 66).

Das Begriffspaar soll zunächst keine ontologischen, auf Seinszusammenhänge bezogenen Aussagen beinhalten. Es soll vielmehr eine geistige Situation charakterisieren, bedingt durch Forschungslage und Fragestellungen; und da *heißt „verstanden“, daß an einen Sachverhalt keine Frage mehr zu stellen ist,* wobei offenbleiben möge, ob eine solche Situation jemals in vollem Umfange eintritt. *„Nicht verstanden“ soll bedeuten, daß unmittelbar Fragen offenbleiben.*

„Nicht verstanden“ ist deutlich abzugrenzen gegen „Nicht verstehbar“. Alles „Unverstehbare“ ist grundsätzlich auch „Nicht-verstanden“; aber ein

„Nicht-Verstandenes" braucht nicht notwendig „unverstehbar" zu sein. Weitere Einsichten können Nicht-Verstandenes durchaus „Verstanden" machen, bei „Nichtverstehbarem" ist das grundsätzlich nicht möglich, weil es sich um einen Seinsbezug handelt, der schließlich nicht zu ändern ist. Allgemeine Kriterien, ob etwas „Nicht-verstehbar" ist, gibt es nicht. Zwar behauptet der dialektische Materialismus eine grundsätzliche Verstehbarkeit der Wirklichkeit; aber er hat dafür keine Beweise (S. 40ff.). Es handelt sich hierbei um ein sehr schwieriges Problem, dem aber an dieser Stelle nicht nachgegangen werden kann.

Aber die „Kosmologie heute" wird auf der Basis einer Spezialwissenschaft betrieben, wie in der Einleitung dargestellt (S. 3ff.). Sie ist eine Wissenschaft von der Maß-Struktur der Wirklichkeit; ihre Probleme beginnen da, wo das Messen zu Ende ist, und das Messen ist unvermeidbar da zu Ende, wo es um den Träger der Maß-Struktur geht; denn Maße, welche auch immer, sind „Maße von Etwas". Reine Maße gibt es nicht. *Eine Wissenschaft, die mißt, kann mit ihren Methoden den Träger der Maß-Struktur nicht erreichen,* er muß für sie notwendig „Nicht-verstanden" bleiben. D. h. aber nicht, daß der Träger grundsätzlich „Nicht-verstanden" ist, also notwendig ein „Unverstehbares" wäre. Es kann durchaus sein, daß er mit anderen Mitteln, als sie im Messen beschlossen sind, erfaßbar ist. Aber soweit die spezielle Maß-Wissenschaft in Rede steht, muß notwendig „Nicht-Verstandenes" bleiben.

Schema I zeigt dann auch, daß das „Nicht-Verstandene" der Minkowsky-Welt außerhalb des Bereiches von Maßrelationen liegt, obwohl es sich zum Teil in Maßrelationen ausdrücken läßt. Die Unabhängigkeit der Ausbreitung des Lichtes vom Bewegungszustand der Lichtquelle ist eine qualitative Aussage und nicht eine solche irgendwie gearteter numerischer Relationen. Deshalb kann das Resultat des Michelsonschen Versuches von der Physik einfach nur zur Kenntnis genommen werden, wie es dann ja auch Einstein konsequent getan hat (S. 62).

Daß das qualitative Resultat des Michelsonschen Versuches sich durch numerische Relationen – (14) bzw. (15) in Schema I – ausdrücken läßt, hängt mit der qualitativen Denkstruktur der Geometrie zusammen, welche zuerst F. Klein und C. Caley erkannten (S. 64). Weil nämlich die geometrischen Beziehungen – in allen denkbaren Geometrien, die sich mit kontinuierlichen Mannigfaltigkeiten beschäftigen –, auf Invarianzen gegenüber Transformationsgruppen, d. h. gegenüber numerischen Relationen, zurückzuführen sind, projizieren sich sozusagen die Invarianzen auf Maß-Strukturen und werden damit dann auch der Physik bzw. Kosmologie als Maß-Wissenschaft zugänglich. Daß zwei gerade Linien zueinander senkrecht sind, ist eine qualitative Beziehung. Aber die Formeln (16) führen zwei zueinander senkrechte Geraden wieder in solche über; und das ist die Geometrie, wie sie von Euklid überkommen ist.

Beim Michelsonschen Versuch ist es so, daß zunächst „nichts“ gemessen wird, der Ausgang der Experimente ist „negativ“ (S. 62ff.). Aber dieser Umstand hat Konsequenzen für bestimmte numerische Zusammenhänge; es resultieren die Formeln (14) in Schema I (und Abb. 5). Sie müssen gelten, wenn „nichts“ gemessen wird, womit dann in den Formeln (15) in Schema I, welche die Ausdrücke (14) ineinander überführen, sich eine hyperbolische Geometrie konstituiert, eben diejenige der Minkowsky-Welt; denn zu der dieser entsprechenden Transformationsgruppe gehören die Formeln (15).

Licht als „Qualität“, wie schon Thomas von Aquin formulierte, ist Träger einer Maß-Struktur; und diese ist so beschaffen, daß die Formeln (14) bzw. (15) möglich sind; eben das ermöglicht hier die Kosmologie als eine Maß-Wissenschaft.

Es ist aber sofort einsichtig, daß Kosmologie nicht sagen kann, was Licht ist, dessen bekannte Problematik „Korpuskel-Welle“ von hier aus überhaupt nicht zu erfassen ist. Der Michelsonsche Versuch läuft ausschließlich im Bereich der Wellenstruktur des Lichtes (Abb. 4, Interferenzen, S. 61) ab; und er repräsentiert bereits hier alles jene „Nicht-Verstandene“, das im vorigen dargestellt wurde (S. 62ff.). Nimmt man in bezug auf das Licht den Michelsonschen Versuch und die Qualität „Korpuskel-Welle“ zusammen, so zeigt sich in ungewöhnlich eindrucksvoller Weise, wie sehr Licht als Phänomen heute nicht verstanden ist; und gerade dieses Licht spielt in modernsten Überlegungen heutiger Kosmologie eine entscheidende Rolle.

Analog ist die Situation bei der Bewegung, genauer bei (18) in Schema I, dem Additionstheorem der Geschwindigkeiten in der Minkowsky-Welt (S. 67ff.). Bewegung ist als Phänomen eine Qualität; aber sie kann gemessen werden, ist Träger einer Maß-Struktur. Letztere ist der Kosmologie als Maß-Wissenschaft zugänglich, der erstere als Qualität nicht. Darum steht hier Nicht-Verstandenes im modernen kosmologischen Denkbemühen.

Das gilt auch von (18) selbst, wie von jeder mathematischen Formel. Sie hat eine bestimmte Struktur, einen bestimmten Aufbau. Dieser könnte anders sein, aber er ist es nicht (S. 81). Erst nachdem die Formel „zur Verfügung steht“, kann man Meß-Größen in sie einfügen, d. h. Maß-Wissenschaft betreiben wie die Kosmologie. Das Sich-in-Akt-Setzen dieser bedarf vorher der qualitativen Struktur einer Formel, wie z. B. bei (18).

(18) ist natürlich abgeleitet und nicht einfach vom Himmel gefallen, ist kein unmittelbarer Erfahrungsinhalt. Aber sehr wohl ist das Resultat des Michelsonschen Versuches vom Himmel gefallen (S. 61/62), aus welchem (18) resultiert und infolgedessen, wie der Versuch selbst, nicht verstanden bleibt.

Die Spannung, die zwischen der inneren Struktur einer mathematischen Formel und den gemessenen bzw. meßbaren Größen besteht, mit denen sie „gefüttert“ wird, bricht immer wieder auf. Das Messen setzt ontologisch das Qualitative der Formel voraus, auch dann, wenn es erst durch Messen und Experimentieren selbst „gefunden“ wird, d. h. in das intellektuelle Bewußtsein tritt.

Hierauf basiert auch ontologisch der Unterschied zwischen reiner und angewandter Mathematik. Die reine Mathematik entwickelt in souveränen Gedankenspielen ihre Aussagen und Einsichten, sie führt die darin enthaltenen qualitativen Beziehungen auf Axiomensysteme zurück und gebiert damit sozusagen das Problem ihrer Begründung und Grundlegung aus sich selbst.

Die angewandte Mathematik übernimmt die qualitativen Strukturen der reinen Mathematik bzw. sucht sie im Experiment oder durch Naturbeobachtungen zu erarbeiten. Daher kommt es, daß zwischen angewandter Mathematik und messender Naturwissenschaft und eben auch moderner Kosmologie nicht unterschieden werden kann. Man spricht auch oft von einer Vermathematisierung der Physik bzw. Naturwissenschaft. Wie reine Mathematik außerhalb der angewandten Mathematik liegt, so sind die Träger der (Maß-)Strukturen, auf welche allein die reine Mathematik angewandt werden kann, außerhalb der Methodik messender Wissenschaften, und bleiben notwendig, von dieser her gesehen, „Nicht-Verstandenes“.

Darin ist es auch begründet, daß das „Nicht-Verstandene“ nicht erst mit der nichtklassischen Naturwissenschaft (S. 54ff.) beginnt. Gerade für die im folgenden zu behandelnde Weiterentwicklung über die Minkowsky-Welt hinaus ist es wichtig, dieses im Auge zu behalten.

Es handelt sich um das Newtonsche Gravitationsgesetz in seiner allgemein bekannten klassischen Form, daß die Kraft, mit der sich zwei Körper anziehen, proportional dem Produkte ihrer Massen und umgekehrt proportional dem Quadrat der Entfernung ist. Dies Gesetz gilt in der Klassik als der Typus eines Gesetzes schlechthin, mit dessen Erkenntnis und Anwendung auf die Wirklichkeit ein nicht mehr weiter hinterfragbarer Zusammenhang der Natur im intellektuellen Erkenntnisgriff sei. Es schien auch „anschaulich“ und durchsichtig zu sein, genau wie die Bewegungen der Planeten um die Sonne, die sich mit seiner Hilfe berechnen lassen, fast genauer als die Uhren gehen.

Qualitativ geht es hier zunächst um die Schwerkraft selbst, daß es sie überhaupt gibt, und um die innere Struktur des Gesetzes, daß die Kraft gerade an das Quadrat der Entfernung gebunden ist und nicht zum Beispiel an eine andere Potenz der Entfernung. Vor allem im 19. Jahrhundert hielt man innerhalb der Naturwissenschaft solche Fragen für müßig, das kam nicht zuletzt in der Konfrontation mit dem Neukantianismus (S. 44/45) zum Ausdruck.

Im Gegensatz dazu unterschied Newton sein Gesetz in dessen mathematischer Gestalt von der Schwerkraft selbst, indem er sagte, die Körper seien gegeneinander schwer. Die Alten hatten dafür durch Jahrhunderte die Formulierung geprägt, über die man sehr lange nachdenken kann, daß die Körper ihren „natürlichen Ort“ suchten. Alles das sind qualitative Aussagen, die nichts mit quantitativen Zusammenhängen zu tun haben.

Man kann die Frage stellen, warum die Körper sich überhaupt anziehen. Darauf gibt es bis heute keine Antwort, etwa im Unterschied zur magnetischen Kraft oder zur elektrischen Kraft. Es resultiert die paradoxe Situation, daß das „Nicht-Verstandene“ im Gesetz über die Schwerkraft eben diese selbst ist. Es ist eine der großen Leistungen der allgemeinen Relativitätstheorie, das Newtonsche Gesetz in seiner klassischen Form aus einem anderen Strukturzusammenhang der Wirklichkeit herzuleiten. Inwieweit damit hinsichtlich „Verstanden – Nicht-verstanden“ die Frage nach dem „Warum“ und „Was“ der Schwerkraft aufgehellt wird, soll in Nr. 5 dargelegt werden.

Bei alledem müssen sehr sorgfältig Begriffsinhalte und die entsprechenden Definitionen auseinandergehalten werden, wofür eigentlich erst die moderne Wissenschaftstheorie den Blick geschärft hat. Es handelt sich um „Verstanden – Nicht-verstanden“, „Verstehbar – Nicht-verstehbar“. Das erstere Begriffspaar läßt sich, wie schon dargelegt, leicht pragmatisch definieren: Es bleiben keine Fragen an einen Sachverhalt mehr oder doch. Wie alle pragmatischen Verhaltensweisen vordergründig nicht in die Tiefe der Dinge sozusagen hinabreichen, so ist auch diese sehr wohl zweckmäßig und brauchbar. So charakterisiert die hier gegebene Definition von „Verstanden“ – „Nicht-verstanden“ ja lediglich die geistesgeschichtliche Situation eines Problemkreises; und auch die Begründung, welche man im konkreten Falle der Kosmologie geben kann, ist wissenschaftstheoretisch verankert in dem Prinzip der speziellen Methode am speziellen Gegenstand, d. h. in der Unterscheidung von Maß-Struktur und ihrem Träger. Tiefer reicht zunächst jene Unterscheidung nicht in die Wirklichkeit hinein.

Anders ist es mit dem Gegensatz „Verstehbar“ – „Nicht-verstehbar“. Hier ist das Gegenüber von erkennenwollendem Intellekt zu den Gegenständen, zu dem ihm Gegebenen, den Objekten angesprochen, während „Verstanden“ – „Nicht-verstanden“ noch innerhalb des Erkenntnisvorganges selbst verbleibt. „Nicht verstehbar“ heißt als grundsätzliche Aussage, daß der Gegenstand „sich verschließt“, wie es einmal Schelling ausgedrückt hat, und Seinszusammenhänge nicht erkennbar bzw. nicht erforschbar sind.

Es gibt grundsätzlich und nachweislich nicht Verstehbares: Das Ich, die Person des anderen z. B. Niemals kann jemand einen anderen Menschen ganz ausloten, ganz verstehen, auch nicht im Intimbereich des Ehelichen. Jeder Mensch ist jedem Menschen gegenüber von einer auch wieder nicht exakt bestimmbaren Sphäre an ein Geheimnis; und das macht u. a. auch gerade die einmalige Würde des Menschen aus. Also gibt es „Nicht-Verstehbares", das heißt etwas, was nicht in den intellektuellen Erkenntnisbegriff, in Begriffssysteme faßbar, durch Induktionen oder Deduktionen intellektuell erreichbar ist. Seine starke Personifizierung der Natur veranlaßte Schelling, das Wort vom Sich-Verschließen der Natur zu sprechen. Er postulierte eine absolute Vernunft als letzten Urgrund, dem er eine Indifferenz bezüglich Natur und Geist in dem Sinne beilegte, daß zwischen beiden im Urgrund nicht mehr zu unterscheiden sei. Zwangsläufig muß die Natur dann letztlich verschlossen bleiben.

Zwei Aspekte, die unmittelbar mit der Anwendung einer speziellen Methode zusammenhängen, wie es in der Kosmologie geschieht, sollen hier noch dargelegt werden.

Die Maß-Strukturen werden erfaßt und Aussagen über sie werden durch mathematische Bezüge, Formeln und Relationen gewonnen; es handelt sich nicht einfach um eine Gesamtheit von Meß-Werten, deren Informationsgehalt allein wäre viel zu wenig. Eine mathematische Formel bedeutet der Denkstruktur nach, daß einer numerischen Größe eine andere zugeordnet wird. Diese Zuordnung kann je nach der inneren Struktur der Formel eindeutig oder mehrdeutig sein. Im ersten Falle gehört zu einem Wert einer und nur einer durch die betreffende Formel zugeordneter, im zweiten Falle sind es mehrere.

Wendet man nun eine Formel auf die Wirklichkeit an, d. h. füllt man sie mit physikalischem Inhalt, was stets ein zusätzlicher Akt des Intellektes ist, der mit der rein mathematischen Struktur der Formel nichts zu tun hat, so treten keine Schwierigkeiten auf, solange die Formel eindeutig ist. Bei einer Mehrdeutigkeit kann es zu Schwierigkeiten führen, vor allem dann, wenn die Formel über den unmittelbar gegebenen Erfahrungsinhalt hinausreicht, also z. B. Vorausberechnungen in die Zukunft gestattet. In einem solchen Falle sind natürlich keine eindeutigen Aussagen möglich. Die später darzustellende relativistische Kosmologie mit der Vielzahl ihrer Weltmodelle steht im Aspekt dieser Schwierigkeiten (Schema VIII). Wenn es nun nicht gelingt, diese zu überwinden, müßte man von einer echten Unverstehbarkeit der Wirklichkeit sprechen.

Eine weitere Schwierigkeit bei der Anwendung mathematischer Formeln auf die Wirklichkeit resultiert, wenn die Formeln sogenannte singuläre Punkte enthalten, in denen die Funktionen unbestimmt werden. Als Beispiel diene die Spitze eines Kegels. Dieser ist ein singulärer Punkt der Kegeloberfläche. Er ist, wie man sofort sieht, vor allen Punkten der Kegeloberfläche ausgezeichnet. Durch jeden Punkt der Kegeloberfläche gibt es eine und nur eine gerade Linie, durch die Spitze unendlich viele. Dies ist sozusagen das Singuläre, Unbestimmte der Kegelspitze. Gibt es z. B. physikalische Inhalte, welche an die Gerade gebunden sind, so werden diese für die Kegelspitze unbestimmt. Physikalische Sachverhalte, ausgedrückt durch Funktionen mit Singularitäten, führen zu unbestimmten Aussagen für die singulären Punkte. Das ist z. B. die mathematische Struktur des von Seeligerschen Satzes (S. 48). Die Singularität des mathematischen Formalismus dieses Satzes führt dazu, daß er eine Negation ohne positive Alternative (S. 50) repräsentiert. Wäre einzig und allein dieser mathematische Formalismus möglich, und nicht z. B. derjenige des Charlierschen Universum-Modells – abgesehen von den später darzustellenden mathematischen Möglichkeiten der relativistischen Kosmologie –, müßte man von diesem Moment an die Welt als unverstehbar bezeichnen.

Noch ein letzter Aspekt sei hier skizziert: Ein „Nicht-Verstandenes“ kann immer einmal aufgehellt werden, solange es nicht als „Unverstehbares“ ausgewiesen ist, ohne daß jemand mit Sicherheit sagen könnte, ob dergleichen jemals eintreten wird oder nicht. Bedenkt man z. B., daß die Frage, warum die Körper gegeneinander schwer sind, bis heute, fast 300 Jahre nach Newton, nicht beantwortet ist – ihre Situation in der allgemeinen Relativitätstheorie wird gleich erörtert –, dann drängt sich die Vermutung auf, daß das vielleicht nie möglich sein wird, obwohl das natürlich keine stringente Argumentation ist.

In eine ähnliche Situation gerät man bei der Frage, was eigentlich Kraft ist. Für den Bereich der Maß-Struktur der Wirklichkeit, d. h. für die messende Physik, ist diese Frage ein für allemal durch Newtons Definition geklärt (Kraft = Masse × Beschleunigung, oder genauer, unter Berücksichtigung der Physik der Minkowsky-Welt – Schema I –, Kraft = Impulsänderung). Aber die ontologische Wesensfrage ist damit nicht vom Tisch.

Sehr deutlich kommt das z. B. in dem mit Recht so bekannten (Generationen von Physikern haben nach ihm gelernt) Lehrbuch der Physik von W. H. Westphal zum Ausdruck. Dort heißt es (2. Teil, II. 11, S. 21): „Es wäre . . . unrichtig zu sagen – daß es in der Natur so etwas wie Kräfte wirklich ‚gibt‘. Es gibt nur – sehr viele verschiedene – Umstände, unter denen Körper Beschleunigungen erfahren. Der Kraftbegriff ist lediglich eine geniale menschliche Erfindung, die es ermöglicht, die Gesamtheit der Beschleunigungsvorgänge einheitlich behandeln zu können, indem man die Frage nach ihrer eigentlichen Ursache durch die Einschaltung der Kraft als einer sozusagen fiktiven Ursache zunächst zurückstellt." Das hätte genauso auch Kant sagen können, und jeder Neukantianer würde jubeln.

Das Bemerkenswerte ist aber nun, daß dieser Passus in der 20. Auflage des Lehrbuches nicht mehr enthalten ist, sondern statt dessen sehr akzentuiert der „axiomatische Charakter" des Kraftbegriffes hervorgehoben ist, daß nämlich Kraft = Masse × Beschleunigung der Inhalt des zweiten sogenannten Newtonschen Bewegungsaxioms ist.

An diesem Beispiel erkennt man die Schwierigkeiten der Physik als Maß-Wissenschaft – und die Kosmologie gehört dazu –, wenn es um eine Frage nach dem „Was", eine solche nach der Qualität, geht. Hier müssen solche Fragen offengelassen werden, es bleibt die Situation des „Nicht-Verstandenen" – bis heute, auch fast 300 Jahre nach Newton.

Man kann wissenschaftstheoretisch die Interpretation des Kraftbegriffes als die eines axiomatischen Zusammenhanges deuten, als grundsätzlichen Verzicht auf „Verstehen"; denn ein Axiom steht vom Begriff her überall da, wo man einen Zusammenhang entweder nicht erklären kann oder will. Ein Axiom ist immer ein wissenschaftstheoretisch legitimes Mittel, auf weitere intellektuelle Anstrengungen für die Aufklärung von Sachverhalten zu verzichten, in Hegelscher Terminologie, die „Anstrengung des Begriffes" nicht auf sich zu nehmen. Wieweit dergleichen dann praktisch der Situation des „Nicht-Verstehbaren" gleichkommt, ist der Interpretation vorbehalten, insbesondere, wenn sich trotz stürmischer und gewaltiger Entwicklung einer wissenschaftlichen Disziplin an dem geschilderten Zusammenhang nichts ändert.

Und damit kommt ein letztes Moment in das Gegenüber von „Verstanden" und „Verstehbar". Es handelt sich um das quantitative Verhältnis von Verstandenem und Nicht-Verstandenem in einem wissenschaftlichen Bereich im Verlauf seiner geistesgeschichtlichen Entwicklung. Es gibt hier zwei Möglichkeiten: Entweder wird das Verhältnis von „Verstandenem" zu „Nicht-Verstandenem" immer größer oder immer kleiner; d. h., in seiner Gesamtheit wird ein Gegenstandsbereich durch die wissenschaftliche Forschung immer mehr verstanden oder immer weniger.

Geschieht letzteres, so bedeutet das keineswegs, daß eine Forschung sich in der Krise, im Sinne etwa von Dekadenz, befindet. Sie kann im Gegenteil durchaus glückhaft voranschreiten, imponierende, kaum geahnte Einsichten erbringen und Aspekte bis hinein in das Technische eröffnen. Das schließt grundsätzlich ontologisch nicht aus, daß sich in ihrem Bereich das „Nicht-Verstandene" immer stärker anhäuft, immer mehr Fragen aufkommen und offengelassen werden.

Der Grund dafür liegt in der speziellen Methode – derjenigen des Messens für die Kosmologie. Diese Methode kann von der Wirklichkeit nur das in ihren Griff bekommen, was ihr adäquat ist. Im Bilde gleicht sie einem in seiner Breite begrenzten Weg durch das Ganze der Wirklichkeit. Er geht in die Wirklichkeit hinein, sein Ziel und sein Ende sind nicht bekannt, sie liegen möglicherweise im Unendlichen; d.h., der betreffende Forschungsbereich ist in seiner Problematik niemals auszuschöpfen. Immer erheben sich legitim wieder neue Fragen, zugänglich den speziellen Methoden des Bereiches – eine Situation, die auch gegenwärtig immer noch für alle Forschungsgebiete gilt. Denn es gibt bis heute kein Gebiet, das erklärt hätte, es gäbe keine Fragen mehr, seinen speziellen Methoden sei sozusagen das Futter ausgegangen.

Nicht nur das Ende des Weges ist unbekannt, auch das Gelände rechts und links des Weges; und daher ergeben sich die Fragen, welche die speziellen Methoden überschreiten, Fragen, die – um in diesem Bilde zu bleiben – nicht auf dem Wege liegen. Alles das aber hindert nicht die Begehung des Weges. Er hat ein solides Fundament und ist wohlbefestigt, eben durch die speziellen Methoden, die ein Fortschreiten des Forschungsbereiches erlauben, unabhängig davon, wohin der Weg geht und was rechts und links von diesem „passiert".

So kann sich durchaus „Nicht-Verstandenes" häufen, ohne daß der legitime Gang der Spezialforschung dadurch tangiert oder gar behindert wird, auch wenn vielleicht praktisch die Situation des „Nicht-Verstehbaren" resultieren sollte. Wenn sich nämlich das „Nicht-Verstandene" immer mehr häuft, resultiert zwangsläufig einmal die Situation des „Nicht-Verstehbaren", und die wissenschaftstheoretische Unterscheidung zwischen „Nicht-Verstanden" und „Nicht-Verstehbar" ist eine bloße Formalität.

In diesem Zusammenhang ist bemerkenswert, wie W. Stegmüller die Situation bezüglich der physikalischen Erforschung des Stoffes unter wissenschaftstheoretischem Aspekt beurteilt: „‚Was ist der Treppenwitz des 20. Jahrhunderts?' so werden Menschen zukünftiger Generationen vielleicht einmal fragen und darauf eine Antwort von etwa folgender Art geben: ‚Daß in diesem 20. Jahrhundert auf der einen Seite eine materialistische Philosophie, welche die Materie zur einzigen Realität erklärt, nicht nur in vielen Staaten der Erde einen Bestandteil der dort geltenden offiziellen Weltanschauung bildet, sondern auch in westlicher Philosophie, z. B. im Rahmen der Leib-Seele-Diskussion, häufig dominiert. Und daß auf der anderen Seite ausgerechnet der Materiebegriff der schwierigste, unbewältigtste und rätselhafteste Begriff überhaupt für die Wissenschaft dieses Jahrhunderts blieb.'" „Es ist nicht ausgeschlossen, daß am Ende der Elementarteilchenforschung das große Schweigen sein wird. . . . Der Treppenwitz des 20. Jahrhunderts wäre dann sogar perfekt" (II. 17, S. 341 ff., S. 361 f.).

Das vorstehend so genannte „große Schweigen“ ist nichts anderes als die Ausbreitung von „Nicht-Verstandenem“ im Erkenntnisprozeß, gerade und wegen der gewaltigen Einsichten; denn „Nicht-Verstandenes“ stehen, offene Fragen auf sich beruhen lassen, wenn formaliter auch „vorläufig“, ist nichts anderes als Schweigen. Wie es damit in der sich aus der Minkowsky-Welt entwickelnden Kosmologie heute bestellt ist, wird im folgenden darzustellen sein.

5. *Stoff und Raum*

a) Konsequenz aus $E = m \cdot c^2$

Entsprechend der Zielsetzung dieses Buches, den Forschungsbereich der Kosmologie naturwissenschaftlich und philosophisch zu durchleuchten, so daß für beides eine Einführung gegeben ist, müssen notwendig rein astronomische Darlegungen abwechseln mit philosophischen. Da die legitime Sprache der Kosmologie die Mathematik ist (S. 58), repräsentiert sich das Astronomische vor allem mathematisch. Es sprengte den zur Verfügung stehenden Rahmen, würden die mathematischen Gedankengänge in allen Einzelheiten dargelegt, es wäre auch für den Außenstehenden nicht zweckmäßig. Das Mathematische soll in seinen philosophischen Strukturen im Gegenüber zum Astronomischen dargestellt werden. Für die Einzelheiten wird auf die Originalliteratur verwiesen. Wie schon bei der Darlegung der Minkowsky-Welt (spezielle Relativitätstheorie), werden die rein mathematisch-astronomischen Gedankengänge in Schemata angegeben, um diese bei der philosophischen Analyse möglichst übersichtlich zur Hand zu haben. Der Verlauf der Schlußfolgerungen ist durch Striche und Pfeile markiert.

Ist die Minkowsky-Welt noch eine Art Vorstufe zur eigentlichen Kosmologie heute, ohne welche letztere nicht zu verstehen ist, so geschah, wieder durch Einstein, die unmittelbare Grundlegung gegenwärtiger Kosmologie durch eine ganz neue intellektuelle Erfassung der Zusammenhänge zwischen Stoff und Raum, der Materie und dem, worin diese ist. Diese Gedankengänge werden heute, im Unterschied zur speziellen, als allgemeine Relativitätstheorie bezeichnet.

Es ist nicht zuviel gesagt, wenn man feststellt, daß beide heute keine Theorien mehr sind. Sie sind gesicherte Ergebnisse moderner Naturwissenschaft. Das sei ausdrücklich hervorgehoben, weil immer noch hier und da gegen die Relativitätstheorie Stellung bezogen wird. Gefunden wurde alles auf mathematisch-theoretischem Wege, angefangen von der Interpretation

FOLGERUNGEN AUS DER ÄQUIVALENZ VON STOFF UND ENERGIE

Schema II

Aus
$E = m \cdot c^2$
$m = E/c^2$
(24)
als empirischem Befund

Energie im Schwerefeld verhält sich wie Stoff.

Änderung bewegter Massen im Gravitationsfeld. (Gemäß (21) in Schema I.)

Stoff „zieht Licht an“.

Licht als Gesamtheit von „Quanten“ (Photonen der Energie $E = h \cdot \nu$) als empirischer Befund.

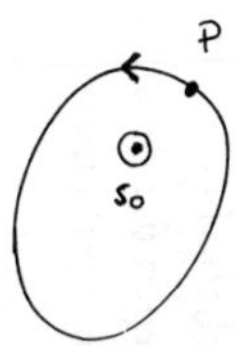

Die Masse von P ist in Sonnennähe größer als in Sonnenferne.

Es entsteht eine Lichtablenkung an der Sonne:

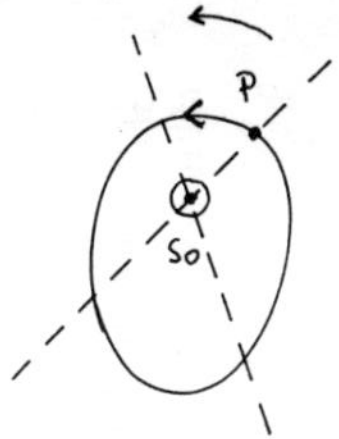

Es entsteht eine Drehung der großen Bahnachse.

Diese ist nur meßbar, wenn die Planetengeschwindigkeit nicht mehr klein gegen die Lichtgeschwindigkeit ist.

Die Drehung kann bei Merkur als schnellstem Planeten des Sonnensystems beobachtet werden.

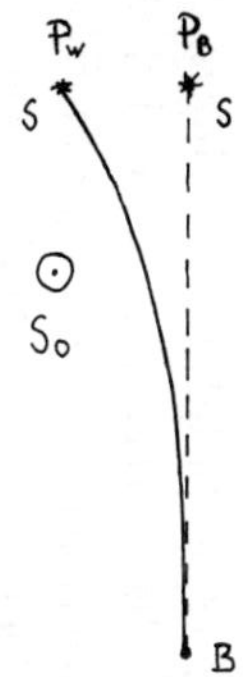

P_w ist die wahre Position von S.

P_b ist die beobachtete, scheinbare Position von S.

Licht als Gesamtheit von „Stoffpartikeln“ $m_{ph} = h \cdot \nu/c^2$.

Beim Austritt aus der Sonne ist Arbeit (Energie) gegen das Gravitationsfeld erforderlich.

Das bedingt eine Verminderung von ν. Es entstehen größere Wellenlängen

Rotverschiebung der Linien im Sonnenspektrum:

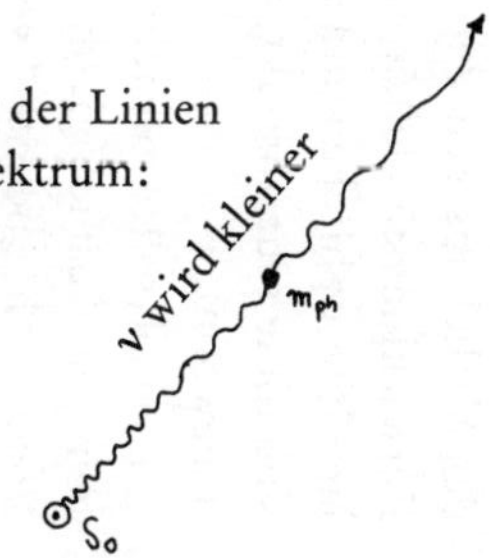

des Michelsonschen Versuches (S. 60ff.) bis zu den heutigen Welt- bzw. Entwicklungsmodellen; und in diesen Denkwegen liegen auch die zentralen philosophischen und wissenschaftlichen Fragestellungen. Naturgemäß sind diese sehr abstrakt, und dem Außenstehenden fürs erste fremd und ungewohnt.

Deshalb sollen zunächst die grundlegenden Zusammenhänge, welche der heutigen Kosmologie ihr Gesicht gegeben haben, in einer anschaulichen Form, nicht „belastet" vom mathematischen Apparat, dargestellt werden. Dem dient Schema II.

Der krönende Abschluß der Minkowsky-Welt ist die Formel (24), $E = m \cdot c^2$. Sie wurde, wie erwähnt, von Einstein theoretisch gefunden und bald experimentell bestätigt (S. 73). Man kann nun die Situation umdeuten: Es hätte ja auch sein können, daß „zufällig" $E = m \cdot c^2$ im Experiment unerwartet gefunden worden wäre, unabhängig von oder vor Einsteins Denkwegen. Es wird also jetzt fürs erste die Äquivalenz von Stoff und Energie gemäß (24) als empirischer Tatbestand angenommen (Schema II).

Wenn dann Energie Stoff ist, muß sie sich im Schwerefeld auch wie ein solcher verhalten, d. h., sie muß der Gravitationskraft eines Körpers unterliegen. Der Einfachheit halber sei jetzt für Energie „Licht" gesagt, d. h., es handelt sich um jegliche Energie, die an Wellenbewegung gebunden ist, also z. B. auch Rundfunkwellen u. a. Man kann dann einerseits sagen, Stoff zieht Licht an, und andererseits, daß unter dem Einfluß der Anziehung eines Körpers ein von diesem angezogener Körper dauernd seine Masse ändert, wenn er ersteren mit wechselnder Geschwindigkeit umkreist; denn nach den Keplerschen Gesetzen läuft er in der Nähe der anziehenden Masse schneller als in größerer Entfernung von ihm (Ellipsenbahn), wie die Erde z. B. in Sonnennähe (beim Winter auf der Nordhalbkugel) schneller läuft als diesbezüglich im Sommer. Damit ändert sich ununterbrochen die Masse, weil die Bewegungsenergie sich ändert. Dies geschieht gemäß der Zusammenhänge (S. 68ff., Schema I) in der Minkowsky-Welt. Das sind zwei grundsätzliche Konsequenzen aus der Äquivalenz von Stoff und Energie. Wie die auf S. 80 geschilderte, so sind auch jene „nicht verstanden"; denn auch Wechselwirkung von Stoff und Licht kennt man nur bei unmittelbarem Kontakt (Reflexion z. B.), und eine solche findet nicht statt, wenn sich Licht durch ein Schwerefeld bewegt (Schema II, oben).

Legt man alles zugrunde, so folgen drei weitere Konsequenzen, die unmittelbar an der Wirklichkeit geprüft werden können. Sie sind in Schema II gestrichelt markiert.

Ist (ganz links in Schema II) B ein Beobachter, So etwa die Sonne und S ein Stern mit der wahren Position Pw am Himmel. Ein von S ausgehender Lichtstrahl ist gemäß vorigem („nichtverstandenen") als ein aus Stoffpartikelchen bestehender Strahl zu denken, analog zu einem Wasserstrahl. Auf Grund der Stoffnatur der Lichtpartikel werden sie von der Sonne angezogen und der Lichtstrahl wird beim Vorbeigang an der Sonne gekrümmt, er legt vom Stern S bis zum Beobachter B den Weg $\overline{PwB}$ zurück.

Ein Beobachter sieht einen leuchtenden Gegenstand immer in der Richtung, aus welcher der Strahl bei ihm kurz vor dem Auftreffen ankommt, d. h. (Schema II) in Richtung $\overline{BPb}$; er ist durch die Sonne scheinbar verschoben von Pw nach Pb. Die Größe der Ablenkung hängt ab von der Masse (der Sonne) und der Entfernung vom Gravitationszentrum (Sonnenmittelpunkt), in welcher der Strahl am anziehenden Körper vorbeigeht. Diese Ablenkung ist beobachtet und kann, wie später dargelegt wird (Schema VII, unten), durch die mathematische Analyse der allgemeinen Relativitätstheorie auch numerisch erklärt werden.

Daß ein Lichtstrahl aus kleinen „Energiepartikeln" besteht – er ist ja nichts anderes als Energie –, ist ein heute ebenfalls gesicherter Sachverhalt. Er hängt mit der Doppelgesichtigkeit des Lichtes zusammen, sich einmal wie Wellen zu verhalten, in anderen Fällen wie als aus Energiepartikeln bestehend (S. 84). Die von M. Planck gefundene Quantenmechanik beruht darauf, sie ist experimentell genauso gesichert wie (24).

Die Energiepartikel nennt man Photonen (Schema II, Mitte) und die Energie eines Photons ist

$$E = h \cdot \nu. \tag{25}$$

h ist die sogenannte Plancksche Konstante und ν die Frequenz $= 1/\lambda$, das Reziproke der Wellenlänge λ des betreffenden Lichtstrahls. Setzt dieser sich aus mehrfarbigem Licht zusammen, ist anstatt (25) die Summation über alle Wellen zu setzen, die in ihm enthalten sind.

Wiederum sei (25) für das Folgende als Erfahrungstatsache genommen, unabhängig von Plancks Quantentheorie, welche die Korpuskel-Natur des Lichts vorhersagte. Dann resultiert der Gedankengang in der Mitte von Schema II. Die Kombination von (25) mit (24) ergibt:

$$m_{ph} = h \cdot \nu / c^2. \tag{26}$$

m_{ph} ist hier als die „Masse" des Photons zu interpretieren.

Verläßt ein Lichtstrahl mit seinen Photonen die Sonne So (in Schema II, Mitte), dann muß jedes Photon gegen das Gravitationsfeld Arbeit leisten, genauso wie bei einer Rakete, welche von der Erde aus abgeschossen wird. Für Arbeit benötigt man Energie, also auch das Photon. Die muß es irgendwo hernehmen. Da ein Photon nun selbst Energie ist, nimmt es die zum Verlassen der Sonne notwendige Energie von sich selbst. Es braucht sozusagen etwas von sich selbst auf, um die Sonne verlassen zu können.

Seine Energie ist gemäß Laboratoriumsversuchen (25). Hier ist h eine Konstante; wenn es also Energie abgibt, sein E in (25) also kleiner wird, muß ν, die Frequenz, ebenfalls kleiner werden, d. h., wegen $\nu = 1/\lambda$ wird die Wellenlänge λ größer, das „Licht" röter!

Dergleichen kann grundsätzlich in Sternen getestet werden; und zwar müßten die Linien in den Sternspektren (Fraunhofer-Linien im Sonnenspektrum) gegenüber ihrer „normalen" Lage im irdischen Laboratorium nach rot verschoben sein. Diesen Effekt nachzuweisen ist schwierig, u. a. wegen der Turbulenz in den obersten Schichten der Sonne bzw. Sterne, in denen die Spektrallinien entstehen. Die Masse der Sonne reicht kaum aus, um einen meßbaren Effekt zu bekommen, der natürlich um so größer ist, je massenreicher der Stern ist; denn um so mehr Energie muß aufgewendet werden, um ihn zu verlassen. Die Turbulenz in den obersten Schichten der Sterne (= Sternatmosphären) verschiebt auch die Spektrallinien, und es ist bis heute nicht befriedigend gelungen, die durch den Gravitationseffekt bewirkte Linienverschiebung von der durch den Turbulenzeffekt erzeugten zu trennen. Dagegen ist es, wie später dargelegt wird, gelungen, im Zusammenhang mit dem sogenannten Mößbauereffekt den Effekt für das Schwerefeld der Erde nachzuweisen, und zwar in numerischer Übereinstimmung mit den theoretischen Formeln der allgemeinen Relativitätstheorie. So ist also die Abnahme der Frequenz eines Photons beim Aufstieg aus einem Schwerefeld (Schema II, Mitte) als experimentelle Tatsache gesichert, und damit auch prinzipiell die Rotverschiebung von Spektrallinien in den Sternspektren, je nach der Größe der Sternmasse (= des Schwerefeldes). Auch diese Folgerung aus $E = m \cdot c^2$ (24) bestätigt sich in der Wirklichkeit (Schema II, Mitte).

Eine dritte Konsequenz aus (25) betrifft die Planetenbewegung (Schema II, rechts). Sie beruht auf der Abhängigkeit der Masse von der Geschwindigkeit des sie bildenden Körpers gemäß Formel (21). Nach den Keplerschen Gesetzen läuft ein Planet in Sonnennähe schneller als in Sonnenferne (s. oben). In der Nähe der Sonne ist er also schwerer als in der Ferne, d. h., er wird hier stärker angezogen als in der Ferne. Das wiederum beeinflußt notwendig seine Bahn um die Sonne. Im Falle exakt konstanter Masse ist diese eine Ellipse, in deren einem Brennpunkt die Sonne steht. Es sei z. B. P (zweite Abb. rechts in Schema II) die Sonnennähe, wenn So die Sonne ist. Dann ist die Anziehung hier am stärksten gegenüber einer reinen Ellipse bei konstanter Masse, d. h., der Planet wird etwas mehr zur Sonne hingezogen als bei unveränderter Masse. Die Bahn wird bei P stärker gekrümmt, als es einer Ellipse mit dem Brennpunkt So entspricht. Da die Bahn aber grundsätzlich der Keplerschen Gesetze wegen eine Ellipse bleiben muß, wirkt sich das Gesagte so aus, daß die Gerade $\overline{SoP}$, die große Achse der Bahnellipse, sich etwas dreht, und zwar nach links, wie in der Abb. Schema II angezeigt, in der gleichen Richtung, wie sich der Planet um So bewegt.

Diesen Effekt nennt man die Periheldrehung. Er ist am größten und numerisch am besten bekannt beim Merkur; denn dieser ist als sonnennächster Planet auch der schnellste und daher hier die Massenänderung nach (21) am größten; der Effekt ist schon lange bekannt; und in der klassischen Astronomie hatte man keine durch Beobachtungen belegbare Erklärung dafür.

Erst durch (25), d. h. im Rahmen des gleich darzustellenden mathematischen Formalismus der allgemeinen Relativitätstheorie (Schema VII, rechts), konnte sie qualitativ und quantitativ erklärt werden.

Man steht hier vor der erstaunlichen Tatsache, vielleicht einmalig in der Geschichte der Naturwissenschaften, daß aus einem experimentell belegten Sachverhalt, nämlich (25), drei weitere, die im Schema II gestrichelt markierten, folgen, die qualitativ so heterogen in bezug aufeinander sind; denn, so könnte man auf den ersten Blick meinen, was sollte eine Lichtablenkung an der Sonne mit Verschiebungen der Linien im Spektrum und der Periheldrehung zu tun haben? Alle Phänomene finden sich in der Wirklichkeit bestätigt, und die Mathematik der Relativitätstheorie kann alle vier Fakten qualitativ wie numerisch herleiten. Man sieht daraus, daß es nicht sinnvoll ist, an der Relativitätstheorie noch zu zweifeln.

Bemerkenswert ist jedoch, daß die Konklusionen des Schemas II rein qualitative sind, sie leiten von Qualität zu Qualität. Natürlich bekommen diese erst dann ihren vollen Erkenntniswert, wenn man sie auch numerisch erfassen kann, was mit vorstehendem nicht möglich ist, aber durch die Relativitätstheorie geliefert wird, wodurch obige Zusammenhänge erst den Aussagecharakter einer exakten Maßwissenschaft erhalten. Schema II repräsentiert nichts anderes als den Träger der Maß-struktur bzw. dessen konstruktive Zusammenhänge, um den sich die Relativitätstheorie, als auf den Meß-Bereich der Wirklichkeit bezogen, rankt.

Es wurde darauf hingewiesen, daß im Qualitativen das „Nicht-Verstandene“ liegt (S. 83); und man braucht nur die drei Denkwege in Schema II durchzugehen, um das sofort bestätigt zu finden. Mit der Korpuskel-Auffassung des Lichtes beim Vorbeigang an der Sonne fängt es an: Wie das Photon es fertigbringt, sich selbst Energie zu entziehen, um sich gegen die Schwerkraft emporzuarbeiten, oder wie der Merkur es anfängt, schwerer und leichter zu werden, alles das ist offen, nicht-verstanden. Die Anschaulichkeit von Schema II darf darüber nicht hinwegtäuschen. *Moderne Naturwissenschaft, in diesem Falle die Kosmologie, setzt sich darüber hinweg; ihr genügt, als Maß-Wissenschaft legitim, die numerische Beherrschung der Zusammenhänge.*

b) Koordinatensysteme und Relativität

α) *Mathematische Grundlagen*

Wie sich noch zeigen wird, ist die sich aus dem zuletzt Dargelegten entwickelnde Kosmologie ein mit der Wirklichkeit geführtes Gespräch, in einer bestimmten Sprache der Mathematik (S. 79). Diese ist daher im folgenden darzustellen. Dabei kann es sich natürlich nur um einen Überblick handeln, insbesondere bezüglich der philosophisch-wissenschaftstheoretischen Zusammenhänge (Schema III).

Der die euklidische Geometrie charakterisierende pythagoräische Lehrsatz ist in Schema III links erläutert. Ist Δs die Länge der Hypothenuse eines rechtwinkeligen Dreiecks, Δx_1 und Δx_2 seine beiden Katheten, so gilt:

(27) $$\Delta s^2 = \Delta x_1^2 + \Delta x_2^2.$$

Jetzt wird in der Mathematik ein Schritt vollzogen, mit dem sie und auch die Physik bis heute nicht fertig ist, wo bei ihr „Nicht-verstandenes" steht; aber gerade ohne dieses „Nicht Verstandene" wäre reine Mathematik auf die Natur nicht anwendbar. Man schreibt nämlich (27) „um" auf das sogenannte „unendlich Kleine", für den strengen Mathematiker eine haarsträubende Angelegenheit; aber physikalisch „geht es" und hat Erfolg. So dulden sich hier Physiker und reine Mathematiker gegenseitig (s. I. 7). Auf die sich hier andeutende Problemfülle kann jetzt nicht eingegangen werden. Die Neuformulierung von (27) lautet dann:

(28) $$ds^2 = dx_1^2 + dx_2^2,$$

wobei ds, dx_1 und dx_2 sogenannte Differentiale (s. II. 6) sind, d. h. den erprobten Regeln der Differentialrechnung gehorchen sollen. Um anzudeuten, daß hier tiefe wissenschaftstheoretische Problemkreise liegen, die aber nichts mit Kosmologie zu tun haben, wurde eine gestrichelte Umrandung in Schema III angebracht.

(28) liegt die Vorstellung zugrunde, daß in hinreichend kleinen Bereichen einer Fläche immer die euklidische Geometrie gelten soll, daß man also auf jeder Fläche die drei Punkte P_1, P_2 und P_3 so nahe aneinanderschieben kann, daß „exakt" ein Dreieck entsteht (Schema III), für das der pythagoräische Satz gilt. Anschließend kann man (28) auf beliebig viele Dimensionen übertragen, wobei die Zahl der Dimensionen gleich der Zahl der Koordinaten $x_1, x_2, \ldots x_n$ (drei Koordinaten für den Raum z. B.), und man erhält

(29) $$ds^2 = dx_1^2 + dx_2^2 + \ldots dx_n^2.$$

Die Form (27) bzw. (28) für Δs bzw. das Differential ds hat nur dann Gültigkeit, wenn das (natürlich freiwählbare) Koordinatensystem, innerhalb dessen man Strecken mißt, eine bestimmte Lage hat. Es muß P_3 (Schema III) der Koordinatenanfangspunkt sein, und die Koordinatenachsen müssen mit P_3P_1 und P_3P_2 übereinstimmen. Geht man z. B. mittels der Transformationsformeln (16), Seite 64, zu einem anderen Koordinatensystem über, seien also in (16) $\Delta x = x$, $\Delta y = y$ und $x' = \Delta x'$, $y' = \Delta y'$, und setzt man (16) in (27) ein, so verschwindet durch das Quadrieren auf der rechten Seite die einfache Formel von (27), es treten offenbar Quadrate und Produkte von Δx, Δy und $\Delta x'$, $\Delta y'$ auf. (27) hätte danach das folgende Aussehen:

(27a) $$\Delta s^2 = \sum_{i,k} g_{ik} \cdot \Delta x_i \cdot \Delta x_k. \qquad (i, k = 1, 2)$$

Dabei bedeutet $\sum_{i,k}$ eine Summation über alle Kombinationen i, k und die g_{ik} sind in der Abfolge des Quadrierens die cos und sin von (16), wobei α der Neigungswinkel der Koordinatensysteme gegeneinander ist. (27a) gilt auch für eine „Welt“ mit n Dimensionen, in welcher dann ein Punkt durch n Werte als Koordinaten festgelegt ist, die i, k laufen von 1 bis n mit allen Produkt-Kombinationen.

Wieder in differentieller Form geschrieben, hat man dann gleichzeitig die analoge Verallgemeinerung für (29) (Schema III, Mitte):

(30) $$ds^2 = \sum_{i,k} g_{ik} \cdot dx_i \cdot dx_k. \qquad (i, k = 1 \ldots n)$$

(30) geht für $g_{i,k} = 0$ im Falle $i \neq k$ und $g_{ik} = 1$ im Falle $i = k$ und für $i, k = 1, 2$ in (28) über, in die euklidische Form. Man sieht hieran auch die Zweckmäßigkeit der Schreibweise.

Sie gilt für beliebig viele Dimensionen, aber nicht nur dieses. Der Mathematiker Riemann erkannte, daß (30) noch einer weiteren Verallgemeinerung fähig ist und begründete damit die heute nach ihm benannte Riemannsche Geometrie. Sie ist die Sprache der heutigen Kosmologie.

Die Verallgemeinerung besteht darin, daß man die g_{ik} in (30) nicht einfach als konstant ansieht, sondern sie als willkürlich wählbare Funktionen der Koordinaten ansieht, daß man also schreibt (Schema III, links):

(31) $$ds^2 = \sum_{i,k} g_{i,k}(x_i, x_k) \cdot dx_i \cdot dx_k. \qquad (i, k = 1 \ldots n)$$

Das wäre dann sozusagen die allgemeinste Geometrie, die man sich denken kann, auf deren philosophisch-wissenschaftstheoretische Problematik hier nicht eingegangen werden soll, eine reine Maß-Wissenschaft braucht das in ihrem Funktionieren auch nicht zu tangieren. (31) geht bei den in der Mitte von Schema III noch einmal verzeichneten Bedingungen in die gewohnte euklidische Geometrie über.

MATHEMATISCHE GRUNDLAGEN HEUTIGER KOSMOLOGIE

Schema III

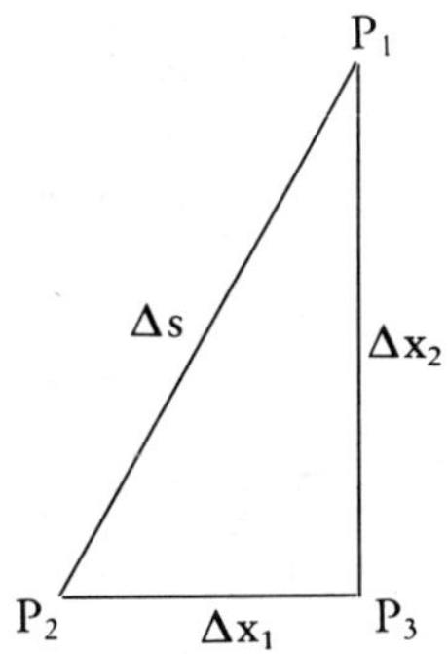

Für den Abstand Δs zweier Punkte P_1, P_2 in der euklidischen Geometrie gilt:

↓

$$\Delta s^2 = \Delta x_1^2 + \Delta x_2^2 \tag{27}$$

(Pythagoräischer Lehrsatz).

↓

Neu formuliert für das „Unendlich Kleine“:

$$ds^2 = dx_1^2 + dx_2^2, \tag{28}$$

↓

in n Dimensionen mit den Koordinaten

$x_1, x_2, \ldots x_n$

↓

$$ds^2 = dx_1^2 + dx_2^2 + \ldots dx_n^2. \tag{29}$$

Mit einer weiteren Verallgemeinerung, gelangt man zu

↓

$$ds^2 = \sum_{i,k} g_{i,k}(x_i, x_k) \cdot dx_i \cdot dx_k. \quad (i, k = 1 \ldots n) \tag{31}$$

der Riemannschen Geometrie.

Hierin können die

$g_{i,k}(x_i, x_k)$

als physikalische Größen
(Kraftpotentiale, Stoffdichte)
interpretiert werden.

Das heißt,

Stoffverteilung bestimmt Geometrie,

Erfüllung des von
Seeligerschen
Satzes.

(Einsteins)
allgemeine
Relativitätstheorie.

Kosmologie
der Homogenität
(Weltmodelle)

Als allgemeinere Formulierung ergibt
sich:

$$ds^2 = \sum_{i,k} g_{ik} \cdot dx_i \cdot dx_k \qquad (i, k = 1 \ldots n) \tag{30}$$

diese geht für:

$g_{ik} = 0$ im Falle $i \neq k$

und $g_{ik} = 1$ im Falle $i = k$

in die euklidische Form über,
einen Spezialfall

Riemann erkannte ferner, daß das System der Größen $g_{i,k}$ eindeutig eine Geometrie definiert (s. II. 8), ob es sich z. B. um die Geometrie auf einer Kugeloberfläche handelt oder um eine „ebene" Geometrie (= Welt), wie die euklidische, oder um eine irgendwie gekrümmte Fläche, alles das wird durch entsprechend gewählte $g_{i,k}$ $(x_i x_k)$ festgelegt, wobei jede dieser Geometrien in beliebig vielen Dimensionen betrieben werden kann, was natürlich nicht mehr vorstellbar, aber sehr wohl verstehbar ist.

An dieser Stelle soll aus Raumgründen nur die Kosmologie in Rede stehen, die sich auf vierdimensionale Geometrien stützt, weil sie für den direkten astronomischen Forschungsbereich und für die Grundlegung besonders relevant ist. Die Vierdimensionalität entsteht, da man vornehmlich den Raum (3 Koordinaten) und die Zeit (1 Koordinate) betrachtet. Kosmologien mit höher dimensionierten Geometrien versuchen die Strukturen der Materie selbst in ihre Gesamtkonzeptionen einzubeziehen; sie repräsentieren Versuche, sozusagen die ganze anorganische Wirklichkeit in den „mathematischen Griff" zu bekommen (s. II. 9).

So ist auch die Minkowsky-Welt als die geometrische Beschreibung bzw. der Ausdruck des Resultates des Michelsonschen Versuches eine vierdimensionale Geometrie mit $g_{11} = g_{22} = g_{33} = 1$, $g_{44} = -c^2$ und $g_{i,k} = 0$ für $i \neq k$ (S. 64). Bei einer vierdimensionalen geometrischen Mannigfaltigkeit bestehen die Summationen (30) und (31) aus 16 Summanden.

Ist das bisher über die mathematischen Grundlagen der Kosmologie Gesagte eine Angelegenheit der reinen Mathematik, so erkannte wohl zuerst Einstein die Bedeutung von (31) für die Kosmologie. Diese liegt in der Veränderlichkeit der $g_{i,k}$ $(x_i x_k)$, ihrer Abhängigkeit von den Koordinaten. Das bedeutet nichts anderes, als daß sie sich von Ort zu Ort in der in Rede stehenden Mannigfaltigkeit ändern können; d. h. aber, anschaulich formuliert, daß sich die Raumstruktur von Ort zu Ort ändern kann, denn die $g_{i,k}$ legen diese ja fest. Sind sie konstant, hat man eine konstante Raumstruktur, etwa die gewohnte euklidische für $g_{i,k} = 1$ bei $i = k$ und $g_{i,k} = 0$ bei $i \neq k$. Eine durch diese Geometrie beschriebene Welt ist überall euklidisch, wie es dem gewohnten Anblick der Wirklichkeit entspricht. Analoges gilt für die Geometrie auf der Kugel, wo der an jedem Punkt der Kugeloberfläche die dieser adäquate Geometrie gilt; und (31) ist darüber hinaus die Grundformel einer Geometrie, bei der nicht mehr die Raumstruktur an jeder Stelle dieselbe zu sein braucht, indem die $g_{i,k}$ Funktionen von den Ortskoordinaten x_i, x_k sind.

Interpretiert man nun, wie es von Einstein zuerst getan wurde, die Funktionen $g_{i,k}$ (x_i, x_k) *als physikalische Größen, als Gravitationspotentiale oder als Funktionen der Dichte der Materie von Ort zu Ort* (unten in Schema III), *dann ergibt sich mit einem Male der überraschende Aspekt, daß physi-*

kalische Größen die Geometrie, d. h. die reale Raumstruktur bestimmen. Das steht in diametralem Gegensatz zur klassischen Physik, in der, nach der Vorgehensweise Newtons, der Raum als ein euklidischer von vornherein und vor den physikalisch-stofflichen Vorgängen gesetzt wurde. Analog war die Vorgehensweise bezüglich Zeit (S. 73). Der Raum als euklidischer war der vorgegebene „Behälter", in welchem sich, unabhängig von dessen Struktur, die physikalischen Vorgänge abspielen sollten.

So beinhaltet die Idee Einsteins nicht nur eine grundsätzliche neue physikalische Betrachtungsweise, sondern auch neue philosophisch-wissenschaftstheoretische Denkwege, die natürlich im Bereich philosophischer und nicht mehr rein physikalischer, der Maßstruktur zugewandten Fragestellungen stehen.

Zunächst bedeutet dies die Erfüllung des von Seeligerschen Satzes (S. 48ff.). Hier war als allgemeingültig aufgewiesen, daß Raumstruktur (Geometrie), Stoffverteilung und Gesetz nicht unabhängig voneinander sind. Der Satz sagte aber nicht aus, welcher Art die Abhängigkeit (= Nicht-Unabhängigkeit) ist. Charlier fand in seinem hierarchischen Modell des Alls eine solche mögliche Abhängigkeit. Es blieb aber ein Einzelbeispiel eines möglichen Zusammen von Stoffverteilung, Raumstruktur und Gesetz (S. 50ff. und Abb. 3).

Dadurch, daß die $g_{i,k}$ physikalisch interpretiert werden, geschieht genau das, was von Seeligers Satz verlangt: Die $g_{i,k}$ können zum Teil als Kräftepotentiale (Gravitationswirkungen), zum Teil als Dichtefunktionen (Abhängigkeit der Stoffdichte von Ort zu Ort = Stoffverteilung) gedeutet werden (Schemata VI, VII und VIII). Denn die $g_{i,k}$ (x_i, x_k) bestimmen, wie dargelegt, in der Riemannschen Geometrie die Struktur einzelner geometrischer Gebilde, und damit die physikalische Realität der Wirklichkeit.

Letztere kann grundsätzlich beobachtet und damit bestimmt werden; und aus diesen Beobachtungen kann dann grundsätzlich über (31), Schema III, die zugehörige Geometrie = Raumstruktur für jeden konkreten Einzelfall (z. B. Lichtablenkung an der Sonne, Schema II) bestimmt werden. Das ist moderne Kosmologie, sind die Denkwege naturwissenschaftlichen Erkenntnisbemühens der Gegenwart, das Ganze des Alls in eines zu fassen (S. 46ff.), ist Kosmologie heute.

Die in Schema III dargestellte geistesgeschichtliche Entwicklung zeigt weiter, daß die Entfaltung und Grundlegung moderner Kosmologie eine in sich konsequente Entwicklung ist. *Der von Seeligersche Satz steht am Beginn und Formel (31), mit der Deutung der $g_{i,k}$ als physikalischer Größen, am Ende des Baues der Fundamente, in dem hier der Weg aufgezeigt ist, die reine Negation des von Seeligerschen Satzes in positive Aussagen umzumünzen, womit der Weg frei ist für eine eigentliche Entfaltung der Kosmologie.*

Im Aspekt des von Seeligerschen Satzes ist darüber hinaus die Einsteinsche Konzeption der physikalischen Interpretation der $g_{i,k}$ (x_i,x_k) nicht nur ein genialer Entdeckerschritt, sondern eine intellektuelle Manipulation von wissenschaftstheoretischer Konsequenz. Es liegt in der Natur der Zusammenhänge selbst, daß so verfahren werden muß; denn von Seeligers Satz gilt auch, wenn es das Weltall überhaupt nicht gäbe. Der Satz ist eine denknotwendige Aussage (S. 53).

Damit beginnt die angesprochene Problematik der weiteren Entfaltung der Kosmologie; denn wie man die $g_{i,k}$ (x_i,x_k) wählen soll, um sie auf die Realität anzuwenden, dafür gibt es zunächst keine Anhaltspunkte. Hier besteht eine fast unbegrenzte Freiheit des Geistes, die, wie gleich gezeigt wird, ihre Eigentümlichkeit in der Struktur der Riemannschen Geometrie hat, nämlich daß diese eine Tensoranalysis (s. II. 11, II. 13) ist (Schema VIII). Hier hebt jetzt das Spiel an zwischen der fortschreitenden Beobachtung und den physikalischen Interpretationen der $g_{i,k}$ (x_i,x_k) bzw. der Konstruktion der mathematischen Form von ds^2 selbst, welche bis heute die Kosmologie zu einem mathematischen Gespräch mit der Wirklichkeit macht, das vielleicht nie ein Ende finden wird.

Durch geeignete Wahl der $g_{i,k}$ (x_i,x_k) gelang es als erstem A. Einstein, jene gewaltigen Erkenntniserfolge zu erreichen, die qualitativ in Schema II dargestellt sind. Damit ist ein für allemal die allgemeine Relativitätstheorie, wie die jetzt hier beschriebenen Denkbemühungen heute heißen (Schema III, rechts unten), auf ein sicheres Fundament gestellt; und das heißt: es ist eine gesicherte Einsicht, daß Stoff und Raum, Zeit und Dinge (S. 53ff.) unzertrennlich zusammengehören; eine Naturforschung, die diese Gegebenheiten nicht beachtet, verfehlt notwendig die Wirklichkeit. Die Raumstruktur muß von den Dingen hergeleitet werden.

Auf diesen gesicherten Einsichten bauen die weiteren Denkbemühungen der Kosmologie auf, welche die eindrucksvollen Weltmodelle aus sich entlassen, von denen in der Grundlegung noch nicht die Rede sein soll. Aber dieser Griff nach dem Ganzen des Alls scheint ein ähnliches Schicksal zu haben wie die Philosophie, die ja auf ihre Weise das gleiche versucht. Daher soll das Grundprinzip dieser Denkbemühungen im folgenden die Kosmologie der Homogenität genannt werden, weil hier ein unmittelbar in der Philosophie angesiedeltes Denkprinzip benutzt wird, welches zuerst Nikolaus von Kues geschichtsmächtig formuliert hat (S. 25), daß es im All keine ausgezeichneten Punkte gebe.

β) *Das Äquivalenzprinzip*

Die mathematische Formulierung des Michelsonschen Versuches durch Einstein hatte Minkowsky in Form der Raum-Zeit = Welt auf Invarianzen gegenüber Transformationsgruppen zurückgeführt (S. 63 ff.). Formel (14) S. 64, das Resultat des Michelsonschen Versuches in mathematischer Sprache (nur für 2 Dimensionen, 1 Raumkoordinate und die Zeit aufgeschrieben), repräsentiert ja auch realiter eine Invarianz, indem der Vorgang der Lichtausbreitung sich in den Koordinatensystemen (Abb. 5) in gleicher Weise darstellt. Die Koordinatensysteme werden durch (14), in Schema I oben, jeweils ineinander überführt. So verbindet sich hier die Physik mit den geometrischen Konzeptionen von C. Caley und F. Klein (S. 64), (Schema I oben).

Anders ausgedrückt heißt das, daß in der Minkowsky-Welt der physikalische Vorgang der Lichtausbreitung unabhängig von allen Koordinatensystemen, die durch (14) miteinander verbunden sind, formuliert ist. Solche Koordinatensysteme sind in der hyperbolischen Geometrie möglich. Dabei heißt unabhängig, daß man bei einem Vorgang, der für ein Koordinatensystem bestimmt oder auch beobachtet ist, die mathematische formale Beschreibung durch (14) für jedes andere Koordinatensystem, welches sich durch die Anwendung (14) ergibt, umformen kann.

Das legt die Vermutung nahe, vor allem nach der experimentellen Bestätigung von $E = m \cdot c^2$ (Schema I, unten), ob es nicht möglich sein sollte, einen mathematischen Formalismus zu finden, der es gestattet, alle Naturgesetze bzw. Vorgänge unabhängig von Koordinatensystemen zu formulieren, in dem Sinne, daß sie von einem zum anderen System in ihrer mathematischen Formulierung umgeschrieben werden können. Die physikalische Aussage, vor allem auch in ihrem qualitativen Charakter, ist dann nicht mehr an bestimmte Koordinatensysteme gebunden, wie es z. B. für die Aussagen der klassischen Physik gilt. In der Tensoranalysis (s. II. 10, II. 15) (Schema V) fand A. Einstein den geeigneten Formalismus in Verbindung mit der Riemannschen Geometrie, und rein mathematisch formal wurde damit der Übergang von der speziellen Relativitätstheorie zur allgemeinen vollzogen.

Die diesbezüglichen Denkwege A. Einsteins begannen mit dem sogenannten „Kastenexperiment“ (Schema IV), bei dem es sich um ein Gedankenexperiment handelt: Ein Beobachter B befinde sich in einem geschlossenen Kasten und habe sonst keinerlei Verbindung mit der Außenwelt. Der Kasten ist „seine Welt“, wie für uns die uns unmittelbar umgebende Umwelt. B kann alle Vorgänge im Kasteninneren beobachten und messen wie im irdischen Laboratorium.

Bei E trete ein Lichtstrahl in den Kasten ein und bei A wieder aus. B kann den Strahl messen, weiß aber nicht, daß es außerhalb des Kastens überhaupt etwas „gibt". Der Strahl außerhalb des Kastens ist für ihn nicht da.

Ist der Kasten „in Ruhe" (links, Schema IV), beobachtet B, daß der Strahl eine gerade Linie $\overline{EA}$ in seiner Welt beschreibt. Bewegt sich der Kasten mit gleichmäßiger Geschwindigkeit nach oben (Schema IV, Mitte), sieht B den Strahl schräg von E nach A durch den Kasten gehen; denn während des Laufens durch den Kasten von E nach A ist die linke Wand ein Stück weiter oben im Unterschied zum Falle links in Schema IV, wo der Kasten ruht, und E und A in gleicher Höhe bleiben. Bewegt sich der Kasten (rechts in Schema IV) beschleunigt nach oben, d. h. wird er immer schneller, etwa wie ein fallender Stein, der immer schneller fällt, je länger er fällt, dann wird B im Kasten den Lichtstrahl einen gekrümmten Weg von E nach A zurücklegen sehen; denn im Unterschied zur Mitte in Schema IV ändert sich dauernd die Schnelligkeit der Wandbewegung links. Der Strahl kann daher A nicht auf geradem Wege erreichen wie bei einer gleichmäßigen Bewegung des Kastens.

Nun weiß aber B überhaupt nicht, daß er in einem Kasten ist und mit diesem etwas „geschieht", daß er eine Bewegung hat. B stehen nur die Phänomene im Kasteninneren zur Verfügung. Hier kennt B experimentell die Formel $E = m \cdot c^2$, er kennt die Gesetze der Schwerkraft, weiß also, daß Stoff Licht anzieht (Schema II); denn alles das kann er im Kasten ohne die Außenwelt finden, wofern intellektuelles Niveau und Technik ihm das erlauben.

B steht nun – und das ist Einsteins entscheidender Schritt, die folgende Alternative zuerst formuliert zu haben – vor zwei ihm bewußten Denkmöglichkeiten, weil er ein moderner Naturwissenschaftler ist: Die eine Möglichkeit ist zu sagen, der Lichtstrahl wird von einem Gravitationsfeld unter mir angezogen, oder aber die Krümmung kommt dadurch zustande, daß ich mich dauernd beschleunigt nach oben bewege. Es wird ihm bewußt, daß er in beiden Fällen dasselbe beobachten und messen wird, wofern nur das Gravitationsfeld eine entsprechend beschleunigte Fallbewegung nach unten bewirkt, oder er selbst sich entsprechend beschleunigt nach oben bewegt. Dabei stört es ihn nicht, daß er im Augenblick nicht weiß, warum er sich nach oben bewegt. Er verschiebt diese Frage auf die Zukunft, läßt hier bewußt ein „Nicht-Verstandenes" stehen, auch auf die Möglichkeit hin, dafür nie eine Antwort zu finden; denn er ist ein moderner Naturwissenschaftler, der sich an das „Schweigen" (S. 90) zu gewöhnen beginnt. Weiß er ja auch nicht, woher das Kraftfeld kommt, das den Lichtstrahl nach unten zieht, warum die Körper gegeneinander schwer sind

(S. 86ff.). Aber er weiß, daß er das nicht weiß, und er beläßt auch dies im „Nicht-Verstandenen".

Man kann Vorstehendes sich auch direkt an fallenden Körpern vergegenwärtigen: B beobachtet rechts (Schema IV) in seinem Kasten, daß ein Körper K beschleunigt fällt, wie es auf der Erde auch festgestellt wird (Galileische Fallgesetze). Man spricht üblicherweise von dem Kraftfeld der Erde, das die Eigentümlichkeit hat, einen Körper anzuziehen, so daß er um so schneller fällt, je länger der Fallweg ist. Dieses ist aber nicht denknotwendig. B beobachtet nämlich genau dasselbe, falls, was er aber nicht weiß, der Kasten sich mit der gleichen Beschleunigung nach oben bewegt, wie das „angenommene" Kraftfeld den Stein nach unten bewegt (der Stein fällt). Die beiden entgegengerichteten Pfeile rechts in Schema IV sollen das symbolisch darstellen, indem sie gleich lang gezeichnet sind. B hat keine Möglichkeit, durch Messungen am fallenden Körper oder am Lichtweg EA (rechts in Schema IV) festzustellen, welche der beiden Denkmöglichkeiten realisiert ist.

Die hier skizzierten Gedankengänge wurden ihrem unmittelbaren physikalischen Inhalt nach von A. Einstein 1915 veröffentlicht. Sie heißen heute „Einsteinsches Äquivalenzprinzip" und sind die Grundlage der allgemeinen Relativitätstheorie (links oben Schema IV). Der Vollständigkeit halber sei bemerkt, daß die Alternative obigen Gedankenexperiments auch auf das Gegenüber von sogenannter „träger" und „schwerer" Masse projiziert werden kann. Dieses ist aber kein die Kosmologie direkt betreffender Aspekt.

Das gedankliche Kastenexperiment reicht allein nicht zur Begründung der allgemeinen Relativitätstheorie und der auf ihr basierenden Kosmologie aus. Es muß weiterhin die Sonderstellung des Lichtes im Bereich der gegebenen Wirklichkeit, die das abendländische Denken seit eh und je bewegt hat (S. 60ff.), bedacht werden.

Zwei Aspekte sind es, deren sich das naturwissenschaftliche Denkbemühen im Zusammenhang mit dem Äquivalenzprinzip bewußt wurde. Einmal der Umstand, daß kein Experiment ohne Licht (elektromagnetische Wellen) durchgeführt werden kann. Irgendwo und irgendwann ist bei jeder messenden Manipulation der Physik und Astronomie das Licht ein letzter Informationsträger, der trotz oder gerade wegen aller modernen Experimentier- und Beobachtungstechnik nicht entbehrt werden kann (Schema IV, Mitte). Die Ungenauigkeitsrelation ist die letzte Konsequenz davon. Auch sie ist, unabhängig von ihrer weitreichenden philosophisch-wissenschaftstheoretischen Bedeutung, kein Gegenstand der Kosmologie.

Zum anderen ist Licht an seinen Lichtweg gebunden. Dieser Umstand

Schema IV

„Kastenexperiment"

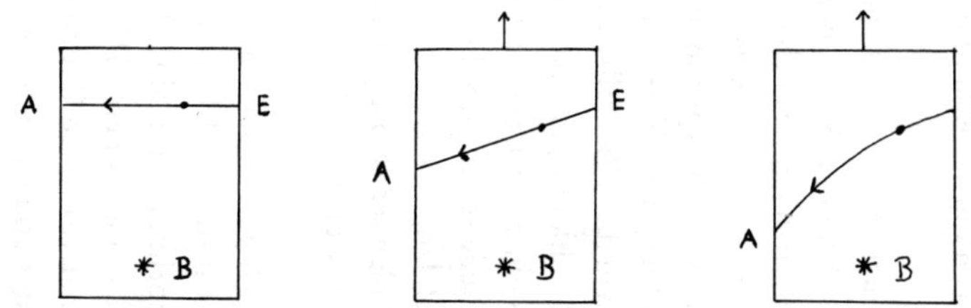

Kasten in Ruhe — Kasten gleichmäßig bewegt — Kasten beschleunigt

↓

Messen ohne Licht unmöglich.

↓

Jeder Meßvorgang benötigt Licht.

Ergibt die denknotwendige Folgerung:

↓

Es besteht kein Unterschied zwischen Beschleunigung und Anziehung

↓

Einsteins Äquivalenzprinzip

↓

Allgemeine Relativitäts-Theorie

↓

bestätigt durch ⟷ Voraussetzung:

↓

die Lichtablenkung
an der Sonne,

↓

Periheldrehung des Merkur.

↓

Licht ist an den Lichtweg gebunden
und an dessen geometrische Gestalt.

↓

Voraussetzung:

↓

Licht stellt die kürzeste Verbindungs-
linie zwischen zwei Punkten dar.

↓

Eine qualitative Aussage,
gebunden an Quantität,

↓

das heißt (unvermeidliche) Festlegung
der Geometrie des Versuchsablaufs
bzw. Messens,

↙ ↘

Formal:
Interpretation
der $g_{i,k}$ in (31).

In der Realität:
Benutzung von
Licht.

war der klassischen Physik so selbstverständlich, daß er kaum zum Bewußtsein kam. Es war diskussionslos selbstverständlich, daß Licht, von einem Punkte zu einem anderen laufend, den jeweils kürzesten Weg nehme und daß dieser, wenn nicht besondere Hindernisse auf der Laufstrecke vorhanden sind, eine Gerade im gewohnten euklidischen Sinne darstelle.

Schon das Kastenexperiment macht deutlich, daß das durchaus nicht selbstverständlich ist; denn dem Lichtstrahl von E nach A in Schema IV rechts oben steht „nichts im Wege"; und doch ist er eine gekrümmte Kurve, die von der Beschleunigung des Kastens abhängt; d. h. aber nichts anderes, als der Weg des Lichtes hängt von den physikalischen Umständen, der physikalischen Umwelt ab, in diesem Falle von dem ganzen Strukturzusammenhang des nach oben beschleunigt bewegten Kastens. Physikalische Umstände aber sind hier Gesetze der Bewegung, Licht als Stoff u. a. Damit repräsentiert sich an dieser Stelle wiederum der bereits erwähnte von Seeligersche Satz.

Es muß also weiter vorausgesetzt werden, daß Licht den kürzesten Weg zurücklegt, nachdem dies offenkundig nicht denknotwendig ist (Schema IV, Mitte). Es ist eine qualitative Aussage, die an Quantität gebunden ist; denn das „Kürzeste" ist als solches eine Was-Beschaffenheit, die nur durch Messen festgestellt werden kann, da der in Rede stehende Sachverhalt der Maß-Struktur verhaftet ist. Man nennt allgemein kürzeste Verbindungslinien in geometrischen Mannigfaltigkeiten auch geodätische Linien; in der euklidischen Geometrie ist das die Gerade, auf der Kugeloberfläche der größte Kreis, der auf der Kugel durch die beiden Punkte geht. Aus den $g_{i,k}$ $(x_i x_k)$ in (31) kann ohne weiteres der Typus der geodätischen Linien (der durch diese gegebenen Mannigfaltigkeit) bestimmt werden.

Die Interpretation des Lichtweges als die kürzeste Verbindung zwischen zwei Punkten bedingt jetzt notwendig die Geometrie, innerhalb derer der jeweils in Rede stehende physikalische Vorgang abläuft. Auf diese Weise kommt z. B. für den dem Michelsonschen Versuch zugrundeliegenden Vorgang die Geometrie der Minkowsky-Welt bzw. diese selbst zustande.

Auch in dem nach oben beschleunigten Kasten ist durch den gekrümmten Lichtweg eine Geometrie zur Beschreibung des Vorganges von E nach A festgelegt. Da B die Alternative der beiden Interpretationsmöglichkeiten kennt, aber auch weiß, daß er sie nicht entscheiden kann (Äquivalenzprinzip), muß er auf den Formalismus der Riemannschen Geometrie zurückgreifen, um im Bereich der Maß-Struktur, seine Beobachtungen rechts im Kasten, Schema IV, intellektuell zu beherrschen. D. h., er muß die $g_{i,k}$ $(x_i x_k)$ in (31) entsprechend physikalisch interpretieren, insbesondere auch, daß EA, im Bild rechts, unter den gegebenen Umständen der Benutzung von Licht die kürzeste Verbindung zwischen E und A ist.

Die philosophisch-wissenschaftstheoretischen Konsequenzen der Identifikation des Lichtweges mit der geodätischen Linie werden noch zu bedenken sein. Fürs erste sei festgestellt, daß die hier vorgenommene Identifizierung, die wissenschaftstheoretisch ein Axiom beinhaltet, bisher von der Wirklichkeit bestätigt ist. Die Lichtablenkung an der Sonne und die Periheldrehung können u. a. daraus hergeleitet werden (Schema IV und VII).

γ) *Allgemeine Relativität*

Die allgemeine Relativität besteht darin, alle Naturgesetze und Zusammenhänge für den Bereich der Maß-Struktur so zu formulieren, daß man von Koordinatensystemen unabhängig ist. Der von Einstein dazu gefundene mathematische Formalismus ist in Schema V in seinen grundsätzlichen Zusammenhängen dargestellt.

Schema V gibt links noch einmal verbal die vorstehend beschriebene Konzeption wieder. Rechts sind die ersten Schritte zur Tensoranalysis, der mathematischen Sprache der allgemeinen Relativität, dargestellt. Zum vollen Verständnis des Folgenden ist etwas Kenntnis der Differentialrechnung erforderlich (s. II. 6), nicht aber zum Verstehen der logischen Denkstrukturen selbst. Ferner ist alles nur für vierdimensionale Mannigfaltigkeiten dargestellt, weil allein diese hier benötigt werden.

Es werden jeweils zwei Koordinatensysteme mit vier Koordinaten betrachtet, ein ungestrichenes mit den Koordinaten x_1, x_2, x_3, x_4 und ein gestrichenes mit x'_1, x'_2, x'_3, x'_4. In jedem ist durch ein Zahlenquadrupel ein Punkt festgelegt. Es seien nun Gleichungen angegeben:

$$x'_i = x'_i\,(x_1, x_2, x_3, x_4), \qquad (i = 1 \ldots 4) \tag{32}$$

An sie sind keine weiteren Bedingungen gestellt, als daß für jedes Quadrupel $x_1\, x_2\, x_3\, x_4$ sich je ein und nur ein Wert x'_i ergibt. (32) steht für im Ganzen vier Gleichungen dieser Art, so daß sich aus vier Werten x_1, x_2, x_3, x_4 vier andere x'_1, x'_2, x'_3, x'_4 ergeben. (32) führt also die Koordinaten x_1, x_2, x_3, x_4 für alle Punkte einer vierdimensionalen Mannigfaltigkeit in diejenigen eines anderen Koordinatensystems x'_1, x'_2, x'_3, x'_4 über. Die Gestalt der Gleichungen (32) ist bestimmt durch das Koordinatensystem, zu dem man von dem System mit x_1, x_2, x_3, x_4 übergehen will.

Differentiert man (32) total, so folgt:

$$dx'_i = \frac{\partial x'_1}{\partial x_1} \cdot dx_1 + \frac{\partial x'_i}{\partial x_2} \cdot dx_2 + \frac{\partial x'_i}{\partial x_3} \cdot dx_3 + \frac{\partial x_i}{\partial x_4} \cdot dx_4, \quad (i = 1 \ldots 4) \tag{33}$$

ALLGEMEINE RELATIVITÄT

Schema V

Verbal

Minkowsky – Welt
(vierdimensional)

↓

Invarianz ihres mathematischen Formalismus gegen Lorentztransformationen (15) = hyperbolische Gruppe.

↓

Das heißt,

↓

Die Formulierung ihrer physikalischen Eigenschaften, ist unabhängig von allen Koordinatensystemen, die durch Lorentztransformationen ineinander übergehen.

↓

Spezielle Relativität

Mathematisch – formal:

Überführung von Koordinaten

x_1, x_2, x_3, x_4 in x'_1, x'_2, x'_3, x'_4

↓

durch gegebene Formeln,

(32) $$x'_i = x'_i(x_1, x_2, x_3, x_4), \qquad (i = 1 \dots 4)$$

↓

Bestimmung der x'_i durch die x_i und totale Differentiation:

(33) $$dx'_i = \frac{\partial x'_1}{\partial x_1} \cdot dx_1 + \frac{\partial x'_i}{\partial x_2} \cdot dx_2 + \frac{\partial x'_i}{\partial x_3} \cdot dx_3 + \frac{\partial x_i}{\partial x_4} \cdot dx_4, \quad (i = 1 \dots 4)$$

↓

oder

(34) $$dx'_i = \sum_{k=1}^{4} \frac{\partial x'_i}{\partial x_k} \cdot dx_k. \qquad (i = 1 \dots 4)$$

↓

Überführung der Quadrupel

dx_i in dx'_i für $i = 1$ bis 4

↓

inauguriert die Idee
(Einstein)

↓

eines mathematischen Formalismus, der alle Naturgesetze unabhängig von Koordinatensystemen zu beschreiben gestattet.

↓

Allgemeine Relativität

↓

Formalismus
der
„Tensor"-Analysis

↓

entwickelt sich aus

Mit einer verallgemeinerten Schreibweise von (34):

$$T_i{}' = \sum_{k=1}^{4} \frac{\partial x_i'}{\partial x_k'} \cdot T^k. \qquad (35) \qquad (i = 1 \ldots 4)$$

↓

Für die Überführung eines Systems von Größen

T^i in $T^{i\prime}$, i von 1 bis 4

↓

Das heißt

T^i als physikalische Beziehungen (Gesetze) bekannt für alle durch (32) verbundenen Koordinatensysteme.

T^i als Zahlen bekannt für alle durch (32) verbundenen Koordinatensysteme.

Die Formeln (32) sind völlig allgemein und daher unabhängig von Koordinatensystemen.

oder als Summe geschrieben:

$$dx'_i = \sum_{k=1}^{4} \frac{\partial x'_i}{\partial x_k} \cdot dx_k. \qquad (i = 1 \dots 4) \tag{34}$$

(33) und (34) stehen wieder für je vier Gleichungen, Σ als Summenzeichen gibt an, daß über x_i von 1 bis 4 zu summieren ist, so daß sich jeweils die Ausdrücke (33) ergeben. In (34) werden die vier Größen dx_i in diejenigen dx'_i für i = 1 bis 4 übergeführt. (34) kann man weiterhin verallgemeinern: Es seien T^i irgendwelche Größen, die Funktionen von x_1 bis x_4 sind. Setzt man sie in (34) ein, an Stelle von dx_i bzw. dx'_i, so folgt:

$$T_i' = \sum_{k=1}^{4} \frac{\partial x'_i}{\partial x'_k} \cdot T^k. \qquad (i = 1 \dots 4) \tag{35}$$

d. h. das ungestrichene System von Größen T^i, die in (35) als T^k stehen, weil über k summiert werden soll, werden in ein anderes System $T^{i\prime}$ übergeführt, und zwar durch die „Transformationsformeln" (32). (35) steht wieder für vier Gleichungen.

Ein System von Größen T^i, das den Bedingungen (35) unterliegt, nennt man einen Tensor, und die einzelnen Größen des Systems die Tensorkomponenten. Die T^i sind also ein System von Größen, die – hier – in einer vierdimensionalen geometrischen Mannigfaltigkeit veränderlich sind von Punkt zu Punkt bzw. Ort zu Ort. Geht man mittels (32) zu einem anderen Koordinatensystem mit x'_1 bis x'_4 über, dann werden die T^i mittels (35) in ihre Werte $T^{i\prime}$ für das neue Koordinatensystem mit den Koordinaten x'_1 bis x'_4 überführt. Das bedeutet, die T^i sind für alle durch (32) miteinander verbundenen Koordinatensysteme in der betreffenden Mannigfaltigkeit bekannt, wenn sie nur für eines bekannt sind, d. h., sie sind unabhängig von den Koordinatensystemen in der Mannigfaltigkeit.

Interpretiert man nun die T^i als physikalische Größen, Stoffdichten, Gravitationskräfte u. a., so gilt für diese Größen dasselbe; d. h., sind sie bzw. ihre durch T^i ausdrückbaren Zusammenhänge in einem Koordinatensystem bekannt, so sind sie es auch schon für alle: *Man ist also in den physikalischen Aussagen unabhängig von den Koordinatensystemen. Die physikalischen Strukturzusammenhänge lassen sich unabhängig von Koordinatensystemen ausdrücken* (immer natürlich im Bereiche der Maß-Struktur). Das ist die angestrebte allgemeine Relativität.

Ein Spezialfall hiervon ist beim Kastenexperiment oben in Schema IV der Ersatz des Gravitationsfeldes, welches für den Beobachter B den Körper K fallen läßt, durch den nach oben beschleunigten Kasten entsprechend der Beschleunigung des Körpers K im Kasten. Hier wird das für den Kasten feste Koordinatensystem mit dem angenommenen Gravitationsfeld ersetzt durch ein entsprechend nach oben beschleunigtes System (mit dem beschleunigten Kasten fest verbunden zu denken). In beiden Systemen wird das „Fallen" von K mit gleichem numerischen Resultat gemessen. Die beiden Systeme sind einander äquivalent. Der Vorgang ist sowohl in dem einen wie auch an dem anderen System beschreibbar, wie auch die T^i in den durch (32) verbundenen Systemen.

Die philosophisch-wissenschaftstheoretischen Probleme liegen in den umrahmt hervorgehobenen Zusammenhängen von Schema V: Es gibt zunächst keinerlei Anhaltspunkte dafür, wie man die T^i physikalisch interpretieren soll. Es ist die gleiche Situation wie nach der Ableitung des von Seeligerschen Satzes, wo man vor der Negation steht und alles weitere offenbleibt. Man hat zwar die allgemeine Relativität zunächst in der Sprache der Mathematik ausgedrückt, aber mehr ist bisher noch nicht erreicht.

c) Der Weg zum Einsteinschen Gravitationsgesetz

α) *Konstruktion von Tensoren*

Die erfolgreiche physikalische Interpretation von Tensoren führte Einstein zu einem neuen Gravitationsgesetz, welches das bisherige Newtonsche miteinschließt, und brachte ihn auch zur numerischen Beherrschung der in Schema II qualitativ abgeleiteten Phänomene (s. II. 18).

Um das darzulegen, sind noch weitere Erläuterungen bezüglich der Tensoren nötig (Schema VI, links).

Es ist eine Eigentümlichkeit der Tensoren und der Tensoranalysis überhaupt, daß sie dem Intellekt einen großen Spielraum lassen, sich in freier Entscheidung nach Phantasie und Zweckmäßigkeit zu betätigen und immer wieder die Konstruktion von Tensoren zu versuchen. Es ist hier nicht so wie etwa in der euklidischen Geometrie, wo das Axiomensystem festliegt und damit im Prinzip der weitere Weg durch Deduktionen aus einem solchen System, ein Umstand, der die Tensoranalysis so flexibel macht, vor allem auch in der Anwendung auf physikalische Fragestellungen.

Man unterscheidet zwei Arten von Tensoren, den kontravarianten und kovarianten Tensor. Der in (35) angeschriebene Tensor ist ein kontravarianter. Er ist dadurch charakterisiert, daß rechts x' nach x differenziert wird, also die Differientalquotienten $\frac{\partial x'_i}{\partial x_k}$ stehen. Es ist aber auch möglich (Schema VI, links oben) letzteres umzukehren und von x nach x' zu differenzieren. Man erhält dann einen sogenannten kovarianten Tensor, der analog (35) zu schreiben ist:

DER WEG ZUM EINSTEINSCHEN GRAVITATIONSGESETZ

Schema VI

Die Überführung von Koordinaten
x_1, x_2, x_3, x_4 in x'_1, x'_2, x'_3, x'_4
durch Funktionen

$x'_i = x'_i(x_1, x_2, x_3, x_4)$,

↓

ermöglicht die Konstruktion eines

kovarianten Tensors T durch

(36a) $$T_i{}' = \frac{\partial x_k}{\partial x'_i} \cdot T_k$$

↓
Differentiation
von x_i nach x'_i
↓
und Summation
über k
↓

(31a) $$d\bar{s}^2 = g_{ik}(x_i, x_k) \cdot dx^i \cdot dx^k$$

↓
$g_{i,k}$ kovarianter Tensor

kontravarianten Tensors T

(35a) $$T^{i\prime} = \frac{\partial x'_i}{\partial x_k} \cdot T^k$$

↓
Differentiation
von x'_i nach x_i
↓
und Summation
über k

dx^i = kontravarianter Tensor
(Schema V)

den Riemann-Christoffel Tensor:
↓

(44) $$B^{\varepsilon}_{\mu\nu\sigma} = \{\mu\,\sigma, \alpha\} \cdot \{\alpha\,\nu, \varepsilon\} - \{\mu\,\nu, \alpha\} \cdot \{\alpha\,\sigma, \varepsilon\} + \frac{\partial}{\partial x_\nu}\{\mu\,\sigma, \varepsilon\} - \frac{\partial}{\partial x_\sigma}\{\mu\,\nu, \varepsilon\}$$

↓

und der Gleichung für die *kürzeste Verbindung* zwischen zwei Punkten einer n-dimensionalen Mannigfaltigkeit

↓

(45) $$\frac{d\bar{x}^2_\alpha}{d\bar{s}^2} + \{\mu\,\nu, \alpha\} \cdot \frac{dx_\mu}{ds} \cdot \frac{dx_\nu}{ds} = 0$$

(alle Indizes von 1 … n)
↓
folgt
↓

(46) $$B^{\varepsilon}_{\mu\nu\sigma} = 0,$$

↓

als *notwendige und hinreichende Bedingung* für eine ebene n-dimensionale *Mannigfaltigkeit*

↓

$$g'_{i,k} = \frac{\partial x_\alpha}{\partial x'_i} \frac{\partial x_\beta}{\partial x'_k} g_{\alpha\beta}$$

$(\alpha, \beta, i, k = 1 \, .. \, n)$

$g_{i,k}$ ist der Fundamental-Tensor und bestimmt die Geometrie einer n-dimensionalen Mannigfaltigkeit.

↓

Willkürliche aber zweckmäßige Konstruktionen weiterer Tensoren aus dem Fundamentaltensor

↓

über die Christoffelschen Dreiindizes Symbole (keine Tensoren),

↓

(40)
$$[\mu\nu, \sigma] = \frac{1}{2} \left(\frac{\partial g_{\mu\sigma}}{\partial x_\nu} + \frac{\partial g_{\nu\sigma}}{\partial x_\mu} - \frac{\partial g_{\mu\nu}}{\partial x_\sigma} \right)$$
$$\{\mu\nu, \sigma\} = \frac{1}{2} \cdot g^{\sigma\lambda} \cdot \left(\frac{\partial g_{\mu\lambda}}{\partial x_\nu} + \frac{\partial g_{\nu\lambda}}{\partial x_\mu} - \frac{\partial g_{\mu\nu}}{\partial x_\lambda} \right).$$

Einsteins Gravitationsgesetz durch folgende Setzungen:

Neuer Tensor durch $\varepsilon = \sigma$

↓

$G_{\mu\nu} = 0$

↓

$\lambda(r) = -\nu(r)$

↓

mit $\gamma(r) = e^{\nu(r)}$

↓

$\gamma(r) = 1 - \frac{2m}{r}$,

↓

m ist die Integrationskonstante

↓

Formale Struktur eines Newton-Potentials

ebene Welt

↓

(49) $d\bar{s}^2 = -d\bar{r}^2 - r^2 \cdot d\Theta^2 - r^2 \cdot \sin\Theta \cdot d\bar{\varphi}^2 + dt^2$ (vierdimensionale Minkowsky-Welt in Polarkoordinaten)

↓

Axiomatische Verallgemeinerung

(50)
$$d\bar{s}^2 = -U(r) \cdot d\bar{r}^2 - V(r) \cdot (r^2 \cdot d\Theta^2 + r^2 \cdot \sin^2\Theta \cdot d\bar{\varphi}^2) + W(r) \cdot dt^2$$

↓

mit $r_1^2 = r^2 \cdot V(r)$

↓

$$ds^2 = -U_1(r_1) dr_1^2 - r_1^2 \, d\theta^2 - r_1^2 \sin^2\theta \, d\varphi^2 + W_1(r_1) \, dt^2.$$

↓

Mit $\lambda(r)$ und $\nu(r)$

↓

(51)
$$d\bar{s}^2 = -e^\lambda \cdot d\bar{r}^2 - r^2 \cdot d\Theta^2 - r^2 \cdot \sin^2\Theta d\bar{\varphi}^2 + e^\nu \cdot dt^2.$$

folgt mit ⟵ (51)

(36) $$T_i' = \sum_{k=1}^{4} \frac{\partial x_k}{\partial x_i'} T_k, \qquad (i = 1 \ldots 4)$$

Bei den kovarianten Tensoren werden die Indizes, welche die Tensorkomponenten zählen, unten hingeschrieben, bei den kontravarianten oben (Schema VI, oben links).

Es ist noch eine weitere Vereinfachung gebräuchlich: Man läßt in (35) und (36) das Summenzeichen fort, wie in Schema VI oben links, und ersetzt dieses durch die Vorschrift, daß immer in den „Tensorgleichungen", wie (35) und (36) auch genannt werden, über die Indizes zu summieren ist, die oben *und* unten vorkommen. So kommt k in (36) im Zähler vor, steht aber als Index unten bei T (T_k), so daß (36) als kovarianter Tensor auch geschrieben wird,

(36a) $$T_i' = \frac{\partial x_k}{\partial x_i'} \cdot T_k,$$

und analog (35),

(35a) $$T^{i\prime} = \frac{\partial x_i'}{\partial x_k} \cdot T^k.$$

Hier ist rechts k im Nenner unten und bei T^k als Komponente eines kontravarianten Tensors oben. Im Schema VI sind alle Formeln in n Dimensionen geschrieben. In ihrer Allgemeinheit ist die Tensoranalysis immer in n Dimensionen gefaßt. Im folgenden werden jedoch wie bisher nur vier benötigt (S. 64 und 73).

Die Differentiale dx_i werden gemäß (33 bzw. 34) als ein kontravarianter Tensor transformiert, wie ein Vergleich mit (35) zeigt. Die Differentiation geht von x_i' nach x_i. Infolgedessen sind bei Differentialen als Tensorkomponenten die Indizes oben, also dx^i zu schreiben. Es ist darauf zu achten, die Indizes nicht mit Exponenten zu verwechseln.

Tensoren lassen sich in verschiedensten Weisen konstruieren. Die bisher angeführten Tensoren (35a) und (36a) heißen genauer „einfach" kovariant bzw. „einfach" kontravariante Tensoren. Man kann beliebig „vielfach" variante Tensoren konstruieren. Z. B. sind

(37a) $$T^{ik\prime} = \frac{\partial x_i'}{\partial x_\alpha} \cdot \frac{\partial x_k'}{\partial x_\beta} \cdot T^{\alpha\beta}$$

zweifach kontravariante Tensoren. Zu summieren ist jeweils über α, β, mit allen möglichen Kombinationen davon. Weiter sind

(37b) $$T_{ik}' = \frac{\partial x_\alpha}{\partial x_i'} \frac{\partial x_\beta}{\partial x_k'} \cdot T_{\alpha\beta}$$

zweifach kovariante Tensoren mit der gleichen Summationsvorschrift. (37a) und (37b) stellen für den Fall einer vierdimensionalen Mannigfaltigkeit 16 Gleichungen dar, mit je 16 Summanden auf der rechten Seite. Immer sind die x_i' und x_i durch die Formeln (32) verbunden, die sich nach den jeweiligen Koordinatensystemen richten. Ein dreifach kovarianter Tensor repräsentiert analog (37b) ein System von 64 Gleichungen mit 64 Summanden.

Auch sogenannte „gemischte" Tensoren lassen sich konstruieren:

$$(38) \qquad T_k^{i'} = \frac{\partial x_\alpha}{\partial x_k'} \cdot \frac{\partial x_i'}{\partial x_\beta} \cdot T_\alpha^\beta$$

ist ein sogenannter gemischter zweifacher Tensor.

Von besonderer Bedeutung für die Grundlegung der Kosmologie ist ein einfach kontravarianter und dreifach kovarianter gemischter Tensor. Solche Tensoren haben allgemein die Gestalt:

$$(39) \qquad T_{k\lambda\mu}^{i'} = \frac{\partial x_\alpha}{\partial x_k'} \cdot \frac{\partial x_\beta}{\partial x_\lambda'} \cdot \frac{\partial x_\gamma}{\partial x_\mu'} \cdot \frac{\partial x_i'}{\partial x_\delta} \cdot T_{\alpha\beta\gamma}^\delta.$$

(39) ist ein System von 256 Gleichungen, mit je 256 Summanden rechts, für eine vierdimensionale Mannigfaltigkeit.

Da die Differentiale in dem Ausdruck (31) für das Längenelement als kontravariante Tensorkomponenten auftreten, kann (31) unter Beachtung der Summationsvorschrift geschrieben werden:

$$(31a) \qquad ds^2 = g_{ik}(x_i, x_k) \cdot dx^i \cdot dx^k.$$

Nach den (hier nicht dargelegten) Regeln der Tensorrechnung gibt das Produkt eines kontravarianten Tensors mit einem kovarianten (= jeweilige Multiplikation der Komponenten miteinander) ein System von rein numerischen Größen. ds^2 ist eine numerische Größe und kein Tensor, welcher sich aus der Summe der Produkte der Werte rechts in (31a) ergibt; diese Produkte sind auch rein numerische Größen, da ihre Summe ds^2 es ist. Da $dx^i \cdot dx^k$ als Produkt zweier kontravarianter Tensorkomponenten wieder eine kontravariante Tensorkomponente ist, müssen jeweils die $g_{ik}(x_i, x_k)$ kovariante Komponenten in (31a) sein. Sie repräsentieren in ihrer Gesamtheit von 16 Komponenten für den vierdimensionalen Fall einen kovarianten Tensor, den sogenannten Fundamentaltensor der betreffenden Mannigfaltigkeit; denn er legt in allen Einzelheiten die Geometrie in dieser Mannigfaltigkeit fest bzw. bestimmt die Raumstruktur (Schema VI, Mitte links und S. 99 und 102).

In der Tensoranalysis als allgemeine Beschreibung geometrischer Mannigfaltigkeiten sind die sogenannten Christoffelschen Drei-Indizes-Symbole von besonderer Bedeutung. Es sind reine Definitionen und keine Tensoren:

$$(40)\qquad \begin{aligned}[][\mu\nu,\sigma] &= \frac{1}{2}\left(\frac{\partial g_{\mu\sigma}}{\partial x_\nu} + \frac{\partial g_{\nu\sigma}}{\partial x_\mu} - \frac{\partial g_{\mu\nu}}{\partial x_\sigma}\right)\\ \{\mu\nu,\sigma\} &= \frac{1}{2}\cdot g^{\sigma\lambda}\cdot\left(\frac{\partial g_{\mu\lambda}}{\partial x_\nu} + \frac{\partial g_{\nu\lambda}}{\partial x_\mu} - \frac{\partial g_{\mu\nu}}{\partial x_\lambda}\right).\end{aligned}$$

Die g sind die Komponenten eines Fundamentaltensors, der die Geometrie einer Mannigfaltigkeit bestimmt (S. 99 und 102).

$g^{\sigma\lambda}$ ist in Schema VIII rechts oben erklärt. Man kann die g_{ik} in dem Ausdruck (31) für das Längenelement in Form einer sogenannten Determinante schreiben. Die einfachste Form einer Determinante ist als Definition:

$$(41)\qquad \begin{vmatrix} g_{11} & g_{12}\\ g_{21} & g_{22}\end{vmatrix} = g_{11}\cdot g_{22} - g_{12}\cdot g_{21}.$$

Die horizontale Reihe heißt Zeile, die Vertikalreihe Spalte. Eine Determinante aus 9 Größen ist definiert als:

$$(42)\qquad \begin{vmatrix} g_{11} & g_{12} & g_{13}\\ g_{21} & g_{22} & g_{23}\\ g_{31} & g_{32} & g_{33}\end{vmatrix} = g_{11}\cdot\begin{vmatrix} g_{22} & g_{23}\\ g_{32} & g_{33}\end{vmatrix} - g_{12}\cdot\begin{vmatrix} g_{21} & g_{23}\\ g_{31} & g_{33}\end{vmatrix} + g_{13}\cdot\begin{vmatrix} g_{21} & g_{22}\\ g_{31} & g_{32}\end{vmatrix},$$

wobei die Determinanten aus 4 Größen gemäß (41) definiert sind. Es werden also die Werte g_{11}, g_{12}, g_{13} multipliziert mit den Determinanten vom Typ (41), die sich ergeben, wenn man die „Unterdeterminanten" bildet. Diese entstehen wiederum, indem man jeweils die Spalten und Zeilen streicht, in denen die Werte g_{11}, g_{12}, g_{13} stehen; und dies kann für alle g_{ik} getan werden.

Determinanten sind nichts anderes als ein System von Größen, über die zunächst keine weiteren Aussagen zu machen sind, als daß sie bestimmten Rechenregeln gehorchen sollen, z. B. (42). Auch über die Beziehungen der Größen zueinander ist, soweit die reine Mathematik in Frage kommt, nichts ausgesagt. Sie sind, von den Rechenregeln abgesehen, diesbezüglich ganz offen.

Es bietet sich an, auch die Komponenten des Fundamentaltensors nach dem Prinzip von (41) bzw. (42) anzuordnen (Schema VIII, rechts oben) und gemäß (42) seinen Wert g zu bestimmen, der allerdings nicht physikalisch interpretierbar ist. Der Fundamentaltensor, gedacht als Determinante, ist in deren Unterdeterminanten zerlegbar. Für g_{11} z. B. ist die Unterdeterminante in Schema VIII rechts oben angegeben. Dividiert man diese durch den Wert g, so kann gezeigt werden, daß sich ein zweifach kontravarianter Tensor ergibt, also allgemein g^{ik} für jede Komponente in der Determinante g. Das ist in anderer Bezeichnungsweise der kontravariante Tensor $g^{\sigma\lambda}$ in (40).

Die Drei-Indizes-Symbole werden auch als solche erster Art = $[\mu\,\nu, \sigma]$ und zweiter Art = $\{\mu\,\nu, \sigma\}$ bezeichnet. Jede Art repräsentiert für eine vierdimensionale Mannigfaltigkeit 40 verschiedene Ausdrücke. Sie werden später als verallgemeinerte Kräfte interpretiert, während die g_{ik} im Fundamentaltensor den Charakter von Potentialen haben. Die Drei-Indizes-Symbole 1. und 2. Art sind verbunden durch die Beziehung

$$(43)\qquad \begin{aligned}[\mu\,\nu, \sigma] &= g_{\sigma\lambda}\,\{\mu\,\nu, \lambda\}\\ \{\mu\,\nu, \sigma\} &= g^{\sigma\lambda}\,[\mu\,\nu, \lambda],\end{aligned}$$

sind also nicht unabhängig voneinander.

Mit Hilfe der Drei-Indizes-Symbole läßt sich in freier Setzung der sogenannte Riemann-Christoffel-Tensor bilden (Schema VI oben rechts).

$$(44)\qquad \begin{aligned}B^{\varepsilon}_{\mu\nu\sigma} = {} & \{\mu\,\sigma, \alpha\}\cdot\{\alpha\,\nu, \varepsilon\} - \{\mu\,\nu, \alpha\}\cdot\{\alpha\,\sigma, \varepsilon\}\\ & + \frac{\partial}{\partial x_\nu}\{\mu\,\sigma, \varepsilon\} - \frac{\partial}{\partial x_\sigma}\{\mu\,\nu, \varepsilon\}\end{aligned}$$

Es handelt sich um einen einfach kontravarianten und dreifach kovarianten Tensor. Wie hier nicht weiter dargelegt sei, repräsentiert (44) 20 unabhängige Komponenten.

Mit Hilfe von (40) lassen sich für jede geometrische Mannigfaltigkeit die Gleichungen für die „kürzesten" Verbindungslinien (geodätische Linien) zwischen zwei Punkten als rein mathematische Relationen angeben:

$$(45)\qquad \frac{d^2 x_\alpha}{ds^2} + \{\mu\,\nu, \alpha\}\cdot\frac{dx_\mu}{ds}\cdot\frac{dx_\nu}{ds} = 0.$$

Für eine vierdimensionale Mannigfaltigkeit repräsentiert (45) vier Gleichungen ($\alpha = 1\,.\,.\,4$).

(44) und (45) sind durch die Komponenten des Fundamentaltensors eindeutig festgelegt; denn andere Größen treten in ihnen nicht auf. Die grundsätzliche Bedeutung der beiden Relationen für die Riemannsche Geometrie einerseits und für die Grundlegung heutiger Kosmologie durch Einstein andererseits besteht darin, daß die Beziehung

$$(46)\qquad B^{\varepsilon}_{\mu\nu\sigma} = 0,$$

d. h. das Verschwinden des Riemann-Christoffel-Tensors, die Bedeutung hat, daß die betreffende geometrische Mannigfaltigkeit „eben" ist. Eben heißt, daß man in ihr euklidische Koordinatensysteme benutzen kann, was z. B., wie unmittelbar einsichtig, auf der Kugeloberfläche nicht möglich ist. Genauer verhält es sich so, daß die Bedingung (46) notwendig, in jedem

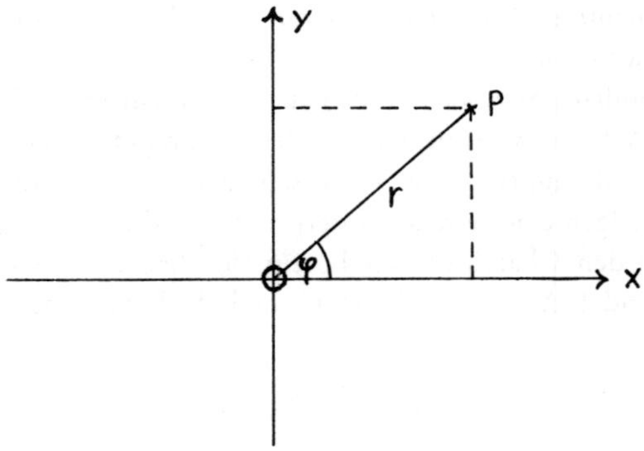

Abb. 7

Falle, eine ebene Mannigfaltigkeit bedeutet, und umgekehrt, wenn die Mannigfaltigkeit eben ist, ist (46) erfüllt.

Mit (46) werden also Geometrien (= Welten) erfaßt, die durchaus vertraut sind, so sehr, daß Kant sie als „Anschauungsformen des äußeren Sinnes" glaubte ansprechen zu sollen (S. 44, 74), also z. B. die ebene Geometrie oder auch die räumliche, wie sie schon seit Euklid bekannt ist. Aber man braucht keineswegs die üblichen aufeinander senkrecht stehenden Achsensysteme zu benutzen, um hier Geometrie zu betreiben. Das möge allgemeinverständlich Abb. 7 zeigen. Sie stellt eine euklidische Ebene mit dem Koordinatenanfangspunkt 0 und dem rechtwinkeligen Achsenkreuz dar, wo durch die jeweiligen Werte x,y die Position eines Punktes festgelegt ist. Zu einem Zahlenpaar x,y gehört eindeutig ein und nur ein Punkt P. Man kann aber auch die rechtwinkeligen Koordinaten x, y für P, in Abb. 7 durch Zahlenpaare r, φ ersetzen, wobei r die Entfernung P0 ist und φ der Winkel zwischen der x-Achse und der Strecke P0. Offenbar legen die Zahlenpaare r, φ jeden Punkt in der Ebene genauso eindeutig fest, wie die Zahlenpaare x, y bei den rechtwinkeligen Koordinaten; r, φ nennt man Polarkoordinaten und ihr Zusammenhang mit den rechtwinkeligen Koordinaten ist:

$$x = r \cdot \cos\varphi, \; y = r \cdot \sin\varphi. \tag{47}$$

(47) ist ein Spezialfall der allgemeinen Formeln (32). „Eben" heißt also nicht, daß „nur" euklidische Koordinatensysteme im Sinne rechtwinkeliger Achsenkreuze in einer Mannigfaltigkeit möglich sind.

Der Riemann-Christoffel-Tensor (44) läßt sich „verjüngen", wie es in der Tensoranalysis heißt, indem man in (44) $\varepsilon = \sigma$ setzt und damit den zweifach kovarianten Tensor $G_{\mu\nu}$ erhält. Dies ist für eine vierdimensionale Mannigfaltigkeit wieder ein System von 16 Komponenten, welches dadurch entsteht, daß die Ausdrücke (44) entsprechend zusammengefaßt werden (Schema VI rechts).

Der Tensor $G_{\mu\nu}$ ist deshalb bedeutsam, weil in der Riemannschen Geometrie der Ausdruck

$$g^{\mu\nu} \cdot G_{\mu\nu} \tag{48}$$

die „Krümmung" in der durch den Fundamentaltensor g_{ik} bestimmten Mannigfaltigkeit bedeutet (Schema VIII, rechts oben). Das Verschwinden von (48) bedeutet eine ebene Mannigfaltigkeit; aber $g^{\mu\nu} \cdot G_{\mu\nu} = 0$ ist nicht gleichzeitig eine notwendige Bedingung dafür, daß eine Ebene vorliegt.

β) *Das Gesetz*

Auf der Grundlage des Vorstehenden fand Einstein sein schon erwähntes verallgemeinertes Gravitationsgesetz. Der mathematische Gedankengang ist in Schema VI rechts unten und Schema VII dargestellt. Jene Schritte sind skizziert, welche von besonderer philosophischer und wissenschaftstheoretischer Bedeutsamkeit sind. Es handelt sich im Prinzip um die numerische Beherrschung der in Schema II qualitativ beschriebenen Zusammenhänge, deren Gelingen die allgemeine Relativitätstheorie zu einem gesicherten Bestandteil heutiger Naturwissenschaft gemacht hat.

Ausgangspunkt ist ein Weltmodell, das nur einen einzigen Massenpunkt mit der Masse m beinhaltet. Natürlich gibt es eine solche Welt nicht. Aber man kann argumentieren, daß die Sterne so weit voneinander entfernt sind, die uns nächste Sonne, die Proxima Centauri, über vier Lichtjahre, daß ihre gegenseitige Beeinflussung sehr gering ist. Man kann also durchaus den einzelnen Stern in gewissen Aspekten isoliert betrachten.

Aber u. a. mit der allgemeinen Relativitätstheorie und moderner Kosmologie wird eine, intellektuell bewußte, neue Verhaltensweise des Menschen gegenüber der zu erforschenden Wirklichkeit sichtbar. Dieses Verhalten kann man wissenschaftstheoretisch als „Modell-Denken" bezeichnen. Sein Prinzip ist es, von vornherein auf die Erklärung eines Zusammenhanges praktisch – nicht grundsätzlich – zu verzichten, und statt dessen Modelle zu konstruieren, die irgendwie auf diesen Zusammenhang oder auch nur auf Teile davon passen. Dabei wird in Kauf genommen, daß sich dadurch vielleicht mehr verhüllt als erkannt wird, „Nicht-Verstandenes" sich gegenüber „Verstandenen" (S. 89ff.) mehrt. Auch stört es nicht unbedingt, wenn ein Denkmodell nur teilweise auf einen Zusammenhang paßt, auf andere Bereiche desselben Zusammenhangs ein anderes Modell, dem ersteren eventuell sogar konträr entgegengesetzt. Als Beispiel sei die Korpuskel-Welle-Dualität des Lichtes angeführt. Das mathematisch-kosmologische Denken der Gegenwart ist ganz von diesem Prinzip beherrscht und gibt ihm jenen eigentümlichen Reiz, der dieses Denken im philosophischen Aspekt so bedeutsam macht, über das unmittelbar Naturwissenschaftliche hinaus.

Einstein nimmt in freier intellektueller Entscheidung den Tensor $G_{\mu\nu}$ und setzt ihn gleich Null (Schema VI, rechts Mitte): Die Welt mit einem Massenpunkt soll eine ebene Welt sein. Für diesen Schritt Einsteins besteht keinerlei Notwendigkeit.

Gemäß dem Gedanken, die durch $E = mc^2$ bestätigte spezielle Relativitätstheorie (Schema I, S. 70) zu verallgemeinern, wird von der Minkowsky-Welt ausgegangen. Ihr Fundamentaltensor bzw. ihr Längenelement ist in Polarkoordinaten (47) für eine vierdimensionale Mannigfaltigkeit nach (14) durch

(49) $$d\overset{2}{s} = -d\overset{2}{r} - r^2 \cdot d\Theta^2 - r^2 \cdot \sin\Theta \cdot d\overset{2}{\varphi} + dt^2$$

gegeben. Man schreibt zunächst (Schema III, oben) in (14) die ersten drei Koordinaten in Polarkoordinaten, d. h. ersetzt das dreidimensionale euklidische x, y, z-System durch die Koordinaten r, φ und Θ, analog (47) für das Dreidimensionale und fügt einfach die Zeit t hinzu, wobei die Lichtgeschwindigkeit der Einfachheit halber = 1 gesetzt wird. Es wird also in der vierdimensionalen Minkowsky-Welt ihr Raumanteil x, y, z von der Zeit getrennt behandelt und in (49) gemäß der Minkowskyschen Forderung (S. 66) zusammengefügt. Ein System r, φ, Θ ist nur in einer symmetrischen Welt möglich, deren Symmetriepunkt im Koordinatenanfangspunkt liegt, analog zu Abb. 7 im Zweidimensionalen. Durch die Formulierung ds^2 in (49) wird die Welt über ihren ebenen Charakter hinaus ($G_{\mu\nu} = 0$) bezüglich ihres räumlichen Anteiles als symmetrisch angesehen. Wissenschaftstheoretisch muß man hier auch von einem souveränen Akt des Denkens sprechen.

Aber dabei bleibt es nicht: Von gleicher Souveränität wird erneut Gebrauch gemacht und drei Funktionen U(r), V(r) und W(r) werden eingeführt, ohne hierüber zunächst eine weitere Aussage zu machen. Das angestrebte Weltmodell wird jetzt charakterisiert durch:

(50) $$d\overset{2}{s} = -U(r) \cdot d\overset{2}{r} - V(r) \cdot (r^2 \cdot d\Theta^2 + r^2 \cdot \sin^2\Theta \cdot d\overset{2}{\varphi}) + W(r) \cdot dt^2.$$

Geht man dann mit (50) weiter in dem Einsteinschen Gedankengang, so folgen die in Schema VI ganz rechts unten angeführten rein formalen Transformationen, welche zu einem Ausdruck

(51) $$d\overset{2}{s} = -e^{\lambda} \cdot d\overset{2}{r} - r^2 \cdot d\Theta^2 - r^2 \cdot \sin^2\Theta d\overset{2}{\varphi} + e^{\nu} \cdot dt^2,$$

für das Längenelement ds führen, wo λ und ν Funktionen von r sind (r analog zu Abb. 7).

Verbindet man nun (51) mit $G_{\mu\nu} = 0$ (Schema VI, rechts unten), so erhält man Gleichungs-Systeme, in denen alle Unbekannten aus diesen Gleichungen errechnet werden können ohne weitere Setzungen oder Annahmen; d. h. diese Gleichungen sind lösbar. Man erhält die in Schema VI angegebenen Beziehungen, und mit $e^{\nu(r)}$, formal als Funktion $\gamma(r)$ geschrieben, den alles entscheidenden Ausdruck

$$(52) \qquad \gamma(r) = 1 - \frac{2\,m}{r},$$

wobei m eine Integrationskonstante ist und $\lambda(r) = -\gamma(r)$. (52) spielt in bezug auf alles Vorstehende eine analoge Rolle, wie $E = m \cdot c^2$ in der Minkowsky-Welt (Schema I) (s. auch II. 5, S. 84 f.).

Wie nämlich $E = m \cdot c^2$ für das gedankliche Modell der Minkowsky-Welt – denn auch diese ist bereits ein Produkt des heute gängigen Modelldenkens –, den Anschluß an die Wirklichkeit bedeutet (Bestätigung durch das Experiment, S. 94), so auch (52) für alle die in Schema VI in wichtigen und jeweils entscheidenden Schritten dargestellten gedanklichen Manipulationen, die ja alle zunächst reine Entwürfe sind, ohne daß sie im einzelnen begründet werden können oder – im modernen Selbstverständnis – auch nicht sollen.

Deutet man in (52) m als eine Masse, und dem steht nichts entgegen, dann ist $\frac{2\,m}{r}$ nichts anderes als die Größe eines Newtonschen Kräftepotentials. Letztere ist so definiert, daß die Differentiation nach r die Größe der Anziehungskraft einer Masse m in der Entfernung r auf die Masseneinheit darstellt. Die Kraft ist umgekehrt proportional dem Quadrat der Entfernung, wie das übliche Newtonsche Gesetz aussagt. Setzt man den Ausdruck (52) in (51) ein, ergibt sich:

$$(53) \quad ds^2 = -\left(1 - \frac{2\,m}{r}\right)^{-1} \cdot dr^2 - r^2 \cdot d\Theta^2 - r^2 \cdot \sin^2\Theta \cdot d\varphi^2 + \left(1 - \frac{2\,m}{r}\right) \cdot dt^2.$$

(53) stellt eine vierdimensionale geometrische Mannigfaltigkeit dar, konstruiert in freien souveränen Setzungen, die vorstehend dargelegt sind. Der Fundamentaltensor (Schema VIII, rechts oben) besteht aus den Komponenten:

$$(53a) \quad g_{11} = -\left(1 - \frac{2\,m}{r}\right)^{-1}, g_{22} = r^2, g_{33} = r^2 \cdot \sin^2\Theta, g_{44} = \left(1 - \frac{2\,m}{r}\right),$$

alle anderen $g_{ik} = 0$ (für $i \neq k$).

Schema VII

MATHEMATISCHE KONSTRUKTIONEN IM BEREICH VON EINSTEINS GESETZ

Aus dem Riemann-Christoffel Tensor (Schema VI)

↓

$G_{\mu\nu} = 0$

in Verbindung mit

(51) $$ds^2 = -e^{\lambda} \cdot dr^2 - r^2 \cdot d\Theta^2 - r^2 \cdot \sin^2\Theta d\varphi^2 + e^{\nu} \cdot dt^2$$

↓

und der Forderung, daß alle Vorgänge auf einer Geodätischen verlaufen

↓

das heißt,

$$\frac{dx_{\alpha}^2}{ds^2} + \{\mu\,\nu, \alpha\} \cdot \frac{dx_{\mu}}{ds} \cdot \frac{dx_{\nu}}{ds} = 0$$

↓

folgt:

(54) $$\frac{du\,(r)^2}{d\,\varphi^2} + u\,(r) = \frac{m}{h\,(r)^2} + 3 \cdot m \cdot u\,(r)^2$$

$$h = r^2 \cdot \frac{d\varphi}{ds} \text{ und } u = 1/r$$

KOSMOLOGISCHE INTERPRETATION

Gravitations-Potentiale in einer ebenen Welt mit einem Massenpunkt

↓

folgt

↓

Bahn eines Körpers

↓

in Newtons klassischer Gravitationstheorie

↓

(54a) $$\frac{du\,(r)^2}{d\varphi^2} + u\,(r) = \frac{m}{h\,(r)^2}$$

↓

Reproduktion des Newtonschen Gravitationsgesetzes

(bis auf den Term $3mu^2$)

↓

Lösung durch approximative Schritte
(Vernachlässigung von $3mu^2$)

↓

(55) $$u(r) = \frac{m}{h(r)^2} \cdot [1 + e \cdot \cos(\varphi - \omega)]$$

e = Excentrizität
[ω = Perihel-Länge]

↓

Eingesetzt in (54)

↓

folgt bei Vernachlässigung
von $\delta\omega^2$

↓

(57) $$\delta\omega = 3 \cdot \frac{m^2}{h^2} \cdot \varphi$$

↓

bewirkt

↓

Periheldrehung (Schema II):

	beob.	theor.
Merkur:	43'',1	43'',0
Venus:	8'',4	8'',6
Erde:	5'',0	3'',8

→ (54) lautet für Licht,
da ds = o; $h \to \infty$:

↓

(58) $$\frac{d^2u(r)}{d\varphi^2} + u(r) = 3 \cdot m \cdot u(r)^2$$

↓

Die Lösung erfolgt durch
approximative Schritte
($3mu^2 \sim 0$) ⟶ und ergibt ⟶ $\frac{4m}{R}$

↑

als Lichtablenkung
am Kugelrand mit
Radius R und Masse m. ⟶

z. B. für die Sonne:

ber.:	beob.:
1'',75	1'',79

Physikalisch interpretiert ist sie eine ebene, symmetrische, vierdimensionale Raum-Zeit-Welt, deren Raumstruktur durch Newtonsche Kraftpotentiale bestimmt wird; denn g_{11} und g_{44} enthalten solche Potentiale. Das Ganze ist ein spezielles Beispiel für die in Schema II dargestellten Denkwege. Die g_{ik} (x_i, x_k) sind als physikalische Größen gemäß (53a) gedeutet.

Hiermit schließt sich der Kreis, der mit dem von Seeligerschen Satz begann (S. 46, S. 50), dessen allgemeine Aussage lautete, daß Stoffverteilung, Gesetz und Raumstruktur nicht unabhängig voneinander sind (S. 53). Eine bestimmte Kombination von diesen ist in (53) gegeben. Diese „geht"; denn sie führt zu gleich darzulegenden konkreten Lösungen, während sich beim von Seeligerschen Modell, wie oben dargelegt, keine Lösung ergab; es blieb das Unendliche, Unbestimmte. In der Welt (53) ist die Massenverteilung der eine Massenpunkt und das „Gesetz" der Ausdruck $\left(1 - \frac{2\,m}{r}\right)$, im Seeligerschen Modell steht das Newtonsche Gesetz in seiner klassischen Form und die konstante Dichteverteilung des Stoffes. Letzteres ist nicht möglich, wohl dagegen wieder das Charliersche Modell (S. 51, Abb. 3) mit „hierarchischem" Stoff-Aufbau, Newtonschem Gesetz und Euklidizität.

In Schema VII sind in Fortsetzung der Gedankengänge des Schemas V die Erfolge dargestellt, die diesen Gedankengängen beschieden waren, wo der Terminus Relativitäts„theorie" nur noch einen geistesgeschichtlichen Terminus, aber keine ontologische Charakterisierung mehr bedeutet.

Zuvor aber steht hier noch eine wichtige philosophisch-wissenschaftstheoretische Aussage, die weder etwas mit Physik noch mit Maß-Struktur direkt zu tun hat: In der Welt (53) soll jeder Vorgang, jede Bewegung jeweils auf der kürzesten Verbindungslinie verlaufen, welche durch den Fundamentaltensor dieser Welt bestimmt ist. Insbesondere soll auch die Bahn eines anderen Massenpunktes um den postulierten einen eine geodätische Linie sein (S. 121). Hier wird in die relativistische Kosmologie eine Qualität als Axiom eingeführt, die noch Gegenstand philosophischen Bedenkens sein muß.

Schema VII stellt die mathematischen Gedankengänge dar, wobei für Einzelheiten auf die Literatur verwiesen sei (s. II. 3, II. 5, II. 16). Die philosophisch-wissenschaftstheoretisch bedeutsamen Stellen sind wieder umrahmt. Rechts stellt Schema VII die kosmologisch-physikalischen Interpretationen dar.

$G_{\mu\nu} = 0$, die Komponenten des verjüngten Tensor $B^{\varepsilon}_{\mu\nu\sigma}$ werden in einer ebenen Welt mit einem Massenpunkt als Gravitationspotentiale interpretiert. Kombiniert man die Gleichungen $G_{\mu\nu} = 0$ mit (51), fügt diese also sozusagen in die durch (51) konstituierte Welt ein (in souveräner Setzung), verbindet das alles mit (45), der Gleichung für die kürzeste Verbindung zwischen zwei Punkten (geodätische Linie), dann resultiert die Beziehung:

$$\text{(54)} \qquad \frac{du(r)^2}{d\varphi^2} + u(r) = \frac{m}{h(r)^2} + 3 \cdot m \cdot u(r)^2.$$

(54) ist in der Welt (51) bzw. (53) die Bahn eines Körpers der Masse 1 um einen Massenpunkt mit der Masse m. Hier ist $u(r) = 1/r$. φ und r sind Polarkoordinaten der Bahn (Abb. 7) mit dem Massenpunkt m als Ursprung des Koordinatensystems. Die Bahn verläuft in einer Ebene ($G_{\mu\nu} = 0$), so daß zwei Koordinaten genügen, die jeweilige Position des umlaufenden Körpers festzulegen.

In der alten Newtonschen Mechanik sieht (54) wie folgt aus:

$$\text{(54a)} \qquad \frac{du(r)^2}{d\varphi^2} + u(r) = \frac{m}{h(r)^2}.$$

(54a) und (54) unterscheiden sich also nur durch das Glied $3 \cdot m \cdot u(r)^2$ in (54); d. h. (54) enthält das Newtonsche Gesetz bzw. gibt es direkt wieder; denn $3m \cdot u(r)^2$ ist sehr klein und nur unter besonderen Bedingungen überhaupt zu beobachten (s. unten). h ist in (54) und in (54a) nicht genau dasselbe: in (54) bedeutet $h = r^2 \cdot \frac{d\varphi}{ds}$ und in (54a) $h = r^2 \cdot \frac{d\varphi}{dt}$. t ist eine Zeit und s eine Länge. Sicher gilt, daß numerisch, d. h. für den Bereich der Maß-Struktur, der Unterschied völlig unbedeutend ist, so daß man beides gleichsetzen kann, wie es ja auch durch die gemeinsame Bezeichnung h geschieht. Es sei nicht verschwiegen, daß sich in diesem Zusammenhang noch philosophisch-ontologische Fragestellungen repräsentieren, die aber nicht unmittelbar zur Thematik der hier behandelten kosmologischen Problemkreise gehören.

Mit (54) ist wohl zum ersten Male in der Geschichte der Naturwissenschaften ein „Gesetz“, nämlich das alte und bestbewährte Newtonsche, auf einen anderen Strukturzusammenhang der Wirklichkeit, auf ein Gegenüber von Stoff und Raum, zurückgeführt. Es handelt sich dabei um ein philosophisch-geistesgeschichtliches Ereignis allerersten Ranges, das im folgenden noch zu diskutieren sein wird.

Die mathematische Darstellung des klassischen Newtonschen Gesetzes in der Form (54 a) ist seit langem üblich und für die Berechnung bzw. Beobachtung der Planetenbahnen zweckmäßig. Es sei hier wiederum auf die einschlägige Literatur verwiesen (Moulton-Fender, Einführung in die Himmelsmechanik, Leipzig 1927, S. 86ff.). Philosophisch-wissenschaftstheoretisch relevant ist das Zusatzglied $3 \cdot m \cdot u(r)$ als Resultat der Einsteinschen Gedankengänge im Unterschied zur klassischen Physik.

Um von (54) zu einem unmittelbaren Vergleich mit der Beobachtung zu gelangen, ist es notwendig, sogenannte approximative Verfahren anzuwenden, d. h., formal und anschaulich gesprochen, Näherungslösungen zu suchen. Auch in der reinen Mathematik muß man sich oft solcher Methoden bedienen, da sich die Unbekannten in Gleichungen nicht immer durch bekannte Werte ausdrücken lassen. Gerade im Bereiche der Differentialgleichungen ist das häufig der Fall, und bei (54) handelt es sich um eine solche.

Die Approximation besteht insbesondere für die physikalische Anwendung (nicht nur in der Kosmologie) darin, daß man solche numerischen Terme fortläßt, die so klein sind, daß sie weit unterhalb der technisch möglichen Meßgenauigkeit liegen, d. h. die Meßresultate überhaupt nicht beeinflussen können. In der Physik und auch in der Kosmologie hat man sich an diese zweifelsohne zweckmäßigen Verfahren so gewöhnt – man käme ohne sie einfach nicht weiter –, daß man sich der philosophischen Tragweite nicht immer bewußt ist.

Man kann die vielleicht groteske Formulierung aussprechen, daß *die reine Mathematik oft so „exakt" ist, daß mit ihr in der Wirklichkeit nichts anzufangen ist,* eine Aussage, die auch auf (54) zutrifft.

Zunächst wird bei (54), einer Differentialgleichung 2. Ordnung, $3 \cdot m \cdot u(r)$ vernachlässigt (Schema VII, Mitte links). Das ist in der Tat möglich, denn u (r), die reziproke Entfernung eines Planeten von seinem Zentrum, ist im Sonnensystem überall sehr klein. Man erhält dann aus (54) eine Lösung:

$$u(r) = \frac{m}{h(r)^2} \cdot [1 + e \cdot \cos(\varphi - \omega)]. \tag{55}$$

Diese beschreibt die Bahn eines Körpers mit der Masse 1 um den Massenmittelpunkt m als Beziehung zwischen r und φ (Abb. 7, die Planetenbahnen im Sonnensystem weichen nicht erheblich von der Kreisbahn ab). e ist die Exzentrik (der Ellipse), und ω ist im φ, r-System die Lage der großen Bahnachse, oder auch des Perihels. e und ω sind bei ungestörter Bahn prinzipiell Konstanten.

Die Näherungslösung (55) wird nun wieder in (54) eingesetzt, in $3 \cdot m \cdot u(r)$, und erneut integriert (Schema VII, links unten). Man erhält dabei die Lösung:

$$u(r) = \frac{m}{h(r)^2} [1 + e \cdot \cos(\varphi - \omega - \delta\omega)]. \tag{56}$$

Hierfür sei wieder auf die Literatur verwiesen (s. II. 5, S. 88). Dabei ergibt sich δω,

$$\delta\omega = 3 \cdot \frac{m^2}{h^2} \cdot \varphi, \tag{57}$$

wenn man (55) in eine Exponentialreihe entwickelt und die Glieder quadratischer und höherer Ordnung vernachlässigt.

Für den Außenstehenden erscheint das vielleicht etwas wirr. Aber jeder Schritt ist durchaus legitim, sofern man überhaupt im Hinblick auf die unvermeidlichen Meßfehler Approximationen, Näherungen, zuläßt, den Preis, welchen man zahlen muß, um über (54), dem „neuen" Gravitationsgesetz, zu einer Anwendung auf die Wirklichkeit zu gelangen. Dies ist in Schema VII links unten so eingehend dargelegt, um die Stellen des hier eingeschlagenen Denkweges zu markieren, die philosophisch und wissenschaftstheoretisch relevant sind.

(57) zeigt nun, daß der Wert für den Cosinus, in (55) $(\varphi - \omega)$, jetzt $(\varphi - \omega - \frac{3 \cdot m^2}{h^2} \cdot \varphi)$ ist; (55) gilt auch für das klassische Newtonsche Gesetz. Gegenüber letzterem ändert sich also ω mit φ um $\delta\omega$, d. h., die Position der großen Bahnachse ändert sich, und zwar in der Bahnebene, in welcher der Körper mit der Masse 1 umläuft. Es entsteht also eine Periheldrehung (Schema II, rechts Mitte): An die Stelle von ω im klassischen Gesetz Newtons tritt $(\omega + \frac{3\,m}{h(r)^2} \cdot \varphi)$.

Eine solche Periheldrehung ist in der klassischen Newtonschen Gravitationstheorie und ihrem bekannten Gesetz überhaupt nicht unterzubringen. Aber selbst wenn das der Fall wäre, ist es überhaupt erstaunlich, daß ein derartiger Zusammenhang aus einem Gegenüber von Stoff und Raum, nämlich (53) bzw. (53 a), abzuleiten ist.

Seit langem, seit der Blütezeit der klassischen Astronomie, war bei Merkur eine solche Periheldrehung bekannt, für die man keinerlei Erklärung hatte: Versuche, dafür die Gravitationsstörungen eines Planeten verantwortlich zu machen, der zwischen Sonne und Merkur kreisen sollte, blieben ohne Erfolg. Erst obigen Einsteinschen Gedankengängen gelang eine Erklärung mit dem numerischen Erfolg, der rechts in Schema VII angegeben ist und der keiner Erläuterung bedarf. Neuerdings hat man theoretisch gefunden, daß auch eine Abplattung der Sonne, d. h. eine Abweichung von der Kugelgestalt, eine solche Periheldrehung bewirken kann. Eine solche Abweichung konnte allerdings nicht beobachtet werden und schon gar nicht in dem Betrag, der erforderlich wäre, den Merkur-Wert rechts in Schema VII hervorzurufen.

Betrachtet man die weiteren Planeten, so werden die Periheldrehungen immer kleiner. Mit heutigen Meßmethoden kann man sie noch mit Sicherheit bei Venus und Erde nachweisen. Auch hier ist die Übereinstimmung mit der Einsteinschen Theorie sehr befriedigend wie Schema VII zeigt. Die Werte der Periheldrehung bedeuten Bogensekunden pro 100 Jahre.

Man ersieht daraus die abgesehen von Merkur numerische Kleinheit der Effekte.

Noch eine das Qualitative (Schema II) betreffende Bemerkung sei angebracht: Der Erfassung so kleiner Beträge wie die Periheldrehung setzen die Meßfehler, die mit jeder Messung unvermeidbar verbunden sind, sehr bald eine Grenze. Man hat sich angewöhnt, Effekte, die sich auf der Basis der Relativitätstheorie erklären lassen, als relativistische Effekte zu bezeichnen. Sie werden immer dann wirksam, d. h., sie gelangen in den Bereich der Meßarbeit, wenn es sich um Vorgänge in der Nähe der Lichtgeschwindigkeit handelt (S. 80), oder, wie man auch sagen kann, daß die Geschwindigkeit der Vorgänge nicht mehr klein gegen die Lichtgeschwindigkeit ist. D. h., um solche Effekte festzustellen, muß das Verhältnis, Schnelligkeit der Vorgänge/Lichtgeschwindigkeit, hinreichend genau meßbar sein.

Im vorstehenden Fall bei Merkur ist das über den Umweg der Messung der Periheldrehung möglich. Der Merkur ist der sonnennächste Planet und seine Umlaufgeschwindigkeit ist daher am größten von allen Planeten (Keplersche Gesetze). Je weiter Planeten von der Sonne entfernt sind, um so geringer ist die Umlaufgeschwindigkeit. Infolgedessen wird auch der relativistische Effekt als Periheldrehung immer kleiner (Schema VII, rechts), bei der Erde ist sie gerade noch erfaßbar. Trotzdem bleibt die Übereinstimmung zwischen Theorie und Beobachtung befriedigend, wie die Tabelle in Schema VII zeigt.

Die Lichtablenkung an der Sonne (Schema II, links) wird auch aus (54) abgeleitet. Auch das Licht, als aus Photonen bestehend (S. 95), soll in jedem einzelnen seiner Photonen auf einer geodätischen laufen (Schema VII, links oben), und jedes Photon wird als ein Masse-Energiepartikelchen vom Schwerefeld der Sonne abgelenkt, seine Bahn krümmt sich und infolgedessen auch der ganze Lichtstrahl.

(54) ist die Bahn eines Körpers in der Welt (51). Für Licht ist nun ds = 0, denn die Lichtausbreitung ist durch (14) gegeben, woraus die Minkowsky-Welt (49) resultiert, die ein Spezialfall der Verallgemeinerung (50) in Schema VI rechts unten ist. Damit ist sie in allen aus (50) folgenden Beziehungen (Schema VI und VII) miteingeschlossen und (54) wird zu:

$$\frac{d^2 u(r)}{d\varphi^2} + u(r) = 3 \cdot m \cdot u(r)^2. \tag{58}$$

Denn h strebt für ds = 0 gegen Unendlich und m/h^2 wird deswegen zu 0. Die Lösung von (58) geht wieder über Approximationsschritte (Vernachlässigung des sehr kleinen $3\,m \cdot u^2(r)$ beim ersten Schritt), und es ergibt sich, wofür auf die Literatur verwiesen sei (s. II.5, S. 90), ein Ablenkungswinkel von $\frac{4 \cdot m}{R}$, wobei m die Sonnenmasse und R die Entfernung vom Gravitationszentrum der Sonne ist. Die Ablenkung wird also um so kleiner, je weiter der Strahl der Sonne vorbeigeht. Die Theorie ergibt 1,79 Bogensekunden, ein Ergebnis, das sehr gut mit den Beobachtungen übereinstimmt.

Es kann hier nicht darauf eingegangen werden, aber es hat noch längere Zeit nach der Veröffentlichung dieser Resultate gedauert, bis sich eine annehmbare Übereinstimmung zwischen Theorie und Beobachtung abzeichnete, für die Beobachtung der in Rede stehenden Effekte braucht man nämlich günstige totale Sonnenfinsternisse. Dabei ist festzuhalten, daß es sich hier um eine Vorhersage durch die Theorie handelt; denn man hatte zu dieser Zeit noch keine Vorstellung von einer Lichtablenkung durch einen gravitierenden Körper.

Was die Verschiebung der Spektrallinien als relativistischen Effekt angeht (Schema II unten), so braucht man zu deren numerischer Berechnung die Tensoranalysis nicht, obwohl sie auch auf diesem Weg möglich ist.

(26) gibt die Masse m_{ph} eines Photons wieder (S. 95). Wenn sich die m_{ph} aus der Sonne entfernen, d. h. von ihrer Oberfläche lösen, muß Arbeit ΔA aufgebracht werden. Diese ist gegeben durch

(59) $$\Delta A = m_{ph} \cdot \varphi,$$

wo m_{ph} die Photonenmasse und φ das Potential der Sonne ist, bestimmt durch deren Masse und Radius, da sich das Photon an der Sonnenoberfläche befindet. Es sei hierfür wieder auf die Literatur verwiesen (z. B. 2. Teil, II.2, S. 117). Arbeit und Energie sind dasselbe (A = E); und wenn das Photon seine eigene Energie in Anspruch nimmt, um zu ΔA zu kommen, müssen seine Schwingungen (Wellenlängen bzw. Frequenzen ν) langsamer, d. h., ν muß kleiner werden bzw. die Wellenlängen größer. Das bewirkt eine Verschiebung nach rot. Setzt man (26) in (59) ein, folgt:

(59a) $$\Delta A = h\nu \cdot \frac{\varphi}{c^2}.$$

Da ein Photon die Energie $E = h\nu$ repräsentiert, dasselbe wie sein ihm im Ganzen zur Verfügung stehender Arbeitsvorrat (= Energievorrat), ist

(59b) $$\Delta A = \Delta E = h \cdot \Delta\nu = h \cdot \nu \cdot \frac{\varphi}{c^2}.$$

Dabei ist h die Plancksche Konstante. Es folgt also eine Frequenzänderung (= Wellenlängenänderung) von

(59c) $$\Delta \nu = \nu \cdot \frac{\varphi}{c^2},$$

aus dem rechten Gleichungsteil in (59b), wo φ durch Masse und Radius des betreffenden Sternes bestimmt ist.

Den Effekt (59c) kann man nur dann nachweisen, wenn die Spektrallinien in Spektren von Atomen außerordentlich scharf sind; denn es handelt sich um ganz geringe Frequenzänderungen ν (= Linienverschiebung). Ist nun die Linie verwaschen, ist es schwer oder beinahe unmöglich, ganz kleine Verschiebungen wie (59c) zu bestimmen. Nun sind in der Sonnenatmosphäre dauernd auf- und absteigende Gasströme, welche die Linien bald nach blau (aufsteigender Gas-Strom), bald nach rot (absteigender Gas-Strom) verschieben, so daß anstelle einer Linie ein Band entsteht; denn die Atome, aus denen die Linien kommen, werden dauernd nach oben oder unten verschoben und dementsprechend ihre Linien nach blau bzw. rot. Die Technik des Mößbauereffektes (S. 96) hat nun ein Verfahren entwickelt (s. z. B. 2. Teil, II.2, S. 593ff.), in einem Kristall Atome so festzuhalten, daß sie sich kaum bewegen, und infolgedessen ganz scharfe Linien aussenden, so scharf, daß ein Effekt von der Größe (59c) im Schwerefeld der Erde gemessen werden kann, mit dem Erfolg, daß sich (59c) für die Erde sich voll bestätigt hat.

Schema VIII liefert die Erweiterung des vorstehenden Weltmodells mit einem Massenpunkt auf ein ebenes Weltmodell, welches überall mit Masse belegt ist. Ausgang ist die Welt (Geometrie) (53), links oben im Schema. Das Newton-Potential $\frac{2\,m}{r}$ (Schema VI, rechts unten und S. 125) für einen Massenpunkt mit der Masse m ist durch die Summe aller durch Anziehung wirkender Massen zu ersetzen oder, wie man auch sagt, aller in der in Rede stehenden Welt gravitierenden Massen. Sie seien mit Σm bezeichnet und an Stelle von $\frac{m}{r}$ tritt dann sinngemäß die Summe der Potentiale, oder $\Sigma\frac{m}{r}$. Es möge hier zunächst auf sich beruhen, ob und wie man diese ermittelt. Es kommt fürs erste darauf an, in der Sprache der Mathematik eine mit Masse belegte, ebene Welt zu konstituieren. Setzt man $\Omega = \Sigma\,\frac{m}{r}$ und diesen Ausdruck dann an Stelle von $\frac{m}{r}$ in (53) ein, so wird:

$$(60)\ d\overset{2}{s} = -\,(1 - 2\Omega)^{-1} \cdot d\overset{2}{r} - r^2 \cdot d^2\Theta - r^2 \cdot \sin^2\Theta \cdot d\overset{2}{\varphi} + (1 - 2\Omega) \cdot dt^2,$$

wobei dann gleichzeitig $G_{\mu\nu} = 0$ gelten soll, damit (60) eine ebene Welt ist (Schema VIII, links oben).

(60) ist ein Analogie-Schluß oder besser eine analoge Setzung zu (53), der Welt für einen Massenpunkt. Nachdem hier einmal eine Lösung ge-

funden war, mit den beschriebenen Erkenntniserfolgen in bezug auf die Wirklichkeit, kommt es darauf an, mathematisch formal möglichst wenig zu verändern, um die schon erreichte Lösung nicht wieder in Frage zu stellen. Dafür bietet sich zunächst einmal die Substitution von $\frac{m}{r}$ durch $\Sigma\frac{m}{r}$ an; und der Erfolg gibt einem solchen Vorgehen recht: Gemäß der Gedanken(Linien)-Führung in Schema VIII links von oben nach unten ergibt sich bei Vernachlässigung von Ω^2 die Beziehung:

$$G_{11} = G_{22} = G_{33} = G_{44} = -4\pi\varrho, \tag{61}$$

in der ϱ die Stoffdichte ist. Alle anderen Komponenten von $G_{\mu\nu}$ sind $= 0$. Für die Herleitung sei wieder auf die Literatur verwiesen (II.5, S. 101 ff.).

Die Vernachlässigung der quadratischen Glieder Ω im Lösungsverlauf bedeutet, daß die Massenbelegung der Welt nicht zu groß, deren durchschnittliche Stoffdichte klein sein muß, was in der heutigen realen Welt der Fall ist. Eine hier noch nicht zu behandelnde Kosmologie des Werdens, die sich mit dem Anfang des Alls beschäftigt, kann deshalb nichts mit Vorstehendem anfangen, sie muß andere Wege einschlagen, da die Voraussetzung geringer Dichte hier nicht zutreffen dürfte.

Rechnet man die Krümmung G (S. 123) für die Welt (60) aus, wobei wieder Ω^2 vernachlässigt wird, so folgt die Beziehung:

$$G = -G_{11} - G_{22} - G_{33} + G_{44} = 8\pi \cdot \varrho. \tag{62}$$

(62) beinhaltet die Aussage, daß die Dichte, die eine Funktion von r ist, also von Ort zu Ort verschieden sein kann, die Raumkrümmung an jeder Stelle der in Rede stehenden Welt bestimmt. Mit anderen Worten, *die Stoffverteilung bestimmt die Geometrie.*

Mathematisch formal verläuft dieser neue Einsteinsche Weg analog dem alten Newtonschen. $\Sigma\frac{m}{r}$ ist ein Newton-Potential, dessen Ableitungen nach den Koordinaten die Gravitationskräfte in den betreffenden Richtungen ergeben. Für ein solches Potential gilt in der Newtonschen Mechanik folgende Beziehung (Schema VIII, rechts Mitte).

$$\Delta\Omega = \frac{\partial^2\Omega}{\partial x_1^2} + \frac{\partial^2\Omega}{\partial x_2^2} + \frac{\partial^2\Omega}{\partial x_3^2} \begin{cases} = 0 \text{ für Stoffleere} \\ = -4\pi \cdot \varrho \text{ bei Stoff} \end{cases} \tag{63}$$

(63) verschwindet, wo keine Masse ist, und hat den Betrag $-4\pi \cdot \varrho$, wo Masse der Dichte ϱ vorhanden ist (s. Moulton-Fender, Einf. in die Himmelsmechanik, Leipzig 1927, S. 132). Dem entspricht jetzt der Ausdruck

Ebene Welt

$G_{\mu\nu} = 0$

↓

mit einem Massenpunkt

↓

(51) $ds^2 = -e^{\lambda} \cdot dr^2 - r^2 \cdot d\Theta^2 - r^2 \cdot \sin^2\Theta d\varphi^2 + e^{\nu} \cdot dt^2,$

↓

oder

↓

(53) $ds^2 = -\left(1 - \frac{2m}{r}\right)^{-1} \cdot dr^2 - r^2 \cdot d\Theta^2 - r^2 \cdot \sin^2\Theta \cdot d\varphi^2 + \left(1 - \frac{2m}{r}\right) \cdot dt^2$

↓

für eine mit Masse belegte Welt

↓

$\Sigma \frac{2m}{r^2}$

Analoge Setzung zu (53) führt auf:

↓

(60) $ds^2 = -(1 - 2\Omega)^{-1} \cdot dr^2 - r^2 \cdot d^2\Theta - r^2 \cdot \sin^2\Theta \cdot d\varphi^2 + (1 - 2\Omega) \cdot dt^2,$

Erläuterung:

Längenelement: $ds^2 = g_{\mu\nu} \cdot dx^{\mu} \cdot dx^{\nu}$

$g_{i,k}$ als Determinante: $\begin{vmatrix} g_{11} & g_{12} & g_{13} & g_{14} \\ g_{21} & g_{22} & g_{23} & g_{24} \\ g_{31} & g_{32} & g_{33} & g_{34} \\ g_{41} & g_{42} & g_{43} & g_{44} \end{vmatrix} = g$

g^{11} als Unter-Determinante: $\begin{vmatrix} g_{22} & g_{23} & g_{24} \\ g_{32} & g_{33} & g_{34} \\ g_{42} & g_{43} & g_{44} \end{vmatrix}$ Dividiert durch g

(48) $g^{\mu\nu} \cdot G_{\mu\nu}$ = Krümmung der durch $g_{i,k}$ bestimmten Mannigfaltigkeit ($\mu, \nu = 1 \ldots 4$)

$\Omega = \Sigma \frac{m}{r}$

als Newton-Potential:

↓

Unter Vernachlässigung von Ω^2

↓

(61) $$G_{11} = G_{22} = G_{33} = G_{44} = -4\pi\varrho,$$

← Analogie zu → (63) $$\Delta\,\Omega = \frac{\partial^2\Omega}{\partial x_1^2} + \frac{\partial^2\Omega}{\partial x_2^2} + \frac{\partial^2\Omega}{\partial x_3^2} \begin{cases} = 0 & \text{für Stoffleere} \\ = -4\pi\cdot\varrho & \text{bei Stoff} \end{cases}$$

↓

ergibt mit

$G = g^{\mu\nu}\,G_{\mu\nu}$ als Krümmung

↓

wieder bei Vernachlässigung von Ω^2

↓

(62) $$G = -G_{11} - G_{22} - G_{33} + G_{44} = 8\,\pi\cdot\varrho.$$

↓

Axiomatische Setzung

(64) $$-8\,\pi\cdot T_{\mu\nu} = G_{\mu\nu} - \frac{1}{2}\,g_{\mu\nu}\cdot G$$

ergibt →

$T_{44} = \varrho$

„Materietensor“

↓

Das heißt:

Stoff verbunden mit Raumkrümmung

(Geometrie)

↓

Erfüllung des von Seeligerschen Satzes

↓

axiomatische Erweiterung

↓

→ (65) $$-T_{\mu\nu} = G_{\mu\nu} - \frac{1}{2}\,G\cdot g_{\mu\nu} + \lambda\,g_{\mu\nu}$$

(Einsteinsche Feldgleichungen)

↓

verbunden mit geeigneten

$ds^2 = \Sigma g_{\mu\nu}\,dx^\mu\cdot dx^\nu$

↓

führt zu

↓

„Weltmodellen“

(61) für die mit Masse belegte Welt, während die leere Welt allgemein durch $G_{\mu\nu} = 0$ charakterisiert ist.

Einstein tat noch einen weiteren Schritt, mit dem er sich ganz von den formal-mathematischen Aspekten der Newtonschen (klassischen) Mechanik löste (unten Schema VIII): Er führte in souveräner Setzung einen neuen, zweifach kovarianten Tensor $T_{\mu\nu}$ ein:

$$(64) \qquad -8\pi \cdot T_{\mu\nu} = G_{\mu\nu} - \frac{1}{2} g_{\mu\nu} \cdot G.$$

Berechnet man diesen Tensor für die obige Welt, so verschwinden alle seine Komponenten bis auf $T_{44} = \varrho$. Aus diesem Grunde spricht man in diesem Falle auch von dem Materietensor. Jedoch gilt letzteres nur für den vorliegenden Fall (61). Im allgemeinen verschwinden die Komponenten von (61) nicht, aber T_{44} bzw. $= \varrho$ bleibt. Die anderen Komponenten repräsentieren Potentiale.

Der Materie-Tensor ist sozusagen die mathematische Vollendung des von Seeligerschen Satzes. Dessen Negation (S. 58) ist hier grundsätzlich in ein Positivum verwandelt, indem (64) die mathematisch-formale Möglichkeit gibt, Geometrie und Stoffverteilung oder auch Stoff und Raum miteinander zu verbinden, was gleich noch zu bedenken ist.

Mit Vorstehendem ist durch Einstein die Grundlage moderner Kosmologie entfaltet; es ist die mathematische Sprache gefunden, in der offenkundig, mindestens zunächst, über die Welt, das All als Ganzes gesprochen werden kann, wie es die Philosophie schon seit Jahrtausenden mit der verbalen Sprache versucht hat. Später wird sich zeigen, daß auch diese Sprache für die neuesten Entwicklungen der Kosmologie nicht ausreicht.

Jedoch ist vorerst eine Sprache gefunden, und es kommt darauf an, sie mit Ideen auszufüllen. In der Philosophie sind das die sogenannten philosophischen Systeme, die man ihr als gegensätzlich und widersprüchlich vorwirft.

Es wird darzustellen sein, wie das sich in der weiteren Entwicklung der mathematischen Kosmologie darstellt. Schon Einstein selbst modifizierte seinen Ansatz (64) wie folgt:

$$(65) \qquad -T_{\mu\nu} = G_{\mu\nu} - \frac{1}{2} G \cdot g_{\mu\nu} + \lambda\, g_{\mu\nu}.$$

Die 10 Relationen (65) werden heute als die Einsteinschen Feldgleichungen bezeichnet. In Verbindung mit ihnen und der (freien Wahl des Ausdrucks für das Linienelement ds, – der $g_{i,k}$ (x_i, x_k) –, können jetzt Weltmodelle konstruiert werden. Der Weg zur eigentlichen „Kosmologie heute“ ist frei.

6. *Die philosophischen Aspekte in der Grundlegung heutiger Kosmologie*

a) Die intellektuellen und ontologischen Strukturen der Grundlegung

Für eine philosophische und damit auch wissenschaftstheoretische Durchleuchtung der Grundlegung heutiger Kosmologie muß alles zusammen gesehen werden, angefangen vom von Seeligerschen Satz bis zu Einsteins Feldgleichungen (65). Der Vollständigkeit halber sei hier noch das sogenannte Olberssche Paradoxon erwähnt. Olbers kam lange vor von Seeliger zu dem Schluß, daß der Nachthimmel leuchtend hell sein müsse, wenn ein unendliches Universum überall mit leuchtenden Sternen besetzt sei. Da dies aber nicht der Fall ist, erhält man also eine ähnliche Negation wie bei von Seeliger. Jedoch haben die hier entwickelten Gedankengänge nicht die grundsätzliche Tragweite und Bedeutung wie von Seeligers Satz.

Wenn jetzt von intellektuellen und ontologischen Strukturen gesprochen wird, so soll damit gesagt sein, daß zweierlei zu unterscheiden ist: Einmal steht das Verhalten des erkennenwollenden Intellektes in Rede, also das Humanum, wie es sich hier verhält; zum anderen die Wirklichkeit, der Gegenstand, wie letzterer auf diese Verhalten als ein vom Humanum unabhängiges Sein „reagiert", d. h. die Erkenntniserfolge und deren Beschaffenheit (I. 9).

Am Anfang der bis jetzt geschilderten Denkwege steht der von Seeligersche Satz. Auf seine absolute Gültigkeit wurde bereits hingewiesen (S. 53). Er trägt den Charakter eines „Lemmas" (= vom Griechischen λέπτειν = herausschälen), d. h., er ist ein logisch ganz und gar isolierter Satz, gültig, ob es ein All gibt oder nicht, man Kosmologie betreibt oder nicht. Er ist sozusagen jenseits von allem und jeglichem angesiedelt.

Der Satz ist kein Gesetz der Wirklichkeit, wie etwa das Newtonsche; er ist eine denkerische Aussage, ausschließlich „im" Denken angesiedelt, hat dieses aber auch wieder so im Griff, daß er „denknotwendig" ist. Letzteres wiederum wird durch die unausweichliche Logik mathematischer Reihen bewirkt (S. 55 ff.).

Es ist also das reine Denken, welches, unabhängig von der Wirklichkeit, die kosmologischen Denkbemühungen für den Bereich der Maß-Struktur von vornherein beherrscht. Dadurch ist man bei der Position Kants und des Neukantianismus angelangt (S. 44 ff.), und es kann kein Zweifel sein, daß moderne Kosmologie – wie auch andere Bereiche der mathematischen Naturwissenschaft heute –, damit in die Nähe Kants und seiner Nachfolger rückt.

Beinahe noch stärker treten in diesem Zusammenhang die Denkaspekte Platos (S. 15 ff.) in den Vordergrund. Ist es auch zweifelsohne übertrieben, ein Reich der Ideen als eigentliche Wirklichkeit zu konstitutieren, wovon sozusagen das Denken des einzelnen „Ich“ zehrt, an dem es „teilhat“, so kann man sich doch nicht des Eindrucks erwehren, angesichts des einerseits souveränen, andererseits aber auch erfolgreichen Umganges des Intellektes mit der Wirklichkeit (auf den Denkwegen der Schemata IV–VIII), daß dem Intellekt ein Etwas, eine „Begriffswelt“ noch vor jeder Erfahrung mit der Realität, zur Verfügung steht, die sich nur graduell vom Ideen-Reich Platons unterscheidet. Diese ihm zuhandene Begriffswelt – so würde M. Heidegger hier sagen – steht ihm offensichtlich souverän zur Verfügung.

Man könnte meinen, dies sei nichts Besonderes, denn die Denkgesetze, etwa der Satz vom Widerspruch, beherrschen ja auch jegliches Denkbemühen um die Wirklichkeit. Jedoch ist die Situation hier eine andere. Hier beherrscht eine spezifisch kosmologische Aussage die Kosmologie von vornherein: Die grundsätzliche Abhängigkeit von Stoff, Raum und Gesetz voneinander (S. 53). Das ist nicht einfach ein allgemeiner Satz der Logik, sondern eine spezielle denknotwendige Aussage über konkrete Sachverhalte der Wirklichkeit.

Es wurde bereits dargelegt (S. 54 ff.), wie dies zustande kommt: Auf der einen Seite steht die Intellektualität der reinen Mathematik, die Differential- bzw. Integralgleichungen und die Reihen als „ideale Gebilde“ des Denkens, auf der anderen Seite Kräfte, Entfernungen, Massen, auf welche jene Gebilde „angewandt“ werden. Statt dessen kann man auch sagen, daß die „idealen Gebilde“ mit einem physikalischen Inhalt „ausgefüllt“ werden; denn (3) auf S. 49 ist nicht einfach eine Integralgleichung, sondern bedeutet ein Kräftepotential, mit der Konsequenz, daß es gemäß (6) ∞ wird. *Das tut zwar der reinen Mathematik keinen Abbruch, denn es handelt sich hier um eine logische Schlußfolgerung. Wohl aber affiziert es die physikalischen Inhalte: Diese werden in ihrer Kombination unmöglich bzw. das Ausfüllen mit physikalischem Inhalt wird sinnlos.*

Die Sinnlosigkeit kommt dadurch zustande, daß der Intellekt in einem gegenüber der reinen Mathematik zusätzlichen Schritt einen Denkakt konstituiert, eben das „Anwenden auf“ bzw. „Ausfüllen mit“. Dabei kommt der Intellekt in Schwierigkeiten mit sich selbst, und es bleibt ihm nichts anderes übrig, als die Konsequenz zu ziehen und zu einer Negation seine Zuflucht zu nehmen, nämlich daß das „Ausfüllen mit“, wie es in der Präambel (Abb. 2) der von Seeligerschen Beweisführung geschieht, nicht möglich ist. Es handelt sich hier wieder nur um einen anderen Ausdruck dafür, daß Kosmologie heute außerhalb der Maß-Wissenschaft und die Träger außerhalb der Maß-Struktur liegen (S. 4).

Diese vorstehend skizzierte Denkstruktur durchzieht die ganze Grundlegung der mathematischen Kosmologie. „Womit“ ein mathematischer Formalismus ausgefüllt wird bzw. auf „Was“ ein solcher angewandt wird, ist keine Maß-Struktur, sondern eine Qualität. Kraft, Masse, Raum, Gesetz sind in ihrem „An-Sich-Sein“ Qualitäten. Das Newtonsche Gesetz z. B. ist Qualität einmal dadurch, daß es dieses überhaupt „gibt“, zum anderen durch seine innere Struktur, das Produkt von Massen im Zähler und das Quadrat der Entfernung im Nenner seines mathematischen Ausdrukkes; und das Quantitative (Größe von Massen und Entfernungen) rankt sich um diese Struktur. Auch die in anderem Zusammenhang erwähnten (S. 88/89) Überlegungen zum Kraftbegriff in Westphals Lehrbuch sind nichts anderes als Diskussionen um das Qualitative am Kraftphänomen.

Das „Ausfüllen mit“ bzw. „Anwenden auf“ geschieht im Gegenüber von Qualität und Quantität der Gegenstände. Weil beides in der Natur zwar jeweils miteinander verbunden, aber trotzdem völlig voneinander verschieden ist, *bedarf es eines zusätzlichen Aktes des Intellektes* über die unmittelbaren Gegebenheiten der Wirklichkeit und die intellektuellen, geistigen Idealkonstruktionen der reinen Mathematik hinaus. *Dieser zusätzliche Akt des Intellektes steht zwischen den idealen Bezügen des Mathematischen einerseits und der ontologischen realen Wirklichkeit, in diesem Falle der kosmologischen, andererseits.*

Im Bilde gesprochen repräsentiert sich hier also ein dreifaches Spannungsfeld: Das Gegenüber von ideal Mathematischem und real Wirklichem (Ontologischem) und je das Gegenüber des erkennenwollenden Intellekts zum Mathematischen einerseits und zum real Wirklichen andererseits.

In der Kosmologie wurde dieses Spannungsfeld geistesgeschichtlich zum ersten Male durch die mathematische Formulierung des Resultates des Michelsonschen Versuches (S. 63ff.) bewältigt, wenngleich auch noch nicht auf der Basis der Tensoranalysis. In einem freien Entschluß, dessen Vollzug erst 10 Jahre nach dem erfolgten Experiment geschah, wird eine mathematische Beschreibung der hier gegebenen experimentellen Aussage in ihrer Negation versucht, die sich in dem Formalismus (14) S. 64 darstellt. Dieser wird auf das experimentelle Resultat „angewandt“ bzw. mit dem physikalischen Inhalt, der Unabhängigkeit der Ausbreitung des Lichtes von der Lichtquelle, „ausgefüllt“, während er in der reinen Mathematik nichts anderes als eine nichteuklidische, hyperbolische Geometrie bedeutet (S. 64, 68). In diesem Falle war die Bewältigung des Spannungsfeldes erfolgreich; denn es resultierte $E = m \cdot c^2$ (Schema I).

Für die jeweils auftretenden Probleme muß somit der Intellekt versuchen, jene Spannungstrias (Schema IX) durch geeignete Verbindung des Mathematischen mit dem Real-wirklichen zu lösen, im Anwenden des Mathematischen auf die Realität bzw. durch die Ausfüllung des ersteren mit

Schema I X

Unmöglichkeit einer
Angleichung exakter
Mathematik
an die Wirklichkeit

↑

und bedeutet die

↑

Geschieht nur um den Preis
von Approximationen
und numerischen
Vernachlässigungen

→ daher konstituiert sich
von der Wirklichkeit her
ein Raum für die

↑

sich Öffnen
der
Wirklichkeit

↑

der Erkenntniserfolg
hängt ab vom

↑

Invarianzen als Grundlage
(z. B. Äquivalenzprinzip)

↑

mit

↑

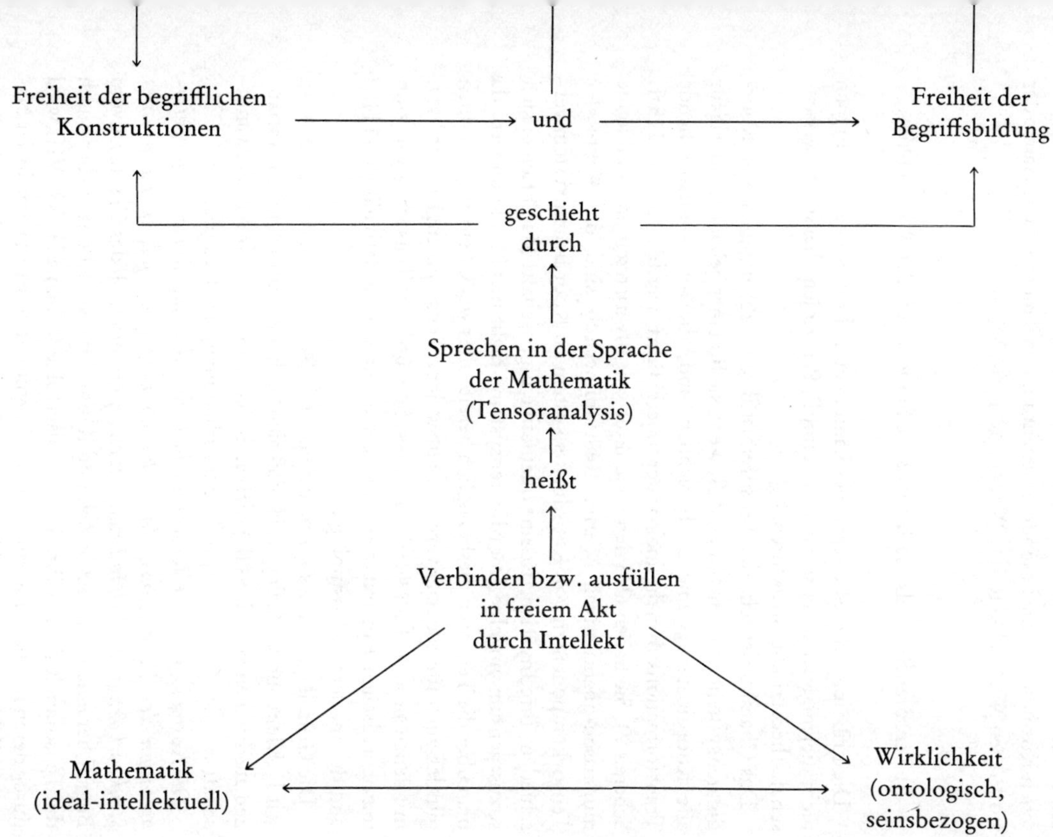

Freiheit der begrifflichen Konstruktionen
und
Freiheit der Begriffsbildung
geschieht durch
Sprechen in der Sprache der Mathematik (Tensoranalysis)
heißt
Verbinden bzw. ausfüllen in freiem Akt durch Intellekt
Mathematik (ideal-intellektuell)
Wirklichkeit (ontologisch, seinsbezogen)

Realität, d. h. durch physikalische Begriffsinhalte. In Erfolg und Mißerfolg manifestiert hier sich das, was im vorhergehenden als das Sprechen mit der Wirklichkeit in der Sprache der Mathematik bezeichnet wurde. Das gilt für die ganze mathematische Naturwissenschaft, hat aber in der mathematischen Kosmologie eine besondere Bedeutung, weil diese auf das Ganze der stofflichen Wirklichkeit, das Weltall, ausgerichtet ist.

b) Tensoranalysis als mathematische Sprache mit der Wirklichkeit

Die Prinzipien dieses Gespräches kann man nicht verstehen, wenn man nicht diejenigen der Tensoranalysis kennt. „Prinzipien" heißt hier wissenschaftstheoretische Strukturen.

Das Charakteristische der Tensoren ist ihre Unabhängigkeit von Koordinatensystemen in dem Sinne, daß, wenn sie für eines bekannt sind, sie für alle Koordinatensysteme zu berechnen sind, die durch entsprechende Transformationsformeln ineinander übergeführt werden (S. 98, 115ff. Schema V). Sie haben also den Charakter von Invarianzen und sind keine numerisch-quantitativen Werte. Rein numerisch sind die Werte der Tensorkomponenten von Koordinatensystem zu Koordinatensystem verschieden. Ihre Invarianz ist eine qualitative Eigenschaft: Man braucht sich sozusagen um einzelne Koordinatensysteme nicht mehr zu kümmern, da man über die Tensoren diesbezüglich bereits alles weiß. Selbstverständlich gilt das auch für alle Sachverhalte, auf welche Tensoren angewandt bzw. mit denen sie ausgefüllt werden können. So wurde die Tensoranalysis zum mathematischen Apparat von Einsteins allgemeiner Relativität (S. 111ff.) und der modernen Kosmologie.

Die Grundlagen dieses Formalismus sind also Invarianzen; und da man seit F. Klein und C. Caley weiß, daß sich auch die Geometrie in Invarianzen ausdrücken läßt (S. 64ff.), haben die Tensoren eine direkte Verwandtschaft mit der Geometrie, d. h. dem Phänomen des Raumes.

Die Kosmologie in der Tensorsprache liefert also eine (notwendige) Interpretation des Universums, ihrem Forschungsgegenstand, in Form eines Strukturbezugs, der sich in Invarianzen repräsentiert. Jedes Gesetz ist vom Begriff her eine Invarianz in Zeit und Raum. Das ist nicht neu; aber durch die Tensoranalysis und ihre Erkenntniserfolge (Schema II, VI, VII) wird durch deren hier beschriebene Struktur bewußt, daß Invarianzen in der Naturwirklichkeit eine ausschlaggebende Rolle spielen. Anderenfalls ließe sich die Tensoranalysis nicht mit solchem Erfolg auf Fragen anwenden, die das Ganze des Alls betreffen.

Ein unmittelbar anschauliches Beispiel einer solchen Invarianz ist das

Kastenexperiment (Schema IV) mit dem dritten Fall, dem nach oben beschleunigten Kasten. Gegeben und beobachtbar ist im Kasten die gekrümmte Bahn AE. Diese repräsentiert zusammen mit dem Beobachter B die Invarianz. Variabel sind die zwei „Koordinatensysteme" (= zwei verschiedene Betrachtungsweisen): Die Bahn AE kann in einem ruhenden Koordinatensystem gedacht werden (= der Kasten ruht, und es ist die Schwerkraft, die in dem Kasten alles „nach unten" zum Zentrum, Erdmittelpunkt, hinzieht), oder „es gibt" die Schwerkraft nicht (= der Kasten wird nach oben entsprechend dem „Schwerefeld in ihm" beschleunigt). Innerhalb des Kastens selbst gibt es keine Möglichkeit, zwischen beiden Alternativen zu unterscheiden. D. h., der erkennenwollende Intellekt hat die „Freiheit" zu beiden Betrachtungsweisen. *Der Vorgang* AE oder auch derjenige des geradlinig fallenden Körpers K (S. 105) *ist in beiden Koordinatensystemen beschreibbar. Gerade dergleichen aber leistet die Tensoranalysis, indem sich ihre Tensorkomponenten in unterschiedlichsten Koordinatensystemen ausdrücken lassen* (Schema V, rechts unten). Tensorkomponenten müssen nur in geeigneter Weise mit dem physikalischen Vorgang „ausgefüllt" bzw. auf diesen „angewandt" werden.

Der Tensor ist ein System von Größen, die nicht, wenigstens zunächst nicht, durch Relationen miteinander in Verbindung, sondern isoliert nebeneinanderstehen. Sie werden in Form einer „Matrix" angeordnet, welche von der Definition her einfach ein solches System bedeutet (II. 7). Die Determinanten (41) und (42) sind Spezialfälle einer Matrix, bei der die Komponenten $g_{i,k}$ in Zeilen und Spalten angeordnet sind (S. 120). Die Tensoren unterscheiden sich von vornherein dadurch von den Determinanten, daß ihre Komponenten lockerer zusammenhängen, denn ein Tensor hat, im Gegensatz zu einer Determinante, als Ganzes keinen numerischen Wert. Seine Komponenten müssen ausschließlich Transformationen (S. 115 ff.) gehorchen.

Das hat zur Folge, daß *der Intellekt gegenüber diesen idealen Gebilden seines Denkens eine enorme Freiheit besitzt.* Abgesehen von den Transformationsbedingungen kann er mit ihnen machen, was er will, was auch immer für irgendeinen Erkenntniszweck günstig oder brauchbar erscheint. Ganz anders war die Situation in der euklidischen Geometrie. Hier existiert ein Axiomsystem, und der Intellekt kann sich nur innerhalb davon mit seinen Schlüssen und Manipulationen bewegen.

Tensorkomponenten können interpretiert werden, wie man will, sie können z. B. nach Gutdünken mit physikalischem Inhalt gefüllt werden, man kann also mit ihnen eine Art Begriffsbildung durchführen. So bedeutet z. B. das Verschwinden des Riemann-Christoffelsche Tensors eine ebene Welt (S. 121). Man hat ferner die Freiheit begrifflicher Neu-Konstruktionen, wofür der Riemann-Christoffel-Tensor erneut ein Beispiel ist. Die Drei-Indizes-Symbole (40) auf S. 120, die keine Tensoren darstellen, sind reine Konstruktionen, die zu dem Riemann-Christoffelschen Tensor (44) in freier Setzung zusammengefügt werden.

Alles dies hat sehr viel Ähnlichkeit mit dem Verhalten des Intellektes in seinen sprachlichen Handlungen, so daß der Terminus „Sprache" hier schon angemessen erscheint.

Diese Analogie zum Sprachlichen kommt z. B. in einem Vergleich der Schemata II und VII zum Ausdruck. In Schema II (S. 92 ff.) sind in verbaler Sprache mit deren Begriffen und Anschauungsinhalten die drei großen Einsichten der allgemeinen Relativitätstheorie, Lichtablenkung an der Sonne, Periheldrehung des Merkur und Rotverschiebung der Lienien in Sternspektren durch die Massenanziehung, abgeleitet, nur auf der anschaulich interpretierten Basis von $E = m \cdot c^2$, der Äquivalenz von Stoff und Energie. In der Sprache der Mathematik, in diesem Falle der Tensoranalysis, stellt sich das ganz anders dar (Schema VII).

Durch die verbale Sprache kann nichts „bewiesen" werden. Erst die Tensoranalysis liefert die numerischen Übereinstimmungen mit der Beobachtung. Daß aber auf diesen beiden Wegen die gleichen Resultate gefunden wurden, hat, wie dargelegt (S. 97 ff.), seine Ursache in dem Gegenüber von Maß-Struktur und deren Träger. Schema VII zeigt, was noch im einzelnen zu erläutern ist, analoges freiheitliches Verhalten des Intellektes wie in der verbalen Ableitung des Schema II.

In der Riemannschen Geometrie als mathematischer Grundlage der Kosmologie (Schema III) liegt noch eine weitere philosophisch-wissenschaftstheoretische Problematik, die in ihrer ganzen Tragweite nicht immer beachtet wird. Es handelt sich um den Übergang von den Differenzen Δx als endlichen Größen zu den Differentialen, den sogenannten „unendlich kleinen" Größen dx in der Formulierung des pythagoräischen Lehrsatzes, ein wesentliches Konstituens der euklidischen Geometrie (Schema III, oben). Die Problematik liegt im Begriff der unendlich-kleinen Größe begründet, sie geht auf die Anfänge der Differentialrechnung in die Zeiten von Leibniz und Newton zurück. Ist unendlich klein, ganz klein, also 0 oder eben gerade noch nicht, so daß man mit ihm noch umgehen kann wie mit einer von 0 verschiedenen Größe? In der reinen Mathematik ist diese Frage heute einwandfrei gelöst (s. z. B. R. Courant und H. Robbins: Was ist Mathematik? Heidelberg 1962, S. 329), nicht dagegen in der Physik.

Hier existiert gegenüber der reinen Mathematik eine Hypothek, die die Physik seit Newton belastet. Sowohl der Physiker als auch der Kosmologe nimmt die dx so lange als Δx, als endliche Größen, als ihm das nützlich ist, bzw. nützlich zu sein scheint, geht aber andererseits wieder so mit ihnen um, als wenn sie das nicht wären, nämlich beim Anwenden der Differential- und Integralrechnung auf seine mit physikalischen Inhalten ausgefüllten mathematischen Gebilde.*

Zwei Umstände kommen dem Physiker hier zugute: Einmal ist das der Meß-fehler. Physikalisch-experimentelle Resultate – und das trifft auch für die astronomischen Beobachtungen zu – können über die Mathematik nie genauer erfaßt werden, als es das Meßfehlerintervall erlaubt. (Meß-fehler = die numerische Größe, um die ein Meßwert unsicher ist, sein wahrer Wert liegt im Intervall ± jener Größe.) Was nun physikalisch innerhalb des Meßfehlerintervalls passiert, ist nicht in den Griff zu bekommen, und infolgedessen ist es gleichgültig, ob man mit dx oder Δx operiert, die Zange exakten Denkens greift hier sozusagen nicht.

Zum zweiten kann man in der Differential- und Integralrechnung mit den Differentialen dx, in der Leibnizschen Schreibweise, rein formal so umgehen, als wenn es endliche Größen wären, man kann also z. B. durch dx „dividieren". Hiermit sind Probleme angeschnitten, die im Rahmen kosmologischer Fragestellungen nicht zu diskutieren sind. Die Ungenauigkeitsrelation und andere verwandte Fragenkreise spielen in diesem Zusammenhang eine Rolle.

Es darf in der Grundlegung der modernen Kosmologie und ihrer Erfolge (Schema II, VI, VII) insgesamt aber nicht übersehen werden, daß hier immer wieder in reicher Fülle von Näherungen Gebrauch gemacht wird; und nichts anderes ist auch der oben geschilderte Umgang mit den Differenzen (Δx) und den Differentialen (dx). Ein Blick auf die Schemata, welche den Weg zu Einsteins Feldgleichungen darstellen, zeigt, wie fast jeder Schritt durch Approximationen oder Vernachlässigung quadratischer Größen wegen ihrer Kleinheit gekennzeichnet ist.

Auch hier kommt der Freiheit des Intellektes die entscheidende Funktion zu; es ist in sein Ermessen gestellt und seinem Geschick überlassen, ob er diese Manipulationen anwendet oder nicht. Und gerade von dieser Entscheidung hängen Erfolg und Mißerfolg meistens wesentlich ab, so wären Einsteins Wege nicht derart erfolgreich, wenn nicht jene Approximationen und Vernachlässigungen vorgenommen würden. Nur dadurch öffnet sich die Wirklichkeit, werden erst die erstaunlichen Erkenntniserfolge möglich.

Wenn man, um die Situation zu charakterisieren, den Vergleich mit der Sprache beibehält, dann handelt es sich um eine ungenaue, um nicht zu sagen sehr ungenaue Sprache. Ungenau heißt hier nicht ungenau in bezug auf

* Hierher gehört auch die Vernachlässigung des Unterschiedes von ds und dt in (54) und (54 a), S. 129.

ihre Logik oder eine Ungenauigkeit der Begriffsinhalte; vielmehr ist sie ungenau hinsichtlich ihrer Anwendung auf die Wirklichkeit. Damit ist aber auch ein allgemein typisches Verhalten des Intellektes in der alltäglichen verbalen Sprache gekennzeichnet. Es ergibt sich hier eine eigentümliche Parallelität, die man am besten mit dem aristotelisch-thomistischen Begriff der Analogie charakterisiert, d. h., ein und dieselbe Eigenschaft kommt zwei Dingen in ganz verschiedener Weise zu. Die Mathematik bzw. die Tensoranalysis ist formal exakt, aber bei deren praktischer Anwendung wird diese Exaktheit nicht ausgenutzt bzw. kann nicht ausgenutzt werden. Damit entsteht eine analoge Situation wie bei der alltäglichen verbalen Sprache, die ja auch nur dadurch ihr kommunikatives Funktionieren erfüllt, daß „nicht jedes Wort auf die Goldwaage gelegt“ wird. Nichts anderes stellen die Approximationen und numerischen Vernachlässigungen auf den Denkwegen der Schemata VII und VIII dar. Auch hier wird „nicht alles so genau genommen“, aber nicht aus Nachlässigkeit oder Gewohnheit, wie vielleicht oft bei der alltäglichen Sprache, sondern, weil die Wirklichkeit zu einem solchen Verhalten zwingt, wenn sie erkannt werden soll. Worauf schon hingewiesen wurde: Die ontologische, von ihrem Sein her bestimmte Struktur der Wirklichkeit ist so beschaffen, daß die vom Intellekt entwikkelte reine Mathematik zu exakt ist, um die Wirklichkeit zu erfassen.

Es sei noch darauf hingewiesen, daß das Prinzip der Approximation und Vernachlässigung von Größen in bezug auf das Meß-fehlerintervall schon immer in der Physik praktiziert wurde. Im Bereiche der hier in Rede stehenden kosmologischen Erkenntnisbemühungen häuft sich dies in ungewöhnlichem Maße. Schema IX gibt einen Überblick über die bisherige philosophische Analyse der Grundlegung heutiger Kosmologie.

c) Der Problemkreis des Raumes

Während in der Minkowsky-Welt die Zeit bereits in philosophischer Sicht zum Problem wurde (S. 73ff.), so erfuhr mit der Grundlegung moderner Kosmologie auch der Begriff des Raumes eine philosophische Problematisierung.

Es handelt sich zunächst wieder um Kant (S. 44), der sich dem Problem des Raumes zuwandte. Wie Newton die Zeit völlig von den Dingen trennte, so trennte er auch den Raum, indem er diesen (euklidisch, anschaulich) als eine Art universellen Behälter ansah, in welchem etwas „war“ und „vor sich ging“, was dann auch die klassische Physik bis zu Michelson wie selbstverständlich beibehielt. Entsprechend sowie in bezug auf die Zeit reagierte Kant und machte den Raum ebenfalls ganz zum Gegenstand des

Denkens, indem er ihn als die Form der Anschauung des äußeren Sinnes ansprach.

α) *Die Eigenständigkeit des Denkens gegenüber dem Ganzen des Alls*

Die starke Akzentuierung des Denkens bei Kant sowie dessen völlige Verabsolutierung gegenüber allen anderen Aspekten des Erkenntnisprozesses im Neukantianismus (S. 44 ff.) finden ihre Parallele in den Denkwegen, welche zu Einsteins Feldgleichungen (65) führten.

Es beginnt gleich mit von Seeligers Satz, der den Charakter einer Aussage reinen Denkens wie in der Mathematik, von unbegrenzter allgemeiner Gültigkeit, hat (S. 50, S. 53). Nun hat aber gerade die universelle Geltung von Raum und Zeit in Newtons Physik Kant veranlaßt, den Grund dafür im reinen Denken zu suchen und von im Denken angelegten „Formen der Anschauung“ zu sprechen. Letzten Endes ist von Seeligers Satz ein reines Gedankenspiel, wenn man so will; denn weder ist das ganze Universum im Erkenntnisgriff noch seine diesbezüglichen Eigenschaften.

Die Interpretation des Michelsonschen Versuchsergebnisses durch Einstein zeigt schon in der langen zeitlichen Dauer zwischen Bekanntwerden des Ergebnisses und dessen Interpretation, wie sehr der Intellekt mit sich gerungen hat, weil er mit der reinen Negation des Ergebnisinhaltes (S. 62 f.) den Anschluß an die Wirklichkeit nicht finden konnte. Sie ließ ihn zunächst völlig im Stich; er stand allein mit sich, sozusagen in sein eigenes Denken eingeschlossen.

Mit dem Kastenexperiment (Schema IV), das kantischem Denkverhalten sehr nahesteht, konnte der Anschluß an die Wirklichkeit wiederhergestellt werden. Einstein kam (S. 108) auf den Gedanken, das bis dahin für problemlos gehaltene Phänomen des beschleunigt fallenden Körpers „einmal anders“ zu betrachten, ohne daß irgendwelche Phänomene der „Wirklichkeit“ dazu Anlaß gegeben hätten. In der Vorrede zur Kritik der reinen Vernunft beschreibt Kant seine neuen Denkbemühungen (S. 26) folgendermaßen: „Bisher nahm man an, alle unsere Erkenntnis müsse sich nach den Gegenständen richten ... Man versuche es einmal, ob wir ... nicht besser fortkommen, daß wir annehmen, die Gegenstände müssen sich nach unserer Erkenntnis richten. ... Es ist hiermit ebenso, als mit den ersten Gedanken des Kopernikus bewandt, der, nachdem es mit der Bewegung der Himmelskörper nicht gut fort wollte, wenn er annahm, das ganze Sternenheer drehe sich um den Zuschauer, versuchte, ob es nicht besser gelingen möchte, wenn er den Zuschauer sich drehen und dagegen die Sterne in Ruhe ließ.“

Ist das, was Kant mit diesen Worten zum Ausdruck bringt, in Denkmentalität und Denkhaltung nicht genau das gleiche, was im gedanklichen Kastenexperiment geschieht? Es repräsentiert sich in beiden Fällen dieselbe denkerische Freiheit, der Freiheitsraum (Schema IX, Mitte), die Souveränität des Denkens dem Gegenstande gegenüber und die Eigenständigkeit neuer Setzungen, bei Kant in der Umkehr des Verhältnisses von Denken und Gegenstand, bei Einstein im Ersatz der Schwerkraft durch den entsprechend beschleunigten Kasten. Überdies verlaufen beide Vorgehensweisen in verbaler Sprache, bis schließlich der Einsteinsche Denkweg in die Tensoranalysis einmündet.

Dieser Vergleich mit Kant zeigt, wie berechtigt es ist, die moderne Kosmologie als ein Sprechen mit der Wirklichkeit zu bezeichnen; und genau das soll auch gemeint sein, wenn hier der Terminus „Sprache“ gebraucht wird.

In der bereits erwähnten Freiheit des Intellektes innerhalb des Formalismus der Tensoranalysis setzt sich das fort, was schon das Kastenexperiment zeigt. Hier beginnt der souveräne Übergang von Differenzen zu Differentialen (S. 100, Schema III) bei der Abstandsbestimmung zweier Punkte. Die Vertreter des Neukantianismus haben die Rolle des Denkens hier auch gleich gesehen, wenn z. B. P. Natorp sagt: „... das Verfahren mit dem Infinitesimalen drückt prägnant die souveräne Macht des Denkens über das Sein aus, der keine absolute Schranke sich gegenüber stellen kann“ (I. 13, S. 219). Der Physik und damit auch heutiger Kosmologie gibt das mit jeder Messung verbundene Fehlerintervall die Möglichkeit, im Freiheitsrahmen dieses Intervalles großzügig mit Δx und dx umzugehen, d. h. jeweils zu verwenden, was zweckmäßig ist. Über die absolute Souveränität aber, und wie von ihr Gebrauch gemacht wurde, darüber kann man an den Denkwegen, die zur Grundlegung heutiger Kosmologie führten, noch mehr ablesen.

β) *Die Setzungen und Approximationen in der Grundlegung der Kosmologie*

Zwar zeigt sich in der Grundlegung der modernen Kosmologie eine Souveränität des Denkens, wie man sie bis dahin in der Geschichte der Naturwissenschaft noch nicht gekannt hat. Aber gerade diese Souveränität zeigt auch ihre Grenzen, welche sich in der Art und Weise der Setzungen und Approximationen ausdrücken, von denen auf den Wegen zur Grundlegung Gebrauch gemacht wurde. Diese konnte der Neukantianismus nicht mehr verarbeiten, seine Zeit war zu Ende, wie H. Glockner es einmal formuliert hat (S. 45).

Die erste dieser Setzungen ist angegeben in Schema VI, Mitte rechts, wo aus der Tensoranalysis heraus der Weg zum Einsteinschen Gravitationsgesetz beginnt. Noch völlig innerhalb der Tensoranalysis steht hier $G_{\mu\nu} = 0$, welches eine sogenannte „ebene“ Welt bedeutet (S. 116, 123).

Wegen der Invarianz des Lichtes, angeregt durch das Kastenexperiment, wird dann in einem souveränen Ansatz von der Minkowsky-Welt ausgegangen, beschrieben in Polarkoordinaten (47) und (49) auf S. 122 bzw. 124. Ein weiterer Grund hiervon auszugehen ist der Umstand der experimentellen Bestätigung durch $E = m \cdot c^2$ (Schema I).

Von diesem Augenblick an wird das Denkverhalten fast „absolut“, um mit dem Neukantianismus zu sprechen; denn die Einführung (zunächst unbekannter) Funktionen U(r), V(r) und W(r) ist, aufs erste gesehen, totale Willkür (Schema VI, rechts unten). Es ist zunächst nicht abzusehen, wohin diese Setzung führen soll; und „Verallgemeinerung“ ist hier eine reine Formalität ohne begrifflichen Inhalt.

Aber was geschieht dann? Die Koppelung mit dem zunächst auch ohne Bezug dastehenden Tensor $G_{\mu\nu} = 0$ führt zur Funktion $\gamma(r) = 1 - \frac{2m}{r}$, welche die formale mathematische Struktur eines Newton-Potentials darstellt (S. 125). Das gibt nun den Anlaß, es auch tatsächlich, sozusagen in bezug auf die Wirklichkeit, als ein Potential anzusprechen, d. h. mit physikalischem Inhalt zu füllen, eben mit dem, den das Newtonsche Gesetz repräsentiert. Damit ist der Anschluß an die Realität gegeben; denn Newtons Gesetz ist wie auch $E = m \cdot c^2$ wohlfundiert.

Dieser Denkweg kann so charakterisiert werden, daß im Freiheitsraum der Tensoranalysis (S. 145) so lange mit idealen mathematischen Gebilden operiert wird, bis das Newtonsche Gesetz erscheint. *Keine Beobachtung, keine Denknotwendigkeit steht irgendwo auf diesem Wege. Es ist ein reines Spiel des Intellektes mit den idealen Gebilden der Tensoranalysis.*

In der klassischen Astronomie verlief der Weg völlig anders: Hier konnte Kepler aus der damals einmalig genauen Beobachtung der Marsbahn von Tycho Brahe nachweisen, daß der Mars eine Ellipse um die Sonne beschreibt, in deren einem Brennpunkt die Sonne steht und leitete daraus die drei Keplerschen Gesetze ab. Newton fand dann, durch eine generelle Konzeption der Schwerkraft, daß die drei Gesetze eine Konsequenz seines Gesetzes sind. Hier ist die Beobachtung Grundlage und Ausgangsbasis.

Demgegenüber bleibt bei dem hier in Rede stehenden Denkweg der Intellekt allein mit sich ohne Beobachtung, ohne Wirklichkeit. Ja, selbst das Erreichen von $\gamma(r) = 1 - \frac{2m}{r}$ erlegt keinerlei Zwang auf. Es muß erst in einem zusätzlichen Akt als ein Newtonscher Bezug angesprochen und interpretiert werden; und rein logisch gesehen ist auch diese Vorgehensweise nicht denknotwendig. Daß man leicht geneigt ist letzteres zu übersehen, weil man ja das Ganze des Alls in den Griff bekommen, Kosmologie betreiben will, ändert nichts an den skizzierten logischen bzw. wissenschaftstheoretischen Zusammenhängen.

Selbst wenn man sich nicht mehr der klassischen Physik und Astronomie verhaftet fühlt, ist es erstaunlich, wie souverän der Intellekt sich unabhängig von der Wirklichkeit bewegt und reine Denkkonstruktionen durchführt, die ihn nicht in Konflikt mit der Wirklichkeit bringen, im Gegenteil ihn den Anschluß an diese finden lassen. Das ist aber gerade das, was speziell der Neukantianismus am Denken sehen wollte, und wodurch all das Vorhergehende so stark in die Nähe Kants gerückt erscheint (S. 44).

Soweit der Denkweg Einsteins in Schema VI dargestellt ist, genügt es noch nicht, um einen direkten Anschluß an die Beobachtungen zu erhalten. Man hat zwar Newtons Gesetz, es werden aber noch weitere Setzungen erforderlich.

Hier beginnt das (Schema VII, oben), was man heute in der Naturwissenschaft das Modelldenken nennt. Es wird eine „Welt" betrachtet, in der es nur einen Massenpunkt der Masse m gibt. Hinzu kommt sofort die Voraussetzung, daß diese „Welt" „eben" sein soll, was $G_{\mu\nu} = 0$ bedeutet. Warum aber eine Welt mit dem einen Massenpunkt eben sein soll, wird nicht gesagt und ist nicht denknotwendig gekoppelt mit der ebenfalls nicht denknotwendigen Formel (50) in Schema VI rechts Mitte.

Die nächste Forderung ist, daß ein bewegter Massenpunkt in der genannten Modellwelt sich auf kürzesten Verbindungslinien, den geodätischen Linien (S. 128), bewegen soll. Auch dafür kann nicht der geringste Grund angegeben werden; es handelt sich wieder um eine reine Setzung. Wenn die Alten in bezug auf das Gravitationsgeschehen sagten, die Körper suchten ihren natürlichen Ort (S. 86), so kann man auch dies als eine Setzung bezeichnen, wobei diese den Vorteil einer gewissen Anschaulichkeit dem unmittelbaren Erleben nach hätte. Davon abgesehen ist die Denkstruktur die gleiche: Die kürzeste Verbindung stellt ebenfalls eine Ortsposition dar und wird lediglich anders bezeichnet; nur, wie diese Ortsposition im einzelnen aussieht, das sagt heutige Kosmologie.

Hier aber steht dann der erste große Erfolg der Einsteinschen Konzeptionen. Man erhält die Bahn eines Körpers um den Massenpunkt m, die sich von der alten Newtonschen Formel nur um das sehr kleine Glied $3\,m \cdot u\,(r)$ unterscheidet (Schema VII, Mitte) – *das Newtonsche Gesetz ist „abgeleitet" aus etwas „Anderem"*.

Mit Hilfe des Zusatzgliedes ist es dann weiter möglich, die Periheldrehung vor allem des Merkur zu erklären, welche lange Zeit der Klassik ein

Rätsel blieb. Allerdings ist auch das wieder nicht ohne die Souveränität des Intellektes möglich: Dieses Mal sind es Approximationen und Vernachlässigungen, welche zum Ziel führen. (54) in Schema VII muß approximativ gelöst werden, indem $3\,m \cdot u\,(r) \sim O$ gesetzt wird. Vernachlässigt werden müssen das quadratische und alle höheren Glieder der Periheldrehung; der damit erzielte Erfolg ist dann allerdings sehr eindrucksvoll (Schema VII, rechts).

In einem ganz mit Stoff belegten Weltmodell (Schema VIII) gelingt es, den Tensor $G_{\mu\nu}$ mit der Dichte ϱ in Verbindung zu bringen (Mitte, Schema VIII) und damit direkt ein mathematisches Analogon zur klassischen Formulierung Newtons herzustellen. Weiter gelingt es durch die in Schema VIII angegebene Setzung (61), den Materietensor zu „definieren", welcher jetzt die Materie in Weltmodellen umfassend repräsentieren kann. Beides wird jedoch nur dadurch möglich, daß die Quadrate der Potentiale vernachlässigt werden.

Mit den *Vernachlässigungen* hat es, auch in bezug auf den Neukantianismus, eine besondere Bewandtnis: Sie *haben nämlich auch eine Wurzel im Ontologischen, in der Seins-Struktur des Alls,* und nicht nur im souveränen Verhalten des Intellektes. Sie betreffen vornehmlich die Funktion $u\,(r) = 1/r$, das Potential Ω und die höheren Glieder der Periheldrehung.

$u\,(r)$ ist ersichtlich eine Entfernungsfunktion, und die Entfernungen sind bekanntlich im All, allein schon im Planetensystem, groß. Infolgedessen ist $u\,(r)$ klein. Was Ω, das Massenpotential (= Kräftepotential), angeht, so ist das Universum im Durchschnitt äußerst dünn mit Masse belegt. Es kommt im Durchschnitt auf 1 cm^3 Raumvolumen noch nicht 1 Atom. Infolgedessen kann man schon auf den Gedanken kommen, $\Omega^2 = \left[\Sigma \frac{2\,m}{r}\right]^2$ zu vernachlässigen, zumal auch wieder r im Nenner steht. Die Periheldrehung ω, gegeben durch (57) Schema VII links Mitte, hat auch die Entfernung r im Nenner, und ihr Quadrat ist sehr klein.

Was also vernachlässigt wird, sind Größen, welche infolge der Dimensionen des Alls, d. h. infolge einer vom Intellekt unabhängigen Eigenschaft der Wirklichkeit, im Bereich der Meßfehler liegen und nicht erfaßbar sind. Von daher gesehen, sind die Vernachlässigungen legitim, und das hat zur Folge, daß die Exaktheit der Mathematik nicht ausgenutzt wird (S. 148). Aber unabhängig davon wären auch wieder rein mathematisch formal die Resultate in geschlossenen Formeln, wie sie Schema VII darstellt, nicht erreichbar, würde innerhalb des mathematischen Apparates nicht verfahren, wie es tatsächlich geschieht.

Was auf dem vorstehend beschriebenen Denkweg geschieht, repräsentiert sich durchaus wie ein spielerisches Umgehen mit der Wirklichkeit: Der mathematische Formalismus wird so lange modifiziert, bis auf durchaus legitime Weise (Schema II) ein Ergebnis erzielt wird. Der Intellekt versucht die Wirklichkeit zu beschreiben, bis er zu einem von dieser bestätigten Resultat gelangt, die Spannungstrias (Schema IX) Intellekt-Mathematik-Wirklichkeit gelöst ist. Nichts anderes geschieht aber analog (S. 148) im verbalen Umgang mit der Wirklichkeit, wo auch versucht wird, mit im Denken bereitliegenden Begriffsinhalten und Konklusionen, die Wirklichkeit zu erfassen, d. h. diese in der Sprache einzufangen.

Es zeigt sich weiter, daß der Intellekt zwar souverän, aber nicht absolut ist, wie der Neukantianismus will (S. 45). Er ist sehr fest gebunden an eine von ihm unabhängige Realität, an seine Meßfehler-Intervalle, die nicht irgendwo auf den Denkwegen in Erscheinung treten, sondern an ganz bestimmten Stellen, wie etwa $\delta\omega$ in Schema VII links unten oder Ω^2 in Schema VIII Mitte links. Der Intellekt kann insbesondere jenen Bereich der Wirklichkeit nicht erfassen, wo jene Größen „wirksam" sind, die in quadratischen Gliedern und eventuell in noch höheren Potenzen sich ausdrücken. Z. B. bedeutet die Vernachlässigung von Ω^2, daß derjenige „Teil" der Anziehungskräfte, welcher in $\Omega^2 = \left[\Sigma \frac{2\,m}{r}\right]^2$ enthalten ist, nicht berücksichtigt wird. Nur derjenige Teil der Gravitationskraft geht in den mathematischen Formalismus ein, der in $\Sigma \frac{2\,m}{r}$ enthalten ist. Gewiß ist Ω^2 verschwindend klein wegen der geringen Massendichte und der großen Entfernungen, ausgedrückt durch r (r im Nenner!), im All als Ganzem. Das ändert aber nichts daran, daß diese vernachlässigten Größen Kraftwirkungen repräsentieren, die realiter vorhanden sind. Sie sind jedoch nicht vom mathematischen Formalismus erfaßt, ein Stück Wirklichkeit fehlt in ihm.

Anschaulich kann man dies sehen an den Werten der Periheldrehung (Schema VII, rechts Mitte). Bei der Erde kann man sie gerade noch erfassen; für die sonnenferneren Planeten ab Mars wird sie für heutige Mittel unmeßbar klein. Aber trotzdem ist sie auch bei diesen Planeten vorhanden. Und *unter ontologisch-philosophischem Aspekt muß man sagen, daß die Wirklichkeit nicht in ihrer Gesamtheit im Griff ist.* Der mathematische Formalismus, der hier in der Formel (57) seinen Höhepunkt hat, ist diesem Umstand angepaßt. Das All wird nur insoweit betrachtet, als es meßbar ist, wie es für eine Maß-Wissenschaft, die nun einmal moderne Kosmologie darstellt, legitim ist (S. 4).

Was sich aber alles in jenen Bereichen verbirgt, wo das Messen nicht hinreicht, wird nicht oder höchstens mit fortschreitender Technik durch Verkleinerung des Meßfehlers deutlich, obwohl ein Meßfehler immer bleiben wird. So kann von einer Absolutheit des Denkens der Realität gegenüber keine Rede sein, trotz der enormen Souveränität des Intellektes in der Grundlegung der heutigen Kosmologie.

Letzten Endes sind hier die Probleme der Ungenauigkeitsrelation angesprochen, die zwar direkt mit Vorstehendem nichts zu tun hat, aber sehr wohl für das Atomare analogen (S. 147) Strukturen des Seins zugewandt ist, wie das zuletzt Dargestellte den Strukturen des Alls. Wie sich im Bereich der Ungenauigkeitsrelation letzte Grenzen der Erkenntnis für das stoffliche Sein zu zeigen scheinen, so zeigen sich die letzten Grenzen für die Kosmologie in bezug auf das Verstehen des Universums.

γ) *Geometrie und Raum*

Im vorstehenden ist die Rede von verschiedenen Weltmodellen, von einer Welt mit einem Massenpunkt, von einer mit Masse belegten, ebenen Modellwelt und von der Minkowsky-Welt (Schema I). In allen diesen Modellen sind die Fundamentaltensoren (S. 119) verschieden, d. h., sie unterscheiden sich nicht nur dem physikalischen Inhalt nach, sondern bestimmen auch jeweils eine andere Geometrie bzw. Raumstruktur.

Man kann nun die Frage aufwerfen, welche Geometrie denn eigentlich in der Wirklichkeit herrscht. Diese Frage fände eine Antwort, wenn man ein Weltmodell besäße, welches einigermaßen auf das All als Ganzes zuträfe, was aber bis heute nicht der Fall ist.

Aber selbst auch dann könnte man nicht mehr von einer einheitlichen Raumstruktur bzw. Geometrie sprechen, wie man das von dem dreidimensionalen, anschaulich gegebenen Raum gewohnt ist, der überall euklidisch ist, also überall die gleiche Struktur hat. Es ist ja gerade der Sinn der Riemannschen Geometrie, in deren Sprache die moderne Kosmologie mit der Wirklichkeit spricht, keine einheitliche Raumstruktur mehr zu haben bzw. letztere nur als einen Spezialfall in sich zu bergen. Der Grundansatz der Riemannschen Geometrie

$$(31) \qquad ds^2 = \sum_{i,k} g\,(x_i, x_k) \cdot dx_i \cdot dx_k$$

konstituiert unmittelbar die Variabilität der Raumstruktur von Punkt zu Punkt, indem die Komponenten der jeweils die Geometrie bestimmenden Fundamentaltensoren g_{ik} Funktionen des Raumes sind und an jedem Punkte prinzipiell eine andere Raumstruktur bedingen (S. 102). Allein für $g_{ik} = 1$, bei $i = k$ und $g_{ik} = 0$ für $i \neq k$, erhält man die vertraute euklidische Geometrie.

Da nun, wie dargelegt (Schema III), die g_{ik} physikalische Bedeutung haben, bestimmen reale physikalische Agenzien, insbesondere die Dichte (= Masseverteilung), die Geometrie, d. h. die Raumstruktur.

Deshalb widersprechen sich auch die bisher besprochenen Modelle nicht. Die Minkowsky-Welt ist spezifisch auf die Lichtausbreitung ausgerichtet, und der Stoff kommt in bezug auf den Raum direkt nicht vor, er tritt erst auf Umwegen durch die Konsequenz $E = m \cdot c^2$ (Schema I unten) auf. Die Modellwelt mit einem Massenpunkt ist sinnvoll, wofern man nur die Umgebung unmittelbar um einen Stern herum betrachtet (Lichtablenkung an der Sonne, Periheldrehung), denn der nächste Fixstern, die Proxima Centauri, ist über vier Lichtjahre entfernt und ihre direkte Einwirkung auf die Sonne z. B. ist nicht feststellbar. Ein einzelner Stern wird nur beeinflußt durch die Gesamtwirkung des Milchstraßensystems (~ 200 Milliarden Sterne), welche aber auch infolge der Dimensionen des Milchstraßensystems so gering ist, daß sie die Effekte in Schema II nicht beeinflußt, und diese infolgedessen nicht berücksichtigt zu werden brauchen. Das Modell einer durchweg mit Masse belegten Welt mit der Konsequenz der Einsteinschen Feldgleichungen (65) führt zu den späteren Weltmodellen bzw. Raumstrukturen der Kosmologie.

Gibt es in der Auffassung moderner Kosmologie keine einheitliche Raumstruktur, so wie es der klassischen Naturwissenschaft selbstverständlich war, hängt vielmehr die Raumstruktur von den jeweiligen physikalischen Verhältnissen mit entsprechender Variabilität von Raumbereich zu Raumbereich ab, dann hat die Geometrie jetzt eine ganz andere Funktion: Sie konstituiert nicht mehr und beschreibt nicht mehr einen „Behälter", in welchem etwas vor sich geht, der vor allem (physikalischen) Geschehen bereits da ist, sozusagen als dessen Bühne oder das jenseits aller Vorgänge und Wirkungen stehende „sensorium dei", wie Newton den Raum ansah, sondern sie hat den Charakter einer „Beschreibung". Sie beschreibt in der Sprache der Riemannschen Geometrie das Zusammen von Raum und physikalischem Geschehen, wodurch beides zu einer Einheit verschmilzt. Sie beschreibt, erklärt aber nicht mehr; denn das Zusammen von Raum und physikalischem Geschehen ist ihr vorgegeben.

Besonders offenbar wird das bei der Minkowsky-Welt. Die mathematische Beschreibung des Michelsonschen Versuches führt zur Formel (14) in Schema I, ohne jede Erklärung, warum es diesen Zusammenhang überhaupt gibt. Sie verbleibt diesbezüglich ganz im Nicht-Verstandenen (S. 82 ff.); und die Formulierung Minkowskys (S. 64) vom Eins-Sein des Raumes und der Zeit impliziert zum ersten Male dasjenige, was später mit Hilfe der Riemannschen Geometrie geschieht: Die axiomatische Ausfüllung von Tensorkomponenten mit physikalischem Inhalt (z. B. Materietensor, Schema VIII unten), die Approximationen und Vernachlässigungen bzw. Setzungen im mathematischen Formalismus. Dieser wird an die Gegebenheiten angepaßt, das aber heißt „Beschreibung". Insbesondere ist die Verbindung von Raum und Zeit durch Minkowsky nichts anderes als die Verbindung von Raum und physikalischem Geschehen; denn Zeit existiert, mindestens für die Physik, nur dort, wo „Abläufe" statthaben, es ein Nacheinander der Dinge gibt.

Die alten Theologen haben analog zur Zeit (S. 76ff.) auch den Raum immer im Zusammenhang mit den Dingen gesehen. Bei Augustinus ist dies theologisch sehr verklausuliert ausgedrückt (Gottesstaat XI, 5) und auf die Wiedergabe sei daher hier verzichtet. Bei Thomas von Aquin steht im Kommentar zum IV. Buch der Physik, Kapitel 6, des Aristoteles dieser Satz: „Die inneren Grenzen der Naturkörper, die einander enthalten sind der Ort, aber nach Lage und Ort bezogen auf das Ganze des Himmels, der der erste Behälter und Ort aller Dinge ist." Raum ist hier gesehen als ein Zusammen von Orten und Körpern, welche zueinander in der Beziehung ihrer gegenseitigen Abgrenzung stehen. Der Raum ist das „Zwischen den Körpern", ohne das es keine Körper geben kann, ja, es gehört sogar dem logischen Begriff nach zu ihnen.

Es soll jetzt nicht behauptet werden, daß diese Positionen genau dieselben sind wie die Ausfüllung der Komponenten des Fundamentaltensors mit physikalischem Inhalt (Schema III, unten). Jedoch wird eine Einheit von Raum und Dingen betrachtet, und das ist das Entscheidende im Gegenüber zu den Positionen Newtons und Kants.

Die hyperbolische Geometrie der Minkowsky-Welt (S. 63ff.) wurde durch C. F. Gauß und N. Lobatschewsky unabhängig voneinander entdeckt. Gauß hatte die Idee, durch trigonometrische Messungen unmittelbar zu testen, ob der „wirkliche" Raum euklidisch oder hyperbolisch sei. Es herrschte damals, im 19. Jahrhundert, unbeschränkt die Idee von der Realität des Raumes mit einem Inhalt. Die Basis für den Gaußschen Plan war die Dreieckvermessung. Während bekanntlich in der vertrauten euklidischen Geometrie die Winkelsumme des Dreiecks 180° ist, beträgt sie in der hyperbolischen Geometrie weniger. Das Resultat war, daß im Rahmen der Meßfehler (S. 147, 96) Euklids Geometrie gilt.

Von seiten des Neukantianismus ist immer darauf aufmerksam gemacht worden, daß sich ein solches Resultat ergeben „müsse", weil ja der Raum die „Form der Anschauung des äußeren Sinnes" sei (S. 44), und man infolgedessen mit Raum gar nicht anders umgehen könne, als es innerhalb dieser Form nur möglich sei, d. h. euklidisch. Man sah im Resultat der Gaußschen Bemühungen geradezu eine Bestätigung der neukantianischen Position.

Durch die Möglichkeit der Messung einer Lichtablenkung an der Sonne (Schema VII, unten), ausgelöst durch rein mathematische Spekulationen bzw. Manipulationen, ist hier die Situation und auch die ursprüngliche Fragestellung völlig verändert.

Nicht nur Raum und Zeit wie in der Minkowsky-Welt (S. 66), sondern auch Raum und Stoff sind eine Einheit, ein untrennbares Zusammen. Dieses Zusammen repräsentiert sich in der Riemannschen Geometrie, der Ausfüllung ihrer Tensoren mit physikalischen Inhalten; und so, wie dieser mathematische Formalismus in souveränen Aktionen des Intellektes auf die Wirklichkeit angewandt wird, bestätigt letztere ihn in einer so eindrucksvollen Weise, wie man es kaum für möglich halten sollte (Schema VII, S. 128f.).

Nach seiner ontologischen, d. h. im Sein gelegenen Struktur, wird das Zusammen von Stoff (bzw. Stoffwirkung) und Raum durch die qualitative, und damit das rein mathematisch-quantitativ überschreitende Forderung konstituiert, daß die Vorgänge auf kürzesten Verbindungslinien verlaufen sollen. Natürlich stellt eine kürzeste Verbindung zunächst etwas Quantitatives dar; aber daß sie die kürzeste unter allen möglichen Verbindungen darstellt, bedeutet in diesem „an Sich des Kürzesten" unabhängig vom Numerischen eine Qualität. *Diese Qualität der kürzesten Verbindungslinie wird in den Einsteinschen Gedankengängen der Wirklichkeit zugesprochen, und diese honoriert das, wie die Lichtablenkung an der Sonne oder die Periheldrehung (Schema VII) zeigt.*

Was die Lichtablenkung angeht, so werden hier unmittelbar Lichtwege gemessen (Schema II links) wie auch in dem Versuch von Gauss. Hierbei wurde kein Ergebnis erzielt, wohl aber bei den Messungen im Bereich der Sonne; und es handelt sich auch nicht um Gerade wie in dem euklidischen Ansatz von Gauß, sondern um gekrümmte (kürzeste) Linien, bedingt durch die Raumgeometrie um die Sonne, genauer durch deren Gravitationsfeld. Im Prinzip hätte man das übrigens auch bei dem Gaußschen Versuche finden können, nur liegen hier die entsprechenden Effekte wegen des kleinen Gravitationsfeldes der Erde weit jenseits der Meß-möglichkeiten.

Philosophisch-ontologisch ist das mit Kants Position und mit dem Neukantianismus unvereinbar (und natürlich auch mit Newtons Vorstellungen vom Raum). Die Raumstruktur ist, wie alles Vorstehende zeigt, sehr wohl feststellbar und nicht immer euklidisch. Eine von vornherein und ein für allemal vorgegebene „Form der Anschauung des äußeren Sinnes" gibt es nicht. Vielmehr ist der Raum (mindestens auch) eine Realität, unabhängig vom Denken und dessen Normen.

Es wäre jedoch nicht richtig, hierin einfach eine Niederlage der Philosophie zu sehen bzw. einer einmal mindestens an deutschen Universitäten sehr mächtigen geistigen Bewegung. Einmal ist es nämlich deren grundsätzliches Anliegen, dem Denken im Erkenntnisprozeß seinen Platz zu sichern

(S. 44ff., S. 74), ein zweifelsohne berechtigtes Anliegen, und zum anderen zeigt gerade die Grundlegung moderner Kosmologie, welche souveräne Rolle das Denken im Erkenntnisprozeß spielt, und zwar auch und gerade in einem solchen, der sich auf Mathematik abstützt. Vom Denken unabhängige – freilich nur durch dieses aussagbare und ergreifbare – Realität und souveränes Denken zugleich sind die Elemente des Erkenntnisprozesses. Das Denken der Grundlegung moderner Kosmologie kehrt sozusagen zu einer Synthese seiner selbst mit einer von ihm unabhängigen Realität zurück, von der – mehr oder minder unbewußt – die Kirchenväter (S. 76) ausgingen. Diese Entwicklung unterbrach, ebenfalls unbewußt, Newton durch seine Verabsolutierung des Raumes (der Behälter allein als Sensorium Dei) und der Zeit (als für sich allein und unabhängig von anderen Realitäten Dahinfließendes). Kant nahm das auf (S. 74ff.) und legte diese Verabsolutierungen in das Denken hinein; er sprach Raum und Zeit den Charakter denkunabhängiger Realitäten ab. Die moderne Kosmologie kehrt – sehr wohl geläutert durch Kants und seiner Nachfolger Denkleistungen – zu den Ansichten der Kirchenväter zurück, ohne daß das aber nun einfach die Reproduktion ihrer Gedanken wäre. Vielmehr ist die Position jener Alten in bezug auf Raum und Zeit in umfassendere und vertiefendere Zusammenhänge aufgenommen, wie sie nur moderne Mathematik und Physik erschließen können.

Es handelt sich hier um einen dialektischen Dreischritt im Sinne Hegels (S. 39ff.), welcher einen Ausgangspunkt hat, der verneint wird, und über die Verneinung wieder zum Ausgang allerdings in veränderter und viel reicherer Form zurückkehrt, wie Hegel es z. B. an Keim und Pflanze erläutert hat.

d) Der Problemkreis des Gesetzes

α) *Das Gesetz in der Grundlegung heutiger Kosmologie*

Philosophisch-ontologisch wichtig ist noch die Frage nach dem Strukturzusammenhang des Gesetzes in der modernen Kosmologie. Es kann sich dabei zwar nur um das Newtonsche Gesetz handeln, weil dies allein hier in Rede steht, aber was hieraus Neues gegenüber der klassischen Naturwissenschaft abgelesen werden kann, ist von grundsätzlicher Bedeutung.

Ein Gesetz galt bisher als eine Aussage endgültigen Charakters, zeitlos und überall zutreffend, wenigstens war dies in der klassischen Naturwissenschaft der Fall. Es wurde des weiteren als nicht mehr zurückführbar auf irgend etwas aufgefaßt, sozusagen als eine Letztaussage der Natur, so wie es

Helmholtz' Idee von der mechanischen Naturerklärung (S. 79f.) war, alles auf Bewegung und die Gesetze von Bewegung zurückzuführen.

Mit der Grundlegung moderner Kosmologie durch Einstein ist eine Änderung eingetreten: Hier wird, wie dargelegt, wohl zum ersten Male in der Geschichte der Naturwissenschaften, ein Gesetz auf einen umfassenderen Zusammenhang zurückgeführt (Schema VII, (54)).

Diese neue Erkenntnis erwächst nicht aus neuen Experimenten oder Beobachtungsfakten, sondern allein aus einem Weltmodell, das der Intellekt in freier Konzeption entwarf (S. 123ff.). Es ist also nicht so, daß das klassische Gesetz auf ein anderes, vielleicht umfassenderes „Gesetz" zurückgeführt, vielmehr genuin aus einem Weltzusammenhang hergeleitet wird, demjenigen einer ebenen Welt mit einem Massenpunkt (Schema VI, rechts und VII).

Das Gesetz repräsentiert sich nicht wie in der Klassik bei Newton als ein Gesetz „in" der Welt, sondern als einen Strukturzusammenhang „der" Welt. Beides ist nicht dasselbe. In der Klassik ist bzw. war es so, daß die Gesetze der Welt aufgepfropft erschienen, sie sind bzw. waren die Ordnungsfunktionen der Welt, sozusagen deren „Polizei", welche die Welt in Ordnung hält. Das konnte in der Klassik schon deshalb nicht anders sein, weil man ja den Raum von der Welt getrennt dachte; die Welt war „in" ihrem Raum, der etwas Zusätzliches zu ihr, den Dingen, bedeutete – im Gegensatz zu den Auffassungen der Alten.

Jetzt scheint sich die Welt selbst in Ordnung zu halten, die „Gesetze" sind innere Strukturen von ihr. Man kann es auch so ausdrücken, daß, weil die Welt nicht „in" ihrem Raum, sondern „ihr Raum selbst" ist (z. B. Minkowsky, S. 68, oder die Verbindung der Stoffverteilung mit der Raumkrümmung, Schema VIII, rechts unten), auch die Gesetze nicht „in" der Welt sind, sondern diese selbst. Sie sind der beobachtbar in Erscheinung tretende „Wirkzusammenhang" der Welt. Die Einsteinsche Konzeption ist, ihr unbewußt, zu diesem Aspekt von „Natur"gesetz vorgestoßen, wenn dies auch nur im Bereich des Gravitationsgesetzes gilt. Aber das hindert nicht, auch alle anderen als Naturgesetze angesprochenen Zusammenhänge in der vorstehenden Weise zu interpretieren, denn der physikalische Inhalt bleibt davon unberührt.

Es repräsentiert sich hier eine analoge Denkstruktur, wie sie bei den Pythagoräern mit ihrer sogenannten Zahlenmystik oder auch dem Goldenen Schnitt sichtbar wurde (S. 18ff.). In ihrer Auffassung sind die Zahlen der Welt immanent, nicht hier die Zahl als Phänomen des Denkens und dort die Realität, das Ding an sich, wie Kant wollte (S. 37, 44ff.). Die Zahlen sind selbst Ausdruck der Wirklichkeit und ihrer Zusammenhänge. Bedenkt man nun, daß es sich bei der Kosmologie um eine Maß-Wissenschaft handelt, also Zahlenrelationen die Basis der Denkmanipulationen sind, dann steht modernes Denken hier in einer ähnlichen Nähe zu den Pythagoräern wie die ganze Grundlegung moderner Kosmologie zu Kant (S. 152), auch wenn die einzelnen Spekulationen der Pythagoräer für die Gegenwart ohne Interesse sind, weil ihnen der Erfahrungsumfang mit der Natur nicht zugänglich war, über den wir heute verfügen.

Die in Einsteins Gedankengang gesetzte Tensorkombination (64), in Schema VIII links unten und S. 138 z. B., welche zu den Feldgleichungen (65) führt, ist abgesehen von ihrem souveränen Charakter, an dem Plato seine helle Freude hätte (S. 15, 139, 140), eine innere Struktur der Wirklichkeit, dieser immanent. Eine andere Rolle haben die Zahlen in den Vorstellungen des Pythagoras und seiner Schule auch nicht gespielt.

β) *Das Newtonsche Gesetz und sein ontologischer Aspekt in der modernen Kosmologie*

Ist das Newtonsche Gesetz auf einen anderen Zusammenhang zurückgeführt, stellt sich die Frage, ob es damit „erklärt" oder, besser, „verstanden" ist, wie sich sein Verhältnis zu dem Problem „Verstanden-Nicht-verstanden" (S. 82 ff.) darstellt (S. 85).

Es trat vor allem die Frage auf, warum es überhaupt Schwerkraft gibt, die „Körper gegeneinander schwer sind" (Newton), und warum die Schwerkraft gerade mit dem Quadrat der Entfernung abnimmt.

Aufs erste gesehen brauchte man diese Fragen so nicht mehr zu stellen, denn man weiß jetzt, daß die genannten Eigenschaften aus einem Zusammenhang von Stoff und Raum herrühren, der sich durch den mathematischen Formalismus und dessen Kombinationen beschreiben läßt, die in Schema VI rechts dargestellt sind und durch die Realität bestätigt werden (Schema VII).

Es sind keine falschen oder überflüssigen Fragestellungen, aber sehr wohl vordergründige, denn wenn ein Zusammenhang auf etwas Umfassenderes, Tieferes zurückgeführt wird, ist er automatisch vordergründig, entsprechend auch alle an ihn aus der Situation des „Nicht-Verstandenen" (S. 86) heraus gestellten Fragen.

Der „Kern" der Zusammenhänge ist die Setzung (64) im Schema VIII links unten (S. 136), die souveräne Konstituierung des Materietensor, in welchem der Zusammenhang einer mit Materie belegten Welt gründet, aus welchem sich das Gravitationsgesetz herleitet. Der Zusammenhang einer ebenen Welt mit nur einem Massenpunkt (Schema VII) ist in ihm enthalten. An (64) muß also die Frage gestellt werden, warum dieser Zusammenhang in der Realität offensichtlich besteht, wie es auch durch die Meßresultate belegt wird (Schema VI und VII). Diese neue Frage tritt an die Stelle der alten, warum die Körper sich überhaupt anziehen, warum sie „gegeneinander schwer sind" (S. 86).

Sie ist bereits damit beantwortet, daß (64) eine Setzung ist, d. h. eine Relation, welche keine Begründung hat und die allein durch ihren, allerdings eindrucksvollen Erkenntniserfolg gerechtfertigt ist; die Setzung wird im Rahmen eines mathematischen Formalismus möglich, der dem Intellekt ein Höchstmaß an Freiheit gestattet (S. 145). Dabei ist (64) weder denknotwendig noch einsichtig, man kann fragen, warum es überhaupt ein Zusammen von Stoff und Raum in der Weise gibt, daß durch die Stoffverteilung die Geometrie bestimmt wird, und gerade in der Anordnung wie es von (64) verlangt wird und wie es die Realität auch bestätigt. Prinzipiell wäre auch eine andere Setzung möglich, nur führt das zu keiner Übereinstimmung mit der Realität. Zu alledem kommt noch die Frage, warum die Geodätische, die kürzeste Verbindungslinie, die geometrische Struktur ist, der „natürliche" Ort, über den die Wirkungen sich fortpflanzen (S. 152).

Auf alle diese Fragen ist, mindestens im Augenblick, eine Antwort nicht möglich; es ist das „Nicht-Verstandene" (S. 82ff.) der aus den Einsteinschen Erkenntniserfolgen entstandenen Situation. Genau wie der Zusammenhang, aus welchem Newtons Gesetz abgeleitet wird, ein umfassenderer und tieferer ist, als ihn die Klassik zur Verfügung hatte, genauso gilt es auch für das „Nicht-Verstandene" heute: Die durch die neuen Einsichten ausgelösten Fragestellungen betreffen Etwas, was jenseits des intellektuellen Horizontes der klassischen Naturwissenschaft lag, die im Banne Newtons dem absoluten Raum und der absoluten Zeit verfallen war.

Am besten charakterisieren läßt sich die Situation durch den Begriff der Kontingenz, dessen Wurzeln bis zu Plato zurückreichen und der wohl erst bei Leibniz zum definitiven Terminus entwickelt wurde. Kontingent heißt etwas, was sein kann oder auch nicht sein kann, ohne das irgendein Gesetz der Logik oder der Natur verletzt würde, daß also indifferent ist gegen Sein und Nicht-Sein.

Das trifft ersichtlich für alles Vorstehende zu. Das Newtonsche Gesetz in seiner klassischen Form, vordergründig im Aspekt moderner Kosmologie könnte mathematisch formal anders lauten. Aus der reinen Existenz von Stoff läßt sich nicht ableiten, daß dieser die Eigenschaft hat, eine Schwerkraft auszuüben.

Jede Setzung ist nicht denknotwendig. Ein Zusammenhang der Realität, dessen inhaltliche Bezüge in eine solche Setzung gefaßt sind, ist infolgedessen auch nicht denknotwendig, es sei denn, es gelingt über die Setzung hinaus weitere Einsichten zu gewinnen.

Das ist aber bei (64), wenigstens bis heute, nicht der Fall. Infolgedessen ist der Zusammenhang der Realität, aus dem das (erweiterte) Newtonsche Gesetz als eine ihrer Eigenschaften resultiert, nicht denknotwendig. *Es ergibt sich also das bemerkenswerte Faktum, daß die Zurückführung eines kontingenten Gesetzes auf einen anderen von der Realität bestätigten Zusammenhang die Kontingenz nicht aufhebt.* Sie erscheint, wenn auch in anderer Form, in dem Zusammenhang von neuem.

Das ist, wie hier herausgestellt sei, die bedeutsame Erfahrung, die so aus der Grundlegung moderner Kosmologie resultiert (I. 16).

e) Die Situation moderner Kosmologie nach ihrer Grundlegung

Auf der Basis der im Vorstehenden behandelten naturwissenschaftlichen Zusammenhänge hat sich die Kosmologie zu dem weiterentwickelt, was sie heute darstellt. Diese Entwicklung wurde durch zwei Komponenten geprägt.

Einmal versuchte man auf den von Einstein beschrittenen Wegen (Schema VIII rechts unten) weiter voranzukommen, d. h. Weltmodelle zu konstruieren, welche das All als Ganzes in den intellektuellen Erkenntnisgriff bekommen sollten.

Diese Denkbemühungen der Kosmologie führen zu hochbedeutsamen Einsichten bezüglich möglicher Universen, aber bis heute kann nicht gesagt werden, daß ein Modell Aussicht hätte, das All ausreichend zu beschreiben. Der Grund ist, daß an die beobachtende Astronomie Anforderungen gestellt werden müssen, welche sie aus technischen Gründen bis heute nicht erfüllen kann.

Die grundsätzliche Freiheit des Intellektes im Rahmen der Riemannschen Geometrie und ihrer Tensoranalysis (S. 145) erlaubt infolgedessen dem Intellekt, seine Gedanken fruchtbar schweifen zu lassen – immer in der Sprache der Mathematik (S. 147ff.). Damit entstehen analoge Situationen zur Philosophie, wo die einzelnen Systeme, eben als Versuche des Intellektes die Wirklichkeit als Ganzes zu fassen stehen, sich in ihrer geistesgeschichtlichen Abfolge ablösen, „überholt" sind und auch wieder nicht, wie die Geschichte der Philosophie immer wieder zeigt. Es ist höchst bemerkenswert, wie gleiche Erkenntnisziele, d. h. Wirklichkeit als Ganzes, ähnliche bzw. ontologe geistesgeschichtliche Situationen ausbilden trotz unterschiedlichster Denkwege und Denkmittel.

Die moderne Kosmologie, wie sie im vorstehenden in ihren Grundlagen dargestellt und philosophisch zu analysieren versucht wurde, hat gegenüber dem philosophischen Bereich den Vorteil, daß jene Grundlagen gesicherte Resultate (Schema VII) darstellen, welche sich nach menschlichem Ermessen kaum noch ändern werden. Das setzt moderne Kosmologie in den Stand, von einer gesicherten Basis ausgehen zu können mit der Möglichkeit, bei allen Spekulationen immer wieder zu dieser Basis zurückkehren zu können.

Die zweite Komponente, welche die Entfaltung moderner Kosmologie von ihrer Grundlegung aus bestimmte und bestimmt, ist die fortschreitende Beobachtungstechnik mit jeweils neuen Möglichkeiten und entsprechenden Einsichten in das All. In der Geistesgeschichte der Menschheit entsprechen demgegenüber bezüglich der Philosophie die jeweils neuen Erfahrungen der Geschichte und der Geistesgeschichte: Neue Ideen werden aus der Persontiefe des Humanum heraufgespült und die Gesellschaft kommt nicht immer mit der Wirklichkeit so zu Rande, wie es bestimmte Generationen sich denken.

Für die Weiterentfaltung der Kosmologie sind es vor allem meist unerwartete Entdeckungen, welche ein Werden, eine Entwicklung des Alls von einem Anfang her andeuten bzw. zu Überlegungen in dieser Richtung Anlaß geben. Es ist ohne weiteres ersichtlich, daß für solche Überlegungen in den vorstehend betrachteten Denkbemühungen kein Platz ist. Von Entwicklung ist überhaupt keine Rede, wohl von der Materie, dem Stoff, aber nicht, daß er aus einzelnen chemischen Elementen gemäß dem periodischen System der Elemente besteht. Die Weltallmaterie hat eine bestimmte chemische Zusammensetzung gemäß dem prozentualen Anteil der Elemente des periodischen Systems. Für die Frage, wie diese zustande gekommen ist, gibt es in den vorstehend geschilderten Grundlagen keine Möglichkeit der Behandlung. An dieser Stelle leistet auch die Tensoranalysis keine Hilfe mehr, denn die genannten Probleme sind in deren Sprache nicht zu fassen.

Die Probleme des Werdens überschreiten die Grundlegung; und es stehen hier prinzipielle Mentalitäten des abendländischen Denkens (S. 10ff., S. 37ff.), ob es sich mehr dem „Werden“ oder der Statik, dem „Jetzt“, zuwendet.

H. Leisegang hat in der Gegenwart im Gefolge Hegels eine Analyse der Denkhaltungen und Denkformen, welche durch die Geschichte hindurch das abendländische Denken geprägt haben, versucht. Er schreibt in seinen „Denkformen“ (Berlin 1949, S. 444f.): „Richten wir ... den Blick auf die Wissenschaft als Ganzes, so bemerken wir bald, daß fast alle wesentlichen Entdeckungen und Fortschritte dadurch zustande kommen, daß das, was den in einer Schule und in einem ‚Fach‘ zusammengeschlossenen Gelehrten als ‚undenkbar‘ galt, plötzlich im Kopfe eines einzelnen und einer kleinen Schar von Anhängern, die ihn verstehen, denkbar wird.“ Genau das ermöglichte die moderne Kosmologie und ihre Grundlegung in der Sprache der

Mathematik, nur daß heute auf der ganzen Linie, und nicht nur in kleinen Zirkeln, sich die Erforscher der Natur eine Freiheit und Souveränität der Denkhaltungen gegenüber der Wirklichkeit angewöhnt haben und wie selbstverständlich praktizieren, die der Klassik fremd war. Das Denken ist ein Denken des Menschen, wie Kant wollte; aber die Realität läßt sich anscheinend nicht in allen ihren Zusammenhängen im Denken fassen.

TEIL II

ENTFALTUNG UND FORSCHUNGSWEGE

EINLEITUNG: GEISTESGESCHICHTLICHE CHARAKTERISIERUNG

Im ersten Teil ist dargestellt, wie die Kosmologie als Versuch des menschlichen Geistes, die Welt als Ganzes zu fassen, zu den ältesten Denkbemühungen der Geistesgeschichte gehört, die zunächst im Philosophischen angesiedelt waren.

Unter dem Einfluß des englischen Empirismus, der Aufklärung, Kants und insbesondere des Neukantianismus geriet die Kosmologie immer stärker in das Kreuzfeuer der Kritik, so daß sie mehr und mehr im philosophischen Denkbemühen zurücktrat. Um die Jahrhundertwende war sie praktisch, mindestens im deutschsprachigen Kulturkreis, von den philosophischen Kathedern der Universitäten verbannt; sie galt als nicht mehr ernst zu nehmendes Unterfangen.

In dieser geistesgeschichtlichen Situation der Kosmologie ereignete sich im Bereich der messenden Naturwissenschaft, und zwar der Astronomie, eine grundsätzliche Entdeckung, die dazu führte, daß heute die Kosmologie in der Naturwissenschaft Heimatrecht hat: Die im von Seeligerschen Satz niedergelegte Entdeckung über das Zusammen von Stoffverteilung im Raum, dessen geometrischer Struktur und den herrschenden Gesetzen in der Natur.

Aus diesem Satz hat sich das entwickelt, was eben als Kosmologie in der Gegenwart ein anerkanntes Forschungsbemühen ist, das in der allgemeinen Relativitätstheorie eine wohlumrissene Ausformung fand, die in eindrucksvoller Weise durch die Wirklichkeit bestätigt wurde. Eine Entwicklung, die man etwa mit dem ersten Drittel dieses Jahrhunderts als abgeschlossen bezeichnen kann. Das alles ist mit dem Versuch einer philosophisch-wissenschaftstheoretischen Durchleuchtung im ersten Teil dieser Einführung dargestellt.

Die Entwicklung ist dabei natürlich nicht stehengeblieben; und heute repräsentiert sich die Kosmologie im naturwissenschaftlichen Bereich in einer Vielfalt von Aspekten, Vorstellungen und Denkwegen, die sich diesbezüglich in nichts von derjenigen im Philosophischen unterscheidet.

Die im ersten Teil beschriebenen, insbesondere durch A. Einstein initiierten Gedankengänge erwiesen sich als so fruchtbar (Schema II und VII), daß die Entwicklung wie von selbst weiter drängte (Schema VIII), und zwar in der Richtung, allgemeine mathematische Weltmodelle für das All als Ganzes zu konstruieren und mit der Wirklichkeit zu vergleichen.

Hier beginnen über die (von der Wirklichkeit bestätigte) Grundlegung der Kosmologie hinaus die Probleme. Es gab bezüglich der weiteren Entwicklung der Denkwege zunächst keine Anhaltspunkte in der Wirklichkeit, d. h. im Bereich der Beobachtungen; und man ist bzw. war weitestgehend auf Konzeptionen und Spekulationen angewiesen. Das hat sich zwar bis zur Gegenwart etwas gemildert; aber im wesentlichen hat sich die Situation nicht geändert.

Im ersten Teil ist die Grundlegung der Kosmologie für den naturwissenschaftlichen Bereich als ein Gespräch des menschlichen Geistes mit der Wirklichkeit charakterisiert, geführt in der Sprache der Mathematik (S. 144 ff.), im Unterschied zu der in der Philosophie angesiedelten Kosmologie, die sich (legitim) der verbalen Sprache bedient.

Der Unterschied zwischen der Kosmologie im Philosophischen – wie auch immer sie im einzelnen bis heute abgelaufen und beurteilt sein mag – zu der heutigen Kosmologie im Astronomisch-Naturwissenschaftlichen besteht darin, daß letztere sich in der mathematischen Sprache der Tensoranalysis ausdrückt (S. 150). Der Gegenstand, das Ganze der nicht-humanen Wirklichkeit, ist derselbe. Das ist darin begründet, daß die Astronomie als Maß-Wissenschaft der Maß-Struktur der Wirklichkeit zugewandt ist, während im allgemeinen das philosophische Denkbemühen das Qualitative und nicht das Quantitative der Wirklichkeit zum Ziele hat. Der einzige Unterschied der von den Ioniern her im Philosophischen sich entwickelnden Kosmologie (Naturphilosophie), gegenüber der heutigen Kosmologie im naturwissenschaftlichen Bereich ist, daß letztere der Maß-Struktur, dem Quantitativen, der Wirklichkeit zugewandt ist, während die analogen philosophischen Bemühungen über die verbale Sprache das Qualitative in den Blick nehmen.

Dieser Unterschied ist nur graduell: Der Gegenstand bleibt derselbe, und infolgedessen auch das Gegenüber von erkennenwollendem Intellekt und Gegenstand. Es ist aber nicht dasselbe, unabhängig von der wissenschaftlichen Methode und Fragestellung, ob ein einzelner Gegenstand in Rede steht oder das Ganze der Wirklichkeit, was für die Astronomie in ihrer Entwicklung bis heute sehr bedeutsam war (S. 8, S. 46 ff.).

Die Folge davon ist, daß sich bezüglich der kosmologischen Denkbemühungen zwischen dem Philosophischen einerseits und dem Naturwissenschaftlichen andererseits in der geistesgeschichtlichen Entwicklung einander sehr ähnliche Strukturen ausbilden. Wegen der durch die Wirklichkeit nicht immer direkt angeregten Konzeptionen und Spekulationen bildet sich in der heutigen naturwissenschaftlichen Kosmologie nach der jetzt vollzogenen Grundlegung eine ähnliche Fülle von denkerischen Konstruktionen aus, die sich in Gegensatz, Unterschied und Vielfalt in nichts von den philosophischen Systemen der Philosophiegeschichte unterscheiden.

Nach der Grundlegung, wie sie im 1. Teil dargestellt ist, repräsentiert die mathematische Kosmologie nicht mehr jenen geradlinigen und steigenden Fortschritt, wie man ihn bisher im allgemeinen in der Naturwissenschaft gewohnt war.

Wie die Philosophie sich durch die Jahrhunderte wandelt, infolge der fortschreitenden Erfahrung des Menschen mit sich selbst, seiner Geschichte und der Wirklichkeit, so wandelt sich auch die mathematische Kosmologie seit ihrer Grundlegung. Zwar ist die Zeitspanne heutiger mathematischer Kosmologie nicht mit der langen Geschichte der Philosophie zu vergleichen; aber in der kurzen Zeit seit ihrer Grundlegung hat sie alle die Strukturen angenommen, die auch aus der Philosophie bekannt sind. Die Vielheit von Weltmodellen, die immer wieder zu verändern oder zu setzen sich der Intellekt veranlaßt sieht, das Auftauchen neuer Beobachtungsphänomene, die in die Denkbemühungen einbezogen werden müssen, das Auffinden neuer möglicher Denkwege – immer in der Sprache der Mathematik – lassen alles bisherige mathematisch-kosmologische Denkbemühen in jener eigentümlichen Situation eines torsohaften Zustands verharren, wie es bei den philosophischen Systemen auch der Fall ist.

Ferner gehören hierher die von einem einzelnen kaum noch überblickbare Mannigfaltigkeit der Denkbemühungen, die – nicht immer sachlichen – Auseinandersetzungen zwischen den Vertretern der verschiedenen Weltmodelle, die Tendenz, etwas Endgültiges zu schaffen, wie etwa in der Philosophiegeschichte bei den Empiristen (S. 30ff.).

Es sei hier die Meinung vertreten, daß, wie es eine Geschichte der Philosophie gibt, es auch bereits angezeigt sein könnte, eine Geschichte der mathematischen Kosmologie zu konstituieren. Das Werk, welches diesbezüglich den wohl bisher besten Überblick gewährt, ist die General Relativity von S. W. Hanking und W. Israel (s. I. 3).

Gemäß der Zielsetzung dieses Buches kann letzteres nicht näher erörtert werden. Aber die hier skizzierte geistesgeschichtliche Situation heutiger mathematischer Kosmologie hat ihre Wurzel in wissenschaftstheoretisch-philosophischen Aspekten, ohne welche Forschungswege und Entfaltung der Kosmologie im naturwissenschaftlichen Bereich nicht beschrieben werden können.

I. KAPITEL: WISSENSCHAFTSTHEORETISCHE UND PHILOSOPHISCHE ASPEKTE EINER ERFORSCHUNG DES WELTALLS ALS GANZES

1. Das Ganze und der Teil

Für den Sternenhimmel haben die einzelnen Kulturkreise aus ihrer spezifischen Sprachentwicklung heraus sehr unterschiedliche Bezeichnungen oder Begriffsbildungen entwickelt. Die Griechen nannten ihn „Kosmos", wobei dieses Wort eine lange und bedeutungsreiche Geschichte hat (s. I. 1). Der römische Kulturkreis nannte ihn „Universum" und die deutsche Sprache formte den Begriff „Weltall". Diese inhaltlich sehr unterschiedlichen Bezeichnungsweisen verraten unter anderem auch ein unterschiedliches Verhalten des Intellektes jenem einzigartigen Phänomen gegenüber, was wiederum nur ein anderer Ausdruck für das Problemgefüge ist, welches der Mensch beim Anblick des Himmels bewußt oder unbewußt erfährt.

Vergleicht man die drei Begriffsinhalte miteinander, so hat die deutsche Sprache den am wenigsten konkreten Begriff. Sie sagt in Weltall einfach „Alles" ohne weitere Spezifizierung, wie man sie aus den beiden anderen Begriffen herauslesen kann, trifft aber gerade damit eine Problematik, welche die astronomische Forschung begleitet wie der Schatten das Licht.

Erforschen kann man nur etwas, was irgendwie schon in Form einer Frage oder einer irgendwie gearteten Erfahrung im Griff der Erkenntnis ist, wenn man von Zufallsentdeckungen absieht, welche allerdings, wie sich noch zeigen wird, starken Einfluß auf den Weg der Kosmologie haben.

Ist Astronomie Weltallforschung, dann fragt sie sinngemäß nach „Allem". Was jedoch „Alles" bedeutet, kann nicht gesagt werden, ist nicht differenziert oder spezifiziert, was ja die Eigentümlichkeit der Bezeichnung „Weltall" ausmacht. Dem aber ist Weltallforschung, und innerhalb dieser insbesondere die Kosmologie, konfrontiert. Der Forschungsgegenstand ist nicht umrissen, er hat etwas Allgemeines, Offenes an sich. Ein Umstand, der in der Entfaltung der Kosmologie immer wieder auftritt, und das muß zunächst bedacht werden, wenn die Kosmologie über ihre Grundlegung hinaus philosophisch und naturwissenschaftlich gezeichnet werden soll.

Solange das geozentrische Weltbild galt, erschien der Sternenhimmel als eine Einheit und Ganzheit. Er bildete als Kristallschale, an welcher die

Sterne befestigt gedacht wurden, mit der Erde als Zentrum und dem Planetensystem eine Einheit, eben das Universum.

Mit der Ablösung dieses Weltbildes durch die Heliozentrik (Kopernikus) und deren Überschreitung in Richtung eines unendlichen Alls (Giordano Bruno) trat eine grundlegende Änderung ein (S. 26). Seitdem gibt es sozusagen Welt-„all“ und seine philosophischen und begrifflichen Probleme, mit denen das Denken bis heute nicht fertig ist.

Als erstes repräsentiert sich das Spannungsgefüge von „Ganzem und Teil“. Blickt man heute zum Sternenhimmel auf, so ist es einem jeden selbstverständlich, daß man in einen Raum hineinblickt, in dessen Tiefen die Sterne hineingestreut sind. Das ist so selbstverständlich, daß darüber überhaupt nicht reflektiert wird.

Wohl aber steht immer wieder die Frage, ob das „immer weiter geht“, man einmal an eine Grenze kommt, wo es vielleicht „nicht mehr weiter geht“, und wenn, „was dann dahinter sein mag“. Diese Fragesituation, die seit Brunos Idee vom unendlichen Weltall aufgebrochen ist, spiegelt die erwähnte Undifferenziertheit und mangelnde Konkretheit, die im Begriff „Weltall“ beschlossen ist, wider.

Die Polarität von „Ganzem und Teil“ drückt sich in der Undifferenziertheit des Begriffs „Alles“ aus. Letztere gründet darin, daß „Alles“ im allgemeinen nicht im Erkenntnisgriff ist. „Alles“ ist sozusagen ein „Verlegenheitsausdruck“, um etwas zu bezeichnen, was man nicht hat. Der Begriff „alles“ gab Anlaß zu den Antinomien der Mengenlehre (s. I.2, S. 34 ff.), was wieder gewissen Philosophen zu der Behauptung Anlaß gab, es gäbe überhaupt keine sichere Erkenntnis.

Bei dem Sternenhimmel (Weltall) handelt es sich nicht um ideale Denkgebilde wie in der Mengenlehre, sondern um eine handfeste Realität, mit welcher die Problematik von „Alles“ unvermeidbar verknüpft ist.

Hier bleibt nichts anderes, als von der Erde auszugehen und den Versuch zu machen, sich in den Raum hinauszutasten, den Weg der beobachtenden Astronomie zu gehen. Auf diesem Weg ist sie bisher auf optimalem Wege, d. h. im Bereiche der sichtbaren Lichtwellen, bis etwa 2,5 Milliarden Lichtjahre (1 Lichtjahr $\sim$ 9,4 Billionen km) und im Bereich der radioastronomischen Kurzwellen (Radioastronomie) etwa 6 Milliarden Lichtjahre in die Tiefen des Raumes vorgedrungen. Diese Zahlen sind Schätzungen und als Größenordnungen zu verstehen.

Damit ist handfest numerisch für die Kosmologie als Versuch einer Aussage über das Ganze die Frage nach „Ganzem und Teil“ gestellt; denn unmittelbare Erfahrungsinhalte kann sie nur aus jenem Teil des „Alls“ erlangen, welcher von der Erde aus durch die genannten Grenzen abgesteckt ist. Letztere sind nicht einfach dahingehend definiert, daß in jenen Weiten sozusagen die Technik „aufhört". Vielmehr verstehen Astronomie und Kosmologie sich als Maß-Wissenschaft, darum ist für sie nur zugänglich, was gemessen werden kann. Und die genannten Grenzen sind dadurch bestimmt, daß an ihnen die Objekte auch für moderne Technik so schwach werden, daß nichts mehr gemessen werden kann.

Von diesem Teil des Ganzen, der auch noch durch die Position der im All verschwindend kleinen Erde bestimmt ist, kann allein Kosmologie heute ausgehen, soweit sie Erfahrungswissenschaft auf der Basis des Messens sein will. Es steht grundsätzlich die wissenschaftstheoretische und philosophische Frage, wie sie von diesem ihr gegebenen Teil das Ganze des Alls erreichen will.

Im philosophischen Denkbemühen hat man sich viele Gedanken über „Teil und Ganzes" gemacht. Thomas gab jeweils immer dem Ganzen den Vorrang und negierte, daß etwas in „echter" (d. h. ontologischer) Weise aus Teilen zusammengesetzt sei. Das sei immer nur eine (gegebenenfalls berechtigte) intellektuelle Unterscheidung, dem Sein nach gebe es immer nur das Ganze. Das diente übrigens dem Thomas dazu, beim Problem der Bewegung die Paradoxien des Zenon (S. 11, S. 79) abzulehnen (Summa theologica, I, 1, 8 und Physikkommentare VIII, 3).

Mag man dem nun zustimmen oder nicht, es ist bereits an dieser Stelle die Problematik aufgetaucht, ob und wie Teil und Ganzes zusammenhängen, ein entscheidender Fragenkomplex für die mathematische Kosmologie der Gegenwart, die ja nur von dem genannten Bereich um die Erde ausgehen kann; in der Auffassung des Thomas wäre dieser zugängliche Teil kein eigentliches, in einer grundsätzlichen Trennung zum Ganzen, zum All, stehendes Etwas, sondern einfach ein durch intellektuelle Unterscheidung zustande kommender Bereich. Diese Unterscheidung hat mit dem Ganzen, dem Universum, nichts zu tun; sie betrifft einfach den Teil, wo die Beobachtungstechnik mächtig und wirksam ist, und dem „übrigen", wo das bedingt durch den Stand der Technik auf der Erde, d. h. durch eine geschichtliche Situation der technischen Entwicklung, nicht der Fall ist.

Das bedeutet jetzt, daß der zugängliche Teil des Alls je schon das Ganze ist, d. h. repräsentativ für letzteres, was dann auch für die Forschungsergebnisse gilt, die an diesem Teil abgelesen werden. In der Sicht des Thomas wäre so grundsätzlich eine Kosmologie möglich, welche über den Teil das Ganze in der Hand hat. Das wäre nicht der Fall, wenn der auch im abendländischen Denken verbreitete Satz Gültigkeit hätte, daß das Ganze mehr ist als die Summe seiner Teile. Dann könnte nämlich von einem Teil aus das Ganze nie voll erfaßt werden, und Kosmologie wäre strenggenommen auf der jetzigen Basis unmöglich.

2. Das Übertragungsprinzip

Astronomische Forschung als Maß-Wissenschaft kann natürlich nicht warten, bis hier im Philosophischen Klarheit besteht, diese wird wahrscheinlich auch nie erreicht. Aber der Sinn des Philosophischen liegt in bezug auf Vorstehendes darin, daß es die geschilderten Denkmöglichkeiten gibt und diese nicht ohne Konsequenzen für Wirklichkeitserkenntnis sind. Sie machen bewußt, was geschieht und welchen Voraussetzungen man Gültigkeit zuspricht, wenn man mit einem Ganzen und seinen Teilen intellektuell umgeht.

Lange Zeit hat die Weltallforschung unreflektiert vom Teil auf das Ganze geschlossen, sich also der thomistischen Version angeschlossen, und weitgehend tut sie das auch heute noch.

D. h., sie praktiziert das hier als solches bezeichnete Übertragungsprinzip: Gesetze und Strukturzusammenhänge, die im heute zugänglichen Teil des Universums Gültigkeit haben, sollen auch im Ganzen des Alls realisiert sein.

Das ist keineswegs denknotwendig, wie schon die skizzierten verschiedenen Positionen im Philosophischen zeigen. Im alten geozentrischen Weltbild bestand diese Problematik nicht; denn mit der Erde als Zentrum und der Kristallschale des Sternenhimmels außen, war ein abgeschlossenes Ganzes vorgegeben.

Das Übertragungsprinzip betrifft Raum und Zeit. Es muß dasjenige, was hier, in den kleinen Dimensionen des irdischen Laboratoriums gilt, im ganzen All Gültigkeit haben. D. h., die Resultate des irdischen physikalischen Laboratoriums müssen unabhängig von den Dimensionen sein: Was hier gilt, muß an allen Orten gelten. Auch muß das Zusammenspiel von Raum und den darin ablaufenden physikalischen Wirkungen unabhängig davon sein, ob es sich um die Abmessungen des irdischen Laboratoriums oder um die Weiten des Alls mit ihren Milliarden von Lichtjahren handelt.

Ähnlich gilt es bei der Zeit: Das Licht ist von den heute erreichbaren Objekten sehr lange unterwegs und zeigt deren physikalischen Zustand zu der Zeit, als es von ihnen ausging. Nur wenn die Gesetze des irdischen Laboratoriums zeitlos gültig sind – was dem „Begriff" von Gesetz entspricht –, kann der Informationsgehalt von jenen fernen Objekten mit dem des irdischen Laboratoriums verglichen werden. Auch das ist wiederum nicht denknotwendig.

Ist das Übertragungsprinzip strenggenommen eine axiomatische Setzung, die sichtlich nicht durch Messen als allgemeingültig erwiesen werden kann, so bezweifelt doch niemand im Ernst die Berechtigung des Übertragungsprinzips. Kosmologie und astronomische Forschung wären ansonsten unmöglich.

Was übrigens die im ersten Teil dargestellte Grundlegung der mathematischen Kosmologie angeht, so ist diese von dem Übertragungsprinzip nur wenig bzw. beinahe gar nicht berührt; denn die physikalischen Zusammenhänge im All, welche zu ihrer Bestätigung dienen, sind alle entweder im Bereich des irdischen Laboratoriums (Verschiebung der Spektrallinien in den Sternspektren, Mösbauereffekt, S. 96, 134) oder des Sonnensystems (Lichtablenkung an der Sonne, Periheldrehung der Planetenbahnen, s. Schema II und VII); die Dimensionen des Sonnensystems in bezug auf das irdische Laboratorium sind aber im Vergleich zu den Werten des Alls als klein anzusehen, ähnlich denen des Laboratoriums.

Weiter sei darauf hingewiesen, daß in der gegenwärtigen geistigen Situation von Kosmologie und Physik das Übertragungsprinzip nicht ein rein wissenschaftstheoretisch-philosophisches ist, sozusagen eine im Blickpunkt der Maß-Wissenschaft akademische Angelegenheit darstellt. Besonders die Existenz zeitunabhängiger Naturkonstanten, z. B. der Gravitationskonstanten, ist heute nicht mehr unangefochten. So hat z. B. u. a. Dirac den Gedanken einer zeitlichen Änderung der Gravitationskonstanten formuliert. Sollte das zutreffen, dann wären die entsprechenden Gesetze, in denen die Konstanten vorkommen, nicht mehr in ihren Wirkungen zeitunabhängig; und das Übertragungsprinzip ließe sich nicht ohne weiteres anwenden. Diese durchaus ernst zu nehmenden Überlegungen zeigen die eigentümliche Offenheit kosmologischen Denkbemühens ganz in Analogie zu den philosophischen Systemen.

3. Endlich oder Unendlich

Dieses Gegenüber ist zunächst gegeben durch das unmittelbare Erlebnis des Sternenhimmels – das „Immer-Weiter". Am Phänomen des Sternenhimmels zeigt es sich unmittelbar als Realität, ohne Zwischenschaltung von Instrumenten oder Messung. Das „Immer-Weiter" ist ein nicht zu leugnender Erlebnisinhalt.

Das „Immer-Weiter" ist also nicht nur im Denken, z. B. in der reinen Mathematik, angelegt, sondern kommt auch in der Natur vor und kann vom Denken nur deshalb erfaßt werden, weil es selbst auf „Immer-Weiter" angelegt ist. Darüber hinaus kann das Denken letzteres nicht nur erfassen, sondern auch in den intellektuellen Griff bekommen, wie es in der Algebra durch den Formalismus der Zahlenfolgen und Zahlenreihen geschieht. Eine Zahlenfolge ist eine Gesamtheit von Zahlen

(1)* $$a_1, a_2, a_3, \ldots a_n, a_{n+1}, \ldots \qquad (n = 1 \text{ bis } \infty),$$

die nach einem bestimmten Bildungsgesetz gebildet sind, z. B. die Folge der ganzen Zahlen 1, 2, 3 ... Diese Folge ist dadurch charakterisiert, daß es sich jeweils um ganze Zahlen handeln soll, von denen die je nächstfolgende um 1 größer ist als die vorhergehende, das Bildungsgesetz ist n, n + 1.

Eine Zahlenreihe ist eine Summe unendlich vieler Zahlen,

(2) $$a_1 + a_2 + a_3 + \ldots a_n + a_{n+1} + \ldots = \sum_{n=1}^{\infty} a_n.$$

Durch die Aussagen, ob (1) bzw. (2) konvergent sind oder nicht, bzw. durch die entsprechenden Beweise, hat hier der Intellekt das „Immer-Weiter“ im Griff. So ist z. B. (2) konvergent, d. h., die Summe hat einen endlichen Wert, wenn für ein vorgegebenes N für alle $n > N$ gilt (d'Alembertsches Konvergenzkriterium):

(3) $$\left| \frac{a_{n+1}}{a_n} \right| < \varrho < 1.$$

Für die Entwicklung der Kosmologie wurde dieses bei der Beweisführung des von Seeligerschen Satzes benutzt, wo nämlich (3) nicht konvergiert (S. 49), was dort bedeutet, daß Gravitationspotentiale unendlich, d. h. für die Physik als Maß-Wissenschaft unbestimmt werden (Formeln (5) und (6) im 1. Teil).

Unendlich als Unbestimmt heißt, daß hier etwas nicht im Erkenntnisgriff ist, wie es schon Anaximander mit seinem ἄπειρον ausgedrückt hat (S. 9). Die Problematik bei Unendlich bzw. Unbestimmt besteht darin, daß es sich um einfache Negationen handelt, ohne eine Gegenaussage positiven Inhaltes. „Unendlich“ sagt einfach „nicht“ endlich und nicht mehr, Analoges gilt bei „Unbestimmt“; und die Bedeutung von (2) und (3) besteht darin, daß bei konkreten Zusammenhängen gesagt werden kann, ob sie bestimmt oder nicht-bestimmt sind (bzw. unendlich und nicht-unendlich = endlich). Aber mehr leistet auch hier die Mathematik nicht. Unendlich ist nicht definiert im Sinne einer Wesensaussage, die definiert, was eigentlich darunter zu verstehen ist. Wenn (2) und (3) nicht gelten, die Reihen nicht konvergieren, bleibt alles unendlich bzw. unbestimmt. Für die Physik und Kosmologie als Maß-Wissenschaft bedeutet das, daß sie von der Mathematik im Stich gelassen werden: Wird nämlich eine mathematische Formel physikalischen Inhaltes an irgendeiner Stelle unbestimmt, so ist auch dieser

* Die Formeln sind für jeden Teil gesondert durchnumeriert. Ein Formelverweis für den ersten Teil ist im folgenden besonders vermerkt. Formelnummern ohne diesen Vermerk beziehen sich auf den zweiten Teil.

Inhalt unbestimmt. Das ist genau die Situation, die mit dem von Seeligerschen Satz entstanden ist, der dann zu einer grundsätzlichen Aussage über das Zusammen von Geometrie, Gesetz und Stoffverteilung führt (S. 53).

Das „Alles“ ist in dem unmittelbaren Erlebnis des „Immer-Weiter“ des Sternenhimmels mit enthalten, wird von ihm umgriffen, und nur innerhalb dieses Erlebnisinhaltes kann Mathematik wirksam werden, und zwar in der vorhin an den Beispielen (2) und (3) dargestellten Weise.

Den Erlebnisinhalt selbst kann Mathematik nie ganz ausleuchten, das unmittelbare Erlebnis repräsentiert eine Qualität. Die Mathematik ist aber, trotz aller qualitativer Aussagen, welche sie impliziert, notwendig auf Maß-Zusammenhänge ausgerichtet. Hier zeigt sich ein intellektuelles Spannungsfeld, das wohl nicht zu überwinden ist. Es wird noch zu zeigen sein, wie die heutige Kosmologie in ihren Weltmodellen versucht, mit „Unendlich“ rein mathematisch fertig zu werden, und wie jeweils ein unaufgelöster Rest bleibt.

4. Das kosmologische Prinzip

Einen weiteren wie das Übertragungsprinzip nicht denknotwendigen Grundsatz heutiger Kosmologie beinhaltet das kosmologische Prinzip, oft auch Homogenitätspostulat genannt: Es soll, wie schon Nikolaus von Kues formuliert (S. 25), im All keine ausgezeichneten Punkte geben, oder auch, der „Anblick“ des Universums soll von jeder Stelle aus, von nur lokalen Verschiedenheiten abgesehen, der gleiche sein. Offensichtlich besteht wieder ein Zusammenhang mit dem Verschwinden des geozentrischen Weltbilds, welches die Erde als einen, und zwar einzigen ausgezeichneten Punkt hatte.

Nimmt man das Postulat seinem unmittelbaren Inhalt nach, so erscheint es zunächst als eine Konsequenz des Übertragungsprinzips. Hätte nämlich das All irgendwo einen irgendwie (physikalisch oder geometrisch) ausgezeichneten Punkt, dann wäre die Repräsentation eines Teiles des Universums für das Ganze problematisch: Wäre nur ein ausgezeichneter Punkt oder mehrere solcher nicht in dem zugänglichen Teil, dann könnte letzterer nicht repräsentativ für das Ganze sein, was im Widerspruch zum Übertragungsprinzip stände.

Im Aspekt des Thomas wäre ein Zusammenhang, in welchem es – allgemein gesagt – ausgezeichnete Stellen gibt, kein Ganzes mehr; denn das „Aus“-Gezeichnete deutet dem Wortstamm nach schon an, daß das Betreffende „heraus“ genommen ist, also eigentlich dem Zusammenhang nicht mehr angehört, wenngleich es in ihn eingebettet ist.

Ein Beispiel dafür ist gemäß (1) die Zahlenfolge:

$$(1a) \qquad 1, \frac{1}{2}, \frac{1}{3}, \frac{1}{4}, \ldots \frac{1}{n}, \frac{1}{n+1}, \ldots$$

(1a) besteht nur aus Brüchen, gemäß seinem Bildungsgesetz. Sein Grenzwert $\frac{1}{\infty}$ ist $= 0$, also kein Bruch. Gleichwohl ist er der „Grenz"-Wert einer Folge von Brüchen. Der Gesamtheit der Brüche der Folge (1a) gehört 0 nicht an, weil sie kein Bruch ist, wohl aber ist sie in den Gesamtzusammenhang der Folge von Brüchen (1a) eingebettet. So ist es auch mit dem Zusammen einer geometrischen Mannigfaltigkeit (Raum) und den eventuell ausgezeichneten Punkten darin.

Es wird sich später deutlich zeigen, wie diese Problematik die Denkwege der mathematischen Kosmologie begleitet wie der Schatten das Licht. Soweit die rein mathematischen und physikalischen Manipulationen in Rede stehen, sind diese in ihrem unmittelbaren Ablauf von solchen philosophisch-wissenschaftstheoretischen Überlegungen nicht betroffen, wohl aber die Gesamtheit der Kosmologie in ihren Aussagen.

Nämlich der tiefere Aspekt des kosmologischen Prinzips repräsentiert sich darin, daß es zugleich ein Homogenitätspostulat ist, also der diametrale Gegensatz zur Geozentrik. Die Frage wird im folgenden sein, wieweit sich das kosmologische Prinzip im Ablauf der kosmologischen Denkbemühungen durchhalten läßt, und es wird sich zeigen (dadurch trennen sich die Denkwege der mathematischen Kosmologie), daß dieses nicht ohne weiteres möglich ist.

Die Wirklichkeit als Ganzes (S. 25) für homogen zu halten, wie das im kosmologischen Prinzip schon vom Kusaner her geschieht, ist problematisch in bezug auf das Gegenüber von Raum und Zeit.

Ein Raum, charakterisiert durch eine bestimmte Geometrie, d. h. basierend auf einem bestimmten Axiomensystem, etwa dem Euklidischen, ist homogen insoweit, als es diesem System entspricht. Aber „homogen" ist nicht die Zeit. Sie ist von Natur aus „gerichtet". Die Alten und auch vor allem Thomas sahen darin *das* Charakteristikum des Zeitlichen (das Nacheinander der Dinge) im Unterschied zum Räumlichen (das Nebeneinander der Dinge). Durch das Gerichtetsein der Zeit existiert immer Anfang und Ende (S. 76ff.).

So besteht auch für die mathematische Kosmologie die (qualitative) Frage nach dem „Anfang" des Alls bzw. dessen „Ewigkeit". Ist das Universum nicht „ewig", sondern hat es einen „Anfang", dann ist dieser ein ausgezeichneter Punkt in bezug auf die Zeit, sowohl physikalisch wie räumlich. Das kosmologische Prinzip im Sinne eines Homogenitätspostulates wäre dann nicht voll anwendbar. Das kosmologische Prinzip nur auf den Raum anwenden, nicht aber auch auf die Zeit, ist in bezug auf das Universum als ein Ganzes in Raum und Zeit eine Inkonsequenz, die nicht ohne Rückwirkung auf den geistesgeschichtlichen Gang der mathematischen Kosmologie bleiben kann.

Daraus ist zu ersehen, wie stark der axiomatische Charakter des kosmologischen Prinzips ist. Es ist jedoch unentbehrlich, denn ohne eine solche Setzung könnte man wohl kaum eine Kosmologie erstellen.

Aus allem vorstehend Gesagten kann man ersehen, wie eng Philosophie und Naturwissenschaft ineinander verflochten sind. Es ist kaum verständlich, daß es einmal zu einem solchen Bruch zwischen beiden Bereichen kam, wie das um die Jahrhundertwende, vor allem unter dem Einfluß des philosophischen Idealismus der Fall war (s. S. 44ff.). Zwar kann man mathematische Kosmologie de facto ohne alle vorstehenden Überlegungen betreiben, aber es zeigt sich doch, daß auch im rein mathematischen physikalischen Manipulieren immer wieder Fragen auftauchen, welche ihre Wurzel in wissenschaftstheoretisch-philosophischen Zusammenhängen haben, wie sie vorstehend dargestellt sind.

5. *Kosmologie der Homogenität und Kosmologie des Werdens*

Wissenschaftstheoretisch gesehen wird das kosmologische Prinzip unabhängig vom Universum, ausgesprochen oder nicht, immer dann angewandt, wenn eine Aussage über ein Ganzes gemacht wird, denn für den Bereich einer solchen Aussage wäre dann ein solches Ganzes „homogen“, weil die Aussage „überall“ und an jeder „Stelle“ des Ganzen gelten soll. Es führte zu weit, hier darauf einzugehen. Eine grundsätzliche Problematik im Gegenüber von „Ganzem und Teil“ ist damit angesprochen.

In dem genannten wissenschaftstheoretischen Zusammenhang ist es begründet, daß jetzt, gegen Ende des 20. Jahrhunderts, die mathematische Kosmologie sich in zwei große Gedankenströme zu teilen scheint, welche beide das kosmologische Prinzip beobachten. Sie widersprechen einander nicht, haben aber sehr wohl unterschiedliche Zielsetzungen.

Zunächst entwickelte sich die mathematische Kosmologie auf den durch die Wirklichkeit bestätigten Grundlagen von den Einsteinschen Feldgleichungen (Schema VIII, rechts unten), indem der Versuch einer Konstruktion von Weltmodellen gemacht wird, wovon die ersten noch auf Einstein selbst zurückgehen.

Hier ist ausdrücklich das kosmologische Prinzip in der vorhin skizzierten Form zugrunde gelegt. Betrachtet wird, wie im 1. Teil dargestellt, der Raum mit einem darin befindlichen Stoff, der „Materie", mathematisch in Dichteverteilung ϱ (r) ausgedrückt, wobei r = 0 den Beobachter bzw. den Beobachtungsort bedeutet. Nicht betrachtet wird der Stoff in seiner spezifischen Differenzierung in Elemente und in bezug auf den Aufbau der Atome (Elementarteilchen), aus denen er besteht. Wegen der dominierenden Rolle, welche hier das kosmologische Prinzip als ein Homogenitätspostulat spielt, sei im Aspekt der Gegenwart dieser Bereich der Kosmologie als *Kosmologie der Homogenität* bezeichnet.

Dieser Kosmologie liegt noch eine andere Gedankenstruktur zugrunde: Die Welt wird als „statisch" betrachtet. Im 1. Teil ist dargelegt (S. 10), wie sehr das abendländische Denken zu einer statischen Weltbetrachtung neigt, obwohl schon Heraklit auf die Bedeutung des Werdens für eine Welterklärung hingewiesen hat. Statische Weltbetrachtung soll hier heißen, die Welt aus ihrem „Jetzt" zu begreifen und nicht auch (oder gar ausschließlich) als das Produkt einer Entwicklung (S. 46). Die Wirklichkeit wird so genommen, wie sie gegenwärtig ist, in ihrem Bewegungszustand, ihrer Stoffverteilung, ihren (unveränderlichen) Gesetzes-Strukturen und was dergleichen mehr ist. Dies feststellen heißt nicht, die Kosmologie der Homogenität, welche sich zunächst aus der Grundlegung entwickelt, herabsetzen; sie ist auf diese Weise nur wissenschaftstheoretisch und geistesgeschichtlich charakterisiert.

Der ganze Bereich der Naturwissenschaften, wenn man diese mit Galilei beginnen läßt, ist wesentlich dem „Jetzt" zugewandt. Wie im 1. Teil dargelegt, wurde das Prinzip der Veränderung, d. h. der alte Gedanke des Heraklit, erst durch Hegel in den Vordergrund gestellt (S. 39ff.). In der Naturwissenschaft war es bekanntlich Darwin, der das „Jetzt" im biologischen Bereich als das Produkt einer Entwicklung zu beschreiben versuchte.

Die anorganische Naturwissenschaft blieb von dieser Entwicklung weitestgehend unberührt, insbesondere auch die Astronomie. Eine Ausnahme machen hier nur die Versuche, die Entstehung des Planetensystems zu verstehen, wozu Kant den ersten Anstoß gab (S. 37ff.). Aber diese Versuche schlugen wohl deshalb nicht durch, weil ihnen ein klarer Erfolg der Erklärung versagt blieb. Das dürfte dadurch bedingt sein, daß vom Planetensystem als der nächsten Umgebung der Erde viele Einzelheiten bekannt sind, und es ist eben sehr schwer, alle diese Einzelheiten als Produkte einer Entwicklung in eine Grundkonzeption einzugliedern.

Das wurde grundsätzlich anders, als 1965 durch Zufall eine bis dahin unbekannte Strahlung im All entdeckt wurde, die heute die Bezeichnung „Hintergrundstrahlung" trägt. Es handelt sich um ein Strahlungsfeld, welches an kein Objekt im All, an keinen Stern und an kein Sternsystem (Galaxie) gebunden ist, sondern von allen Richtungen des Himmels gleichmäßig auf die Erde einfällt. So, wie es sich heute darstellt, handelt es sich hierbei wahrscheinlich um eine der bedeutendsten Entdeckungen des 20. Jahrhunderts (s. hierzu I. 4, S. 111 ff.).

Durch diese Entdeckung wurde im Bereiche der Kosmologie das ausgelöst, was hier als „Kosmologie des Werdens" bezeichnet sei. Wie später darzustellen sein wird, besteht guter Grund, die gegenwärtige Hintergrundstrahlung als eine Information über den Urzustand des Alls zu interpretieren, d. h. sie als das Produkt einer Entwicklung des Ganzen vom Anfang her aufzufassen.

Die genannte Information ist nur dann verstehbar, wenn versucht wird, im Sinne einer Evolution analog zum biologischen Bereich, die Gegenwart des Universums aus seinem Werden von einem (zu beschreibenden) Urzustande her zu verstehen. Das wiederum bedeutet nichts anderes als den Einbruch Heraklitscher (S. 10 ff.), Hegelscher (S. 39 ff.) und Darwinscher Gedankengänge in den Bereich der anorganischen Naturforschung. Es ist der Wechsel von einem statischen Denken in der Betrachtung der Wirklichkeit zu einem evolutiven, wenn man will organischen. So erscheint es berechtigt, heute zwischen einer Kosmologie der Homogenität (Statik) und einer solchen des Werdens zu unterscheiden.

Strahlung ist nach den heutigen Vorstellungen an Stoff, Materie, gebunden, wie schon $E = m \cdot c^2$ deutlich zeigt (Schema I); nur in Verbindung mit Materie oder wenigstens in bezug auf sie ist Strahlung denkbar und verstehbar. Das heißt aber, daß die heutige Hintergrundstrahlung nicht ohne die Materie und deren Strukturen (Atome, Aufbau der Atome, Elementarteilchen) zu erklären ist. Ein „Verständnis" der Hintergrundstrahlung, in ihrem „Jetzt", als Produkt von einem Anfang her gedeutet, kann nur gelingen, wenn gleichzeitig auch der gegenwärtige Zustand des Stoffes im All als ein Produkt vom Anfang her gedeutet wird.

So ist notwendig eine kosmologische Betrachtung des Alls gefordert, welche die Entwicklung des Stoffes und dessen Zustand „Jetzt" vom Anfang her zu verstehen sucht. Im Unterschied dazu betrachtet die Kosmologie der Homogenität den Stoff als eine Einheit, d. h. primär in seinem Zusammenhang mit dem Raum und dessen geometrischer Struktur (S. 91 ff.), ohne die innere Struktur der Materie in ihre Betrachtungen mit einzubeziehen. Durch die Entdeckung der Hintergrundstrahlung wurde der Eintritt der Atomphysik in die kosmologischen Denkbemühungen ermöglicht. Die Physik im Großen, wie man die Astronomie auch nennen kann, verbindet sich mit der Physik im Kleinen in bezug auf das Ganze des Alls. Das ist die geistesgeschichtliche Situation der (mathematischen) Kosmologie am Ende des 20. Jahrhunderts. Sie ist, wenn auch in der Sprache der Mathematik (S. 144ff.), in ein Denkbemühen eingebettet, welches bereits $2^1/_2$ Jahrtausende währt.

II. KAPITEL: DIE GROSS-STRUKTUREN DES UNIVERSUMS

1. Der Begriff Groß-Struktur

Der Begriff der Struktur führt in tiefe philosophische Fragestellungen und damit in das Spannungsfeld der philosophischen Systeme. Um zu einer für das folgende genügenden Umschreibung des Begriffes „Struktur" zu gelangen, sei von einem sehr allgemeinen Begriff der deutschen Sprache ausgegangen, nämlich dem der „Wirklichkeit", womit ja auch „Alles" bezeichnet ist, was existiert. Der Begriff bezeichnet ein „Alles", umfaßt aber, im Unterschied zu „Weltall", womit der anorganische Naturbereich primär gemeint ist, auch den Bereich des Menschlichen selbst, geht also weiter als das „Weltall".

M. Heidegger hat (s. II.3) darauf aufmerksam gemacht, daß Sprache mehr ist als nur Kommunikationsmittel, daß vielmehr in der Sprache, in ihren Wörtern und Wortstämmen „Sein" zum Ausdruck kommt. Zuerst geschah dies in seiner Abhandlung „Hölderlin und das Wesen der Dichtung". Da heißt es (a. a. O. S. 8): „Was wir sonst mit Sprache meinen, nämlich einen Bestand von Worten und Regeln der Wortfügung, ist nur ein Vordergrund der Sprache." Vielmehr ist es so: „Seitdem Sprache geschieht ... erscheint eine Welt" (a. a. O. S. 9).

Ohne auf die von der Thematik abführenden philosophisch-philologischen Zusammenhänge einzugehen, sei das Heideggersche Anliegen gleich praktiziert: Das Sein, das als „Welt erscheint" ist in dem deutschen Wort „Wirklichkeit" als ein Wirkzusammenhang angesprochen. Es wirkt Jegliches auf Jegliches, wie es schon im Prolog des Faust ausgesprochen ist: „Und Stürme brausen um die Wette ... und bilden, wütend, eine Kette der tiefsten Wirkung ringsumher."

Der Intellekt hat im deutschen Kulturkreis dieses „Wirken" gesehen, welches „Alles" umgreift und bestimmt, und dem sich kein „Einzelnes" entziehen kann. Demgegenüber hat der romanische Kulturkreis vor allem die res, die Sache, das Jetzt, die „realité" gesehen und formiert, d. h. das Statische, Unveränderliche am Phänomen der „Welt", die immer erscheint, wenn Sprache „ist", wie Heidegger es ausdrückt.

Der Begriff Groß-Struktur ist kein fachwissenschaftlich vereinbarter Terminus wie etwa Energie oder Masse. Er wird im folgenden zur didaktischen Charakterisierung vor allem wissenschaftstheoretisch und philosophisch bedeutsamer Zusammenhänge in der heutigen Kosmologie benutzt.

Unter Struktur soll hier ein Zusammenhang verstanden werden, der Wirkungen vermittelt bzw. möglich macht. Z. B. das Gegenüber von Planeten und Sonne im Sonnensystem vermittelt das Ganze der Schwerkraft dieses Systems im Kräfte- und Energieaustausch der einzelnen Mitglieder untereinander. Die Schwerkraft und ihre Auswirkung trägt dieses Gegenüber, welches Planetensystem genannt wird. Es ist ein winziger Bereich im Ganzen des Universums; und insofern analoge Strukturen das Universum als Ganzes betreffen, werden sie im folgenden Groß-Strukturen genannt.

Es ist naturgemäß bis zu einem gewissen Grade Ansichtssache, was als Groß-Struktur im obigen Sinne bezeichnet sein soll und was nicht. Auch kann die fortschreitende Forschung mit neuen Entdeckungen aufwarten, die bezüglich der Groß-Strukturen das Bild des Alls schlagartig verändern, wie z. B. die gleich zu besprechende Hintergrundstrahlung.

Gerade in diesem Zusammenhang muß darauf hingewiesen werden, daß die in diesen Jahren anhebende Space Research, d. h. die Erforschung des Alls mit Satelliten außerhalb der Erdatmosphäre, das Gesicht der Weltallforschung völlig verändern wird. Sicher wird davon auch die Kosmologie betroffen sein, nur wie und in welchem Ausmaß kann heute nicht gesagt werden. Es ist deshalb die Absicht und das Ziel dieser Darstellungen an der gegenwärtigen Situation der Kosmologie aufzuzeigen, wie sich Denkwege und Denkbemühungen in bezug auf das All grundsätzlich gestalten und in welche Problematik sie den Intellekt hineinführen.

Vier im folgenden als Groß-Strukturen des Alls bezeichnete Zusammenhänge scheinen für die Analyse und das Verständnis gegenwärtigen kosmologischen Wissens von besonderer Bedeutung: Die *Kraftfelder,* die *Stoffverteilung,* die *Expansion* und die *Hintergrundstrahlung.*

2. *Die Kraftfelder*

Unter Kraftfeldern versteht man in der Physik zunächst nicht näher beschriebene oder auch (anscheinend) unbeschreibbare Strukturen der Wirklichkeit, die Kräftewirkungen im Raum von einem Punkt zu einem anderen übertragen. Sie sind also als „Wirk-Strukturen“ im oben definierten Sinne (s. auch II. 11, S. 59ff.).

Bisher sind zwei Kraftfelder, die das All umfassen, bekannt: Das Gravitationsfeld, welches die an die Massen im Raum gebundene Schwerkraft überträgt, und das elektromagnetische Feld, welches Licht und allgemein elektromagnetische Wellen (Radiowellen, Kurzwellen) fortpflanzt. Auf die wissenschaftstheoretisch-philosophische Problematik des Feldbegriffes, der noch aus der klassischen Physik stammt (S. 60ff.), kann hier nicht eingegangen werden.

Das Gravitationsfeld ist bestimmt durch Newtons Gesetz. Von einem „Träger" dieses Feldes, d. h. was es eigentlich ist, wie beim Äther für das elektromagnetische Feld als Träger der Lichtwellen, war nie ernsthaft die Rede, diese Frage steht seit eh und je ganz im Bereich des „Nicht-Verstandenen" (S. 85).

Allerdings gelang es Einstein seine Feldgleichungen, (64) im 1. Teil (dargestellt und abgeleitet in Schema VIII), allgemein zu lösen. Er fand dabei ein Phänomen, das heute in der Fachliteratur Gravitationswellen genannt wird. Diese haben zwar für den unmittelbaren Problemkreis der Kosmologie bis jetzt keine Bedeutung, aber die hier getätigten intellektuellen Manipulationen sind auch für das Verständnis der Kosmologie als Ganzes wichtig, weshalb sie in ihrem wissenschaftstheoretischen Aspekt hier beschrieben seien.

Die eindrucksvolle Bestätigung der kosmologischen Grundlagen in Gestalt der allgemeinen Relativitätstheorie geschieht durch Einzelfälle, wie sie im 1. Teil in Schema II und VII dargestellt sind. Das All als Ganzes steht nicht in Rede, darauf zielen erst die Feldgleichungen (64) bzw. (65) in Schema VIII.

Wie S. 123ff. dargelegt, bestimmen physikalische Zusammenhänge durch Interpretation der Komponenten des geometrischen Fundamentaltensors die Raumstruktur. Diese Interpretation beinhaltet die Deutung der einzelnen Komponenten durch physikalische Größen, wie Kräftepotentiale oder Dichte(= Stoff)-Verteilungen.

Eine Schlüsselrolle spielt dabei der Riemann-Christoffelsche Tensor $B^{\varepsilon}_{\mu\nu\sigma}$ (S. 121), der angibt, ob die in Rede stehende geometrische Mannigfaltigkeit eben ist, d. h. in ihr euklidische Koordinaten verwendet werden können, also u. a. die „vertraute" Geometrie unserer Anschauung.

Diese Anschauung repräsentiert dem Intellekt eine ebene Welt, woran sich dann u. a. Kants Philosophie entwickelte (S. 44ff.). Eine ebene euklidische Welt ist auch der Ausgangspunkt der Riemannschen Geometrie, indem für das „Unendlich-Kleine" der pythagoräische Lehrsatz angesetzt wird (S. 98ff.). Erst durch das Vorhandensein von Stoff weichen die g_{ik} des Fundamentaltensors (Schema III und VI) von der Euklidizität ab.

Es liegt nun nahe, die Euklidizität als das „Normale" anzusehen und die Abweichungen davon als eine Art „Störung", bedingt durch den Stoff im Raum. Da die Welt euklidisch „erscheint", bietet sich weiter an, die Störung durch den Stoff als gering zu betrachten, ist doch z. B. die Lichtablenkung an der Sonne sehr klein (S. 126, Schema VII)

Das führte Einstein dazu, für seine Feldgleichungen einen entsprechenden mathematischen Ansatz für die Komponenten g_{ik} des Fundamentaltensors in der Form,

$$g_{ik} = \delta_{ik} + h_{ik} \tag{4}$$

zu machen. Hier sollen die δ_{ik} die üblichen Werte für eine euklidische Geometrie haben, die h_{ik} zunächst eine nicht weiter definierte Funktion darstellen, deren Werte nur in erster Ordnung berücksichtigt werden müssen bzw. sollen (S. 129, Schema VII).

(4) wird mit den Feldgleichungen kombiniert. Die einzelnen mathematischen Schritte können hier nicht dargelegt werden, in diesem Zusammenhang sei auf die angegebene Literatur (s. II.8, S. 179 u. 1. Teil II.5, S. 128) verwiesen. Nur das wissenschaftstheoretisch Bedeutsame sei hier dargelegt.

Den Riemann-Christoffelschen Tensor (1. Teil, Formel (44)) kann man auf Grund der Tensor-Rechenregeln wie folgt schreiben:

$$g_{\varrho\varepsilon} \cdot B^{\varepsilon}_{\mu\nu\sigma} = B_{\mu\nu\sigma\varrho} \quad \text{(alle Indizes laufen von 1 bis 4).} \tag{5}$$

Betrachtet man nur die Größen 1. Ordnung, was impliziert, daß die Welt wenig von der Euklidizität abweicht, ergibt sich

$$G_{\mu\nu} = g^{\nu\varrho} \cdot B_{\mu\nu\sigma\varrho} \cdot \left[\frac{\partial \overset{2}{g}_{\mu\nu}}{\partial x_\sigma \cdot \delta x_\varrho} + \frac{\partial \overset{2}{g}_{\sigma\varrho}}{\partial x_\mu \cdot \partial x_\nu} - \frac{\partial \overset{2}{g}_{\mu\nu}}{\partial x_\nu \cdot \partial x_\varrho} - \frac{\partial g_{\nu\varrho}}{\partial x_\mu \cdot \partial x_\sigma} \right]. \tag{6}$$

Letzteres ist der entscheidende Schritt, der innerhalb der mathematischen Konstruktion zu den Materiewellen führt. Wissenschaftstheoretisch bzw. philosophisch-ontologisch bedeutet er eine Aussage über die Welt, nämlich, daß der Stoff die Raumkrümmung nur wenig beeinflußt. Es wird davon später zu sprechen sein. Im übrigen ist hier und im folgenden all das zu berücksichtigen, was im 1. Teil über die Approximation in den Gedankengängen der kosmologischen Relativitätstheorie gesagt wurde (S. 150ff.).

(6) wird in einem souveränen Denkakt in die beiden folgenden Gleichungen aufgespalten:

$$G_{\mu\nu} = \frac{1}{2} g^{\sigma\varrho} \cdot \frac{\partial \overset{2}{g}_{\mu\nu}}{\partial x_\sigma \cdot \partial x_\varrho} \tag{7a}$$

$$0 = g^{\sigma\varrho} \left[\frac{\partial \overset{2}{g}_{\sigma\varrho}}{\partial x_\mu \cdot \partial x_\nu} - \frac{\partial \overset{2}{g}_{\mu\sigma}}{\partial x_\nu \cdot \partial x_\varrho} - \frac{\partial \overset{2}{g}_{\nu\varrho}}{\partial x_\mu \cdot \partial x_\sigma} \right], \tag{7b}$$

wobei offensichtlich (6) erfüllt bleibt. (7b) kombiniert mit (4) führt immer bei Vernachlässigung von Gliedern höherer Ordnung zu

$$\frac{\partial^2 h}{\partial x_\mu \cdot \partial x_\nu} - \frac{\partial^2 h^\varrho_\mu}{\partial x_\nu \cdot \partial x_\varrho} - \frac{\partial^2 h^\sigma_\nu}{\partial x_\mu \cdot \partial x_\sigma} = 0. \tag{8}$$

Dabei ist gemäß den Regeln der Tensorrechnung (S. 115, 122)

(8a) $$h_\mu^\varrho = \delta^{\sigma\varrho} \cdot h_{\mu\sigma};\; h = h_\varrho^\varrho = \delta^{\sigma\varrho} \cdot h_{\sigma\varrho},$$

wobei alle Indizes von 1 bis 4 laufen. (8) ist erfüllt, wenn gilt:

(9) $$\frac{\partial}{\partial x_\alpha} (h_\mu^\alpha - \frac{1}{2} \cdot \delta_\mu^\alpha \cdot h) = 0.$$

Eine Welle, die aus schwingenden Teilchen zustande kommend gedacht ist und deren Bewegung aus der Ruhelage heraus zeitlich nacheinander systematisch verläuft, wird beschrieben durch den Ausdruck:

(10) $$\Delta\,\varphi = \frac{\partial^2\varphi}{\partial x^2} + \frac{\partial^2\varphi}{\partial y^2} + \frac{\partial^2\varphi}{\partial z^2} = \frac{1}{c^2} \cdot \frac{\partial^2\varphi}{\partial t^2},$$

in dem c die Wellengeschwindigkeit ist. φ ist ein Maß für die Entfernung des je einzelnen Teilchens aus seiner Ruhelage in Abhängigkeit von der Zeit t. Aus (10) folgt:

(10a) $$\frac{\partial^2\varphi}{\partial x^2} + \frac{\partial^2\varphi}{\partial y^2} + \frac{\partial^2\varphi}{\partial z^2} - \frac{1}{c^2} \cdot \frac{\partial^2\varphi}{\partial t^2} = 0.$$

Versteht man unter c die Lichtgeschwindigkeit und sei diese gleich 1 gesetzt, d. h., sie sei als Einheitsmaß für Geschwindigkeit genommen. Betrachtet man des weiteren t als gleichwertige Koordinate mit den räumlichen, wie es der Michelsonsche Versuch erfordert (S. 60 Schema I), kann man schreiben:

(10b) $$\sum_{i=1}^{4} \frac{\partial^2\varphi}{\partial x_i^{\,2}} = 0.$$

Es ist in der relativistischen Physik üblich geworden, hier für (10a) das Zeichen $\Box$ zu verwenden und zu schreiben:

(11) $$\Box\,\varphi = 0.$$

$\Box$ ist ein sogenannter „Operator", der per definitionem angibt, was mit φ zu machen ist (oder mit irgendeiner anderen Funktion), Δ heißt auch Laplacescher Operator; $\Box$ wird als „erweiterter" Laplacescher Operator bezeichnet.

Wie hier nicht näher dargestellt sei, hat (8) die Lösung:

(12) $$\frac{\partial}{\partial x_a} (h_\mu^\alpha - \frac{1}{2}\, \delta_\mu^\alpha \cdot h) = 0 \qquad (a = 1 \ldots 4)$$

Eine nochmalige Differentiation von (12) und Addition zu (10b) führt zu einem Ausdruck (11), wie man sofort sieht. Damit taucht jetzt in dem mathematischen Formalismus ein „Wellenphänomen" auf; denn (10b) bzw. (11) repräsentieren ja Wellen oder auch Wellenfelder, denn φ ist eine (dreidimensionale) Ortsfunktion.

Wissenschaftstheoretisch ist wichtig, daß das Ganze durch Vernachlässigung aller Ausdrücke höherer Ordnung erreicht wird (d. h. aller Ausdrücke quadratischer und höherer Exponenten) bzw. daß in (4) die h_{ik}, welche eine Abweichung von der Euklidizität konstituieren, klein sein sollen, die Abweichung also als gering angesetzt ist.

(7a) läßt sich, wie ebenfalls nicht dargestellt sei, in der Form schreiben

$$(13) \qquad \Box\, h_{\mu\nu} = 2\, G_{\mu\nu} \text{ oder } \Box\, h^{\alpha}_{\mu} = G^{\alpha}_{\mu},$$

womit wieder eine mathematische Struktur erreicht ist, die Beziehung zur Wellengleichung hat. Das veranlaßt nun, analog zum 1. Teil (64), Schema VIII, den folgenden Ansatz zu machen:

$$(14) \qquad \Box\,(h^{\alpha}_{\mu} - \frac{1}{2}\,\delta^{\alpha}_{\mu} \cdot h) = 2\,(G^{\mu}_{\alpha} - \frac{1}{2}\,g^{\alpha}_{\mu} \cdot G) = -\,16\,\pi\, T^{\alpha}_{\mu},$$

wo T^{α}_{μ} der Materietensor ist. Das ist Einsteins Gleichung für die sogenannten Gravitationswellen, die sich wegen (10) mit Lichtgeschwindigkeit ausbreiten müßten. Die Ausdrücke in den Klammern links und rechts haben die gleiche Struktur. (14) ist in gemischten Tensoren geschrieben (S. 119), wobei für die Komponenten des Fundamentaltensors, wie hier noch angemerkt sei, die Beziehung besteht:

$$(15) \qquad g^{\nu}_{\mu} = g_{\mu\sigma} \cdot g^{\nu\sigma}$$

mit der entsprechenden Summationsvorschrift. Die Struktur der durch (14) konstituierten Gravitationswellen ist näher und besonders anschaulich von R. Sexl und H. R. Urbantke (II. 8, S. 177ff.) sowie auch von Eddington (1. Teil II. 5, S. 129) dargelegt.

Für die im vorstehenden dargestellten mathematischen Manipulationen gilt philosophisch-ontologisch alles, was bereits im 1. Teil über die mathematischen Denkwege gesagt wurde (s. S. 144ff., S. 150ff. und S. 161ff.). Während aber mit diesen Manipulationen die eindrucksvollen Erfolge erzielt werden konnten, welche im 1. Teil Schema II, VII dargestellt sind, war man bisher bei der Beobachtung der Gravitationswellen nicht erfolgreich, jedenfalls in keiner eindeutigen Weise. Es bleibt im Augenblick nichts übrig, als hier die weitere Entwicklung abzuwarten. (S. hierzu Unsöld II. 10, S. 370ff., und II. 9.)

Eine unmittelbar-kosmologische Bedeutung haben die Gravitationswellen im Augenblick nicht. Sollte ihre Realität erwiesen werden, hätte das Gravitationsfeld den gleichen Charakter wie das elektromagnetische Feld.

Es sei noch darauf aufmerksam gemacht, daß die „Gravitationswellen" nichts mit den „Materiewellen" zu tun haben, die nachgewiesene Realitäten und die Grundlage des großen Bereiches der Wellenmechanik sind.

Unter der Energiedichte eines Feldes versteht man die Energie in erg, welche pro cm^3 in ihm enthalten ist. Hat man z. B. ein Strömungsfeld, etwa strömendes Wasser, so hat dieses an jeder Stelle der Strömung pro cm^3 eine bestimmte Menge Wasser (hier in Gramm zu messen). Analoges gilt für alle Kraft-Felder, ob sie nun Strömungen repräsentieren oder nicht.

Nach den gegenwärtig vorliegenden Messungen, welche mindestens in der Größenordnung sich nicht mehr ändern dürften, ergeben sich für das All als Ganzes:

(16) für das Strahlungsfeld 0.8×10^{-12} erg/cm^3
für das Gravitationsfeld 0.4×10^{-12} erg/cm^3

Der letztere Wert ist die durchschnittliche kinetische Energie der Bewegung des diffusen Stoffes, welche durch die Gravitation verursacht wird.

Philosophisch-ontologisch enthalten die Angaben (16) eine brisante qualitative Aussage. Das Erg ist nämlich ein sehr kleines Energiemaß, es bezeichnet nur wenig Energie. Geläufig ist das Kilowatt, man bezeichnet im allgemeinen im täglichen Umgang die Energie durch die Arbeit, die damit in der Zeiteinheit geleistet werden kann, z. B. beim Kilowatt die Kilowattstunde. Jeder weiß von eigenem Stromverbrauch, wie wenig das ist. Man hat, um bequemer rechnen zu können, wegen der Kleinheit des Erg das Joule eingeführt, wobei 1 Joule $= 10^7$ erg ist und eine Kilowattstunde als Energieleistung stellt den Wert $3,6 \times 10^6$ Joule an Energie dar, oder in erg $3,6 \times 10^{13}$. 10^{-12} erg sind aber nur pro cm^3 nach (16) im Raum vorhanden, d. h. 10^{-19} Joule, also 10^{-13} Kilowattstunden, womit ein Eindruck davon gewonnen werden kann, wie schwach die Kraftfelder des Alls sind.

Als Groß-Strukturen sind sie vorstehend definiert als Übertragungsmechanismus von Wirkungen, und es zeigt sich, daß dabei die Natur sozusagen mit einem Minimum an Aufwand auskommt, Konzeptionen, die ja auch in anderen naturwissenschaftlichen Disziplinen formuliert sind. Jedenfalls kann gesagt werden, daß das All den Grenzfall einer eben gerade noch nicht energieleeren Welt darstellt. Das ist keine dem Bereich der Maß-Struktur zugehörige Aussage, sondern eine ontologische, eine Seins-Aussage qualitativen Charakters. Das Universum könnte auch anders sein, aber wie? Eine Frage, die natürlich offenbleibt. Es ist die intellektuelle Situation der „Kontingenz", warum innerhalb der „strengen" Gesetzmäßigkeit, trotzdem „hier Freiheiten" bestehen, warum etwas nicht denknotwendig so ist, wie es ist, ein schon von Aristoteles–Thomas entwickelter Begriffszusammenhang. Er führt in das Problemgefüge von „Verstanden-Nichtverstanden" (S. 82).

Auch macht vorstehende Charakterisierung des Alls massiv Gebrauch vom Übertragungsprinzip (S. 176); denn (16) ist abgeleitet aus dem meßtechnisch heute zugänglichen Teil des Universums (S. 3). Nur dadurch wird jene Charakterisierung möglich. Das Übertragungsprinzip ist nicht beweisbar, schon gar nicht auf der Basis der Maß-Struktur. An ihm hängt jegliche Kosmologie, sie bedarf eines Prinzips, das sie mit ihren Mitteln nicht verifizieren kann. Damit kann sie sich auch nicht aus dem Netz des Philosophischen lösen, in dem sie verfangen ist.

3. *Die Stoffverteilung*

Es handelt sich hierbei um das Verhältnis der Materie zum Raum, natürlich wieder nur ableitbar aus dem heute zugänglichen meßbaren Teil des Alls. In Rede steht die durchschnittliche Stoffdichte des Universums, d. h. die Menge Stoff in Gramm, welche im Durchschnitt pro cm^3 im Raum enthalten ist: Man denkt sich die zu Sternen und diese wieder zu Milchstraßensystemen konglomerierte Materie und den diffus (als Nebel) vorhandenen Stoff gleichmäßig im All verteilt wie etwa Luft in einem Zimmer.

Das Wissen einerseits und die Meßtechnik andererseits sind heute so weit entwickelt, daß sinnvollerweise eine Aussage über die Stoffverteilung gemacht werden kann. Sterne, wie etwa die Sonne, haben im Durchschnitt 10^{33} Gramm Materie. Die Milchstraße (Galaxie), welcher unser Sonnensystem angehört, hat größenordnungsmäßig 10^{11} Sterne. In dem genannten zugänglichen Bereich befinden sich etwa 100 Millionen Galaxien. Schwieriger ist schon die Menge der diffusen Materie (Nebel) abzuschätzen. Darüber hinaus ist die Größe der Galaxien (d. h. der Anzahl der Sterne in ihnen) sehr unterschiedlich. So liegen hier einige Unsicherheitsfaktoren, jedoch kann nach dem gegenwärtigen Stande des Wissens eine durchschnittliche Materie-Dichte des Universums von

$$\varrho_0 = 10^{-27} \text{ Gramm/cm}^3 \tag{17}$$

angenommen werden.

Rein qualitativ betrachtet resultiert hier dasselbe wie bei den Kraftfeldern (16). Das Universum stellt den Grenzfall einer eben gerade noch nicht „stoffleeren" Welt dar, analog zu deren „Energieleere".

Die Masse eines einzelnen Atoms liegt bei 10^{-24} Gramm; es entfiele gemäß (17) auf 1 cm^3 Raumvolumen noch nicht 1 Atom. Auf das Ganze des Universums gesehen ist der Stoff beinahe nicht vorhanden, genau wie es für die Energie der Fall gilt. Sowohl der Stoff wie auch die Energie scheinen zu verschwinden in den gewaltigen Räumen.

Das ist keine naturwissenschaftliche Aussage mehr vom Typ einer Maß-Struktur, sondern eine philosophisch-ontologische, eben ein qualitativer Seinsbezug. Die Unsicherheit, welche in dem Wert (17) enthalten ist, berührt diesen auf keinen Fall in einem solchen Ausmaß, daß die angeführte Aussage inhaltlich gefährdet wäre.

Allerdings ist dies alles mit einer Einschränkung zu versehen: Es ist im 1. Teil dargelegt, daß die eindrucksvollen Erfolge der kosmologischen Relativitätstheorie (Schema VII, S. 123ff.) in den rein mathematischen Manipulationen darauf zurückzuführen sind, daß von Näherungen Gebrauch gemacht wird (S. 150ff.), die ontologisch, d. h. den Seinsbezügen bzw. realen Zusammenhängen nach, darauf beruhen, daß der Stoff bzw. dessen Wirkungen (S. 16ff.) nur in „erster" Näherung in den mathematischen Formalismus einbezogen werden. Die im vorstehenden dargelegte Ableitung der Gravitationswellen (Formel (4) ist dafür ein typisches Beispiel.

Man hat in den ersten Jahrzehnten dieses Jahrhunderts der Relativitätstheorie und deren kosmologischen Konsequenzen gerade die sogenannte „Willkür" im Bereich der Mathematik vorgehalten und hat dabei übersehen, daß die innere Struktur der Tensoranalysis dieses gerade möglich macht und erlaubt (Siehe II. 4).

Wenn es da z. B. heißt (a. a. O. S. 48): „Die Relativitätstheorie ist eine mathematische Maskerade, hinter der sich ein fast unentwirrbares Knäuel von Begriffsvertauschungen, . . . willkürlichen Annahmen und Mißachtung gesunder Logik verbirgt", dann wird nicht zur Kenntnis genommen, daß sich der Intellekt hier in einer Grenzsituation befindet, in welche ihn die Wirklichkeit durch ihre realen Strukturen hineingeführt hat, woraus dann, und zwar legitim, alles das an Denkverhalten einschließlich des Gebrauchs der Mathematik (Tensorrechnung) folgt, was im 1. Teil analysiert ist (s. S. 144ff., S. 150ff., S. 161ff.). Wenn dies alles „mathematische Maskerade" ist, dann träfe das auch auf die in (16) und (17) repräsentierten Tatbestände zu.

Die Gedankengänge der kosmologischen Relativitätstheorie kommen aus einer intellektuellen Verhaltensweise, welche der ontologischen Struktur des Alls als eines eben gerade noch nicht energie- und massenleeren Universums angepaßt ist, deshalb ontologisch untermauert und daher legitim. Freilich wurde das nur dadurch möglich, daß in der Tensoranalysis ein entsprechender Formalismus, eine dieser Situation angemessene Sprache, gefunden wurde.

4. *Die Rotverschiebung*

Die Spektren der Galaxien (Milchstraßensysteme) sind die Integration der Spektren vieler Milliarden Einzelsterne. Welche Linien in den Spektren eines einzelnen Sternes aufleuchten, hängt von seinem physikalischen Zustand ab. Durch die Sahasche Spektraltheorie ist das heute völlig im Erkenntnisgriff. So zeigt die Sonne die schon in der Schule behandelten Fraunhoferschen Linien, welche mit großen Buchstaben bezeichnet werden, vor allem die Linien H und K im violetten Bereich des Spektrums, die dem einfach ionisierten Calcium angehören.

Da die meisten Sterne in den Galaxien Sonnensterne oder ähnliche Objekte sind, werden die Spektren der Galaxien vor allem von den H, K-Linien des Calciums beherrscht.

Der amerikanische Astronom Hubble fand 1929, daß die Linien in den (integrierten) Spektren der Galaxien um so weiter nach rot verschoben sind, je weiter die jeweiligen Objekte entfernt sind, und zwar in einer streng linearen Beziehung. Dafür hat man den Terminus „Rotverschiebung" geprägt. Es handelt sich zweifelsohne weit über die Astronomie hinaus um eine der bedeutendsten Entdeckungen im 20. Jahrhundert. Die Rotverschiebung ist in jeder Beziehung richtungsunabhängig und sicher eine Eigenschaft des Universums als Ganzem wie die Stoff- und Energieverteilung auch.

Dies kommt vor allem in der fast exakt zu nennenden Linearität der Entfernungsgeschwindigkeit zum Ausdruck, wie sie in Abb. 1 dargestellt ist, wo auf der Abszisse, die Entfernungen E (die Zahlen bedeuten Megaparsec; 1 Megaparsec = 3,26 × 10^6 Lichtjahre), auf der Ordinate, die Geschwindigkeiten v in km/sec abgetragen sind. Die Punkte bedeuten sogenannte Galaxienhaufen. Das sind zusammengehörende Komplexe von Galaxien.

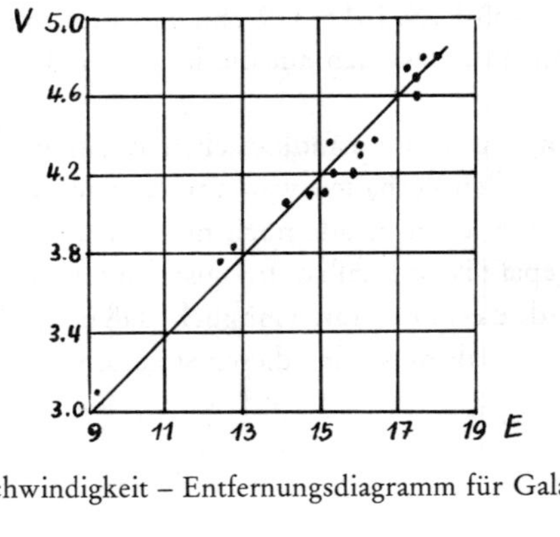

Abb. 1: Geschwindigkeit – Entfernungsdiagramm für Galaxienhaufen

Hier sind die Rotverschiebungen als Durchschnitt vieler Einzelgebilde besonders gut bestimmbar. Abb. 1 zeigt*, wie gut diese zunächst rein empirische Beziehung zwischen Geschwindigkeit und Entfernung erfüllt ist. Die Rotverschiebung repräsentiert einen verzweigten Bereich wissenschaftstheoretischer und philosophischer Probleme unabhängig von ihrer Zugehörigkeit zur Maß-Struktur der Wirklichkeit, ohne dessen Analyse eine philosophische Durchleuchtung heutiger Kosmologie nicht möglich ist.

a) Die Interpretation der Rotverschiebung

Die Fakten, von denen auszugehen ist, sind die Tatsache der Verschiebung der Spektrallinien in den Galaxien-Spektren und deren (praktisch) strenge Linearität in Abhängigkeit von der Entfernung.

Die größten heute sicher erreichten Entfernungen, wo die Rotverschiebung noch optisch gemessen werden kann (S. 174), liegen bei 2,5 Milliarden Lichtjahren. Gemäß Abb. 1 ist hier etwa 1/5 der Lichtgeschwindigkeit erreicht.

Nun führt eine solche Aussage nur dann weiter, wenn die Rotverschiebung einmal als eine Eigenschaft des ganzen Alls angesehen und zum anderen als ein Dopplereffekt gedeutet, d. h. sich des Übertragungsprinzips bedient wird, was keineswegs denknotwendig ist. Im ersteren Falle wird vom Teil auf das Ganze geschlossen, im zweiten, daß die Linienverschiebungen aus Abb. 1 wirklich auch Dopplereffekte sind, wie sie aus irdischen Laboratoriumsversuchen schon lange bekannt sind. Einmal können Linienverschiebungen auch durch Gravitationskräfte bewirkt werden (s. Schema II und S. 95ff., S. 133ff.), zum anderen impliziert hier das Übertragungsprinzip, daß die Rotverschiebung ein Dopplereffekt ist und dessen Gesetzen folgt.

Es gibt aber auch die nicht stringent zu widerlegende Möglichkeit, daß es durch die gewaltigen Entfernungen, welche das Licht hier zurücklegen muß, zu einer Wechselwirkung zwischen Raum und Licht kommt, welche das Licht sich „ermüden" läßt, wodurch es dann röter wird, und zwar um so stärker, je weiter die Lichtquelle entfernt ist. Ein solcher Einwand hat insofern ein gewisses Gewicht, als nach dem Michelsonschen Versuch das Licht und seine Ausbreitung nicht mehr „verstanden" ist (S. 83). Im irdischen Laboratorium lassen sich so lange Lichtwege bis jetzt nicht herstel-

* Die Abbildungen sind für jeden Teil gesondert durchnumeriert. Ein Formelverweis für den ersten Teil ist im folgenden besonders vermerkt. Formelnummern ohne diesen Vermerk beziehen sich auf den zweiten Teil.

len, um reine Rötungseffekte durch den Raum festzustellen, die Effekte sind dafür viel zu klein.

Was nun den Dopplereffekt angeht, so ist dieser, experimentell und theoretisch bestens fundiert, gegeben durch die Formel

(18) $$v = c \cdot \Delta \lambda / \lambda_0 \cdot$$

Dabei ist v die vom Beobachter fort gerichtete Geschwindigkeit einer Lichtquelle und c die Lichtgeschwindigkeit. λ_0 ist die in Rede stehende Linie, angegeben durch zugehörige Wellenlänge und $\Delta \lambda$ ist die Größe der Verschiebung nach rot, ausgedrückt in Wellenlängen (Z. B. II. 2, S. 179).

Da gemäß (18) die Geschwindigkeit v der Lichtquelle für alle Wellenlängen gilt, welche sie ausstrahlt, also c eine Konstante ist, ist die Dopplerverschiebung $\Delta \lambda$ durch das ganze Spektrum hindurch nicht gleich groß, sondern hängt von λ_0 ab, d. h. von der Stelle, an der sich die unverschobene Linie befindet (wenn die Lichtquelle ruht). Wird in (18) λ_0 größer, d. h. zum roten Ende hin, muß $\Delta \lambda$ größer werden und umgekehrt.

In den Galaxienspektren stehen aus Entfernungsgründen für den Bereich des sichtbaren Lichtes hauptsächlich die Linien H und K des Calciums zur Verfügung, so daß (18) nicht oder nur schlecht getestet werden kann. Das gab den Einwänden gegen die Deutung der Rotverschiebung einen besonderen Akzent.

Das wurde anders, als die Radioastronomie auf den Plan trat, welche vor allem mit Wellenlängen im cm-Bereich arbeitet. Auch hier können, ähnlich wie im optischen Gebiet, Linien isoliert werden, und so fand man z. B. für die Radioquelle A im Sternbild des Schwans (Cyg A), daß die Rotverschiebungen im 21-cm-Bereich auf genau die gleiche Geschwindigkeit schließen ließen, wie im optischen Bereich gemäß (18). Das hat die Einwände gegen die Deutung der Rotverschiebung als Dopplereffekt und damit gegen die Expansion als Ganzes weitestgehend verstummen lassen.

Aber das ändert nichts daran, daß hier, angesichts der großen Entfernungen, welche das Licht durchläuft, in besonders extremer Weise das Übertragungsprinzip in Anspruch genommen werden muß. Man kommt nicht darum herum, daß moderne Kosmologie auf Prinzipien beruht, welche nicht denknotwendig sind. Damit sollen ihre imponierenden Leistungen nicht herabgesetzt oder in Zweifel gezogen sein. Das wäre ein totales Mißverständnis des Vorstehenden. Es handelt sich hier lediglich darum, die philosophisch-wissenschaftstheoretischen Aspekte, unter denen anscheinend Kosmologie nur möglich ist, klar herauszuarbeiten.

b) Urknall und Anfang

Akzeptiert man jetzt die Rotverschiebung als Dopplereffekt und darüber hinaus als eine durchgängige Eigenschaft des Universums, resultiert das bekannte Bild von der Expansion der Welt, verglichen mit einer explodierenden Granate, bei der ja auch die Sprengstücke, welche im Augenblick der Explosion die größere Geschwindigkeit erhielten, dann zu jedem Zeitpunkt nach der Explosion vom Ausgangspunkt je am weitesten entfernt sind, und zwar ebenfalls in linearer Relation. Aus dem Geschwindigkeitsfeld eines solchen auseinanderfliegenden Komplexes, d. h. der Kenntnis der aktuellen Abstände von einzelnen Stücken und ihrer jetzigen Geschwindigkeit, kann sofort der Zeitpunkt der Explosion bestimmt werden, und es ergibt sich mit den gegenwärtig am zuverlässigsten bestimmten Entfernungen der Zeitpunkt von 10 Milliarden Jahren in der Vergangenheit. In ungenauer Ausdrucksweise spricht man vom Anfang der Welt, vom Zeitpunkt des sogenannten „Urknalls".

Der weitaus größte Teil heutiger kosmologischer Denkbemühungen orientiert sich an diesem Bilde vom Universum, wobei das Hauptargument ist, daß nur zu ihm solche Wege führen, die mit klassisch-physikalischen Denkmitteln auskommen, vor allem der Deutung der Rotverschiebung als Doppler-Effekt; denn die Rötung des Lichtes als einfache Wechselwirkung zwischen Licht und Raum zu interpretieren, wäre natürlich ein Effekt, der in der klassischen Physik nicht unterzubringen wäre.

Andererseits ist aber der Michelsonsche Versuch auch nicht in der klassischen Physik unterzubringen, so daß die Rötung als nichtklassischer Effekt kein Argument wäre. Weiter durchbricht das Modell des expandierenden Alls das kosmologische Prinzip (S. 179), wenigstens in seiner allgemeinsten Anwendung, denn es gibt hier für die Zeit einen ausgezeichneten Punkt, den Anfang. Das kosmologische Prinzip ist nicht mehr konsequent angewandt.

Die Fragen nach dem „Warum" des Urknalls in einem physikalischen Sinne, d. h. dem „Woher" der dazu nötigen Energien, bleiben offen, ebenso diejenigen nach dem, was „vor" dem Urknall war, mit anderen Worten, was „Anfang" hier heißen soll. Schließlich ist nicht gesagt, wie der Urzustand zu denken ist, innerhalb dessen der Urknall sich „ereignet", obwohl, wie noch zu zeigen sein wird, die Kosmologie des Werdens (S. 183) hier etwas weiter gekommen ist. So scheint der Preis für das Verbleiben innerhalb klassischer Deutungen der Rotverschiebung nicht gerade gering.

Das veranlaßt dann auch den bekannten sowjetischen Kosmologen V. A. Ambarzumjan und seine Mitarbeiter wohl bis heute, jenes Bild des expandierenden Universums abzulehnen (II. 1, S. 125). Es wird dabei von der allerdings wieder nicht denknotwendigen Konzeption ausgegangen, daß die Gesamtheit der Galaxien, an denen bisher die Rotverschiebung gemäß Abb. 1 beobachtet ist, eine Art metagalaktisches System bildet, ein Übersystem, etwa nach dem Prinzip des hierarchischen Aufbaus im Charlierschen Weltmodell (1. Teil, Abb. 3), von denen es dann viele geben soll.

Damit wird die Vorstellung verbunden, daß sich die postulierte Metagalaxis in einer Auseinanderbewegung befindet, ohne daß ein zentraler Anstoß stattgefunden hätte, wie es das Modell der Expansion voraussetzt. Es handelt sich lediglich um ein einfaches Auseinanderlaufen in einer Strömung, welche durch das allgemeine Gravitationsfeld des Alls gegeben ist (S. 191). Um sich dieses Modell zu veranschaulichen, denkt man sich eine langsam strömende Wasseroberfläche, auf welche einige schwimmende Stoffstückchen gestreut sind. So bilden diese zunächst eine zusammenhängende Gruppe, die mehr oder minder geschlossen, mit der Strömung weiterwandert. Im Lauf des Strömens wird man aber beobachten, daß die Gruppe sich immer mehr lockert und auseinanderläuft. Die einzelnen Partikel entfernen sich immer mehr voneinander, was, hier im Bilde, der Expansion der Metagalaxis entsprechen soll.

V. A. Ambarzumjan ist der Begründer der Idee der Sternassoziationen, lockerer Gruppen von Sternen, welche an bestimmten Stellen mehr oder minder gleichzeitig entstanden sind und nun von ihrem Entstehungsort aus sich langsam entfernen und auseinanderlaufen. In diesem Aspekt will er auch die als Expansion interpretierten Bewegungen der Metagalaxis, der Gesamtheit der im Augenblick beobachtbaren Galaxien mit ihrem Rotverschiebungsphänomen, sehen.

Gegen diese Gedankengänge lassen sich wieder Einwände erheben (s. II. 6). So kann mit den heutigen Beobachtungmöglichkeiten z. B. die Gesamtheit der beobachteten Galaxien als eine Metagalaxis nicht nachgewiesen werden. Es führte jedoch zu weit, das alles an dieser Stelle zu diskutieren, es soll damit nur an einem aktuellen Beispiel dargestellt sein, daß auch bei Deutung der Rotverschiebung als Dopplereffekt das Expansionsbild bis heute nicht die einzige Alternative ist. Der wissenschaftstheoretische Grund ist das Übertragungsprinzip, das, da es nicht notwendig ist (s. Kontingenz, s. S. 162), immer wieder neue Positionen zur Deutung der Rotverschiebung zuläßt (s. hierzu auch II. 12, S. 141 ff.).

Vorstehendes könnte den Eindruck erwecken, als wenn es um die Kosmologie nicht besonders gut bestellt sei, wo sich doch offenkundig die Fragen türmen, noch bevor die eigentliche Kosmologie entfaltet ist, denn zunächst handelt es sich immer noch um die Interpretation der Betrachtungsgrundlagen. Im 1. Teil (S. 163 ff.) ist bereits darauf hingewiesen worden, daß die Kosmologie mit der Frage nach dem Ganzen des Alls aus sich heraus die gleiche Situation entwickelt, wie sie in der Philosophie schon seit eh und je besteht. Die Philosophie, die auch in irgendeiner Form das Ganze der Wirklichkeit zum Gegenstand hat, und die Groß-Strukturen betreffen das Ganze des Alls. Es läßt sich nicht alles im Sinne einer Denknotwendigkeit entscheiden, und wie die Philosophie muß auch die Kosmologie mit einer Vielfalt von Aspekten leben.

Diese Vielfalt ist mit der Sache selbst gegeben. Gerade in dem Expansionsbild mit dem konzentrischen Anstoß vor 10 Milliarden Jahren, wird das besonders deutlich. Da dieses Bild im Augenblick am besten die gegenwärtigen Beobachtungen in ihrer Gesamtheit darzustellen erlaubt, sind seine philosophisch-wissenschaftstheoretischen Aspekte von besonderer Bedeutsamkeit. So problematisiert das Expansionsbild insbesondere den Begriff des Anfanges. Es ist darunter zunächst nur der Zeitpunkt des Expansionsbeginns gemeint, aber natürlich geht der Frageimpuls weiter:
- Handelt es sich um die Entstehung der Welt, ihre Schöpfung?
- Ist die Welt damit als endlich erwiesen?
- War es ein „Urzustand"?

Zu letzterem kann heute die Kosmologie des Werdens einiges sagen, was später dargestellt wird, was aber prinzipiell die Frage nach dem Anfang angeht, so ist daran zu erinnern, daß die in Rede stehende Kosmologie eine mathematische Wissenschaft ist, d. h. zugewandt der Maß-Struktur der Wirklichkeit.

Im 1. Teil ist dargelegt (S. 3ff.), daß eine Maß-Wissenschaft den Träger der Maß-Struktur, welcher sie zugewandt ist, mit ihren Methoden nie erreichen kann. Er ist eine Qualität, die unvermeidbar in den Aussagen über die Maß-Struktur vorkommt. Die gesamte Grundlegung der Kosmologie ist durch diesen Umstand gekennzeichnet.

Die Maß-Struktur-Aussage des Expansionsbildes erschöpft sich in der Einsicht, daß der Anfang der Expansion bei 10 Milliarden Jahren in der Vergangenheit liegt.* Die Qualität des hier sich zeigenden Anfanges liegt jenseits der Maß-Struktur, also z. B. Schöpfung, Entstehung u. a., und damit auch jenseits der Aussagemöglichkeit einer mathematischen Kosmologie.

Das Expansionsbild, der Urknall, führt das Denken in ganz eigentümliche Schwierigkeiten, die sich zwar philosophisch-wissenschaftstheoretisch aufhellen, aber nicht beseitigen lassen.

Denkt man sozusagen das expandierende All in den Zeitpunkt der 10 Milliarden Jahre hinein, so hat man einen singulären Punkt und darüber hinaus eine singuläre Situation. Das All ist auf irgendeine Weise ein

* Neuere Messungen kommen zu 20 Milliarden Jahre. Das berührt die prinzipiellen Zusammenhänge nicht.

„Punkt“, der Raumbegriff versagt, oder wie man sonst es formulieren mag. Es gibt bis jetzt keine mathematische Beschreibung der Urknall-Situation, eine solche müßte ganz und gar singulär sein.

Das erscheint zunächst ziemlich wirr, aber man kann zu einer gewissen Klarheit gelangten, wenn man überdenkt, was das Ganze eigentlich mathematisch bedeutet.

Der singuläre Punkt einer mathematischen Funktion ist definiert als eine Stelle, wo die Funktion unbestimmt wird, d. h., sie hat entweder keinen endlichen Wert oder mehrere (S. 178f.). Bedeutet dann die Funktion einen physikalischen Zusammenhang, so heißt das, dieser wird „unbestimmt“, die Mathematik „versagt physikalisch“ (S. 150ff., S. 87/88ff.). Man kann daher sagen: Der Anfang, der Urknall im Expansionsbild ist die Situation des „Unbestimmten“. Das ist die mathematische Situation, und nicht nur diese, sondern auch allgemein diejenige des Intellektes gegenüber Anfang und Urknall vor 10 Milliarden Jahren: Es repräsentiert sich ein zeitlicher Horizont des Unbestimmten, der jedenfalls bis jetzt nicht überwunden wurde.

Aus der Frühe abendländischen Denkens ist der bemerkenswerte Umstand überliefert, daß man hier bewußt und mit Akzent das Unbestimmte an den Anfang der Welt setzte. Anaximander (S. 9) nannte das ἄπειϱον das Unbestimmte, Unbegrenzte, Unendliche. Etwas primitiver sprach Thales hier das Wasser an, damit ein Letztes setzend, das zum Grenzenlosen, Allesdurchdringenden tendiert. Anaxagoras hatte den νοῦς als Letztes, den Geist, der alles ordnet und leitet (S. 12), von dem aber ausdrücklich gesagt wird, daß er ein nicht durch Grenzen Bestimmtes sei. So repräsentiert der „Anfang“ abendländischer Denkbemühungen eine Ausgangsbasis der Weltbetrachtung, die in ihren Denkstrukturen fast identisch ist mit dem Urknall als Anfang heute. Es ist schwer zu sagen, was mehr die Bewunderung verdient, einmal die gewaltigen Einsichten in das All auf der Basis der notwendigen technischen Entwicklungen, welche zum Expansionsbild führen mit der singulären Position des Anfanges und die intellektuellen Anstrengungen des abendländischen Geistes hierzu, oder aber die Rückkehr des gleichen Geistes in seine Anfänge der Weltbetrachtung; denn das ἄπειϱον des Anaximander, das Unbestimmte des Thalesschen Wassers oder das Unbegrenzte des Anaxagorasschen νοῦς sind nichts anderes, als was sich im Bereich der Maß-Struktur in der Singularität des Zeitpunktes der 10 Milliarden Jahre repräsentiert: Das Unbestimmt-werden des mathematischen Formalismus und der Aussagen.

Die geistige Situation um den Urknall hängt aufs engste mit jener Denkstruktur zusammen, die unter dem Terminus „theologia negativa“ bekannt ist (S. 24ff.), d. h. dem Versuch, durch negative Beschreibungen zu begrifflichen Formulierungen zu kommen. Im 1. Teil ist dargelegt, wie sehr diese Denkstruktur die Grundlegung der mathematischen Kosmologie durchzieht.

Mit dem Urknall drängt sich diese Denkstruktur wieder ganz massiv in den Vordergrund; denn letzten Endes kann nur, vom Mathematischen angefangen bis hin zu irgendwelchen (vielleicht nicht verstandenen) bildlichen Vorstellungen, gesagt werden, daß nichts Bestimmtes vorhanden ist; es wird nur formuliert, was nicht ist (z. B. kein Raum, ein Punkt u. ä.), aber nicht, was ist. Die Wirklichkeit ist noch da, aber sie ist intellektuell nicht bestimmbar. Wenn Philon (S. 59) vom Letzten als einem ἄποιον (einem, das keine „Eigenschaft" hat) spricht, Scotus Eriugena (877 n. Chr.) das Letzte das Bestimmungslose nennt und Nikolaus von Kues dieses als nicht in Begriffe faßbar bezeichnet, so ist durch alles dies genau die Denkstruktur gezeichnet, welche den Urknall impliziert.

Für den Bereich der Maß-Struktur führt also der Urknall in das mathematisch Unbestimmte, in die Singularität, und soweit es die Maß-Struktur betrifft, bleibt vorläufig nichts anderes übrig, als diese Situation bestehen zu lassen. Es ist diejenige des Nichtverstandenen, worüber im 1. Teil (S. 82) ausführlich gehandelt wurde.

Will man hier mehr, dann muß man den Bereich der Maß-Struktur verlassen und anderen Denkwegen folgen.

So sind z. B. rein theologische Formulierungen getroffen worden im Sinne einer Schöpfung oder eines Weltenanfanges. Beides kann in Zusammenhang damit gebracht werden, ist aber nicht denknotwendig, und es kann nicht Sinn und Aufgabe dieser Darlegungen sein, darauf einzugehen.

Aber es besteht trotzdem Veranlassung, einiges klarzustellen: V. A. Ambarzumjan bezieht sich bei seiner, dem Urknall-Bild entgegengesetzten Konzeption (S. 38) ausdrücklich auf den „Idealismus", wie es in der Terminologie der östlichen Ideologie heißt, d. h. den seiner Ansicht nach damit gegebenen Ausblick auf Weltenschöpfung und Anfang (= Endlichkeit) der Welt. Er legt großen Wert darauf, daß in seiner Konzeption der expandierenden Metagalaxis dieser Ausblick nicht resultiere, was übrigens richtig ist. – Zu der Auseinandersetzung der Ideologie mit den modernen kosmologischen Strömungen sei auf die umfangreichen Untersuchungen von S. Müller-Markus (II. 7) verwiesen. –

Die moderne christliche Theologie versteht heute, unabhängig von konfessionellen Positionen, unter „Schöpfung aus dem Nichts" per definitionem den Umstand, daß Gott die Welt nicht wie ein Demiurg (S. 22 ff.) aus einem vorhandenen chaotischen Urstoff geschaffen habe, d. h. aus Etwas, was unabhängig von ihm schon vorher da war. In „Schöpfung aus dem Nichts" ist ausschließlich dieser Aspekt verneint, ohne jede weitere positive Gegenaussage. Es handelt sich um eine Aussage, einen Schöpfungsbegriff, welcher in der Denkstruktur der theologia negativa wurzelt, die Schöpfung wird hier in der gleichen Weise im Unbestimmten gesehen, wie es der mathematischen Kosmologie mit ihrem Urknall bis heute nun einmal beschieden ist. Infolgedessen ist es völlig abwegig, im Urknallbild eine Stütze des Theologischen bzw. umgekehrt zu sehen. Freilich muß das eine auch akzentuiert gesagt sein, das Nichtverstandene (S. 82) begleitet heute den Gang naturwissenschaftlicher Forschung wie der Schatten das Licht; die Konturen dieses Schattens scheinen immer schärfer zu werden, je mehr heutige Wissenschaft vorschreitet, und das betrifft auch und gerade die Kosmologie heute. Es ist die Situation des „großen Schweigens" (S. 90), wie W. Stegmüller es formuliert hat.

Eine weitere Klarstellung bezüglich des Theologisch-Philosophischen scheint hinsichtlich des Begriffes der Ewigkeit, einer „ewigen Welt" erforderlich. Daß die östliche Ideologie das Bedürfnis hat, die „Ewigkeit" der Welt zu behaupten, ist verständlich, sie gäbe sich sonst selbst auf. Aber die Frage steht generell, was „ewig" heißen soll.

Nicht nur über die Zeit haben sich die alten Theologen viele Gedanken gemacht (S. 73 ff.), sondern auch über den Begriff der Ewigkeit. Boethius, ein Neuplatoniker (450 n. Chr.), hat zuerst die Problematik gesehen. Er definierte Ewigkeit als „possesio vitae, simul tota et perfecta", d. h. „Besitz des Lebens, in einem ganz und vollkommen". Man sieht sofort, Ewigkeit ist hier als eine Qualität definiert (S. 3 ff.). Die Definition hat mit Zeit und Zeitmessung überhaupt nichts zu tun, obwohl natürlich vita, Leben, immer auch in der Zeit ablaufen muß. Die Definition liegt also außerhalb der Maß-Struktur der Wirklichkeit und damit außerhalb des Erkenntnisgriffes mathematischer Kosmologie, als eines der Maß-Struktur der Wirklichkeit zugewandten denkerischen Bemühens. Im Sinne des Boethius hat der Urknall mit Ewigkeit überhaupt nichts zu tun; d.h., man kann aus ihm nicht eine „nichtewige" Welt ableiten.

Das ist auch sofort einsichtig: Es besteht hier wegen der Maß-Struktur die wissenschaftstheoretische Situation der Singularität, des ἄπειρον des Unbestimmten; und es wird später noch diskutiert, was aus den heutigen Gegebenheiten der Expansion über ihre Dauer, eventuell ihre Umkehr (Kontraktion) u. a. gesagt werden kann. Mehr als Spekulationen können hier allerdings nicht angestellt werden!

Thomas von Aquin hat nun jenen Gedanken des Boethius aufgegriffen und eine bemerkenswerte Unterscheidung zwischen Ewigkeit und unendlicher Zeit getroffen. Beides ist nicht dasselbe, Ewigkeit ist eine Qualität und infolgedessen nicht meßbar, nicht in irgendwelche Intervalle einteilbar, wie es schon in des Boethius Formulierung heißt. Dagegen kann sehr wohl die Zeit gemessen werden, sie ist in Intervalle einteilbar. Es kann nun nur eine der beiden folgenden Möglichkeiten eintreten, daß ein Zeitabschnitt entweder endlich ist, d. h. in nur „endliche viele" Intervalle einteilbar, oder aber daß dergleichen nicht zutrifft, daß ein Etwas aus „unendlich vielen" Zeitintervallen besteht; es könnte dann eine unendlich lange Zeit, „immer", bestehen, ohne deshalb „ewig" zu sein.

Nach Thomas kann so die Welt immer bestehen, d. h. in unendlich viele Zeitintervalle ihrer Dauer nach einteilbar sein, ohne daß dies mit der Ewigkeit Gottes etwas zu tun hat. Sie kann grundsätzlich nicht ewig sein, weil sie meßbar ist, eine Dauer an sich trägt, welche in Intervalle einteilbar ist, was einem Ewigen grundsätzlich nicht zukommt. Thomas führt dann sogar einen „Beweis" an, wonach aus der Wirklichkeit, so wie sie jetzt gegeben ist, keine Entscheidung darüber gefällt werden könne, ob ihre Dauer in endlich oder unendlich viele Zeitintervalle einteilbar, sie „immer" ist oder nicht. (Diese Gedankengänge sind dargelegt in der Summa Theologica, I, 46, 2.)

Demnach kann aus dem Urknall, als der Maß-Struktur des Alls verhaftet, grundsätzlich nicht auf eine immerwährende oder nicht immerwährende Dauer des Universums geschlossen werden, wie es ja auch der tatsächlich heute gegebenen Situation entspricht. Es bestünde z. B. die Möglichkeit eines pulsierenden Alls, d. h. die derzeitige Expansionsbewegung könnte sich umkehren. Auch das Weltmodell der Steady-State-Theorie (S. 289) hat mit der Ewigkeit der Welt nichts zu tun und betrifft nicht theologische Fragen, wie oft gemeint wird.

Diese Fragen sind wichtig und in der Persontiefe des Ich, des Humanum verankert. Aber in diesem Buche handelt es sich um eine wissenschaftstheoretisch-philosophische Durchleuchtung und Darstellung eines Problemkreises, welcher der Maß-Struktur der Wirklichkeit zugewandt ist, und daher soll die vorstehend versuchte Klarstellung genügen.

c) Die Rotverschiebung und der Problemkreis der Bewegung

Im 1. Teil ist ausführlich (S. 78 ff.) die Problematik der Bewegung dargelegt, wie sie aus dem Ergebnis des Michelsonschen Versuches resultiert. Angesichts der Rotverschiebung und deren Deutung als eines Bewegungsphänomens stellt sich diese Problematik von neuem und unter anderen Aspekten.

Es kann, so scheint es, bis jetzt keine sinnvolle Ursache für den Expansionsbeginn im Horizont der 10 Milliarden Jahre angegeben werden; Bewegung ist schließlich nur dann „verstanden", wenn man eine Ursache dafür angeben kann (S. 84 ff.). Nun liegt dieses eigentümliche Phänomen eines generellen „Bewegungsfeldes" vor, welches (nach dem Übertragungsprinzip) für das ganze All gilt, dieses voll umfaßt und ihm seine Gesetze „aufzwingt“.

Zu nennen ist zunächst die Hubble-Konstante H, benannt nach dem Entdecker des Gesetzes der Rotverschiebung der Galaxien (Abb. 1). Sie ist in bezug auf Abb. 1 gegeben durch

(19) $$V = H \cdot r$$

V ist in km/sec die Geschwindigkeit auf Grund der Rotverschiebung, r die Entfernung in Megaparsec (S. 194). H bedeutet nichts anderes als die Neigung der geraden Linie in Abb. 1 zu den Koordinatenachsen. H gibt sozusagen den Geschwindigkeitszuwachs in der Expansionsbewegung der Galaxien an, wie sie sich durch die Rotverschiebung zeigt. Nach den modernsten Werten kann sie mit

(19a) $$H = 75 \text{ km/sec/Megaparsec}$$

angegeben werden, d. h. der Geschwindigkeitszuwachs mit wachsender Entfernung beträgt pro Sekunde 75 km pro Megaparsec.

Sofort kann wissenschaftstheoretisch-philosophisch – nicht mehr astronomisch, denn das liegt jenseits der Maß-Struktur – die Frage gestellt werden, warum sich gerade der Wert (19a) und kein anderer ergibt. Ist das Expansionsbild richtig, dann ist hier dem Universum als Ganzem (Übertragungsprinzip, S. 176ff.), eine quantitative Qualität aufgeprägt.

Schlicht kann hier ein logischer Widerspruch, eine contradictio in adjecto, gesehen werden, denn eine qualitative Quantität gibt es bestenfalls nur insofern, als jede Maß-Struktur eines Trägers bedarf (S. 4ff.).

Hier aber liegt eine andere Situation vor. Im Expansionsbild wäre die ganze stoffliche Wirklichkeit durch eine Zahl, die über das Bewegungsfeld der Expansion eine qualitative Eigenschaft des Alls konstitutiert, geprägt.

Es sind dies genau die Gedanken der Pythagoräer (S. 18ff.), welche die Zahl zum Konstituens der Wirklichkeit machten. Wie die Zahlenverhältnisse in den Saitenlängen der Leier diese erst zur Leier machen, zu dem Musikinstrument, welches sie spezifisch ist, so macht (19a) das generelle Bewegungsfeld des Alls, das sich in der Rotverschiebung ausdrückt, zu dem, was es ist.

Das durch die Rotverschiebung gegebene generelle Bewegungsfeld umfaßt nicht alle Bewegungen des Milchstraßensystems, der Galaxien. Jede einzelne Galaxie hat außerdem noch ihre eigene, sogenannte Eigenbewegung. So bewegt sich z. B. der Andromedanebel, die unserer Galaxis am nächsten stehende Milchstraße, in einer Entfernung von 1,8 Millionen Lichtjahren, mit etwa 1000 km/sec auf unsere Galaxis zu; sie beteiligt sich

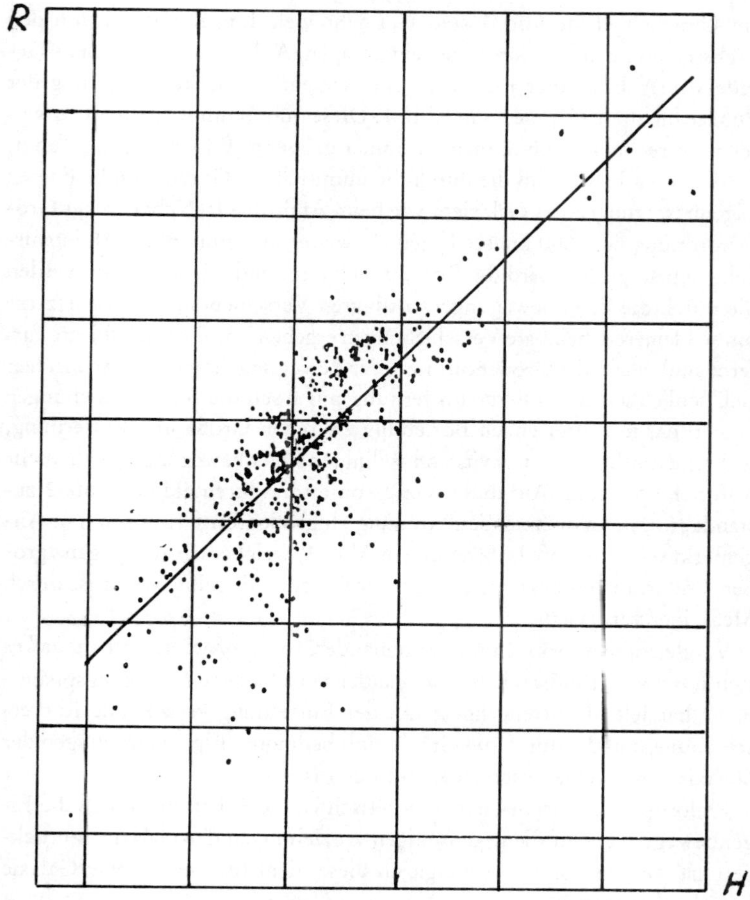

Abb. 2: Rotverschiebung und Helligkeiten für einzelne Galaxien

also – vordergründig gesehen – gar nicht an der allgemeinen Expansion, die sich in der Rotverschiebung ausdrückt.

Es sind also diese Eigenbewegungen der Galaxien von dem generellen Feld der Rotverschiebung zu unterscheiden. Diese Eigenbewegungen werden durch die gegenseitigen Gravitationskräfte verursacht, welche die Galaxien, unabhängig von der allgemeinen Expansion, aufeinander ausüben.

Abb. 2 zeigt die Zusammenhänge; sie repräsentiert im Prinzip dasselbe wie Abb. 1. Auf der Ordinate sind die (Expansions-)Geschwindigkeiten als Rotverschiebung R abgetragen, auf der Abszisse die Entfernungen, repräsentiert durch die Helligkeiten H an der Sphäre (scheinbare Helligkeiten).

Im Unterschied zu Abb. 1 sind hier sehr viele Einzelgalaxien, von den nächsten bis zu den entferntesten eingetragen. Abb. 2 zeigt die analoge Gerade wie Abb. 1; aber man sieht eine wesentlich stärkere Streuung der Punkte um diese Gerade als in Abb. 1. Diese nimmt um so mehr ab, je weiter nach rechts in Abb. 2 man zu immer größeren Entfernungen gelangt.

Man weiß heute, daß die durch die unmittelbare Gravitation bedingten Eigenbewegungen der Galaxien, wie beim Andromeda-Nebel, in der Größenordnung der 1000 km/sec liegen. Je weiter man nun in das All hinausgeht, um so größer wird die Rotverschiebung, und um so kleiner werden die durch die Eigenbewegungen bedingten Verschiebungen, weil letztere um so kleinere scheinbare Verschiebungen ergeben je weiter die Objekte entfernt sind, wenn die Größenordnung der Bewegung dieselbe ist. So machen sich schließlich in größerer Entfernung nur noch die Rotverschiebungen bemerkbar mit ihrer engen Beziehung zwischen Größe und Entfernung, während die durch die Gravitation bedingten Eigenbewegungen nicht mehr wahrnehmbar sind. Auf diese Weise kommt das Streubild der Abb. 2 zustande, mit der abnehmenden Streuung zu großen Entfernungen hin. Angemerkt sei noch, daß die Streuung in Abb. 1, welche sich auf die ganz großen Entfernungen bezieht, entlang der Geraden dieselbe ist, sie ist durch Meßfehler verursacht.

Vergleicht man Abb. 1 und 2 miteinander, so ist sofort ersichtlich, daß es sich um zwei grundsätzlich voneinander verschiedene Bewegungsphänomene handelt: die streng linear mit der Entfernung verlaufende Rotverschiebung und die durch die Gravitation bedingten Eigenbewegungen der Galaxien, wo keine Systematik zu finden ist.

Philosophisch-wissenschaftstheoretisch ist die Situation so, daß die Eigenbewegungen auf die gegenseitigen Anziehungen der Galaxien zurückgeführt werden können, wenngleich diese nicht für die einzelne Galaxie berechenbar sind.

Dem aber steht das generelle durch (19a) beherrschte Bewegungsfeld gegenüber, wo die Ursache der Bewegung in den nicht verstandenen (S. 197ff.) Urknall zurückverlegt werden muß. Der Unterschied zwischen beiden Bewegungsarten – obwohl es sich rein ontologisch, den Seinsbezügen nach, in beiden Fällen um Ortsveränderung handelt – kommt in dem unterschiedlichen Erscheinungsbild der Abb. 1 und 2 deutlich zum Ausdruck.

Die Eigenbewegungen sind, als durch Gravitation bewirkt, prinzipiell verstehbar. Das Bewegungsfeld der Rotverschiebung aber kommt aus der Singularität, d. h. der Unbestimmtheit.

Unbestimmtheit heißt auch immer „nicht-verstanden". Im 1. Teil (S. 78ff.) ist dargelegt, wie in der Minkowsky-Welt durch das Additionstheorem (18) der Geschwindigkeiten Bewegung zu einem Problem wird. Einen Bewegungsvorgang versteht man nur dann, wenn man weiß, wodurch er ausgelöst ist. Die Formel (18) der Minkowsky-Welt macht da einen Strich durch die Rechnung (Abb. 6 in Teil 1), und seither besteht eine eigentümliche Offenheit im Phänomen der Bewegung.

Es könnte nun sein – und das sei hier nur als Denkmöglichkeit dargestellt –, daß man es, nachdem Bewegung infolge des Michelsonschen Versuchs nicht verstanden ist, dabei beläßt und zwei Arten von Bewegungen unterscheidet: einmal solche, wo eine Ursache erkennbar ist, und sie wenigstens von daher verstanden sind, das wären die Eigenbewegungen der Galaxien (Abb. 2). Zum anderen Bewegungen, bei denen ein Bewegungsanstoß nicht bekannt, vielleicht gar nicht vorhanden ist, sondern die einfach in die Seinsbezüge des Alls einbezogen, diesem sozusagen eingeboren sind. Letzteres äußerte sich dann in der Rotverschiebung.

Mindestens entspricht eine solche ontologische Unterscheidung der gegenwärtigen Erkenntnislage; denn die Ursache des Urknalls kann nicht angegeben werden. Zwar nicht begründend, aber doch die genannte Möglichkeit unterstreichend, wäre der Umstand, daß innerhalb des kosmologischen Denkbemühens allgemein gilt, daß ein statisches Universum nur schwer verstehbar ist, was vor allem mathematische Gründe hat.

Angemerkt sei auch noch, daß die Expansion einer Metagalaxis, wie V. A. Ambarzumjan es darstellt (S. 198), auch nur schwer mit den strengen Beziehungen zwischen Entfernung und Geschwindigkeit vereinbar ist, wie sie in Abb. 1 und 2 zum Ausdruck kommen.

Den Gedanken, Bewegung als der Wirklichkeit eingeboren anzusprechen, hat bereits Heraklit (S. 10) mit seinem πάντα ῥεῖ formuliert. Die Denkhaltung heutiger Kosmologie, daß das All als ein statisches nur schwer verstehbar sei, entspricht dem. Heraklit hat nicht nach dem Woher von Bewegung gefragt, sondern den λόγος konstruiert, der lediglich die Bewegung regelt und sie in Ordnung hält, damit kein Chaos entsteht. Heraklit sah, daß es vom Wesen her Bewegung an sich nicht gibt, daß sie eines Trägers bedarf und einer Regelung, die nicht aus ihr selbst kommt. Alles dies findet sich im Expansionsbild wieder. Die Regelung geschieht durch (19 a), und der Träger ist jenes Urgebilde als Ausgang, über welches die später zu behandelnde Kosmologie des Werdens Aussagen zu machen versucht.

Der Aspekt des Urknalls, das Sich-Auseinanderbewegen des Alls als Ganzes, führt den forschenden Intellekt in eine analoge Situation, wie sie beim geozentrischen Weltbild schon bei den Alten bestand und von diesen auch klar erkannt wurde (S. 16 ff.). Es ist sehr lehrreich, die Situation um den Urknall philosophisch-ontologisch mit derjenigen der Geozentrik bei den Alten zu vergleichen.

5. Urknall und Geozentrik

Urknall bzw. Rotverschiebung beherrschen gegenwärtig die moderne mathematische Kosmologie, so wie das geozentrische Weltbild das naturwissenschaftliche Denken des Altertums und des Mittelalters beherrscht hat. Die Geozentrik ist die einzige Kosmologie oder besser kosmologische Konzeption des Altertums und Mittelalters, welche nach Zielsetzung und Umfang mit der heutigen Kosmologie verglichen werden kann.

Es ging bei der Geozentrik der Alten, wie auch heutiger Kosmologie, um ein Gesamtverständnis des Alls, auch sie war auf die Maß-Struktur der Wirklichkeit bezogen, ging es doch um die Vorausberechnung der Planetenbewegungen und des Sternenhimmels allgemein, wenn auch vornehmlich zu astrologischen Zwecken. Beide nehmen auch Bezug auf die Groß-Strukturen des Universums; denn auch die intellektuellen Bemühungen der Alten griffen nach diesen, wenngleich im Bilde der Geozentrik.

Da ist zunächst der „singuläre Punkt", die Erde im Zentrum des Alls. Auf sie ist alles bezogen – bis in das Theologische hinein –, wie heute das ganze All auf die Situation des Urknalls hin interpretiert wird; denn nichts anderes bedeutet (19a).

Die Singularität wurde vorhin als das Unbestimmte umschrieben, wovon die Urknall-Position des Alls, wie dargelegt, beherrscht ist. Wenn jetzt von einer analogen Situation bei der Geozentrik die Rede ist, so kommt es dabei auf die bei den Alten zutage tretenden Denkstrukturen an, nicht auf den Inhalt der Aussagen selbst.

Mit der Erde selbst, dem Weltzentrum, tat sich die Geozentrik immer schwer, wie heute die Kosmologie mit der physikalischen Situation des Urknalls. Sie wurde zuerst als eine Scheibe angesehen; zwar setzte sich schon bei den Ioniern der Gedanke der Kugelgestalt durch, weil als Bewegung der kugelig gedachten Fixsternsphäre eine Kugelgestalt der Erde adäquater war, aber die Problematik blieb bis zu den Entdeckungsreisen des ausgehenden Mittelalters bestehen.

Die Unbestimmtheit, d. h. die Problematik der Geozentrik, analog zur Situation des Urknalls, kommt insbesondere darin zum Ausdruck, daß die Stellung der Erde als Mittelpunkt des Alls vor allem im griechischen Kulturkreis immer wieder bezweifelt wurde; aber die Gedanken setzten sich nicht durch, und auch Kopernikus war sich ja der Tatsache bewußt, daß seine Heliozentrik nicht von ihm als erstem formuliert wurde. Das kann im einzelnen hier nicht erörtert werden, nur auf die Analogie sei aufmerksam gemacht: Daß die Singularität der Erdposition die Geozentrik in ähnlicher Weise in Unruhe hielt wie diejenige des Urknalls das heutige Expansionsbild. Es soll jetzt der Vergleich geistesgeschichtlich nicht zu weit getrieben werden; aber vielleicht ist doch die Bemerkung angebracht, daß, wie jene Unruhe die Geozentrik nicht zum Einsturz brachte, so auch zunächst bis jetzt nicht die Problematik des Urknalls das Expansionsbild. Hier besteht eine weitere Analogie zur Geozentrik, wenn man wissenschaftstheoretisch den Begriff des „Modelldenkens" heranzieht, was später bei der Kosmologie des Werdens geschehen soll.

Man darf gerade von der Gegenwart aus, wo es selbstverständlich ist, daß die Geozentrik nicht der Realität entspricht, nicht vergessen, daß diese sehr wohl in der Lage war, weite Bereiche des damals bekannten Alls im intellektuellen Erkenntnisgriff zu halten.

Durch Jahrhunderte war es möglich, mit der Geozentrik, wenn auch mit Schwierigkeiten, die Kalender aufzustellen; man hatte die jährlichen Bewegungen der Planeten im Rahmen der damaligen Meßgenauigkeiten im Griff. Das ist trotz der unzutreffenden Geozentrik möglich, da es nur auf die (im klassischen Sinne) relativen Bewegungen der Planeten und der Sphäre in bezug auf die Erde ankommt (S. 17), nicht aber auf die innere Struktur des Weltgebäudes, die den Betrachtungen zugrunde gelegt wird. Auch heute noch benutzt man in der modernen Astronomie im Bereiche der sogenannten Astrometrie, der Bestimmung der Sternpositionen an der Sphäre und deren Veränderungen, (legitim) die geozentrische Position bis in den mathematischen Formalismus hinein. Es wäre einfach unzweckmäßig, es anders zu machen.

Es ist auch sofort einsichtig, weshalb so etwas möglich ist: Die Geozentrik ist ein kosmischer Entwurf, das Ganze des Alls betreffend, die Planetenbewegungen sind nur ein Teil dieses Ganzen, und sie passen wegen der (klassischen) Relativität sowohl in das geozentrische wie in das heliozentrische System (s. S. 149).

Die Geozentrik der Alten lehrt eindringlich – und das ist ihre geistesgeschichtlich zeitlose Bedeutung –, daß in einem das Ganze anstrebenden Weltentwurf durchaus einzelne Strukturen eben dieses Ganzen intellektuell beherrscht werden können, obwohl die Grundkonzeption falsch ist. Die Geozentrik zeigt weiter, daß es sich dabei nicht um nebensächliche Zusammenhänge zu handeln braucht, sondern durchaus um Groß-Strukturen im früher definierten Sinne (S. 185 ff.), wie es die Planetenbewegungen für den geozentrischen Entwurf waren.

Es wird später an einzelnen Beispielen dargelegt, wie moderne kosmologische Weltmodelle in der Lage sind, Groß-Strukturen intellektuell zu fassen. Für die Geozentrik war dies von Anfang an die Möglichkeit, die Planetenbewegungen an der Sphäre durch die sogenannte Epizycel-Theorie rechnerisch und den qualitativen Seinsbezügen der unmittelbaren Beobachtung nach zu beherrschen, was hier im einzelnen nicht dargelegt werden kann (S. II.5, S. 1–139).

Schwierigkeiten bezüglich der Singularität der Erde traten bereits bei Hipparch (150 v. Chr.) auf. Dieser sah sich nämlich genötigt, die Erde nicht mehr ganz genau im Zentrum des Alls zu belassen, sondern diese für die Planetenbewegungen ein wenig daraus hinaus zu rücken (S. 16ff.). Die ideale und strenge Geozentrik war im System selbst damit bereits durchbrochen, weil das System als Ganzes nicht stimmte. Aber dieser Gedanke gelangte geistesgeschichtlich zu keiner Bedeutung.

Bemerkt sei, daß auch des Kopernikus heliozentrische Konzeption mit den Planetenbewegungen an der Sphäre bis ins Numerische hinein die gleichen Schwierigkeiten hatte wie die alte Geozentrik. Die Ursache war hier, daß Kopernikus noch die Bahnen der Planeten um die Sonne als Kreise postulierte, was erst Kepler durch die Erkenntnis korrigieren konnte, daß die Planetenbahnen Ellipsen sind.

Wie der Urknall steht auch die Geozentrik im Banne der Frage nach der Ursache von Bewegung. Es wurde bereits (S. 207) der Gedanke geäußert, die Expansionsbewegung als der Wirklichkeit von vornherein immanent zu interpretieren und nicht im klassischen Sinne nach einer Ursache zu fragen.

Welche Stellung die Geozentrik bezüglich dieser Frage einnahm, ist im 1. Teil (S. 16ff.) dargestellt. Sie ist mit dem Problem, genau wie die moderne mathematische Kosmologie, nicht fertig geworden. Aristoteles postulierte einen ersten unbewegten Beweger, welcher nicht der Welt angehört. Er bewegt die Sphären (insbesondere die erste, die Fixsternsphäre) wie „Das Geliebte das Liebende", welche ihre Bewegung auf die anderen Planetensphären überträgt (Metaphysische Schriften, 1072/b 3). In seinen späteren Schriften hat Aristoteles dann für jede Sphäre einen Beweger angenommen.

Wichtig ist hier die Aussage über die Weise der Bewegung. Sie ist dem humanen Bereich entnommen, jenseits jeglicher Maß-Struktur. Das bedeutet, der geozentrische Weltentwurf verzichtet in der Gestalt des Aristoteles auf die intellektuelle Erfassung des Alls ausschließlich durch die Maß-Struktur, obwohl das damals natürlich nicht bewußt war.

Auch das sollte man in der modernen Kosmologie in bezug auf den Entwurf der Alten beachten: Wenn auch wohl das gegenwärtige Expansionsbild das zweckmäßigste ist, so muß doch bemerkt werden, daß hier gegenüber den vorhin besprochenen Alternativen (S. 195ff.) intellektuelle Entscheidungen in bezug auf Qualitäten vorliegen; der Dopplereffekt ist ontologisch eine Qualität und ebenso die in der Diskussion postulierte Annahme der Rötung des Lichtes durch den Raum, wobei dann das Qualitative darin liegt, daß der Raum eine Eigenschaft bzw. Möglichkeit besitzt, das Licht zu röten. So ist die Entscheidung zwischen jenen Alternativen eine Entscheidung zwischen Qualitäten, und der Rotverschiebung, und damit dem Expansionsbild, es liegt somit eine (nicht denknotwendige) Qualität zugrunde, wie schon bei Aristoteles auch. Hier besteht wieder eine Gemeinsamkeit trotz aller so grundsätzlichen Verschiedenheit (geistesgeschichtlich wie sachlich) zwischen den beiden Entwürfen. Die Frage nach dem Ganzen gestattet dem Intellekt offensichtlich nicht, im Quantitativen zu verharren, womit dann unvermeidbar die Berührung mit wissenschaftstheoretischen bzw. philosophischen Problemkreisen gegeben ist.

Wenn schließlich Aristoteles den ersten Beweger außerhalb der Welt verlegt, so bedeutet das den Verzicht einer Erklärung der Bewegungen aus dem All selbst heraus. Ebenso weiß die heutige Kosmologie keine Antwort auf die Ursache des Urknalls, und es sieht nicht so aus, als wenn sie eine solche finden würde.

6. Die Hintergrundstrahlung

Im Jahre 1965 wurde eine Zufallsentdeckung gemacht, die heute als Hintergrundstrahlung bezeichnet wird (s. S. 186). Sie stellt sich als eine weitere Groß-Struktur des Alls im oben definierten Sinne dar (siehe hierzu und zum gesamten Gebiet der Radioastronomie: I.4, S. 108ff.).

Schon lange kennt man den elektrischen Ofen, auch Hohlraumstrahler genannt. Sein Aufbau ist in Abb. 3 links skizziert, und zwar nur insoweit, als es zum Verständnis des folgenden erforderlich ist (s. II.2, S. 578). Ein völlig geschlossener kleinerer Raum ist mit (praktisch) gegen Wärme völlig isolierten Wänden umgeben, so daß kein Wärmeaustausch zwischen Raum und Außenwelt stattfinden kann. In die Wände sind Drahtspulen eingelassen, welche die Wände elektrisch auf hohe Temperaturen aufheizen können. Man hat dann einen völlig geschlossenen Raum, in den seine heißen oder glühenden Wände Strahlung aussenden, die aber ganz in dem Raum verbleiben muß und keine Energie nach außen abgeben kann. D. h., die gesamte ausgesandte Strahlung der Wände wird auch wieder absorbiert; denn es bildet sich, wenn die Temperatur der Wände lange genug konstant gehalten wird, ein Strahlungsgleichgewicht aus, in welchem die jeweils ausgestrahlte Strahlung auch wieder absorbiert wird. Einen Körper mit solcher Eigenschaft, der genausoviel Strahlung absorbiert, wie er auch aussendet, bei dem das Verhältnis der einfallenden Strahlung zur ausgesandten Strahlung (= Absorptionsvermögen) 1 ist, nennt man einen schwarzen Körper und die von ihm ausgehende Strahlung eine schwarze Strahlung.

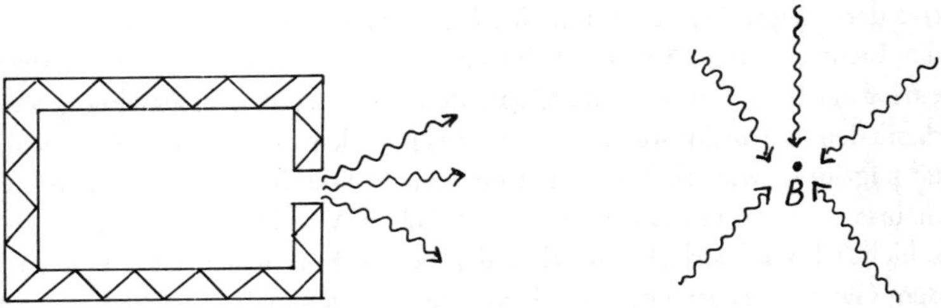

Abb. 3: Hohlraumstrahler und Hintergrundstrahlung

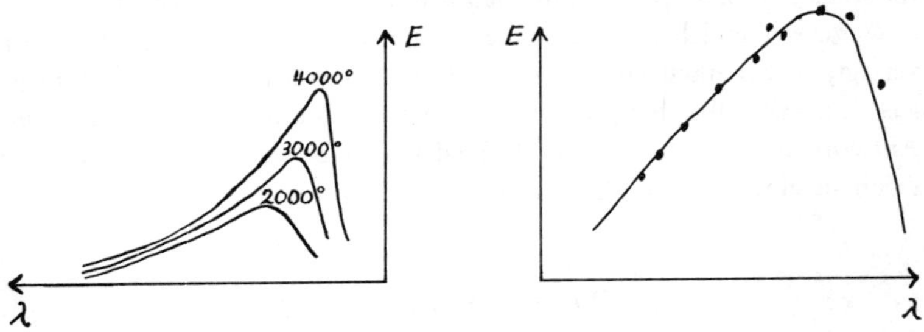

Abb. 4: Links Energieverteilung Schwarzer Strahlung für 4000°, 3000°, 2000°; rechts dasselbe für 2°.3 mit den Meßpunkten der Hintergrundstrahlung

Wird nun in den Ofen ein kleines Loch gebohrt, das so klein ist, daß es die Vorgänge im Inneren praktisch nicht stören kann, tritt aus dem Hohlraumstrahler eine schwarze Strahlung aus, welche gemessen, analysiert und im Spektralapparat in die einzelnen Wellenlängen zerlegt werden kann wie das Sonnenlicht auch. Für jede Wellenlänge kann die Energie gemessen werden, die sie mit sich führt. Trägt man nun in einem Diagramm (links in Abb. 4) die Wellenlängen (λ an der Abszisse): die Energie E an der Ordinate auf, so ergibt sich eine für schwarze Strahlung charakteristische Kurve, wobei ein strenger Zusammenhang zwischen dem Maximum (= Wellenlänge mit der meisten Energie) und der Temperatur der Strahlung, die durch die meßbare Temperatur des Ofens bekannt ist, besteht. Das nennt man das Wiensche Verschiebungsgesetz. Für jede schwarze Strahlung kann man also aus der Lage des Maximums die Strahlungstemperatur bestimmen. Diese ist um so geringer, bei je größeren Wellenlängen das Maximum liegt. Bei der Sonne z. B., die wie alle Sterne schwarze Strahler sind, liegt das Maximum nahe dem Gelb (die Sonne ist ein gelber Stern), was einer Strahlungstemperatur von 6000° entspricht. M. Planck gelang es zuerst, diese Kurven zu erklären, womit in einem die Begründung der heute bereits als klassisch bezeichneten Quantenmechanik verbunden war. Auch beherrscht man heute vollständig, warum die Sterne schwarze Strahler sind (s. II. 2, S. 578 ff.).

Die genannte Zufallsentdeckung bestand in der Auffindung einer sehr kalten schwarzen Strahlung, die gleichmäßig von allen Teilen der Sphäre einfällt, an kein Objekt gebunden ist und auch keinerlei Schwankung unterliegt, die daher Hintergrundstrahlung genannt wird. Ihre Temperatur liegt bei 2°.7 über dem absoluten Nullpunkt, d. h. bei ~ – 270° Celsius. Das Energiemaximum liegt daher im Bereich der Zentimeterwellen und ist nur der Radioastronomie zugänglich, der diese Entdeckung zu verdanken ist. Rechts in Abb. 4 ist die Energiekurve der Hintergrundstrahlung nach dem neuesten Stande der Forschung dargestellt (s. I. 4, S. 112). Die Punkte sind Meßpunkte, die Kurve ist die theoretisch für 2°.7 Kelvin ermittelte. Wichtig ist, daß Meßpunkte rechts und links vom Maximum liegen, was zu erreichen zunächst nicht möglich war. Erst dadurch war gesichert, daß es sich dem Charakter nach um eine schwarze Strahlung handelt.

In Abb. 3 ist rechts B ein Beobachter; auf ihn fällt von allen Richtungen eine Strahlung, welche auch aus dem Ofen links kommen könnte, könnte man ihn auf nur 2°.7 Kelvin aufheizen. Das ist technisch nicht möglich, aber, wie vorhin dargelegt, beherrscht man die schwarze Strahlung heute so weit, daß für jede Temperatur die Kurve für schwarze Strahlung sicher angegeben werden kann.

Abb. 3 repräsentiert unmittelbar das Ungewöhnliche und Besondere der in Rede stehenden Entdeckung: Wie kommt das All dazu, eine Strahlung zu enthalten, die völlig gleichmäßig in ihrer Verteilung im Raum und unabhängig von allen stofflichen Gebilden in ihm, auch von einem Ofen (Hohlraumstrahler) ausgesandt werden könnte? Im Raum gibt es keine Hohlraumstrahler oder Wände. Es muß sich hierbei also um etwas dem Universum Immanentes handeln. Dieser Schluß gilt natürlich nur bei (stillschweigender) Benutzung des Übertragungsprinzips (S. 176).

Es liegt nun nahe – und eine andere Konzeption scheint sich bisher nicht abzuzeichnen –, die Hintergrundstrahlung, als ein das All gleichmäßig erfüllendes Strahlungsfeld von 2°.7 über dem absoluten Nullpunkt, mit dem Ereignis des Urknalls in Verbindung zu bringen, dem Expansionsbild, d. h. mit dem Unbestimmten (S. 197 ff.) des Universums. Den später zu behandelnden, hier als Kosmologie des Werdens (S. 181) bezeichneten Konzeptionen gelang es, eine Verbindung zwischen der Hintergrundstrahlung heute und dem Urknall herzustellen.

Zusammenfassend kann gesagt werden, daß gegenwärtig vier Groß-Strukturen des Alls bekannt sind, an denen keine Kosmologie vorbeigehen kann, die Kraftfelder (elektromagnetisches Feld und Gravitationsfeld), Stoffverteilung, Rotverschiebung und Hintergrundstrahlung. Hierbei handelt es sich jedenfalls um diejenigen Strukturen mit der größten wissenschaftstheoretischen und philosophischen Brisanz. Durch sie repräsentieren sich gegenwärtig die mathematisch-kosmologischen Denkbemühungen unter den Aspekten einer Kosmologie der Homogenität und einer solchen des Werdens.

III. KAPITEL: DIE KOSMOLOGIE DER HOMOGENITÄT

1. *Denkwege*

Im 1. Teil (s. S. 139) ist dargestellt, wie die Grundlegung der mathematischen Kosmologie (Schema VIII, rechts unten) in die Notwendigkeit mündet, auf der Basis der Riemannschen Geometrie geeignete $g_{\mu\nu}$ zu finden (Formel (31), 1. Teil). Dadurch wird die Raumstruktur festgelegt und damit auch das physikalische Geschehen, da die $g_{\mu\nu}$ mit physikalischem Inhalt gefüllte mathematische Symbole sind. Es bedarf natürlich noch weiterer mathematischer Beziehungen, wie sie u. a. in den Einsteinschen Feldgleichungen niedergelegt sind.

Die mathematische Kosmologie, welche sich in unmittelbarem Anschluß an die im 1. Teil dargelegten Gedankengänge entwickelt hat, heißt heute auch relativistische Kosmologie, weil ihr die Denkmanipulationen der Relativitätstheorie zugrunde liegen. Daneben gibt es noch die sogenannte Newtonsche Kosmologie und die vor allem von Milne entwickelte kinematische Kosmologie und unabhängig davon, als neuesten Zweig, die durch die Entdeckung der Hintergrundstrahlung ausgelöste Kosmologie des Werdens. Eine Sonderstellung nimmt demgegenüber die Steady-State-Theorie ein.

Die einzelnen Entwürfe widersprechen sich nicht unbedingt; sie unterscheiden sich jeweils anders in dem Versuch, das All als Ganzes in den Griff zu bekommen, wie schon beim von Seeligerschen Satz im Gegenüber zum Charlierschen Weltmodell (S. 50 ff.). Ihre Vielfalt entspricht derjenigen der Philosophie (S. 169 ff.), wo auch die einzelnen Systeme sich mindestens nicht in allem widersprechen und mehr Gemeinsames haben, als der Außenstehende oft meint. Als eine Einführung ist das im folgenden Dargestellte naturgemäß eine engbegrenzte Auswahl mit besonders markanten philosophischen bzw. wissenschaftstheoretischen Aspekten in den in Rede stehenden Denkbemühungen.

Diese sind ausschließlich durch die Interpretation der Rotverschiebung als Dopplereffekt bestimmt, d. h. durch das Expansionsbild des Alls. Die Gedanken V. A. Ambarzumjans (S. 207) haben sich bis jetzt nicht durchsetzen können, wie auch in der Philosophiegeschichte mancher Gedanke nicht zum Zuge kommt. Dadurch wird zunächst das Längenelement ds^2

(Formel (31) im 1. Teil) in seiner mathematischen Struktur bestimmt (Schema III, Mitte links und Schema VIII rechts unten).

Der Michelsonsche Versuch führte zu der Invarianten (S. 64ff.):

$$(20)\quad x^2 + y^2 + z^2 - c^2 \cdot t^2 = x'^2 + y'^2 + z'^2 - c^2 \cdot t'^2.$$

Sie ist das Abstandselement ds^2 zwischen Punkten (= Ereignisse) der vierdimensionalen Minkowsky-Welt; sie ist invariant gegen die Transformations-Gruppe (15) in Teil 1, die die hyperbolische Geometrie repräsentiert. Ein Abstand zwischen zwei Punkten einer Mannigfaltigkeit ist eine objektive Eigenschaft der Mannigfaltigkeit und muß unabhängig von Koordinatensystemen sein.

Es ist das Strukturprinzip der Relativitätstheorie und der an sie anschließenden Kosmologie, die Naturgesetze unabhängig von Koordinatensystemen zu formulieren (S. 115ff., Schema V). Infolgedessen werden die Längenelemente in freier Setzung (S. 149ff.) so gewählt, daß eine Analogie zu der im Experiment (Michelsonscher Versuch) bestätigten Beziehung (20) im Rahmen der allgemeinen Riemannschen Geometrie besteht. (20) wird verbunden mit dem Expansionsbild (Rotverschiebung).

Abb. 5 dient dazu, dies zu erläutern. Bei der Expansion erhebt sich die Frage, ob nicht doch die Erde oder überhaupt der Beobachter ausgezeichnet werden, wenn sich von ihm aus alle Galaxien fortbewegen. Man könnte meinen, daß damit praktisch zur Geozentrik zurückgekehrt werde und das Homogenitätspostulat (S. 179ff.) nicht mehr anwendbar sei.

Dem ist jedoch nicht so. Es läßt sich eine Denkkonstruktion angeben, wo in einer geometrischen Mannigfaltigkeit sich alles von allem fortbewegt, ohne daß ein ausgezeichneter Punkt innerhalb der Mannigfaltigkeit als Zentrum der Auseinanderbewegung existiert.

Die zu P konzentrischen Kreise in Abb. 5 sollen einen Schnitt durch einen Luftballon in drei verschiedenen Stadien während des Aufblasens bedeuten. P_1, P_2 und P_3 seien Punkte auf der Ballonoberfläche beim geringsten Ballonvolumen I. Wird nun der Ballon aufgeblasen, so verschieben sich im Stadium II bzw. III die drei Punkte in I nach P_1', P_2', P_3' bzw. P_1'', P_2'', P_3''. Es ist nun leicht einzusehen, daß von jedem der drei Punkte aus gesehen sich die beiden anderen fortbewegen, man braucht nur die Entfernungen der Punkte auf den einzelnen Kreisen in Abb. 5 miteinander zu vergleichen. Trotzdem gibt es auf der Ballonoberfläche kein Zentrum der Auseinanderbewegung. Dieses ist vielmehr das Ballonzentrum P, welches der Oberfläche nicht angehört. Es ist weiter auch so, daß, wenn man sich den Übergang von einem Kreis als Ballonschnitt zu dem nächsten als kontinuierliche Bewegung denkt, die Auseinanderbewegung um so schneller ist, je größer die ursprüngliche Entfernung der jeweiligen Punkte ist, da die Posi-

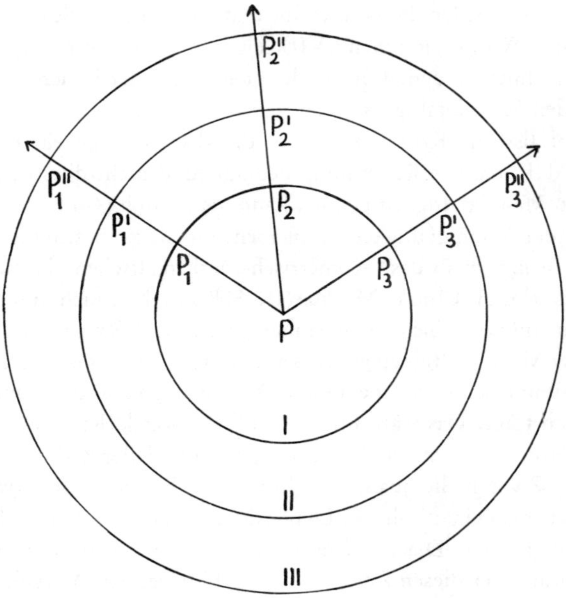

Abb. 5: Modell einer zweidimensionalen Expansion ohne Mittelpunkt

tionen auf den größeren Kreisen alle gleichzeitig erreicht werden müssen, und die erreichten Entfernungen sind um so größer, je größer die ursprüngliche Entfernung ist.

Abb. 5 soll zunächst nicht mit der Wirklichkeit in Verbindung gebracht werden, sondern eine logische Möglichkeit aufweisen, die dann im All eventuell realisiert sein könnte. Offensichtlich ergibt sich diese dadurch, daß ganz allgemein der Radius eines Kreises nicht auch dessen Bestandteil ist; er ist lediglich zu dessen Konstitution nötig.

Den Geometer braucht das wenig zu kümmern, sein Gegenstand ist nicht die ontologische Struktur des Kreises. Die Geometrie ist hauptsächlich als Maß-Wissenschaftlich anzusehen, wenn sie sich vielleicht auch von allen Maß-Wissenschaften am stärksten im Qualitativen bewegt (S. 169 ff.). Den Seinsbezügen nach wäre also ein Kreis – auch als ideales Gebilde der Geometrie – ein Etwas, das nur dadurch möglich wird, daß es etwas gibt, was nicht zu ihm gehört, ihn aber gerade „möglich macht" bzw. „erhält".

In der Geometrie umgeht man diese Problematik, indem allgemein eine „Krümmung" definiert wird. Für die allgemeine Riemannsche Geometrie ist sie durch (48) im Schema VIII angegeben. Der Kreis ist in diesem Aspekt eine eindimensionale Mannigfaltigkeit mit „konstanter Krümmung". Seine

Krümmung ist in jedem Punkt dieselbe und durch die Größe des Radius zu 1/r bestimmt. Wie (48) in Schema VIII zeigt, kann die Krümmung allein aus den g_{ik} berechnet werden, d. h. aus der inneren geometrischen Struktur der betreffenden Mannigfaltigkeit.

Obwohl also die Krümmung nicht denkbar ist ohne ein Etwas, das krümmt, d. h. das die Krümmung bedingt, und nicht direkt zu der gekrümmten Mannigfaltigkeit gehört, kann man durch (48) in Schema VIII innerhalb der Mannigfaltigkeit verbleiben, um sie zu bestimmen.

Damit ist innerhalb des Geometrisch-Mathematischen ein qualitativer Bezug gegeben. H. Conrad Martius (III. 3) hat in ihrer nicht immer glücklichen Naturphilosophie den Gedanken geäußert, daß wenn es die Krümmung einer Mannigfaltigkeit gebe, es auch etwas geben müsse, in das hinein diese gekrümmt sei, d. h. eine höhere Dimension, als sie die Mannigfaltigkeit an sich trägt. Das wäre für die eindimensionale Kreisperipherie die zweidimensionale Ebene, in der sie liegt, der ja auch der Radius des Kreises angehörte. Zwar nicht quantitativ-formal, wohl aber qualitativ-ontologisch bedarf man einer höheren Dimension, als sie die jeweils gekrümmte Mannigfaltigkeit hat. Die mathematische Kosmologie kann sich – und setzt sich – legitim über diesen Zusammenhang hinweg, eine Vorgehensweise, derer sich eine philosophisch-wissenschaftstheoretische Analyse nicht bedienen kann.

In Abb. 5 ist das Expansionsbild eindimensional dargestellt, nämlich auf den konzentrischen Kreisen, wie analog das Resultat des Michelsonschen Versuches und die Transformationsformeln im 1. Teil (Formeln (14 a) bzw. (15). In beiden Fällen wird die Eindimensionalität überschritten: Im ersten Falle muß die Zweidimensionalität der Ebene in Anspruch genommen werden, um das Expansionsbild zu erzeugen, die (geometrischen) Abstände der Punkte auf den Kreisen und den Radius, der mit der Zeit von Kreis zu Kreis wächst. Beim Michelsonschen Versuch muß die rein räumliche Dimension mit derjenigen der Zeit verbunden werden. Jedes Mal ist also die Raumdimension, in der der jeweils beschriebene Sachverhalt stattfindet, um eine weitere Dimension überschritten.

2. *Die relativistische Kosmologie*

a) Statische Modelle

Im Anschluß an (20) und unter dem Aspekt der in Abb. 5 vorgenommenen Denkkonstruktion wird hier für das Längenelement ds im allgemeinen der Ansatz gemacht:

(21) $d^2s = dt^2 - R^2(t) \cdot d^2\sigma; \quad d^2\sigma = g_{ik} \cdot dx^i \cdot dx^k \quad (i, k = 1 \ldots 4)$.

(Zur Schreibweise s. Schema II und V, S. 115.)

Es handelt sich also um vierdimensionale Raum-Zeit-Welten, wie die Minkowsky-Welt (S. 63 ff.), die sich in einen zeitlichen und einen räumlichen Teil gliedern (Lichtgeschwindigkeit $c = 1$).

Die der Beobachtung zugänglichen Phänomene sind in dem Teil $R^2(t) \cdot d^2\sigma$ beschrieben. R(t) ist zunächst nicht „physikalisch" zu deuten, sondern einfach als eine mit der Zeit t veränderliche numerische Größe anzusprechen. Das „Raumelement" $d\sigma$ dehnt sich gemäß R(t) gleichmäßig in allen drei Raumkoordinaten (Richtungen) aus, wie es bei der Deutung der Rotverschiebung als Expansionsbewegung sein muß. Wenn die zweite Gleichung rechts in (21) eine „endliche Weltkugel" repräsentieren soll, was ja durch die freistehende Wahl der g_{ik} ohne weiteres möglich ist (S. 144 ff., S. 150 ff.), kann man R(t) als „Weltradius" interpretieren, wie es in Abb. 5 für den eindimensionalen Fall dargestellt ist, denn hier wächst der Radius von Kreis zu Kreis (proportional zur Zeit oder nach irgendeiner anderen zeitlichen Funktion).

Im Falle, daß R(t) der „Weltradius" ist, gehört er der „Welt", innerhalb deren sich die legitime Physik, Chemie und Biologie bewegen, nicht an, so wie der Radius eines Kreises diesem nicht angehört. Es wäre dann so – eindimensional dargestellt –, daß sich auf den Kreisen der Abb. 5 das physikalische Geschehen, die „Wirklichkeit" (als ein Zusammen von Wirkungen), abspielt; und die, wenn man so will, im Radius R angesiedelte Zeit wäre an sich außerhalb der räumlich-geometrischen Zusammenhänge der Welt. Sie greift nur dadurch in letztere ein, daß gemäß der Zeit der Radius wächst und damit die Krümmung abnimmt, wie Abb. 5 zeigt. Dadurch kommt dann das Expansionsbild zustande, ohne Bewegungszentrum in der zugänglichen Welt.

Jedoch ist bei solchen Überlegungen Vorsicht geboten, und es muß die Frage gestellt werden, wieweit man die an sich reine Denkkonstruktion der Abb. 5 mit realem physikalischem Inhalt füllen soll. Es besteht hier nämlich die Gefahr eines Spielens mit der „vierten Dimension" und all dem unseriösen Hokuspokus, der oft damit verbunden ist.

Allgemein ist R(t) in (20) nichts anderes als ein zeitabhängiger Zahlenfaktor, welcher in der mathematischen Beschreibung des Expansionsbildes die dreidimensionale zugängliche Welt sich gleichmäßig ausdehnen läßt. Das Ganze repräsentiert natürlich eine vierdimensionale Mannigfaltigkeit, wo jedes Element (Punkt) durch die Koordinaten x, y, z, t festgelegt ist, was man auch „Ereignis" nennt (S. 63 ff.).

Letzten Endes stellt (21) nur eine Beschreibung des Expansionsbildes in mathematischer Sprache dar, ohne dieses zu erklären. Etwas anderes ist auch nicht möglich; denn die Frage nach dem Warum der Expansion ist nicht beantwortet (S. 197ff.) und die relativitische Kosmologie verzichtet darauf. Man kann aus (21) nur ablesen, daß die Expansion nicht aus den Komponenten g_{ik} des räumlichen Anteils der vierdimensionalen Welten (21) ableitbar ist, denn der Faktor R(t) steht als Multiplikator „neben" dem der Beobachtung zugänglichen räumlichen Anteil $d\sigma$ in (21). Das ist analog dem Umstand, daß ein Expansionsbild ohne Zentrum der Expansion einer weiteren Dimension bedarf, als es diejenige repräsentiert, in der sich die Expansion ereignet (Abb. 5). So steht das Nicht-Verstandene (S. 82ff.) bereits in diesen Denkmodellen, bevor sie noch konstruiert sind.

Das ist in voller Analogie zu den Systemen der Philosophie; Thomas von Aquin sagt von vornherein, daß die Welt ein Geheimnis sei; Hegel erklärt nicht, warum die Wirklichkeit dialektisch gebaut ist; der dialektische Materialismus weiß nicht, warum die Atome gerade so strukturiert sind, wie das der Fall ist – alles ähnlich wie in der mathematischen Kosmologie auch. Das scheint die Schicksals-Situation des menschlichen Intellektes zu sein, wenn er vor dem „Ganzen" der Wirklichkeit steht.

Diese Einführung, die Philosophisches und Naturwissenschaftliches in der modernen Kosmologie verklammern will, wäre, worauf nochmals hingewiesen sei, überfordert, wollte sie auch nur im entferntesten einen Überblick über die Kosmologie geben, so wie sie sich jetzt entwickelt hat. Es kann sich lediglich darum handeln, einzelne Modelle darzustellen, welche in besonderer Weise die philosophisch-wissenschaftstheoretischen Fragenkreise ansprechen.*

Eines dieser Weltmodelle ist dasjenige von de Sitter (III.2, S. 3). Das Prinzip ist, wie bei den meisten anderen Modellen der relativistischen Kosmologie auch, die Kombination der Einsteinschen Feldgleichungen (Schema VIII, rechts unten, Teil 1) bzw. von Modifikationen dieser mit (21). Dabei besteht eine völlige Freiheit des Geistes. Es kommt „nur" darauf an, eine solche Form für (21) und die Feldgleichungen zu finden, daß die jeweils entstehenden und physikalisch interpretierbaren Gleichungssysteme lösbar werden. – Dann hat man ein „Weltmodell" (1. Teil, S. 173ff.). Stellt man sich in der Philosophie dem Ganzen der Wirklichkeit, so ist die

* Zu einem weiteren Studium seien folgende Werke über die bereits zitierten hinaus angeführt, an welche sich die hier gegebene Darstellung anschließt: Achille Papapetrou, Lectures on General Relativity, Dordrecht, 1974. E. L. Schatzmann, Die Grenzen der Unendlichkeit. Struktur des Universums, Frankfurt, 1972. Jagant V. Narlikar, Lectures on General Relativity and Cosmology, London, 1979. William C. Saslaw und Kenneth C. Jacobs, The Energing Universe, Univ. Press of Virginia, 1972. H. Vogt, Außergalaktische Sternsysteme und Struktur der Welt im Großen, Leipzig, 1960.

Situation nicht anders, sieht man davon ab, daß es sich bei der Kosmologie um die Maß-Struktur der Wirklichkeit handelt (S. 1 ff.).

De Sitters Modell, das zu den ältesten in der Geschichte der Kosmologie gehört, geht von einer sphärischen vierdimensionalen Welt aus.

Man denke sich anschaulich eine Kugel im dreidimensionalen euklidischen Raum. Auf der Erde kennt jeder Längen- und Breitengrade, durch die ein Ort festgelegt ist. Das gilt natürlich für jede Kugel, und die entsprechenden Maße seien für das Folgende mit Θ und φ bezeichnet. Ist dann R der Radius der Kugel, so kann man auf ihr ein (gekrümmtes) Längenelement (Schema III) als Abstand zweier Punkte auf der Oberfläche ausdrükken durch:

(22) $$-\,ds^2 = R^2 \cdot (d\,\Theta^2 + \sin^2\Theta\, d\varphi^2)$$

(siehe z. B. III.16, S. 73). Θ und φ sind Winkelgrößen wie die Breiten- und Längenangaben auf der Erde auch.

Wichtig ist für das Folgende, daß man die Oberfläche einer Kugel als eine zweidimensionale Mannigfaltigkeit von Punkten ansprechen kann, welche einen endlichen Umfang, aber keine Grenzen hat. Die Größe der Oberfläche einer Kugel vom Radius R ist bekanntlich $4\pi R^2$. Aber die Kugeloberfläche hat innerhalb ihrer Zweidimensionalität keine Grenze, der jenen Umfang bestimmen würde. In der üblichen euklidischen Ebene, die unendlich ist, hat jedes endlich große Stück eine „Grenze", die Ebene selbst aber nicht. Bemerkenswert ist auch hier, daß man den Inhalt der Kugeloberfläche nur durch eine Größe bestimmen kann, den Radius, welcher der Oberfläche nicht angehört, eine analoge Situation wie sie schon in Abb. 5 dargestellt wurde.

Wie immer in der Geometrie kann man das dreidimensional Anschauliche verlassen und zu höheren Dimensionen übergehen; insbesondere kann zu (22) eine weitere Dimension hinzugenommen werden. Man hätte dann eine dreidimensionale Kugeloberfläche in einem vierdimensionalen „Raum" oder, besser, in einer vierdimensionalen „Mannigfaltigkeit". Anschaulich vorstellen kann man sich das nicht.

Um aber die mathematische Formel für ein solches (zunächst ideales) Gebilde zu finden, braucht man eine weitere Winkelkoordinate, etwa χ und (22) wird zu:

(23) $$-\,ds^2 = R^2 \cdot [d\chi^2 + \sin^2\chi \cdot (d\,\Theta^2 + \sin^2\Theta \cdot d\varphi^2)].$$

Analog kann man die Formel weiter entwickeln, d. h. eine vierdimensionale Kugel in einem fünfdimensionalen Raum durch Hinzunahme einer weiteren Winkelkoordinate ω; denn auf Kugeln kann man ja nur Winkelkoordinaten benutzen, wie man es von der Erde her kennt. Dann wird aus (23) durch Weiterbau, wenn man zunächst die vier Winkelkoordinaten ω, ζ, Θ, φ benutzt:

$$(24) \qquad ds^2 = R^2 \cdot \{d\omega^2 + \sin^2\omega \cdot [d\zeta^2 + \sin^2\zeta\,(d\Theta^2 + \sin^2\Theta \cdot d\varphi^2)]\}.$$

Um das Längenelement, den Abstand ds zweier Punkte auf einer anschaulichen Kugel auszudrücken, braucht man (22) zwei Winkelkoordinaten Θ, φ, für eine nicht mehr vorstellbare dreidimensionale Kugel (23), drei Winkelkoordinaten χ, Θ, φ und für eine vierdimensionale Kugel (24) vier. Da sowieso keine Anschaulichkeit mehr gegeben ist, wird im folgenden statt von Kugeln von Sphären bzw. sphärischen Räumen oder Mannigfaltigkeiten gesprochen. Es gilt auch hier alles, was bezüglich der in Abb. 5 dargestellten Denkkonstruktion dargelegt wurde.

In freier souveräner Setzung (1. Teil, S. 150ff.) bedient sich de Sitter der Sphäre (24). Um eine Raum-Zeit-Welt zu erhalten (S. 219), wird folgende Transformation von Koordinaten vorweggenommen:

$$(25) \qquad \begin{aligned} \sin\chi &= \sin\zeta \cdot \sin\omega \\ \tan i \cdot t &= \cos\zeta \cdot \tan\omega \end{aligned}$$

Sie sind nur ein anderer Ausdruck für:

$$(25\,a) \qquad \begin{aligned} \cos\omega &= \cos\chi \cdot \cos i \cdot t \\ \cot\zeta &= \cot\chi \cdot \sin i \cdot t \end{aligned}$$

(siehe hierzu z. B. III.16, S. 89). t ist die Zeitkoordinate, $i = \sqrt{-1}$.

Dann wird aus (24):

$$(26) \quad ds^2 = -R^2 \cdot d^2\chi - R^2 \cdot \sin^2\chi \cdot (d\,\Theta^2 + \sin^2\Theta \cdot d\varphi^2) + R^2 \cdot \cos^2\chi \cdot dt^2.$$

(26) repräsentiert eine vierdimensionale Raum-Zeit-Sphäre konstanter Krümmung (S. 217). Vom Stoff ist keine Rede, das Weltmodell ist massenleer.

Letzteres ist nicht ohne weiteres absurd; denn die mittlere Stoffdichte des Universums ist so gering, daß man das All als den Grenzfall einer gerade noch nicht stoffleeren Welt ansprechen kann (S. 192).

Das Modell (26) hat einen unmittelbaren Anschluß an (20): Den sogenannten „räumlichen Anteil", die ersten Glieder links in (26) und einen zeitlichen Anteil, das letzte Glied rechts in (26), analog zum Abstandselement der Minkowsky-Welt. Man sollte sich hier nicht allzuviel vorstellen, die Zeit ist sozusagen „mitgekrümmt"; denn (26) repräsentiert eine vierdimensionale sphärische Punktmannigfaltigkeit mit den Koordinaten χ, Θ, φ, t.

(26), wie erwähnt eines der ersten Modelle der Kosmologie nach ihrer Grundlegung, wäre vielleicht nicht besonders attraktiv, wenn es nicht einige bemerkenswerte Eigenschaften hätte.

$d\chi = d\Theta = d\varphi = 0$ bedeutet offensichtlich einen ruhenden Punkt, soweit der „räumliche Anteil" von (26) in Frage kommt; denn seine Koordinaten χ, Θ und φ ändern sich ja nicht. Für $d\chi = d\Theta = d\varphi = 0$ wird aber (26) zu:

$$ds = R \cdot \cos\chi \cdot dt. \tag{27}$$

(27 kann nun so interpretiert werden, daß für den Abstand zweier Punkte ds der Zeitunterschied dt von der „Entfernung" χ der beiden Punkte abhängt, und zwar wird dt um so größer, je größer χ wird ($\cos 90° = 0$, $\cos 0° = 1$). Hat man eine Uhr, die durch ihre gleichmäßigen Schläge dt angibt, so müssen diese mit wachsender Entfernung größer, d. h., die Uhr muß langsamer werden. Das würde für jeden Schwingungsvorgang, insbesondere auch für Licht, zutreffen. Das Licht müßte also länger schwingen, d. h. röter sein, von je weiter es herkommt. D. h., in dem Modell (26) gäbe es grundsätzlich eine Rotverschiebung, welche nicht durch Bewegung von Lichtquellen verursacht ist, sondern die sich aus der inneren Struktur des Modells (26) ergibt. Man kann es auch so ausdrücken: Die geometrische Mannigfaltigkeit (26) hat die Eigenschaft, das Licht zu „röten", die vorhin diskutierte Alternative zur Interpretation der Rotverschiebung als eines Bewegungseffektes des Alls als Ganzem (S. 195)!

Unabhängig davon repräsentiert sich hier auch wieder von Seeligers Satz (S. 48ff., S. 54ff.), daß physikalische Vorgänge und Raumstruktur nicht unabhängig voneinander sind.

Das de Sittersche Modell hat noch eine weitere Eigenschaft. Nimmt man in (26) die Substitution

$$r = R \cdot \sin\chi \tag{26a}$$

vor, so ergibt sich:

$$ds^2 = -\gamma^{-1} \cdot dr^2 - r^2 \cdot d\Theta^2 - r^2 \cdot \sin^2\Theta \cdot d\varphi^2 + \gamma \cdot dt^2, \tag{26b}$$

mit $\gamma = 1 - r^2/R^2 = 1 - \frac{1}{3}\lambda\, r^2$, wenn man zusätzlich noch $\lambda = 3/R^2$ setzt.

(26b) ist ersichtlich formal identisch mit Formel (51) Teil 1, Schema VII, dem stoffleeren Modell Einsteins zur Untersuchung der Bewegung eines Stoffpartikels unter der Einwirkung eines Gravitationsfeldes (S. 123ff.). (26b) kann geschrieben werden in der Form:

$$1 = -\gamma^{-1} \cdot \left(\frac{dr}{ds}\right)^2 - r^2 \cdot \left(\frac{d\Theta}{ds}\right)^2 - r^2 \cdot \sin^2\Theta \cdot \left(\frac{d\varphi}{dr}\right)^2 + \gamma \cdot \left(\frac{dt}{ds}\right)^2. \tag{27a}$$

Im Falle eines im räumlichen Bereich ruhenden Partikels folgt aus (27a) – die drei ersten Differentialquotienten verschwinden –:

$$\left(\frac{dt}{ds}\right)^2 = \gamma^{-1}. \tag{27b}$$

Verbindet man nun (27) mit der Formel (45), 1. Teil, für die kürzeste Verbindungslinie (Geodätische) zweier Punkte, so ergibt eine formale Rechnung (s. z. B. 1. Teil, II.5, S. 82ff. und S. 161ff.):

$$(28)\qquad \frac{d^2r}{ds^2} = -\left[\frac{1}{3}\cdot\lambda\cdot r \Big/ \left(1-\frac{1}{3}\cdot\lambda\cdot r^2\right)\right]\cdot\left(\frac{dr}{ds}\right)^2 - r\cdot\left[1-\frac{1}{3}\cdot\lambda\cdot r^2\right]\cdot \left(\frac{d\varphi}{ds}\right)^2 + \frac{1}{3}\cdot\lambda\cdot r\cdot\left[1-\frac{1}{3}\cdot\lambda\cdot r^2\right]\cdot\left(\frac{dt}{ds}\right)^2.$$

Für den Fall eines auf der Geodätischen ruhenden Partikels verschwinden wieder die räumlichen Differentialquotienten, d. h. $\frac{dr}{ds} = \frac{d\varphi}{ds} = 0$, und mit (27b) folgt

$$(29)\qquad \frac{d^2r}{ds^2} = \frac{1}{3}\cdot\lambda\cdot r^2,$$

d. h. (29) repräsentiert eine „Beschleunigung“, die proportional einer Entfernung r ist. Die Bewegung wird also um so schneller, je weiter der Partikel vom Beobachter entfernt ist, d. h., es müßte eine Rotverschiebung beobachtet werden.

So steht schon am Anfang der Entfaltung der Kosmologie über ihre Grundlagen hinaus ein Weltmodell, zu dessen innerer Struktur eine Rotverschiebung gehört. Dieses Modell war als Denkmöglichkeit entdeckt worden, bevor die Rotverschiebung (S. 194ff.) der Galaxien durch die Beobachtung nachgewiesen werden konnte.

Das ist auf der einen Seite vielleicht frappierend, andererseits jedoch repräsentiert sich die Rotverschiebung in einer Ambiguität. Sie tritt mit (27) als „Zeitveränderung“ auf und in (29) als eine Veränderung durch „Bewegung“. Das muß stehengelassen werden, die Ursache des Effektes tritt im Modell sowieso nicht hervor. Hier repräsentiert sich u. a. das grundsätzliche Problem von Bewegung in Zusammenhang mit der Rotverschiebung (S. 207ff.). Schließlich ist das Modell stoffleer, wofür man zwar anführen kann, daß die Welt diesbezüglich einen Grenzfall darstellt, aber vielleicht ist gerade diese Grenzsituation für jede Kosmologie der Homogenität die entscheidende Schwierigkeit. Wie später zu zeigen ist, betrifft das die Kosmologie des Werdens wesentlich weniger.

So kann man an de Sitters Modell vieles aussetzen – wie analog an jedem philosophischen System auch – und das trotz seiner, wenn man so will, „Vorhersage“ der Rotverschiebung.

Im vorstehenden sind, wie auch bei der Darstellung der Grundlegung heutiger mathematischer Kosmologie, nur die wesentlichen mathematischen Denkschritte skizziert. Das darüber hinausgehende rein mathematisch Formale ist fortgelassen, und es sei auf die Literatur verwiesen (z. B. 1. Teil, II. 5, S. 82 ff., S. 155 ff.). Die Formeln (24) bis (29) im vorstehenden sind ein Beispiel dafür, was im Zusammenhang mit der Grundlegung als Sprechen mit der Wirklichkeit in mathematischer Sprache bezeichnet wurde (S. 144 ff., und Schema IX, S. 150 ff.). Sieht man vom mathematischen Formalismus ab, so unterscheidet sich dieses Modelldenken heutiger Kosmologie in Denkstruktur und Denkhaltung in nichts von demjenigen bei philosophischen Systemen (S. 181).

De Sitters freie Konzeption der sphärischen Mannigfaltigkeit (24) ist, um dies als Beispiel zu nehmen, zwar keine Dialektik, ist aber als Idee und Versuch einer Weltinterpretation analog dem dialektischen Prinzip Hegels (S. 39 ff.). Dessen Interpretationsversuch, dargestellt am Bild von Keim und Pflanze, ist ein Denkentwurf, der sich in seinen logischen Strukturen in nichts von (24) unterscheidet; denn jene dialektische Idee ist genau so ursprünglich eine freie Setzung wie (24) auch, wofern man darunter eine (hypothetische) reale Welt versteht. Wie (24) sich gegenüber der Realität bewähren muß, so auch Hegels dialektischer Erklärungsversuch. Da besteht auch bei Hegel die Problematik, ob alle Bezüge der Wirklichkeit dialektisch sind. Ist z. B. eine Polarität, etwa das Gegenüber von Nord- und Südpol bei der Magnetnadel, ein dialektischer Bezug im Aspekt von Gegensätzen? Ist das dialektische Prinzip vielleicht nur anwendbar auf die menschliche Gesellschaft und die Geschichte, aber nicht auf die Natur? – Offene Fragen an Hegels System bis heute! Dem entspricht in de Sitters Modell die Stoffleere. Unmittelbare sachliche Zusammenhänge gibt es hier nicht, aber sehr wohl das Faktum nicht „erledigter" Fragen, die bestehen seitdem es beide „Systeme", das philosophische und das mathematisch-kosmologische, gibt. Bemerkt sei noch, daß de Sitters Modell auch in einer anderen Geometrie als (26) dargestellt werden kann (s. III. 10).

Vor de Sitter hatte Einstein ein Modell konstruiert, das als „Einsteinsche Zylinderwelt" in die Geschichte der mathematischen Kosmologie eingegangen ist. Wiederum geht dieses Modell von dem Ansatz aus:

$$(30) \qquad ds^2 = -R^2 \cdot d\chi^2 - R^2 \cdot \sin^2\chi \cdot (d\Theta^2 + \sin^2\Theta \cdot d\varphi^2) + dt^2,$$

wobei die Lichtgeschwindigkeit gleich 1 gesetzt ist. Der Vergleich mit (26) zeigt, daß hier die Zeit nicht in die Krümmung einbezogen ist, t ist unabhängig von den Winkelkoordinaten im Gegensatz zu (30). Im Bilde kann man sich diese Welt zweidimensional als einen Hohlzylinder vorstellen, dessen Achse die Zeitachse der Welt wäre. Dieses Modell ist völlig statisch, und eine Rotverschiebung hat in ihm keinen Platz. (30) wird mit den Einsteinschen Feldgleichungen (65) (Schema VIII) kombiniert, wodurch das Modell eindeutig bestimmt ist. Hierauf kann nicht näher eingegangen werden (s. hierzu 1. Teil, II.5, S. 159ff.). Das Modell ist nicht stoffleer, weil der Materietensor (S. 160ff.) in (65), Schema VIII, nicht verschwindet.

Natürlich befriedigt Einsteins Modell nicht, weil es im Gegensatz zu de Sitters Modell eine völlig statische Welt repräsentiert. Man kannte ja auch die Rotverschiebung noch nicht. Einsteins Modell ist ein charakteristisches Beispiel dafür, wie mit einem Male in der Wirklichkeit nicht gesuchte, nicht erwartete Erfahrungen von ihr gemacht werden, welche ganze Gedankensysteme erschüttern. Nichts anderes begegnet auch den Systemen der Philosophie, und, wie man deshalb die Philosophie nicht abschafft, so auch nicht die Kosmologie. Zwar ist es nichts Besonderes, daß in der Forschung neue Entdeckungen und Erfahrungen frühere Gedanken korrigieren. Aber im allgemeinen handelt es sich dabei um einzelnes, um Teilaspekte. Es liegt aber in der Natur kosmologischer Modelle, daß sie jeweils das Ganze des Gegenstandes betreffen, wie bei den philosophischen Systemen auch; daher ist dann ein solches Neues von viel grundsätzlicherer Rückwirkung auf die Gedankensysteme und die menschliche Haltung dazu, indem die Frage mindestens naheliegt, ob es überhaupt Sinn hat, große Konzeptionen zu entwerfen und die Zeit daran zu verschwenden (s. hierzu auch S. 218ff.). So sind eben deshalb manche bereit, die Philosophie als ein unnützes Geschäft zu interpretieren.

In Meyers Handbuch über das Weltall, III. 17, S. 646, stehen die folgenden Sätze über die Kosmologie, die man auch mutatis mutandis über die Philosophie schreiben könnte: „Im wesentlichen lassen sich drei verschiedene Haltungen einnehmen. Man kann erstens rein theoretisch-mathematisch vorgehen und mit einer gewissen Verwegenheit des Geistes danach fragen, was für Welten überhaupt möglich wären. . . . Zweitens kann man den Nachdruck auf die Beboachtung legen. Man versucht, mit den äußersten Möglichkeiten unserer Instrumente und Methoden die fernsten, noch erreichbaren Bezirke zu erfassen; hier geht es nicht gleich ‚ums Ganze‘, dafür sind aber auch die Antworten eher zu fassen, . . . drittens kann man mit betonter Kritik und Skepsis den Optimismus der beiden ersten Richtungen dämpfen, sich an das wenige, gut gesicherte halten und alles übrige als Spekulation abtun . . .“ Bezüglich des letzteren sei angemerkt, daß es in den Sternwarten oft gängig war, von der „Verweilzeit“ eines kosmologischen Weltmodells zu sprechen, worunter die Zeit bis zu seiner Ablösung durch neue Modelle verstanden wurde. Besonders „kurzlebig“ waren hier solche Modelle, deren starke Seite nicht gerade die Mathematik war.

b) Nicht-statische Modelle

Die weitere Entwicklung der kosmologischen Versuche konzentriert sich auf sogenannte nicht-statische Weltmodelle, entstanden unter dem Eindruck der Entdeckung der Rotverschiebung, und deren Deutung als einer Expansionsbewegung. Dabei ist unter „nicht-statisch" der Umstand verstanden, daß die Krümmung ((48), Schema VIII] der geometrischen Strukturen eine Funktion der Zeit ist. Dabei soll sie jedoch keine Funktion des Ortes sein, d. h. es handelt sich um Welten, deren Krümmung zwar zeitlich veränderlich, aber zu jedem Zeitpunkt an allen Stellen die gleiche ist. (Das ist z. B. der Fall in Abb. 5; der Radius des Kreises ändert sich, aber in jedem Augenblick gilt der gleiche Radius für jeden Punkt der Kreisperipherie.)

Bei den beiden vorhin besprochenen Modellen ist die Krümmung durch die Modelle hindurch konstant und auch nicht von der Zeit abhängig. Sie gehören demnach in der heute gültigen Definition zu den statischen Modellen. Ihre bleibende Bedeutung dürfte darin bestehen, daß sie einmal denkbare Weltmodelle darstellen, es also überhaupt grundsätzlich möglich ist, über die Grundlegung hinaus denkbare Weltmodelle in mathematischer Sprache (S. 144 ff.) zu konstruieren. Bei dem de Sitterschen Modell ist diesbezüglich bemerkenswert, daß es trotz seines im Sinne obiger Definitionen statischen Charakters die Rotverschiebung enthält. Sollte sich, wider Erwarten, einmal die Notwendigkeit zeigen, in der Kosmologie wieder auf statische Modelle zurückzugreifen, so stehen hiermit bereits die Denkmittel zur Verfügung, analog zur Geschichte der Philosophie, wo auch oft neue Gedanken durch alte befruchtet wurden, so etwa die Scholastik durch Aristoteles, oder der moderne Materialismus durch die ionische Naturphilosophie.

Die Entwicklung der nicht-statischen Weltmodelle kann hier angesichts der Vielfalt der Versuche nur an einzelnen Beispielen gezeigt werden, und

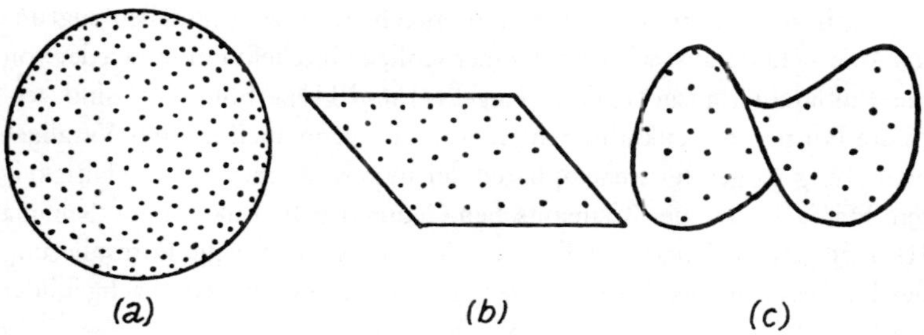

Abb. 6: Morphologisch-geometrische Strukturen von Weltmodellen.

dies besonders im Hinblick auf die philosophische bzw. wissenschaftstheoretische Bedeutung. Auch kann die historische Reihenfolge aus didaktischen Gründen nicht eingehalten werden.

Nicht-statisch im Sinne einer zeitlichen Abhängigkeit bedeutet, die Welt als sich in Ausdehnung befindlich zu betrachten. Die hiermit entstehenden wissenschaftstheoretisch-philosophischen Probleme sind S. 203 ff. diskutiert. Die Entwürfe knüpfen alle bei (21) an, und der damit von vornherein akzeptierte Erkenntnisverzicht einer bloßen (mathematischen) Beschreibung ist S. 218 ff. dargestellt.

α) *Die Morphologie der Modelle*

Das kosmologische Prinzip als Prinzip der Homogenität (S. 179 ff.) bedarf natürlich auch einheitlich homogener geometrischer Mannigfaltigkeiten; dazu bieten sich grundsätzlich drei Typen an, die dann auch die nichtstatischen Entwürfe beherrschen: Der sphärische (oder auch elliptische), der euklidische und der hyperbolische Typus. In Abb. 6 sind für den zweidimensionalen Fall die drei Typen dargestellt:

a) ist eine Kugel; jedoch gestattet der allgemeine Ansatz (21) allgemeine sphärische Flächen. Das Entscheidende ist, daß sie geschlossen sind, d. h. wie die Kugel in sich selbst zurückkehren, deshalb keine Grenze und doch endlichen Flächeninhalt haben.

b) ist die vertraute euklidische Ebene; sie ist unbegrenzt mit unendlichem Flächeninhalt.

c) ist ein Hyperboloid, das im Unterschied zur euklidischen Ebene asymptotisch ist, d. h. allmählich ins Unendliche geht, während letztere direkt dahin weist.

Mit allen drei Typen kann grundsätzlich das Expansionsbild (im Vierdimensionalen als Raum-Zeit=Welt) verbunden werden.

Diese Formentypen, wie gesagt ins Vierdimensionale (Raum-Zeit) übertragen, liegen den im folgenden zu besprechenden Weltmodellen zugrunde. Man sieht daraus, wie sehr der menschliche Intellekt immer wieder von der Euklidizität ausgeht; denn Kugel (a) und Hyperboloid (b) sind vertraute Formen der euklidischen Geometrie, wenn auch in ihrer Verallgemeinerung als geschlossene Sphären der hyperbolischen Mannigfaltigkeiten. Hat ja auch in der Riemannschen Geometrie die Euklidizität (Schema III) eine gewisse Vorzugsstellung als Ausgangsbasis für die Formulierung des Längenelementes, womit ja der pythagoräische Lehrsatz nachgebildet wird.

Der hier und im folgenden benutzte Terminus „Euklidizität“ ist nicht gängig. Er soll den Umstand bezeichnen, daß die „anschauliche" euklidische Geometrie eine Art Ausgangspunkt oder auch Leitfaden darstellt, um zu höheren morphologischen Gebilden bzw. Punktmannigfaltigkeiten zu gelangen.

Setzt man die Rotverschiebung als Doppler-Effekt voraus, so kann man ähnlich wie in Schema II im Anschluß an $E = m \cdot c^2$, wenn auch hier auf einem ganz anderen Gebiet, durch rein qualitative Betrachtungen, also zunächst noch ohne einen mathematischen Formalismus, sich einen Einblick in mögliche Strukturen einer expandierenden Welt verschaffen.

Ohne zunächst über die geometrische Struktur des Raumes eine Voraussetzung zu machen, werden nur zwei Aspekte in den Blick genommen: Davonfliegende Galaxien und der Umstand, daß diese Massen besitzen, also Gravitationskräfte ausüben, d. h. sich gegenseitig anziehen. Beides muß einander entgegenwirken. Ein Stein z. B., dem man Geschwindigkeit durch einen Stoß erteilt, verliert diese sehr bald durch die Anziehungskraft der Erde. Das muß sich auch im expandierenden All ereignen. Es handelt sich um das Zusammenspiel von Bewegung und Anziehung oder auch, anders ausgedrückt, von Bewegung eines Körpers in einem Gravitationsfeld, welches ihn in sich festzuhalten sucht.

Wird das Newtonsche Gesetz zugrunde gelegt, so gibt es drei Möglichkeiten: Eine Rakete kann eine so große Geschwindigkeit haben, daß sie das Gravitationsfeld der Erde verläßt und nicht mehr zu ihr zurückkehrt. Das wird als die hyperbolische Möglichkeit bezeichnet. Sie kann aber auch von selbst wieder zurückkehren; d.h., das Gravitationsfeld der Erde läßt sie nicht los. Das nennt man die elliptische Möglichkeit, die Erde realisiert diese Möglichkeit in bezug auf das Gravitationsfeld der Sonne; ihre Bahn ist bekanntlich eine Ellipse.

Zwischen diesen beiden läßt das Newtonsche Gesetz noch eine dritte Möglichkeit zu; man nennt sie die parabolische. Ein Körper verläßt dann auch das Schwerefeld und kehrt nicht zurück, jedoch ist seine Bahn eine Parabel. – Ob es z. B. Kometen mit parabolischen Bahnen um die Sonne gibt, ist bis heute nicht endgültig geklärt. –

Es handelt sich hier um einen qualitativen Strukturzusammenhang innerhalb der Maß-Struktur, die allein den Maß-Wissenschaften zugänglich ist (S. 179ff., S. 222ff., S. 147ff.). Die damit verbundenen philosophisch-wissenschaftstheoretischen Aspekte lassen sich in Abb. 7 erläutern.

Hier ist ein Kegel ACJ dargestellt mit der Spitze in C. Durch D sind ebene Schnitte durch den Kegel gelegt, und es ergeben sich in bekannter Weise die einzelnen Typen der Kegelschnitte. ED parallel zur Grundfläche des Kegels ABJ ist ein Kreis, DF eine Ellipse. Im Falle DG, das parallel zur Mantelfläche CA des Kegels zu denken ist, ergibt sich keine Ellipse, sondern

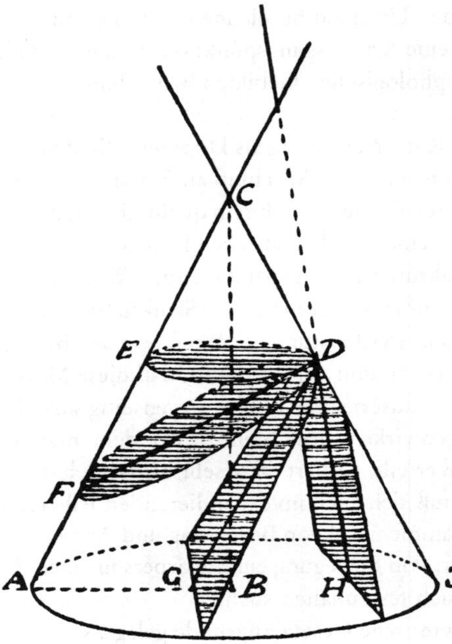

Abb. 7: Die Kegelschnitt-Typen

eine Parabel, die ins „Unendlich" geht und sich nicht mehr wie Kreis und Ellipse im „Endlichen" schließt. Legt man weiter nach rechts von DG durch D Schnittflächen, so schneiden diese nicht nur den unteren Teil des Kegels, sondern auch den oberen über C (ein Kegel kann immer als Doppelkegel gedacht werden). Man erhält eine Hyperbel mit ihren beiden „Ästen", die auch ins „Unendliche" gehen.

Diese Zusammenhänge erhalten über das Geometrische hinaus eine besondere Bedeutung dadurch, daß sich das Newtonsche Gesetz sozusagen auf sie „abbilden" läßt bzw. diese sich durch das Gesetz mit physikalischem Inhalt füllen lassen, in der gleichen Weise wie sich in der Riemannschen Geometrie die g_{ik} sich mit physikalischem Inhalt füllen ließen. So fand bekanntlich Newton, daß die (ungestörten) Bahnen eines Körpers in einem Gravitationsfeld nur eine Ellipse, Parabel oder Hyperbel sein können.

Über die reinen Maß-Relationen hinaus repräsentiert sich hier ein qualitativer Zusammenhang, der im Prinzip von den nicht-statischen Modellen übernommen wird, wodurch die erwähnten drei Typen zustande kommen. Dieser qualitative Zusammenhang wird im folgenden als die Morphologie der nicht-statischen Modelle bezeichnet. Morphologisch, vom Griechischen μορφή (= Form), bedeutet, daß für den betreffenden Gegenstand eine gewisse Form charakteristisch ist. Das ist auch hier bei den nicht-statischen Modellen der Fall. Obwohl man sich hüten muß, hier allzuviel mit der „Anschauung" zu operieren; eine vierdimensionale Mannigfaltigkeit ist niemals „anschaulich", infolgedessen auch ihre Form nicht. Mit Form soll hier zum Ausdruck gebracht werden, daß über die rein mathematisch-numerischen Relationen hinaus qualitative Strukturen in Rede stehen, die jenseits der reinen Maßzahl liegen und in der reinen Mathematik wie auch in der mathematischen Naturwissenschaft vorkommen (S. 148).

Die im Expansionsbild davonfliegenden Galaxien repräsentieren eine Bewegungsenergie, die bekanntlich als kinetische Energie durch $\frac{1}{2} \cdot m \cdot v^2$ ausgedrückt werden kann, wo m die bewegten Massen sind und v deren Geschwindigkeit. Demgegenüber gibt es Gravitationskräfte, bewirkt durch die Masse M gemäß dem Newtonschen Gesetz. Den letzteren Geltungsbereich nicht dem Übertragungsprinzip (S. 176) zu unterwerfen, besteht kein Grund. Für die Gravitation gilt der Ausdruck $\frac{G \cdot M}{R}$, auch potentielle Energie genannt. Hier ist M die anziehende Masse und R die Entfernung zu dem Massenpunkt, auf den sie wirkt.

Potentielle und kinetische Energie wirken gegeneinander: Ein nach oben geworfener Stein hat im Augenblick des Abfluges eine bestimmte Energie; er verliert sie beim Aufsteigen, weil er gegen die potentielle Energie der Erde Arbeit leisten muß, bis seine kinetische Energie verbraucht und in potentielle Energie verwandelt ist. Überwiegt seine kinetische Energie die potentielle der Erde, verläßt er das Schwerefeld der Erde.

Diesen Vorgang kann man nun auf das expandierende All übertragen, wo die Galaxien ihre kinetische Energie, welche sie (irgendwie) vom Urknall her haben, in den durch die Stoffmassen bewirkten Gravitationsfeldern verbrauchen. Die Größe dieses Verbrauches hängt natürlich von der Stärke der Gravitationsfelder ab, die im expandierenden All als Ganzem enthalten sind. Es gilt also, verbal formuliert, für das Ganze expandierenden Alls, daß

(31) Gesamtenergie = kinetische Energie + potentielle Energie.

Die Gesamtenergie des expandierenden Universums muß konstant sein, da es ja seit dem Urknall von nirgendwoher Energie zugeführt bekommt.

Infolgedessen gibt es drei und nur drei Möglichkeiten: Die potentielle Energie ist größer als die kinetische der davonfliegenden Galaxien; dann zehrt die potentielle Energie, d. h. die Gravitationskraft der Massen, die kinetische Energie auf (analog dem emporgeworfenen Stein, der wieder herunterfällt). Die Expansion wird gebremst, und unter der Einwirkung der Gravitationskräfte kehren die Galaxien um. Im Hinblick auf die für ein solches Universum zu entwickelnde Geometrie nennt man diesen Fall den elliptischen und spricht von einer „elliptischen Expansion". Wie die Ellipse nicht ins Unendliche geht, sondern immer wieder in sich zurückkehrt (jährlicher Umlauf der Erde um die Sonne), so kehrt auch ein solches Weltall wieder in sich zurück.

Die zweite Möglichkeit ist, daß in (31) die kinetische Energie der Galaxien gerade gleich ist der potentiellen durch die Gravitation bewirkten. Dann können die Galaxien nicht so abgebremst werden, daß sie wieder zurückgezogen werden; dafür ist in jedem Moment die kinetische Energie zu groß. Die Galaxien entweichen ins „Unendliche" und erst dort ist ihre kinetische Energie verbraucht, so daß sie „im Unendlichen zur Ruhe kommen". Man nennt diesen Fall den parabolischen; analog ist nämlich für einen die Sonne umlaufenden Körper dieser Fall gerade dann erfüllt, wenn seine Bahn um die Sonne eine Parabel ist. Man spricht auch von einer „parabolischen Expansion".

Die dritte Möglichkeit repräsentiert den Umstand, daß die kinetische Energie größer als die potentielle ist. In diesem Falle kann sie nie ganz verbraucht werden. Die Galaxien fliegen auch ins „Unendliche"; aber im Unterschied zur parabolischen Expansion wird ihre Bewegung nie null, sie kommen „im Unendlichen nicht zur Ruhe". Bei einer Bewegung um die Sonne tritt das ein, wenn ein Körper eine Hyperbel-Bahn um die Sonne beschreibt. Daher wird dieser Expansions-Typ hyperbolische Expansion genannt.

Damit ergibt sich zwangsläufig eine Verbindung zu Abb. 7; denn Kreis und Ellipse stellen, zusammengefaßt, eindimensionale elliptische Mannigfaltigkeiten dar (Kreis als Spezialfall einer Ellipse, deren beiden Brennpunkte im Kreismittelpunkt zusammenfallen); ferner sind Parabel und Hyperbel eindimensionale parabolische bzw. hyperbolische Mannigfaltigkeiten.

So bieten sich morphologisch die geometrischen Gebilde aus Abb. 6 an, um über (21) die geometrischen Gebilde zu finden, mit deren Hilfe im Rahmen von Weltmodellen obige drei Möglichkeiten realisiert werden könnten (natürlich in der Weise von vierdimensionalen Raum-Zeit-Welten). Dabei repräsentiert sich ja bereits die Minkowsky-Welt der speziellen Relativitätstheorie als eine hyperbolische Welt (s. S. 65). Für die parabolische Form kann eine euklidische Mannigfaltigkeit gewählt werden, was darzulegen hier zu weit führte.

Auf diese Weise entsteht die Morphologie der relativistischen Kosmologie in den drei Formentypen sphärisch (elliptisch oder kugelförmig), euklidisch und hyperbolisch. Es konnte im Verlaufe der geistesgeschichtlichen Entwicklung dieser Denkbemühungen gezeigt werden, daß es eine einheitliche Formel für das Längenelement aller dieser Mannigfaltigkeiten, ds, gibt (III. 15, III. 14):

$$(32) \qquad ds^2 = dt^2 - R(t) \cdot \frac{dx^2 + dy^2 + dz^2}{[1 + \frac{1}{4} k \cdot (x^2 + y^2 + z^2)]^2}.$$

k = 0 ist der euklidische (parabolische) Fall, k > 0 der elliptische und k < 0 der hyperbolische. k ist die Krümmung, die, wie erwähnt, zeitlich veränderlich, aber in jedem Augenblick für die ganze Mannigfaltigkeit gleich, also keine Ortsfunktion innerhalb der Mannigfaltigkeit ist.

β) *Mathematische Beschreibung der Expansion*

Es ist bereits (19), (19 a) bzw. S. 204 ff. dargelegt, daß mit der Einführung der Hubble-Konstanten H, deren numerischer Wert rein empirisch ist, die Expansionsbewegung nicht erklärt, daher nicht verstanden ist. Durch die Übernahme von (19) in ihre mathematischen Strukturen verzichten die nicht-statischen Weltmodelle samt und sonders auf die Erklärung der Expansion und damit insgesamt auf eine Erklärung des Alls im Großen.

Diese gravierende philosophisch-wissenschaftstheoretische Feststellung setzt nichts herab, schon gar nicht die bewundernswerte und geniale intellektuelle Leistung, welche die mathematische Konstruktion der Modelle repräsentiert. Sie gehören zu den Glanzleistungen der mathematischen Naturwissenschaft. Doch die hier in Rede stehenden Modelle haben beschreibenden und keinen erklärenden Charakter, was gerade wegen der großen mit ihnen verbundenen Denkleistungen im Blick gehalten werden muß.

In (19) steht rechts eine Länge; links ist die Geschwindigkeit definitionsgemäß (Weg-Länge)/Zeit. Dividiert man beide Seiten von (19) durch die Länge, bleibt eine reziproke Zeit übrig. Es gilt also allgemein für die Hubble-Konstante

$$(33) \qquad H = 1/T.$$

T ist die Zeit, welche vom Urknall an ein Massenelement in der Entfernung r vom „Ausgangspunkt" benötigte, um die Geschwindigkeit v zu erreichen. T wird auch die „Hubble-Zeit" genannt.

R (t) in (32) ist der Vergrößerungsfaktor des Alls infolge der Expansion. Die Ausbreitungsgeschwindigkeit (19) kann man daher auch so schreiben:

$$(34)\qquad \frac{dR(t)}{dt} = v = H \cdot R, \quad \text{oder:}\ H_0 = \dot{R}_0/R_0$$

Dabei soll der Index 0 in (34) anzeigen, daß diese Größen sich auf die Gegenwart beziehen; denn es muß damit gerechnet werden, daß die Expansion zeitlich veränderlich ist.

Eine weitere wichtige Größe zur mathematischen Beschreibung der Expansion ist der sogenannte „Decelerationsparameter". Celeratio heißt Beschleunigung und Deceleratio Verlangsamung. Die notwendig vorhandene Bremsung der Expansionsbewegung durch die Massen im All ist bereits geschildert. Für sie soll der Decelerationsparameter ein mathematischer Ausdruck sein.

Zugrunde gelegt wird das Newtonsche Gravitationsgesetz in seiner klassischen Form mit obigen Bezeichnungen:

$$(35)\qquad \ddot{R}(t) = \frac{d^2R(t)}{dt^2} = -\frac{G \cdot M}{R(t)^2};\ M = \frac{4}{3} \cdot \pi \cdot R^3(t) \cdot \varrho(t) = \text{const.}$$

Links in (35) steht eine Beschleunigung, d. h. eine Kraft (Masse × Beschleunigung), rechts die durch Newtons Gesetze gegebene Beschleunigung (Anziehung, daher negatives Vorzeichen), welche durch die Masse M bewirkt wird. Sie ist die gesamte an der Bremsung beteiligte Masse im All. Ist ϱ, eventuell in Abhängigkeit von der Zeit, die mittlere Massendichte des Alls, (17) und S. 192, und R der Radius des Raumes, in welchem sie sich beim gegenwärtigen Stand der Expansion befindet, so ist die gesamte bremsende Masse gegeben durch den Ausdruck rechts in (35), wenn ϱ die Dichte = Masse/Volumeneinheit und $\frac{4}{3} \cdot \pi \cdot R^3$ der Rauminhalt der sphärischen Mannigfaltigkeit ist.

Der Decelerationsparameter ist eine reine Zahl und stellt das Verhältnis der Beschleunigung der anziehend bremsenden Massen (Beschleunigung ~ Kraft) zur Beschleunigung der nach außen fliegenden Galaxien dar.

Die letztere ist durch folgende Überlegung gegeben: Eine Galaxie, die jetzt die Geschwindigkeit (Rotverschiebung) $v = H \cdot R$ hat, bedurfte zur Erreichung dieser Geschwindigkeit die Hubble-Zeit $H = 1/T$ gemäß (33) vom Beginn des Urknalls, wo sie die Geschwindigkeit 0 hatte, bis jetzt. Die expandierend gerichtete Beschleunigung ist also über die ganze Zeitdauer der Expansion gerechnet

$$(36)\qquad \frac{H \cdot R}{T} = H^2 \cdot R,$$

da ja Beschleunigung per definitionem der Quotient von Geschwindigkeit/Zeit ist, wo unter Zeit das Zeitintervall verstanden ist, währenddessen die

Beschleunigung (= Geschwindigkeitsänderung) dauert. Die rechte Seite in (36) folgt aus (33). Der Decelerationsparameter ist nun der Quotient von (35) und (36), der durch die Gravitationskräfte bewirkten Beschleunigung und derjenigen der nach außen fliegenden Galaxien, die natürlich einander entgegengesetzt sind; denn die Massen suchen die Expansion zu bremsen bzw. umzukehren. So wird

$$(37) \qquad q_0 = -\frac{\ddot{R}_0}{H_0^2 \cdot R_0} = -\frac{\ddot{R}_0}{R_0} \Big/ \left[\frac{\ddot{R}_0}{R_0}\right]^2 = \frac{4\pi \cdot G \cdot \varrho_0}{3 \cdot H_0^2},$$

durch die Kombination der Formeln (34), (35) und (36). Der Index 0 soll wieder bedeuten, daß es sich um die betreffenden Werte für die Gegenwart handelt. Das Minuszeichen links in (37) entsteht, da in den Quotienten einander entgegengesetzte Kräfte stehen.

Was nun den Wertevorrat von (37) angeht, so gliedert sich dieser in drei Gruppen, die durch das Wechselspiel von Anziehungskraft der Massen im All und den auseinanderstrebenden Galaxien mit ihrer Bewegungsenergie gemäß (31) vorgezeichnet sind. Die Grenze ist da gegeben, wo die Galaxien eben gerade noch entweichen können, d. h. im parabolisch-euklidischen Fall (S. 233). Für diesen ist $q_0 = 0.5$, wie einmal direkt die Rechnungen zeigen, man kann es aber auch heuristisch einsehen: Unter Entweichgeschwindigkeit, etwa einer Rakete von der Erde, versteht man die Anfangsgeschwindigkeit, die gerade notwendig ist, daß das Projektil nicht mehr zurückkehrt, also entweicht. Es ist der parabolische Grenzfall (s. auch Abb. 7). Diese Entweichgeschwindigkeit ist für die Erde $\sqrt{2 \cdot g \cdot R}$, wenn g die Erdbeschleunigung und R der Erdradius ist. Das Quadrat davon ist die Entweichenergie, und $g \cdot R$ rührt von der (entgegengesetzten) Kraft der Erde her. Bei der Division analog zu (35) und (36) erhält man dann 1/2.

Im hyperbolischen Fall, in dem die Entweichenergie größer ist als die der bremsenden Massen, ist q_0 als Bruch kleiner, im anderen Falle, dem elliptischen, größer als der parabolische Grenzfall. Auf diese Weise kommen die drei Intervalle für q_0 zustande:

$$0 < q_0 < \frac{1}{2} \text{ als hyperbolische Struktur,}$$

$$(38) \qquad q_0 = \frac{1}{2} \text{ als parabolisch-euklidische Struktur,}$$

$$q_0 > \frac{1}{2} \text{ als elliptisch-sphärische Struktur.}$$

$$* = -\frac{\ddot{R}_0 R_0}{\dot{R}_0^2} = -\frac{\ddot{R}_0 R_0^2}{\dot{R}_0^2 R_0} = \frac{GM}{\dot{R}_0^2 R_0} = \frac{G}{\dot{R}_0^2 R_0} \cdot \frac{4}{3}\pi R_0^3 \varrho_0 = \frac{4}{3}\pi G \left(\frac{R_0}{\dot{R}_0}\right)^2 \varrho_0 = \frac{4}{3}\pi G \frac{\varrho_0}{H_0^2}$$

γ) *Die mathematische Struktur der nicht-statischen Modelle*

Für eine Darstellung der mathematischen Struktur im einzelnen sei auf die Originalliteratur verwiesen. Hier können nur die philosophisch-wissenschaftstheoretisch relevanten Denkschritte aufgezeigt werden.

Dabei handelt es sich um die Kombination der Einsteinschen Feldgleichungen, 1. Teil (68) und Schema VIII, mit den Ausdrücken für das Längenelement ds, (21) bzw. (32), wobei im Gegensatz zu den statischen Modellen R(t) zeitlich veränderlich ist. Es wurde bereits erwähnt, daß der Materietensor in diesen Feldgleichungen die Basis repräsentiert, um von der Grundlegung der Kosmologie aus erfolgreich das Ganze des Alls anzugehen, während die Grundlegung sich zunächst durch Erfolge an Einzelproblemen ausweisen konnte (Schema II, VI und VII), 1. Teil, S. 155ff. Zum Verständnis der mathematischen Struktur der nicht-statischen Modelle ist eine genauere Beschreibung des Materietensors erforderlich.

Ausgegangen wird in freier Konzeption von dem Linienelement der Minkowsky-Welt (1. Teil, S. 64),

(39) $$ds^2 = dx^2 + dy^2 + dz^2 - c^2 \cdot dt^2.$$

ds ist als Abstand zweier Punkte von Koordinatensystemen unabhängig. Wählt man ein neues Koordinatensystem ξ, η, ζ, τ, wo die τ-Achse parallel der t-Achse ist, dann verschwinden in Ausdruck (39) alle Einzelglieder bis auf das vierte, mit

(40) $$ds^2 = - c^2 \cdot d\tau^2.$$

τ wird in der speziellen Relativitätstheorie auch die „Eigenzeit" genannt. Sie ist mit dt verbunden durch (s. z. B. II.8, S. 16).

(41) $$d\tau = dt \cdot \sqrt{1 - v^2/c^2}$$

Da ds vom Koordinatensystem unabhängig ist, gilt gemäß (40) dasselbe auch für dτ, mit der Konsequenz, daß auch $\frac{ds}{d\tau}$ von Koordinatensystemen (der Minkowsky-Welt) unabhängig sein muß. Dieser Ausdruck heißt auch die „Minkowsky-Geschwindigkeit". Sie trägt infolgedessen Tensor-Charakter (S. 115); und zwar ist sie, wie alle Geschwindigkeiten, ein Vektor, eine gerichtete Strecke, deren Länge ein Maß für die Größe der Geschwindigkeit und deren Richtung diejenige des bewegten Körpers bedeutet. Vektoren nennt man auch Tensoren 1. Stufe; es gilt für sie alles in Teil 1, S. 115 Gesagte.

Differenziert man (39) total nach τ, so folgt:

(42) $$2\,ds \cdot \frac{ds}{d\tau} = 2\,dx \cdot \frac{dx}{d\tau} + \ldots - 2\,c^2 \cdot dt \cdot \frac{dt}{d\tau}$$

(42a) $$\frac{ds}{d\tau} = \frac{dx}{ds} \cdot \frac{dx}{d\tau} + \ldots - c^2 \cdot \frac{dt}{ds} \cdot \frac{dt}{d\tau}.$$

Nun ist jeweils $\frac{dx}{d\tau} = \frac{dx}{ds} \cdot \frac{ds}{d\tau}$ usw., und $\frac{dt}{d\tau} = \frac{dt}{ds} \cdot \frac{ds}{d\tau}$. Setzt man die letzteren Ausdrücke in (42a) ein, indem man hier $\frac{dx}{ds}$ usw. und $\frac{dt}{ds}$ eliminiert, so folgt:

(43) $$\left(\frac{ds}{d\tau}\right)^2 = \left(\frac{dx}{d\tau}\right)^2 + \left(\frac{dy}{d\tau}\right)^2 + \left(\frac{dz^2}{d\tau}\right) - c^2 \cdot \left(\frac{dt}{d\tau}\right)^2.$$

(43) ist ein vierdimensionaler Tensor 1. Stufe (Vektor), der eine Geschwindigkeit (Weg/Zeit) repräsentiert, mit seinen vier Komponenten in den einzelnen Koordinatenrichtungen.

Es ist üblich, die Vektoren und ihre Komponenten mit deutschen Buchstaben zu bezeichnen. So ist also der Vektor (43) $g = ds/d\tau$, mit seinen Komponenten $g_x = dx/d\tau$, $g_y = dy/d\tau$, $g_z = dz/d\tau$ und $g_\tau = - \cdot c \cdot \frac{dt}{d\tau} = c/\sqrt{1 - v^2/c^2}$. Da weiter $g_x = \frac{dx}{d\tau} = \frac{dx}{dt} \cdot \frac{dt}{d\tau} = v_x/\sqrt{1 - v^2/c^2}$ ist, falls man unter $v_x = \frac{dx}{dt}$ die übliche Geschwindigkeit im Dreidimensionalen in der x-Richtung versteht (Analoges gilt für die anderen Koordinaten) und sie mit v_x bezeichnet, haben die Komponenten von (43) jetzt die Form:

(44) $$g_x = \frac{v_x}{\sqrt{1 - v^2/c^2}},\; g_y = \frac{v_y}{\sqrt{1 - v^2/c^2}},\; g_z = \frac{v_z}{\sqrt{1 - v^2/c^2}},\; g_\tau = \frac{c}{\sqrt{1 - v^2/c^2}}.$$

Das System (44) ist ein Tensor 1. Stufe. Dieses wird jetzt in einem souverän gesetzten Denkakt (S. 115, S. 149) mit 1/c multipliziert, und es folgt:

(44a) $$\frac{1}{c} \cdot g_x = \frac{1}{c} \cdot \frac{v_x}{\sqrt{1 - v^2/c^2}}, \ldots, \frac{1}{c} \cdot g_\tau = \frac{1}{\sqrt{1 - v^2/c^2}}.$$

Dadurch bleibt der Tensorcharakter von (44) erhalten. Das gleiche ist nach den Regeln der Tensoranalysis (s. z. B. 1. Teil, II.11) der Fall, wenn die vier Komponenten (44a) paarweise miteinander multipliziert werden. Man erhält dann ein System von 16 Größen $\overline{T}$, von denen hier einige aufgeschrieben seien:

$$(45)\quad \begin{cases} \overline{T}_{xx} = \dfrac{v_x^{\,2}}{c^2 - v^2}, \overline{T}_{xy} = \dfrac{v_x \cdot v_y}{c^2 - v^2}, \ldots, \overline{T}_{x\tau} = \dfrac{v_x}{c^2 - v^2} \\ \quad\vdots \qquad\qquad\qquad \vdots \qquad\qquad\qquad \vdots \\ \overline{T}_{\tau y} = \dfrac{c \cdot v_x}{c^2 - v^2}, \overline{T}_{\tau y} = \dfrac{c \cdot v_y}{c^2 - v^2}, \ldots, \overline{T}_{\tau\tau} = \dfrac{c^2}{c^2 - v^2}. \end{cases}$$

Setzt man die allgemeine Dichte mit $\varrho = m/V$ an (= Masse/Volumen), so ist in der Minkowsky-Welt, von welcher ja hier ausgegangen wird, der Ausdruck

$$(45\,a)\qquad \frac{V}{\sqrt{1 - \dfrac{v^2}{c^2}}}$$

eine Invariante. Die Lorentztransformation (S. 66) bewirkt gemäß (15) Teil 1, eine „Verkürzung“ einer Strecke x, so daß gilt (links in (15) für $t' = 0$), $x \cdot \sqrt{1 - v^2/c^2} = x'$, bzw. für ein Streckenstück Δx ist: $\Delta x.\ \sqrt{1 - v^2/c^2} = \Delta x'$. Das Volumen V ist im dreidimensionalen Euklidischen: $V = \Delta x \cdot \Delta y \cdot \Delta z$. Betrachtet man eine Bewegung in x-Richtung mit der Geschwindigkeit v, so bleiben Δy und Δz unverändert; und es wird $V = \Delta x' \cdot \Delta y' \cdot \Delta z' = \Delta x \cdot \sqrt{1 - v^2/c^2} \cdot \Delta y' \cdot \Delta z' =$ $\Delta x \cdot \sqrt{1 - v^2/c^2} \cdot \Delta y \cdot \Delta z$, d. h. aber, $V/\sqrt{1 - v^2/c^2}$ bleibt unverändert.

Ferner muß der Ausdruck

$$(45\,b)\qquad \mu = m \cdot \sqrt{1 - v^2/c^2}$$

von Koordinatensystemen unabhängig sein, wenn m die Masse eines mit der Geschwindigkeit v bewegten Körpers ist. Die Masse ändert sich ja mit der Geschwindigkeit (Schema I, rechts), μ ist die Masse für $v = 0$, die sogenannte „Ruhmasse“. Diese muß eine eigenständige Eigenschaft des betreffenden Körpers sein und kann daher nicht von Koordinatensystemen abhängen.

(45a) und (45b) sind also gegenüber Koordinatensystemen invariant, infolgedessen auch der Quotient aus beiden Ausdrücken; d. h.

$$(45c)\qquad \mu/(V/\sqrt{1 - v^2/c^2}) = \mu \cdot \sqrt{1 - v^2/c^2}/V = \varrho_0$$

ist von Koordinatensystemen unabhängig. (45c) wird auch als „Eigendichte“ bezeichnet. Mit $\varrho = m/V$ ergibt (45c):

$$(45\,d)\qquad \varrho_0 = \mu \cdot \sqrt{1 - v^2/c^2}\,/\,(m/\varrho) = \varrho \cdot \frac{\mu}{m} \cdot \sqrt{1 - v^2/c^2} = \varrho \cdot \frac{c^2 - v^2}{c^2}$$

wegen (45b).

Mit (45 d) können die Komponenten von (45) multipliziert werden, ohne daß der Tensorcharakter verlorengeht, weil ϱ_0 von Koordinaten unabhängig ist. Das führt zu folgenden Tensorkomponenten, von denen wieder nur einige aufgeschrieben seien:

$$\text{(45 e)} \quad \begin{cases} T_{xx} = \dfrac{\varrho \cdot v_x^2}{c^2}, \; T_{xy} = \dfrac{\varrho \cdot v_x \cdot v_y}{c^2}, \ldots, \; T_{x\tau} = \dfrac{\varrho \cdot v_x}{c^2} \\ \quad \vdots \qquad\qquad \vdots \qquad\qquad \vdots \\ T_{\tau x} = \dfrac{\varrho \cdot v_x}{c}, \; T_{\tau y} = \dfrac{\varrho \cdot v_y}{c}, \ldots, \; T_{\tau\tau} = .\varrho \end{cases}$$

Setzt man die Lichtgeschwindigkeit rein formal numerisch zu 1, so wird:

$$\text{(45 f)} \quad \begin{cases} T_{xx} = \varrho \cdot v_x^2, \; T_{xy} = \varrho \cdot v_x \cdot v_y, \ldots, \; T_{x\tau} = \varrho \cdot v_x \\ \quad \vdots \qquad\qquad \vdots \qquad\qquad \vdots \\ T_{\tau x} = \varrho \cdot v_x, \; T_{\tau y} = \varrho \cdot v_y, \quad \ldots, \; T_{\tau\tau} = \varrho. \end{cases}$$

Die 16 Komponenten (vierdimensionale Mannigfaltigkeit) bilden den sogenannten Materietensor, weil die Komponente $T_{\tau\tau}$ die Stoffdichte bedeutet, die als Funktion der Ortskoordinaten und der Zeit örtlich und zeitlich veränderlich sein kann (s. auch S. 138).

Im Universum ist aber nicht nur Stoff, der in (45 f) durch ϱ bzw. $T_{\tau\tau}$ repräsentiert ist. Auch mit der Stoffbewegung (bewirkt durch die Gravitation) notwendig verbundene Bewegungsimpulse (Impuls = Masse × Geschwindigkeit) sind in den in (45 f) aufscheinenden Produkten von ϱ und v_x usw. dargestellt. Darüber hinaus gibt es noch das elektromagnetische Feld („Träger" der Lichtausbreitung), die Energie, die hier gebunden ist und von der Bewegungsenergie unterschieden werden muß, welche die Gravitation der Massen im All bewirkt (S. 186).

Auch hier gibt es einen Impuls, repräsentiert durch den Strahlungsdruck, welcher für schwarze Strahlung (S. 212) $p_s = 1/3 \cdot a \cdot T^4$ ist, wenn T die Strahlungstemperatur (S. 213) bedeutet.

Impulse bzw. Druck (= Kraft/Flächeneinheit) sind ebenfalls wie Bewegungsimpuls bzw. Bewegung selbst als Vektor darstellbar, d. h. durch ein gegen Koordinatensysteme invariantes – nicht unbedingt numerisch invariantes (s. S. 111 f.) – System von Größen. Sie sind auch, wie (43) für die vierdimensionale Raum-Zeit-Welt (s. S. 237), durch vier Komponenten repräsentiert, welche durch paarweise Multiplikation ihren Charakter als Tensor (Vektor)-Komponenten erhalten.

Auf diese Weise kann man Drucktensoren konstruieren, welche nun im Unterschied zu (43) nur für das Dreidimensionale der vierdimensionalen Raum-Zeit-Welt von 0 verschieden sein sollen, weil alleine hier die entsprechenden Phänomene zu beobachten und entsprechend mathematisch formulierbar sind. Bezeichnet man die Druckkomponenten mit p_x, p_y, p_z, so ergeben sich durch paarweise Multiplikation die Größen p_{xx}, p_{xy}, p_{xz}, p_{yy} . . ., d. h. 12 von 0 verschiedene Größen für den räumlichen Anteil der vierdimensionalen Raum-Zeit-Welt.

Zwei Tensoren können nach den Regeln der Tensorrechnung dadurch addiert werden, daß man einander entsprechende Komponenten addiert, das Resultat ist dann wieder ein Tensor. So kann man die zuletzt genannten Größen p_{xx} . . . zu denjenigen aus (45 b) addieren, und es ergibt sich:

$$(46) \quad T_{\mu\nu}: \begin{matrix} p_{xx} + \varrho \cdot v_x^2, & p_{xy} + \varrho \cdot v_x \cdot v_y, & p_{xz} + \varrho \cdot v_x \cdot v_z, & \varrho \cdot v_x \\ p_{yx} + \varrho \cdot v_y \cdot v_x, & p_{yy} + \varrho \cdot v_y^2, & p_{yz} + \varrho \cdot v_y \cdot v_z, & \varrho \cdot v_y \\ p_{zx} + \varrho \cdot v_z \cdot v_x, & p_{zy} + \varrho \cdot v_z \cdot v_y, & p_{zz} + \varrho \cdot v_z^2, & \varrho \cdot v_z \\ \varrho \cdot v_x, & \varrho \cdot v_y, & \varrho \cdot v_z, & \varrho \end{matrix}$$

(46) nennt man auch den Materie-Energie-Tensor. Er ist in den Einsteinschen Feldgleichungen (65) (1. Teil) enthalten und durch diese mit der geometrischen Struktur des Raumes verbunden (Schema VIII, rechts unten).

(46) ist eine Schöpfung Einsteins. In spezieller Form wurde das bereits in der Grundlegung sichtbar (Schema VIII, links als $G_{\mu\nu}$). Hier handelt es sich um Modelle mit einem Massenpunkt, um die in Schema II skizzierten, aus $E = m \cdot c^2$ folgenden Probleme in den mathematischen Griff zu bekommen (Schema VI und VII).

Die in den Formeln (39)–(46) in allen Einzelheiten dargelegten mathematischen Schritte sind von zentraler Bedeutung für die ganze relativistische Kosmologie. Sie sind deren Schlüssel für den Schritt zum All als Ganzen, im Unterschied zu den gedanklichen Manipulationen der Grundlegung, die sich noch auf Einzelfälle bezogen (Schema II).

Es zeigt sich zunächst die große Freiheit des Intellektes (Schema IX) in der Konstruktion von (46); denn keiner der über das mathematische Formale hinausgehenden Einzelschritte, wie etwa die Multiplikation mit 1/c ist denknotwendig, sondern ein freier schöpferischer Akt, wie ja auch schon die Feldgleichungen (65) in Schema VIII (s. S. 144 ff.).

Zum zweiten entsteht das Resultat (46) solcher freiheitlicher Denkkonstruktionen nicht mit einem Male, sondern ist das Ergebnis, sich mit freien intellektuellen Manipulationen bestimmter Denkversuche der Wirklichkeit anzupassen; und darüber entscheidet ausschließlich der Erfolg (Schema IX, Mitte) wie in der Philosophie auch. Der Unterschied ist nur, daß in der Philosophie die Geschichte über Erfolg und Mißerfolg von Gedanken das Urteil fällt, in der Kosmologie dagegen die Entdeckungen und Erfahrungen im Bereich der Maß-Struktur der Wirklichkeit. Dieses ist aber nur ein gradueller Unterschied, kein prinzipieller.

In der mathematischen Gestalt des Tensors (46) sind in einmaliger Weise Kräfte, Stoff, Bewegungsenergie angesprochen, so daß der physikalische „Inhalt“ von (46) koordinatenunabhängig ist (S. 144 ff.). Die in Schema IX angegebene „Freiheit der begrifflichen Konstruktionen“ ist die Art und Weise der Zusammensetzung des Tensors (46), und die „Freiheit der Begriffsbildung“ bezieht sich hier auf die physikalischen Inhalte, welche im einzelnen in den Tensor hineingenommen sind, alles natürlich im Hinblick auf einen möglichen „Erfolg“ des Ganzen.

Als philosophische Analogie zu Vorstehendem sei z. B. auf Hegels Dialektik verwiesen (S. 39 ff.). Hegel faßte in neuer Weise die Konzeption des Dialektischen im Anschluß an die Alten und versuchte, sie auf das Ganze der Wirklichkeit anzuwenden, auf die humane Wirklichkeit, d. h. die Gesellschaft, wie auf die Natur. Sicher ist moderne Gesellschaftsdeutung ohne Dialektik nicht denkbar, aber, ob sie als einziges Deutungsprinzip ausreicht, ist die Frage. Erst recht zeigt sich die Problematik bei der Anwendung auf die Natur (S. 41). Vielleicht ist es die geistesgeschichtliche Rolle des dialektischen Materialismus, aufgezeigt zu haben, wo die Grenzen einer dialektischen Weltinterpretation liegen; und es könnte die geistesgeschichtliche Rolle der mathematischen Kosmologie sein, einmal die Grenzen aufweisen zu müssen, welche dem menschlichen Geist vielleicht grundsätzlich gegenüber einer Wirklichkeit gesetzt sind, die möglicherweise mehr ist als er selbst.

Die diesbezügliche Situation ist bereits bei den statischen Modellen (S. 226) skizziert, welche heute, so ist jedenfalls die gängige Meinung, nur noch historischen Charakter tragen, und dies, obwohl de Sitters Modell die Rotverschiebung in sich barg, noch bevor sie überhaupt entdeckt war; und es wird sich zeigen, daß auch die nicht-statischen Modelle, basierend auf der Interpretation der Rotverschiebung als einer Expansionsbewegung, sich auch nicht aus jener eigentümlichen Situation befreien können. Sie sind sozusagen mit sich selbst nicht fertig, wie weder ein heutiges kosmologisches Modell noch die Philosophie.

Gemäß dem Expansionsbild handelt es sich jetzt darum, die Gleichungen (21) mit den Einsteinschen Feldgleichungen, (65) in Schema VIII, so zu kombinieren, daß man ein eindeutiges Weltmodell erhält. Dabei soll der Materietensor die Gestalt (46) haben, und der Skalenfaktor R(t) eine Funktion der Zeit sein, die zeitlich veränderliche Raumkrümmung (Abb. 5).

Friedmann (III. 4) und Lemaître (III. 8) gelangen die ersten nicht-statischen Lösungen. Friedmanns Arbeiten wurden kaum beachtet. Erst die

Arbeiten Lemaîtres brachten die nicht-statischen Modelle ins Gespräch, und das folgende Modell schließt sich an Lemaître an. Lemaître fand durch Kombination von (21) mit (65) in Schema VIII und dem Materie-Energie-Tensor (46) folgende Lösung, zu deren Ableitung auf die Originalliteratur verwiesen sei:

$$\begin{aligned} &\frac{\dot{R}(t)^2}{R(t)} + \frac{k}{R(t)^2} = \frac{c^2}{3}(\lambda + \varkappa \cdot \varrho) \\ (47) \qquad &\frac{2 \cdot \ddot{R}(t)}{R(t)} + \frac{R(t)^2}{R(t)^2} + \frac{k}{R(t)^2} = c^2 \cdot \left(\lambda - \frac{\varkappa}{c^2} \cdot p\right). \end{aligned}$$

Hier ist $\varkappa = 8\,\pi \cdot G/c^2$, G die Gravitationskonstante im Newtonschen Gesetz, c die Lichtgeschwindigkeit, k = 1 für den elliptisch-sphärischen Fall, k = 0 für den parabolisch-euklidischen und k = − 1 für der hyperbolischen Fall. λ kommt durch die Einsteinschen Feldgleichungen in Schema VIII und p bzw. ϱ durch den Materie-Energie-Tensor (46) in die Beziehung (47) hinein.

Der grundsätzliche Fortschritt besteht darin, daß für die mathematische Beschreibung der Rotverschiebung als Expansionsbild in (47) das geometrische Modell gefunden ist, d. h. die Raumstruktur einer Welt für die drei grundsätzlichen Möglichkeiten (38) im Zusammenspiel von „bremsender" Gravitation und expandierender Welt. *Für die Morphologie der im Rahmen des Expansionsbildes in Frage kommenden Weltmodelle (S. 228ff.) ist mit (47) die „geometrische Gestalt" gefunden.*

Man kann das auch direkt am Aufbau der Formeln (47) erkennen: p und ϱ, Druck und Dichten, repräsentieren über (46) und (65) Schema IX die Kräfte, welche der Expansionsenergie, ausgedrückt durch (34), d. h. $\dot{R}/R$ und (37), d. h. $\ddot{R}/R$ (R als Funktionen der Zeit), gegenüberstehen. Je nach dem aufgrund der Beobachtungen anzusetzenden Wert von k liefert (47) das entsprechende Weltmodell (Abb. 6).

Es resultiert noch eine weitere Beziehung:

$$(48) \qquad \dot{\varrho} + 3 \cdot (\varrho + p) \cdot \frac{\dot{R}(t)}{R(t)} = 0,$$

die Differentiation wieder nach der Zeit genommen. (48) ist der „Energieerhaltungssatz" für die Modelle als Ganzes. Es besteht nun Veranlassung p = 0 zu setzen; denn das Strahlungsenergiefeld des Alls ist sicher sehr klein (s. S. 191) und infolgedessen auch der Strahlungsdruck. Druckphänomene durch ungeordnete Stoffbewegungen sollten ebenfalls gering sein gegenüber der Bewegung der Expansion als Ganzes.

Kombiniert man unter dieser Voraussetzung (48) mit (47) und integriert nach der Zeit, ergibt sich:

$$(49) \qquad \varrho \cdot R(t)^2 = \text{const} = C.$$

Das heißt nichts anderes, als daß die Gesamtmasse des Alls erhalten bleibt. Kombiniert man die erste Beziehung (47) mit (49), so folgt:

$$(50) \qquad \dot{R}(t)^2 = \frac{C}{R(t)} + \frac{c^2}{3} \cdot \lambda \cdot R(t)^2 - \varkappa.$$

(50) ist wichtig für die gleich zu besprechende Newtonsche Kosmologie.

δ) *Die ontologische Struktur der Welt im Aspekt relativistischer Kosmologie*

Schema X gibt einen Überblick über die bisherige Darstellung der relativistischen Kosmologie. Auszugehen ist von der Krümmung geometrischer Mannigfaltigkeiten (z. B. Abb. 5, S. 217ff.).

Sie kann von der Zeit und innerhalb eines Modells vom Ort abhängen; letzteres ist im allgemeinen nicht der Fall, weil die vorausgesetzte Homogenität der Welt (S. 179ff.) das nicht zuläßt. Ausgenommen sind Einzelfälle für kleine Bereiche, wie etwa die Lichtablenkung an der Sonne (Schema II und VII).

Zeitunabhängige Krümmung bedeutet statische, zeitabhängige nichtstatische Modellwelten. Durch die Interpretation der Rotverschiebung als Expansionsbewegung stehen nur nicht-statische Modelle in Rede, wenngleich auch de Sitters Modell eine Rotverschiebung kennt. Die ersten nicht-statischen Modelle sind die Friedmann-Lemaître'schen, als grundsätzliche Abtastversuche der Wirklichkeit, wohl von bleibender Bedeutung.

In diesem Grundsätzlichen liegt die ontologische, d. h. die die Seins-Strukturen der Wirklichkeit betreffende Bedeutung der relativistischen Kosmologie, wie der Kosmologie der Homogenität überhaupt.

Es gilt zunächst das bekannte Wort von dem Gesetz, „nach dem man angetreten“ und dem dann nicht mehr zu entrinnen ist: In dem Augenblick, in dem die Rotverschiebung eine Expansionsbewegung, d. h. ein Dopplereffekt (S. 195) und damit auch ein qualitativer Bezug der Wirklichkeit ist, repräsentiert sich, unabhängig von jeglicher naturgemäß auf die Maß-Struktur bezogenen Mathematik, ein qualitativer Zusammenhang, derjenige der Gravitation bzw. des Newtonschen Gesetzes: Bewegte Massen müssen notwendig der Gravitation unterliegen, verursacht durch alle Massen, welche irgendwie mit ihnen im Verbund, in diesem Falle innerhalb des Alls, sind. Das ist eine Realität, eine von der Natur konstituierte Gegebenheit, welche daher notwendig die weiteren Denkwege bestimmt.

Eine Expansion des Alls als Ganzes steht daher unter dem Energiesatz

RELATIVISTISCHE KOSMOLOGIE

Schema X

Krümmung

↙ zeitlich konstant ↓ statische Modelle

↙ de Sitters Modell ↓ mit ambiguider Deutung der Rotverschiebung

↘ Einsteins Zylinder Welt

↘ zeitlich veränderlich, jedoch immer gleiche Krümmung für das ganze Modell

↓ (Friedmann, Lemaître) expandierende Modelle

||

$$ds^2 = dt^2 - R(t) \cdot \frac{dx^2 + dy^2 + dz^2}{[1 + \frac{1}{4} k \cdot (x^2 + y^2 + z^2)]^2} \quad (32)$$

↑

für das allgemeine Linienelement

↑

k = + 1 k = 0 k = − 1

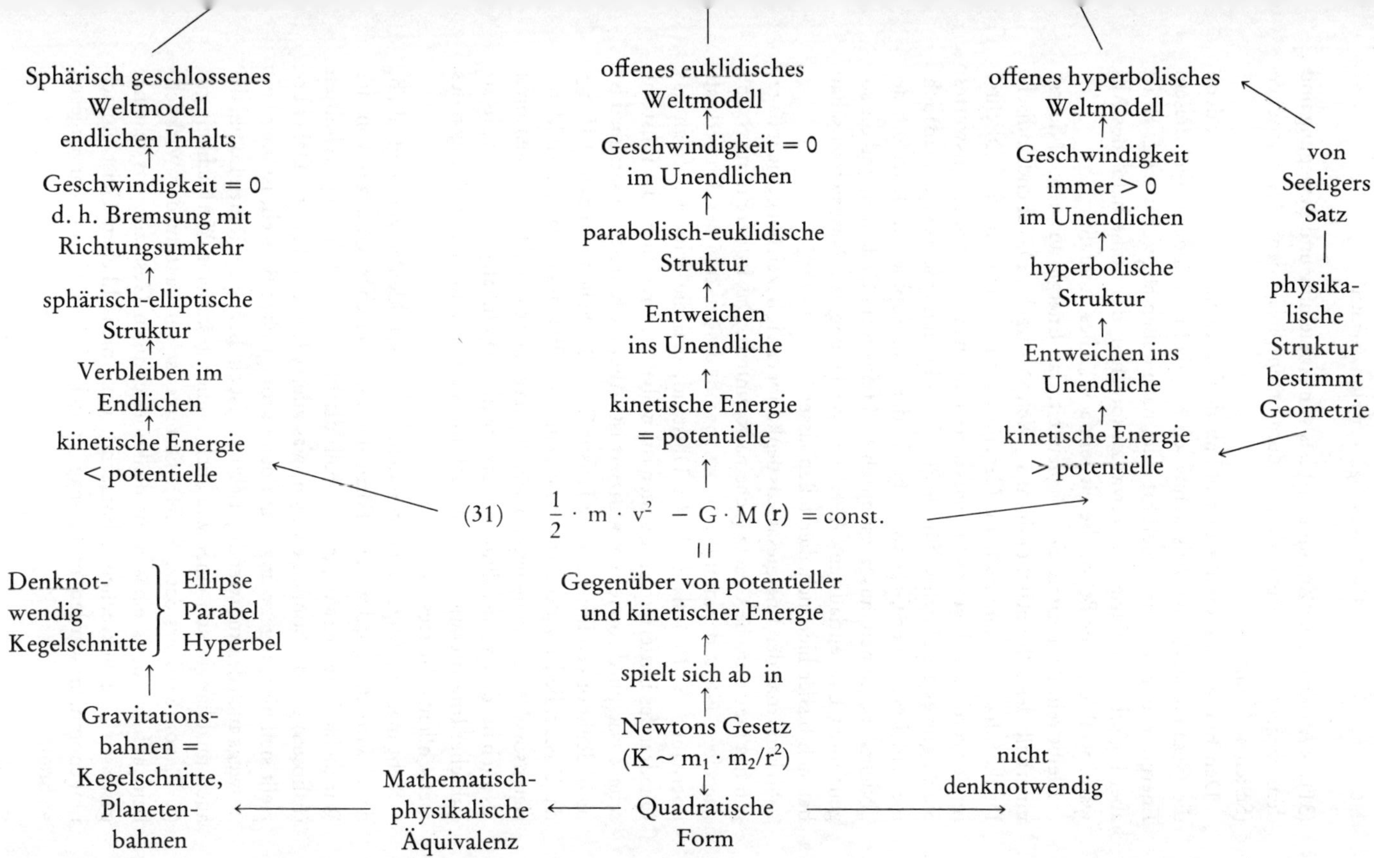
Sphärisch geschlossenes Weltmodell endlichen Inhalts
Geschwindigkeit = 0 d. h. Bremsung mit Richtungsumkehr
sphärisch-elliptische Struktur
Verbleiben im Endlichen
kinetische Energie < potentielle
offenes euklidisches Weltmodell
Geschwindigkeit = 0 im Unendlichen
parabolisch-euklidische Struktur
Entweichen ins Unendliche
kinetische Energie = potentielle
offenes hyperbolisches Weltmodell
Geschwindigkeit immer > 0 im Unendlichen
hyperbolische Struktur
Entweichen ins Unendliche
kinetische Energie > potentielle
von Seeligers Satz
physikalische Struktur bestimmt Geometrie
(31) $\frac{1}{2} \cdot m \cdot v^2 - G \cdot M(r) = \text{const.}$
Gegenüber von potentieller und kinetischer Energie
spielt sich ab in
Newtons Gesetz ($K \sim m_1 \cdot m_2/r^2$)
Quadratische Form
Mathematisch-physikalische Äquivalenz
Gravitationsbahnen = Kegelschnitte, Planetenbahnen
Denknotwendig Kegelschnitte
Ellipse
Parabel
Hyperbel
nicht denknotwendig

(31) als Ausdruck des Zusammenspiels von Anziehung und Bewegung und dem gegebenen Gesetz dieses Zusammenspiels, dem Newtonschen (Schema X, unten).

Den Energiesatz kann man wohl als denknotwendig ansprechen; denn die Gesamtenergie des Alls kann sich nur dadurch ändern, daß diesem Energie von außerhalb zugeführt oder nach außen abgeführt wird. Es ist aber logisch sinnwidrig, von etwas zu sprechen, das „außerhalb" des Alls wäre, weil letzterer Begriff bereits einfach „Alles" umfaßt.

Bleibt rein denkerisch die Möglichkeit, daß Energie aus dem „Nichts" innerhalb des Alls entsteht oder ins „Nichts" vergeht. Das abendländische Denken hat, die unmittelbare Gegenwart ausgenommen, das „Nichts" immer verurteilt als ein nicht Denkbares und auch nicht Bedenkenswertes. Sicher gibt es das „Nichts" für die Physik nicht; denn nichts kann man nicht messen. Erst in der Gegenwart hat in der Philosophie ein Bedenken des „Nichts" begonnen, ausgelöst durch M. Heideggers Gedanken und die sogenannten Existentialisten. Aber eine Beziehung zur Naturwissenschaft hat sich bisher hier nicht herstellen lassen.

So kann man den Energiesatz als denknotwendig bezeichnen, nicht dagegen das Newtonsche Gesetz (Schema X, unten). Das ist bereits auf S. 159 dargelegt. Nicht denknotwendig ist sowohl das Faktum der Schwerkraft überhaupt (S. 161) als auch der Umstand, daß die Schwerkraft an das Quadrat der Entfernung gebunden ist, wobei letzteres durch das Einsteinsche Zusatzglied sowieso modifiziert ist. Aber auch dieses Zusatzglied ist nicht denknotwendig; denn der Tensor $G_{\mu\nu} = 0$ in Schema VI bzw. VII, der das Zusatzglied abzuleiten gestattet, ein Spezialfall des umfassenden Materietensors (46), ist nicht denknotwendig, da es sich sowohl bei den Tensoren als auch bei deren Ausfüllung mit physikalischem Inhalt, d. h. deren physikalischer Interpretation (Schema III, links unten), um freie Setzungen des menschlichen Geistes handelt.

Sieht man im Augenblick von dem numerisch kleinen Zusatzglied ab, dann wird die quadratische Form des Newtonschen Gesetzes von der Wirklichkeit aufgezwungen, weshalb die Planeten sich in Kegelschnitten (Ellipsen) um die Sonne bewegen, was zuerst Kepler erkannte. Dabei bezieht sich hier aufgezwungen auf den ontologischen Bereich, ist aber keineswegs auch denknotwendig. Letzteres ist ein Bezug der reinen Logik, die auch unabhängig von einer wie auch immer gestalteten Wirklichkeit gilt (z. B. von Seeligers Satz, S. 54). Ersteres ist ein Faktum der Wirklichkeit, auf der Basis eines nicht denknotwendigen Gesetzes, das in einer gewissen „intellektuellen Ohnmacht" vom menschlichen Geist einfach hingenommen werden muß, mag er sich auch noch so sehr dagegen wehren.

Quadratische Formen, d. h. hier quadratische Gleichungen in rechtwinkeligen Koordinaten in einer irgendwie gearteten euklidischen Mannigfaltigkeit, führen denknotwendig auf Kegelschnitte, von denen es nur innerhalb der Euklidizität denknotwendig die drei Typen der Abb. 7 gibt – und nur diese. Letztere bedingt das Newtonsche Gesetz als quadratische Form.

Dieser Denknotwendigkeit entspricht wiederum die Denknotwendigkeit des Energiesatzes (31) mit den drei Möglichkeiten des Verhältnisses von Expansionsenergie zu kinetischer Energie (S. 231 ff.).

Das ist vom Morphologischen aus gesehen die Grundstruktur der relativistischen Kosmologie, dargestellt in Schema X unten, die, wenn man von dem durch die Wirklichkeit aufgezwungen Newtonschen Gesetz absieht, von Denknotwendigkeiten beherrscht ist.

Verallgemeinert man dann die unmittelbare Euklidizität jener drei denknotwendigen Typen von Ellipse, Parabel und Hyperbel in das Vierdimensionale, ergeben sich von der Wirklichkeit her die drei Fälle (38) für den Decelerationsparameter (S. 234 ff.), bzw. die in der Mitte von Schema X dargestellten drei morphologisch möglichen Formen von Weltmodellen. Solche Verallgemeinerungen gestattet der Formalismus der Riemannschen Geometrie, deren sich die relativistische Kosmologie bedient (Schema III).

Die grundlegende Bedeutung, vor allem der Lemaîtreschen Resultate (47), besteht in der völligen Bestätigung der vorstehenden Zusammenhänge. (47) liefert eine Fülle von Lösungstypen, die alle einer der drei Möglichkeiten in der Mitte von Schema X entsprechen, die also durch (47) mathematisch untermauert sind.

Dabei zeigt sich ein eigentümliches Gegenüber von Denknotwendigkeit und Nicht-Denknotwendigkeit. Sobald man die Euklidizität zugrunde legt, ist alles denknotwendig, vor allem auch die drei Formentypen der Modelle. Es könnte von da aus gesehen grundsätzlich keine anderen Modell-Typen geben, wenigstens nicht im Rahmen der relativistischen Kosmologie in der Sprache der Tensoranalysis.

Denknotwendig aber heißt, es liegen Zusammenhänge vor, die unabhängig von dem Vorhandensein einer Wirklichkeit bestehen. Die nicht-denknotwendige quadratische Form des Newton-Gesetzes „legt es nahe“, sich der Euklidizität zu bedienen und damit sich in deren Denknotwendigkeit hinein zu begeben; ein „logischer Zwang“ hierzu besteht nicht.

Das ist für die philosophische Durchleuchtung der modernen Kosmologie besonders zu bedenken. Nämlich denknotwendige Aussagen bezüglich der Wirklichkeit führen immer in die Nähe Kants und des Neukantianismus, mit seiner Akzentuierung des reinen Denkens auf Kosten der Realität der Denkinhalte (1. Teil, S. 44 ff.). Es besteht immer die Frage, wieso denknotwendige, also unabhängig von jeder Realität geltende Denkinhalte

WELTSTRUKTUREN DER RELATIVISTISCHEN KOSMOLOGIE

Schema XI

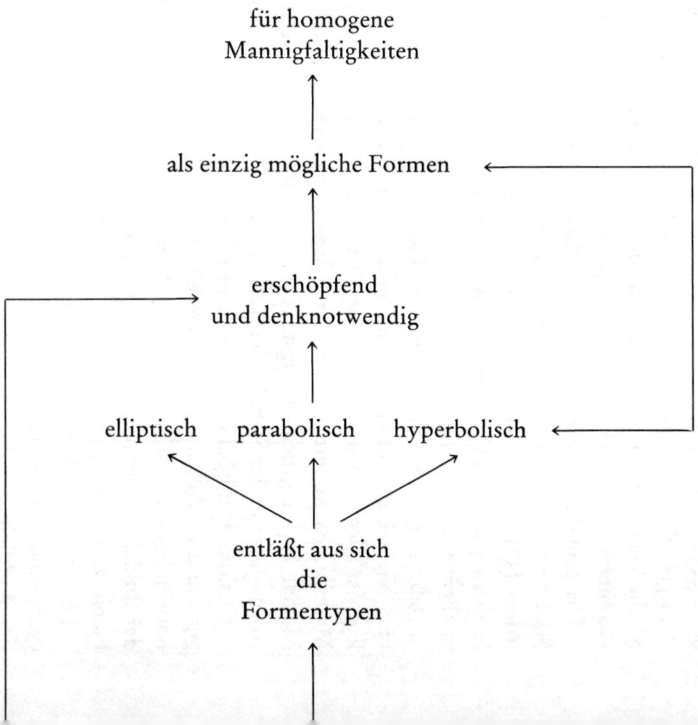

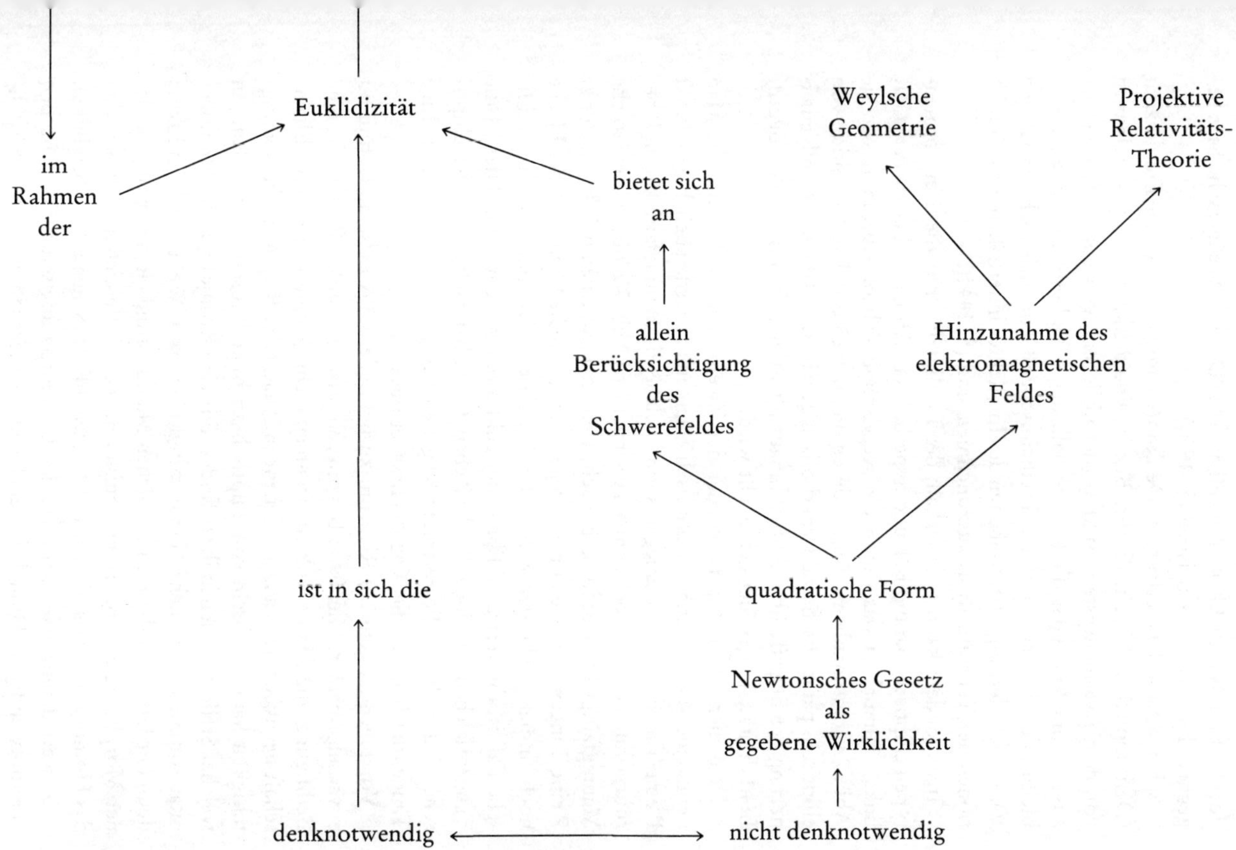
Euklidizität
im Rahmen der
bietet sich an
Weylsche Geometrie
Projektive Relativitäts-Theorie
allein Berücksichtigung des Schwerefeldes
Hinzunahme des elektromagnetischen Feldes
ist in sich die
quadratische Form
Newtonsches Gesetz als gegebene Wirklichkeit
denknotwendig
nicht denknotwendig

doch auf die Wirklichkeit anwendbar sind. Der von Seeligersche Satz begegnete hier als erstes Beispiel (S. 46ff.).

Schema XI soll das erläutern: Denknotwendig in sich ist die Euklidizität (Definition S. 228), d. h. alle ihre Bezüge sind denknotwendig, sobald man von dem Axiomensystem Euklids (der üblichen „vertrauten" Geometrie) ausgeht und entweder direkt innerhalb der euklidischen Geometrie verbleibt oder sie „erweitert" zur Riemannschen Geometrie (Schema III und V), wobei allerdings die Freiheiten des Intellektes innerhalb der Manipulationen der Tensoranalysis auszunehmen sind (S. 144ff.).

Insbesondere kann es innerhalb der Euklidizität nur die drei Formentypen elliptisch, parabolisch und hyperbolisch (Abb. 6) geben (Schema XI, links). Einmal ist das durch die Kegelschnitt-Theorie bedingt, wie sie Abb. 7 veranschaulicht. Zum anderen sei noch eine andere Definition von elliptisch, parabolisch und hyperbolisch gegeben, welche die Verallgemeinerung der Begriffe über Abb. 7 hinaus illustriert, ebenso wie den Begriff Euklidizität, wie er hier gebraucht wird.

Dem dient Abb. 7a, die wieder das Zweidimensionale darstellt. Man nennt eine Mannigfaltigkeit elliptisch, wenn man an jeden beliebigen Punkt P eine Tangentialebene anlegen kann, welche die Mannigfaltigkeit in P berührt ohne sie sonst noch einmal zu schneiden (Abb. 7a, oben). Eine solche Mannigfaltigkeit heißt hyperbolisch, wenn man an einen beliebigen Punkt P eine Tangentialebene nur so anlegen kann, daß die Ebene von der Fläche noch einmal geschnitten wird (Abb. 7a, unten). Der parabolisch-euklidische Fall ist die vertraute Ebene der euklidischen Geometrie. Hier ist die Tangentialebene an einem Punkt P eben diese Ebene selbst. Für den elliptischen Fall z. B. ist die vertraute Kugel ein entsprechendes Beispiel. Eine Tangentialebene an die Kugel schneidet diese nie.

Vorstehendes geht auf Riemann zurück, allerdings ist seine Definition etwas allgemeiner. Hier ist z. B. vom „elliptischen Punkt" P die Rede, eine Bedingung, die dann erfüllt ist, wenn eine Umgebung von P obige Eigenschaft bezüglich der Tangentialebene in P hat. Eine Riemannsche Mannigfaltigkeit kann wechseln von elliptisch zu hyperbolisch je nach dem, an welcher Stelle man sich in ihr befindet. Für eine Kosmologie der Homogenität kommen aber solche Mannigfaltigkeiten bzw. Welten nicht in Frage; denn der Übergangsbereich in solchen Mannigfaltigkeiten mit verschiedener Morphologie wäre als ein „ausgezeichneter" Bereich anzusehen, den das Homogenitätspostulat (S. 179ff.) ausschließt (Schema XI, oben links).

Es wäre demnach jetzt so, daß die drei morphologischen Formentypen denknotwendig sind und daß es auch keine weiteren im Rahmen der Euklidizität geben kann; denn mehr als die drei Möglichkeiten der Abb. 7a, auch wenn man sie nur auf einen Punkt O und seine nähere Umgebung bezieht,

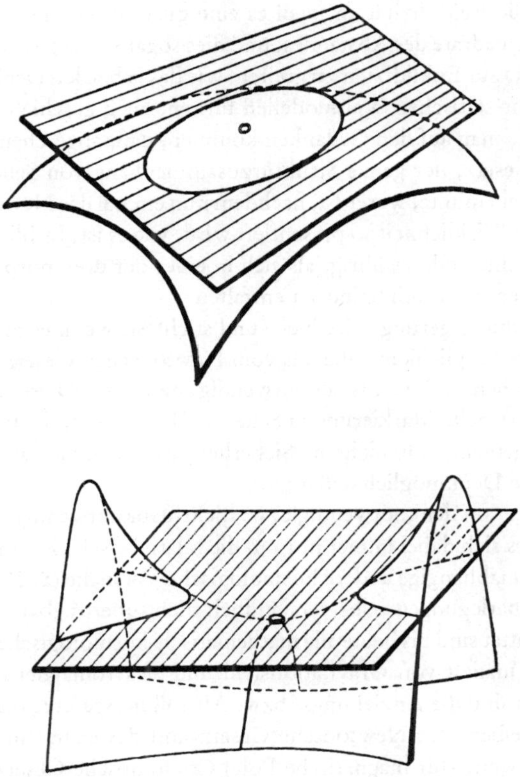

Abb. 7a: Beispiel für einen elliptischen und hyperbolischen Punkt auf einer Fläche (0).

sind nicht denkbar, da es sich um eine echte Alternative handelt: Es gibt keine weitere Möglichkeit neben *Schneiden* und *Nicht-Schneiden*, abgesehen von dem Grenzfall zwischen beiden, dem parabolischen. (Abb. 7).

Aus dem Vorstehenden resultierte der weitreichende philosophisch-wissenschaftstheoretische Aspekt, *daß das All als Ganzes überhaupt nur nach einem der drei genannten Formentypen in Schema X und XI gebaut sein kann, und dies unabhängig davon, ob es das All überhaupt gibt oder nicht.*

Dieser Denknotwendigkeit korrespondierte eine weitere mit (31) verbundene: *Es gibt drei und nur drei Möglichkeiten im Verhältnis von kinetischer Energie und bremsenden Kräften bei der Expansion, daß sie nämlich im Verhältnis von kleiner, gleich und größer zueinander stehen* (Schema X, Mitte) numerisch repräsentiert durch (38).

Das nicht-denknotwendige Newtonsche Gesetz bietet sich nun unmittelbar für die Euklidizität an, weil es eine quadratische Form ist, ausgedrückt im Quadrate des Abstandes, und dies sogar so, daß es fast selbstverständlich ist, zur Euklidizität zu greifen, wie das ja bei den Denkwegen, die zu den nicht-statischen Weltmodellen führen, auch geschieht.

So könnte man auf den Gedanken kommen, daß, abgesehen vom Newtonschen Gesetz, der ganze Strukturzusammenhang von Schema X notwendig so sein müßte, wie er ist, nachdem nun einmal das Newtonsche Gesetz von der Wirklichkeit so präsentiert wird, wie es ist. Es bliebe der Welt dann gar nichts anderes übrig, als sich in einer der drei morphologischen Formentypen der Euklidizität zu entfalten.

Diese Schlußfolgerung wäre hieb- und stichfest, wenn es mit Sicherheit keine andere Möglichkeit gäbe, als vom Newtonschen Gesetz aus die Euklidizität (Schema XI, rechts) als notwendig anzusehen. Diese Unsicherheit soll die gestrichelte Markierung in Schema XI, rechts, andeuten. Es kann, so soll hier gemeint sein, nicht mit Sicherheit ausgeschlossen werden, daß es noch andere Denkmöglichkeiten gibt.

Wenn hier von denknotwendig bzw. nicht-denknotwendig die Rede ist, so handelt es sich dabei immer nur um die relativistische Kosmologie. Für von dieser unabhängige andere kosmologische Versuche (S. 215) sind vorstehende Überlegungen selbstverständlich nicht übertragbar.

Überschattet sind bis heute alle mathematisch-kosmologischen Versuche durch die Dualität von Gravitationsfeld und elektromagnetischem Feld. Bekanntlich sind die Anziehungs- bzw. Abstoßungsgesetze mathematisch formal dieselben, das Newtonsche Gesetz und das erste (für elektrische Pole) und zweite (für magnetische Pole) Coulombsche Gesetz. Es ist bis heute nicht gelungen, jedenfalls nicht befriedigend, dieses Nebeneinander von Gravitation und Elektromagnetismus, zu einer übergeordneten Einheit zusammenzufügen.

Das ist zunächst ein Problem der reinen, auf das irdische Laboratorium bezogenen Physik und nicht der Kosmologie, die die Anwendung der Physik auf das All als Ganzes ist, aber natürlich bleibt die Kosmologie davon nicht unberührt. Im Materie-Energie-Tensor (46) sind die elektromagnetischen Kräfte berücksichtigt. Aber die Schlußformeln (49) und (50) des Friedmann-Lemaîtreschen Denkweges berücksichtigen bereits nicht mehr das elektromagnetische Feld, indem p der Druck in (48) gleich 0 gesetzt wird, wofür guter Grund besteht (S. 242); und nur für diesen Fall gelten die in Schema XI skizzierten Überlegungen über Denknotwendigkeit und Nicht-Denknotwendigkeit in bezug auf das All.

Auch im Rahmen der relativistischen Kosmologie sind Versuche unternommen worden, das elektromagnetische Feld stärker miteinzubeziehen, als das in den Friedmann-Lemaîtreschen Modellen der Fall ist. Sie sind u. a.

an die Namen Weyl (1. Teil, II. 18, S. 242ff.), Kaluza, Veblen (II. 19), Ludwig (III. 9) geknüpft. Es überschritte den Rahmen dieser Einführung, dies mathematisch im einzelnen darzulegen.

Weyl erweitert die Riemannsche Geometrie in der überkommenen Form dadurch (Schema XI, rechts), daß er postuliert, daß ein Vektor, d. h. eine gerichtete Größe (S. 236), die längs einer Kurve verschoben wird, dabei ihre Länge ändert, während diese in der üblichen Riemannschen Geometrie konstant bleibt. Dieses kann (wofür auf die Originalliteratur verwiesen sei) durch einen Tensor dargestellt werden, welcher zusätzlich zum Fundamentaltensor $g_{\mu\nu}$ (Schema VIII, rechts oben) in freier Setzung (S. 150) eingeführt wird. Dieser Tensor wird, wieder in freier Setzung mit dem elektromagnetischen Feld, identifiziert, wie analog $g_{\mu\nu}$ mit den Gravitationskomponenten identifiziert wurde. Der Tensor wird „Streckenkrümmungstensor" genannt.

Die philosophisch-ontologische Struktur dieser Konzeption kann ohne den mathematischen Formalismus skizziert werden: Die Weylsche Geometrie ist eine Veränderung der Riemannschen, welche von der Euklidizität herkommt (Schema III), bewirkt durch den Streckenkrümmungstensor. Die Weylschen Punktmannigfaltigkeiten, natürlich in beliebigen Dimensionen unter anderem auch vierdimensional formulierbar, weichen also je nach der numerischen Größe des Streckenkrümmungstensors von den üblichen Riemannschen mehr oder minder ab.

Als Weltmodell repräsentieren die Weylschen Mannigfaltigkeiten ein All, welches in seiner Euklidizität (Riemannsche Geometrie) durch das Gravitationsfeld morphologisch gestaltet wird (Schema X). Diesem wird mit dem elektromagnetischen Feld (durch den Streckenkrümmungstensor ausgedrückt) eine zusätzliche „Verformung" aufgeprägt, die im einzelnen natürlich nicht anschaulich vorstellbar ist.

Es bleibt also die erwähnte und noch nicht überwundene Trennung von Gravitationsfeld und elektromagnetischem Feld, wobei sich beides zusätzlich auch noch an der Grenze des „Gerade-eben-noch-Vorhandenseins" befindet (s. S. 191). Die Überlegungen in Schema XI links gelten hier nicht mehr ohne weiteres, ohne daß darauf jetzt im einzelnen eingegangen sei; denn die Dualität Gravitation-Elektromagnetismus läßt sich doch nicht beseitigen. Sie ist ein hier im Wege stehendes „Nicht-Verstandenes" (s. S. 82), das weitere philosophisch-wissenschaftstheoretische Analysen unmöglich macht.

Ein weiterer Versuch, das elektromagnetische Phänomen in ein Weltmodell einzubeziehen, ist die projektive Relativitätstheorie (Schema XI, rechts oben). Sie konstituiert ein fünfdimensionales Weltmodell mit einem Materie-Energietensor von 15 Komponenten, von denen in freier souveräner

Setzung 10 dem Gravitationsfeld und 4 dem elektromagnetischen Feld zugeordnet sind. Die fünfte wird von P. Jordan (III. 7) mit einer zeitlich veränderlichen Gravitations„konstante" in Verbindung gebracht.

Die Hineinnahme des Elektromagnetismus in ein Weltmodell der Homogenität ist durch die Kosmologie des Werdens in ganz andere Aspekte gerückt worden. Man kann sogar die extreme Frage stellen, ob das überhaupt noch sinnvoll ist, denn, wie sich später zeigen wird, kann im Zusammenhang mit der Hintergrundstrahlung der Elektromagnetismus nicht als isotrop in zeitlicher Beziehung angesehen werden, d. h. das Homogenitätspostulat dürfte gegebenenfalls keine Gültigkeit mehr haben.

Im übrigen zeigen die beiden zuletzt skizzierten Typen von Weltmodellen, zu welch breitem Spektrum von Betrachtungsweisen und Denkwegen sich die Kosmologie entwickelt hat, ohne daß man sagen könnte, daß nun ein für allemal ein bestimmter konkret umschreibbarer Wissens-Stand erreicht ist – ein vollkommenes Analogon zur Philosophie. Es handelt sich auch bei der Kosmologie um ein intellektuelles Abtasten der Wirklichkeit als Ganzes, allerdings in der Sprache der Mathematik (s. S. 139).

Was nun die Denknotwendigkeit (Schema XI) angeht, so kann man, so wie die Situation sich heute darbietet, sagen, daß unabhängig vom Numerischen die Gravitation und das Gravitationsfeld das führende Konstituens des Alls sind und alles andere, wie etwa die Erstehung des Stoffes und das Werden der Sterne, sich sozusagen innerhalb davon abspielt; und nach der Grundlegung der Kosmologie (Schema II, VII) konstituiert die Gravitation die Geometrie der Welt, d. h. ontologisch die Raumstruktur.

Von dieser Raumstruktur hat Kant behauptet, daß sie die Form der Anschauung des äußeren Sinnes sei (s. S. 44 ff.), und der Neukantianismus hat mit diesem Gedanken bis zur letzten Konsequenz Ernst gemacht.

Wenn, und das soll jetzt hier zugrunde gelegt sein, die Gravitation die ontologische Struktur der Welt vornehmlich bestimmt, dann müssen auch die denknotwendigen Zusammenhänge in Schema XI mitbetrachtet werden; und das heißt, daß grundlegende Zusammenhänge der nicht-humanen Wirklichkeit, des Universums, im Denken vorgebildet sind, völlig unabhängig von der Existenz dieses Universums.

Denknotwendigkeiten, insbesondere hier in bezug auf Raum und Zeit, können als Anschauungsformen des Denkens gelten, d. h. insbesondere die Trias von elliptisch, parabolisch und hyperbolisch, die dann auch dem All aufgeprägt wäre.

Freilich repräsentiert sich keine totale Denknotwendigkeit; denn das Newtonsche Gesetz ist nicht denknotwendig (s. auch S. 159 ff.), einmal grundsätzlich in bezug auf die Existenz der Schwerkraft und dann bezüglich der quadratischen Form – die auch nicht ganz stimmt, wie Einsteins

Zusatzglied zeigt (Schema VII, Mitte rechts). Hier besteht eine offene Diskrepanz mit den Ansichten Kants und des Neukantianismus.

Aber das in Schema XI dargestellte Gegenüber von denknotwendig und nicht-denknotwendig innerhalb der relativistischen Kosmologie zeigt, wie in der modernen Kosmologie Kantische Denkanliegen und Erfahrungsrealität durchaus zusammenkommen können: Die Nicht-Denknotwendigkeit des Newtonschen Gesetzes führt über dessen formale mathematische Struktur in euklidische Denknotwendigkeit hinein, in Gestalt der drei Formentypen mit ihren Eigenschaften. Dies ist genau der ontologische Zusammenhang, mit dessen Hilfe E. Cassirer (1. Teil, I. 1), der letzte große Vertreter des Neukantianismus, eine Brücke zwischen den Denkbemühungen des Neukantianismus und der „neuen" Naturwissenschaft zu schlagen versuchte (s. S. 75).

ε) *Der Formenreichtum der Weltmodelle und die Realität*

Die drei Formentypen (Schema X, Mitte) geben nur allgemein die möglichen Strukturen an, nach denen im einzelnen ein Modell gebaut sein kann. Innerhalb dieser Typen sind die unterschiedlichsten Modelle möglich, welche im einzelnen hier nicht beschrieben werden können und auch nicht sollen, da diese Unterschiede von geringer philosophischer Relevanz sind. Einen Überblick gibt z. B. H. Vogt* (a. a. O. S. 92 ff.).

Bei den geschlossenen elliptischen Modellen müssen die Galaxien zurückkehren. Es gibt im Rahmen von (50) oszillierende Modelle, d. h. ontologisch-logisch die Möglichkeit eines „pulsierenden Weltalls" (I in Abb. 8). Ferner ist ein Modell möglich, das von einem „Nullraum" R(o) in 0 (singulärer Punkt) ausgeht und sich asymptotisch einem endlichen Volumen nähert, bei dem es dann in unendlich ferner Zeit verharrt (II in Abb. 8).

Die offenen hyperbolischen Modelle haben die Eigenschaft, sich von einem singulären „Nullraum" dauernd auszudehnen (III in Abb. 8). Weiter sind Modelle möglich, die aus dem Unendlichen der Ausdehnung kommend sich auf ein Minimum an Raumvolumen zusammenziehen und sich wieder ins Unendliche ausdehnen (IV in Abb. 8). Ferner ist ein Modell möglich, das sich in die Vergangenheit hinein einem endlichen Volumenwert im Unendlichen asymptotisch nähert, dann in die Zukunft hinein wieder ins Unendliche geht (V in Abb. 8).

In Abb. 8 ist Vorstehendes qualitativ veranschaulicht. t ist die Zeit, wo $t = t_o$ der Zeitpunkt des Beginns von Modellen sein soll, die mit einem

* Siehe Anmerkung auf S. 220.

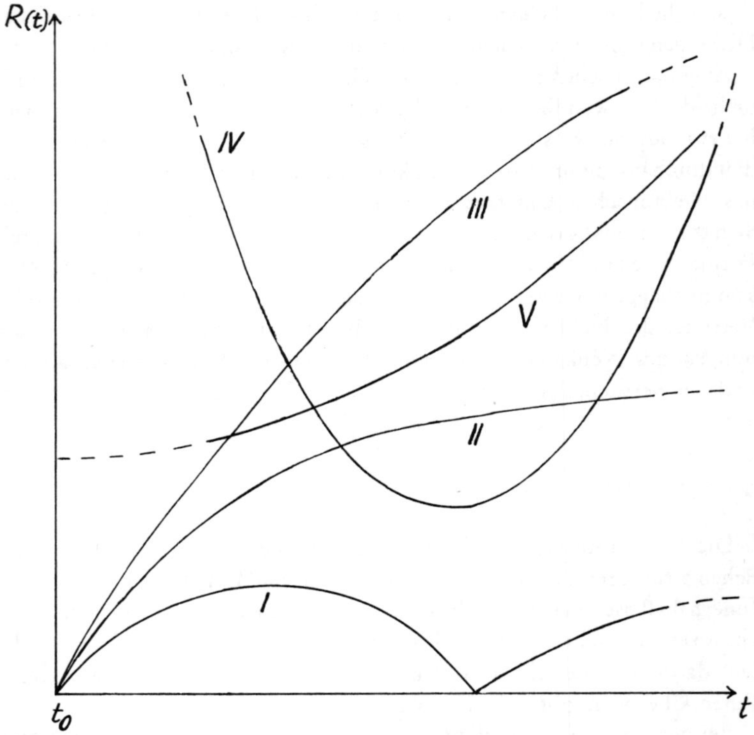

Abb. 8: Modelle der relativistischen Kosmologie

„Nullraum" beginnen. Auf der senkrechten Achse ist R(t) gemäß (21) abgetragen. R(t) ist prinzipiell ein numerisches Maß für die räumliche Ausdehnung bzw. Kontraktion in Abhängigkeit von der Zeit. t_0 soll einfach eine Zeitmarke sein; auch sind die Kurven in Abb. 8 in ihren Größenverhältnissen nicht vergleichbar, sie stellen lediglich die qualitative Veränderung der Modelle im zeitlichen Ablauf dar.

Es erhebt sich sofort die Frage, welches dieser Modelle in der Realität verwirklicht ist, bzw. was diesbezüglich gesagt werden kann. Das Faktum der Vielfalt liegt zunächst denknotwendig in der Mathematik begründet. (50) ist eine Differentialgleichung 2. Ordnung nach der Zeit; und solche Gleichungen erlauben im allgemeinen mehrere Lösungstypen. Bei einer Anwendung auf die Wirklichkeit bedarf man zusätzlicher Daten, die nur die Beobachtung liefern kann.

Es führte nun zu weit und wäre auch ohne philosophische Relevanz, die hier resultierende Problematik im einzelnen darzustellen. Es handelt sich um Beobachtungen, welche das Ganze des Alls betreffen, Beobachtungen, die an sich schon sehr schwierig sind und dazu noch gemäß dem Übertragungsprinzip auf das Ganze des Alls übertragen werden müssen (S. 176).

So bestimmt z. B. die mittlere Massendichte des Alls ϱ_0 in (37) zusammen mit der Hubble-Konstante den Wert q_0, der entscheidend den Formentyp eines Modells gemäß (38) festlegt. Ihr Wert (17) ist nur abgeleitet aus dem heute zugänglichen Teil des Universums (S. 192ff.). Das sind für den optischen Bereich 5 Milliarden Lichtjahre Raumvolumen im Durchmesser; und es bleibt nichts übrig, als gemäß dem Übertragungsprinzip den Wert (37) als pars pro toto für das ganze All zu nehmen. Die Problematik des Übertragungsprinzips repräsentiert sich hier an einem konkreten Einzelfall, welcher der Fragestellung nach von entscheidender Bedeutung für die Morphologie des Universums ist.

Der Wert (17) ist ein gemessener Wert, und für jede Maß-Wissenschaft gilt, daß es keine Messung ohne Meßfehler geben kann, so daß die Sicherheit von (17) ein Wert „jetzt" ist, immer wieder der Verbesserung fähig und bedürftig. Er ist außerdem sehr klein, wodurch sich die früher beschriebene Grenzsituation des Alls (S. 193) ergibt. Je kleiner aber ein zu messender Wert ist, um so unsicherer ist er auch im allgemeinen, d. h. um so größer ist das Fehlerintervall in bezug auf ihn.

So türmen sich hier mindestens philosophisch-ontologisch die Schwierigkeiten, wo es gar nicht um Verstanden–Nicht-Verstanden geht (S. 82ff.), sondern einfach um das technische Erreichen von Fakten in Form von Beobachtungsergebnissen. So kann man gegenwärtig dem Wert von (17) nicht jene Sicherheit zusprechen, derer man bedarf, um zwischen den verschiedenen Möglichkeiten zu entscheiden.

Es gibt noch andere hier nicht zu erörternde Möglichkeiten, um über die Vielfalt der Modelle zu entscheiden (siehe z. B. II. 10, S. 371ff.). Eingehend hat sich damit, vor allem in bezug auf Versuche zur Veränderung der mathematischen Apparate (Reihenentwicklungen), O. Heckmann (III. 5) befaßt. In dem zitierten Buch sind die diesbezüglichen Resultate entwickelt und dargestellt. Vor allem auch wegen dessen philosophisch-wissenschaftstheoretischer Relevanz sei ausdrücklich darauf hingewiesen. Hier finden sich die folgenden Sätze (a. a. O. S. 99ff.): „Unterlegt man . . . die abstrakte Theorie den Beobachtungsergebnissen als hypothetische Deutung, so entstehen keine ernsthaften Schwierigkeiten. Will man aber Theorie und Beobachtung exakt zur Deckung bringen, so werden beide über Gebühr beansprucht." „. . . das konsequente Durchdenken eines Problems kann in den Naturwissenschaften auch dann noch sinnvoll sein, wenn die Erfahrung immer weniger und zuletzt gar nicht mehr führen und mahnen kann."

Könnte (und sollte) man diese 1942 niedergeschriebenen Worte nicht auch über das philosophische Denkbemühen setzen? Läge dann nicht ein- und dieselbe geistesgeschichtliche Charakterisierung für beide Bereiche des menschlichen Denkens vor? Und wären damit beide nicht in gleicher Weise anerkannt?

Vergleicht man obige Zitate mit dem auf S. 226 Angeführten, aus Meyers Handbuch vom Jahre 1973, also dreißig Jahre später, so repräsentiert sich eine „Offenheit" der geistesgeschichtlichen Situation, welche sich auch in den vorstehenden Analysen immer wieder zeigt. – Es hat sich in der Zwischenzeit offensichtlich nichts geändert.

Aus alldem ersieht man auch wieder, wie ähnlich im Ganzen ihrer Strukturen die moderne Kosmologie in der Sprache der Mathematik denjenigen im philosophischen Bereich ist. Der Grund dafür ist darin zu suchen, daß in beiden Fällen das Ganze der Wirklichkeit in Rede steht, wodurch der Intellekt offensichtlich nicht so konsequent und folgerichtig vorschreiten kann wie bei begrenztem Fragen und eingeschränkter Gegenständlichkeit. Das bewirkt in der Philosophie die Fülle der Systeme und Fragestellungen durch die Geistesgeschichte hindurch, in der Kosmologie die Vielfalt der Modelle; Abb. 8 soll deren Unterschiedlichkeit und auch Gegensätzlichkeit unmittelbar zum Ausdruck bringen. Wie man aber wegen dieser ontologisch, im Sein begründeten Situation der mathematischen Kosmologie das Daseinsrecht nicht absprechen würde, so sollte man die gleiche Haltung auch der Philosophie gegenüber einnehmen.

Ontologisch ist diese Situation, weil das All in seinen unmittelbaren Gegebenheiten einen Grenzfall repräsentiert. Es ist auf das Ganze gesehen eben gerade noch nicht massenleer und eben gerade noch nicht energieleer (S. 192, 193, 211). Das gibt dem Intellekt auf der einen Seite mit der Tensoranalysis die Möglichkeit, großzügig mit den kleinen Meßwerten, welche die Groß-Strukturen des Universums repräsentieren, umzugehen, d. h. in den mathematischen Relationen kleine Beträge zu vernachlässigen oder gegebenenfalls nicht zu vernachlässigen. Nur auf diese Weise wurde die im ersten Teil beschriebene Grundlegung der mathematischen, modernen Kosmologie möglich, mit ihren nicht zu leugnenden eindrucksvollen Erfolgen.

Andererseits sind aber jene kleinen Meß-Werte, wie die mittlere Stoffdichte, sehr schwierig zu bestimmen, und die Theoretiker, in deren Aufgabenbereich ja hauptsächlich die mathematische Kosmologie fällt, schätzen oft die Schwierigkeit und die Genauigkeit der Beobachtungen falsch ein. Das behindert bzw. verhindert eine einigermaßen zuverlässige Auswahl innerhalb der Möglichkeiten zu treffen, welche die relativistische Kosmologie auf der Basis der Tensoranalysis repräsentiert. Es liegt hier ein dialektisches Verhältnis im Sinne Hegels (S. 39) vor, wie es so oft gerade im geistigen Bereich zu finden ist.

3. Die Newtonsche Kosmologie

a) Konzeptionen

Die Newtonsche Kosmologie hat mit der Person Newtons nichts zu tun. Sie hat ihren Namen daher, daß sie allein mit klassischen Mitteln im Bereich des Newtonschen Gesetzes auszukommen sucht. Sie stellt die Frage, ob und inwieweit es möglich ist, die Rotverschiebung als Expansionsbewegung ausschließlich durch Newton-Kräfte zu erklären, d. h. auf der Basis der Newtonschen Gesetze im euklidischen dreidimensionalen Raum.

Ausgelöst wurden die hier einzuordnenden Denkbemühungen nicht durch eine neue Entdeckung oder wegen eines behaupteten Versagens der relativistischen Kosmologie. Es war vielmehr ein gewisses Unbehagen gegenüber der so freizügigen Manipulationen der relativistischen Kosmologie im Rahmen der Tensoranalysis oder auch eine mehr emotional bedingte Kontraposition gegenüber der Relativitätstheorie, die die Konzeptionen der Newtonschen Kosmologie auslösten. Dergleichen ist man in der Geschichte der Philosophie seit eh und je gewöhnt; und es zeigt sich hier die innere Ähnlichkeit beider Bereiche.

Wissenschaftstheoretisch wichtig ist, daß sich in der Newtonschen Kosmologie die gleichen freiheitlichen Verhaltensweisen des Intellekts wiederholen, wie bei der Grundlegung der Kosmologie und durch diese hindurch bis zu den eben skizzierten Weltmodellen. Wie auch immer der menschliche Geist es anstellt: Er kann nach dem Ganzen zwar fragen; aber er wird sich dann selbst überlassen bleiben, sozusagen von eben diesem Ganzen im Stich gelassen. Er wird von ihm gleichsam in die totale Freiheit zurückgestoßen, muß sich seine Denkwege selbst suchen, ohne vom Ganzen einen Leitfaden zu haben. Das gilt in der modernen Kosmologie genauso wie in der Philosophie.

b) Die mathematische Struktur der Newtonschen Kosmologie

Ausgegangen wird von einem Ansatz für die Expansionsbewegung; zugrunde liegt der übliche euklidische Raum. Ist r die Entfernung eines Objektes (Galaxie) vom Beobachter, t die Zeit und α eine Größe, die unabhängig ist von r, aber gegebenenfalls von der Zeit abhängen kann, dann soll gelten,

$$\frac{dr}{dt} = \alpha \cdot r. \qquad (51)$$

(51) bedeutet, daß jedes Objekt in der Entfernung r sich mit einer Geschwindigkeit bewegt, die proportional zu seiner Entfernung ist, wobei α der Proportionalitätsfaktor ist. Das ist ersichtlich das Expansionsbild (S. 196). Erfährt die Expansionsbewegung z. B. eine Bremsung, wäre α von der Zeit abhängig.

Der wissenschaftstheoretische Unterschied zu (21) und damit zur relativistischen Kosmologie (S. 218) besteht darin, daß hier von vornherein nur die euklidische Geometrie zugrunde gelegt wird, während in (21), durch die Einbeziehung des Fundamentaltensors g_{ik}, die Geometrie offenbleibt und erst durch eine nähere Bestimmung bzw. Festsetzung der g_{ik} konstituiert wird. (51) ist ein Spezialfall von (21). Die Spezialisierung besteht darin, daß man sich unabhängig von den physikalischen Bezügen auf die euklidische Raumstruktur beschränkt. Das heißt ontologisch, der Raum ist als euklidischer einfach da und „in ihm" spielt sich etwas ab, nämlich die Expansionsbewegung gemäß (51). Es ist der absolute Raum Newtons (S. 148).

(51) ist wie auch (21) in der relativistischen Kosmologie eine bloße mathematische Beschreibung der Expansionsbewegung ohne deren Erklärung. Sie bleibt nicht-verstanden (S. 82 ff.). (51) und (21) sind völlig äquivalent. Ontologisch gesehen trennen sich die Wege beider Kosmologien dadurch, daß die Newtonsche Kosmologie beim euklidischen Raum verharrt, während die relativistische Kosmologie Raum und Physik miteinander verbindet (Schema III).

Differenziert man (51) nach t, so folgt:

(51 a) $$\frac{d^2r}{dt^2} = \alpha \cdot \frac{dr}{dt} + r \cdot \frac{d\alpha}{dt} = \left(\alpha^2 + \frac{d\alpha}{dt}\right) \cdot r,$$

weil (51) in (51 a) eingesetzt werden kann. Wegen einer möglichen Abhängigkeit der Größe α von t, der Zeit, kann man schreiben:

(52) $$\frac{d^2r}{dt^2} = f(t) \cdot r.$$

Links in (52) steht eine Kraft; denn die 2. Differentiation nach der Zeit ist eine Beschleunigung, und es gilt per definitionem Kraft = Masse × Beschleunigung. Ein Potential ist so definiert (S. 125), daß seine Ableitung nach der Entfernung die Kraft angibt, die es repräsentiert. Bezeichnet man das Potential der Kraft in (52) mit Φ, so wird

(53) $$\Phi = -\frac{1}{2} \cdot f(t) \cdot r^2.$$

Nämlich die Differentiation von (53) nach r gibt rechts den Ausdruck (52).

Unterwirft man nun (53) dem Operator ΦΦ, wie es in moderner Terminologie heißt, so wird:

$$\Delta Z \equiv \frac{\partial^2 \Phi}{\partial x^2} + \frac{\partial^2 \Phi}{\partial y^2} + \frac{\partial^2 Z}{\partial z^2} = -3 \cdot f(t). \tag{54}$$

Der Operator Δ bedeutet die Summe der zweiten partiellen Ableitungen von Φ nach den rechtwinkeligen (euklidischen) Koordinaten x, y, z; und es resultiert der Ausdruck rechts in (54).

f(t) als Funktion der Zeit kann > 0 sein; dann handelt es sich um eine abstoßende Kraft vom Kraftzentrum her. Ist f(t) < 0, so ist eine anziehende Kraft vorhanden, wie man der allgemeinen Definition des Potentials entnimmt (siehe z. B. II.2, S. 296 ff.). Ist α in (51) von der Zeit unabhängig, ist f(t) eine positive Konstante und Φ in (53) wird immer negativ, d. h., es ist nach (53) die rechte Seite negativ; es handelt sich also um abstoßende Kräfte. Ist α von der Zeit abhängig, so kommt es darauf an, ob $d\alpha/dt + \alpha^2 < 0$ oder > 0 ist ($d\alpha/dt$ kann unterschiedliche Vorzeichen haben; im ersten Falle resultiert eine anziehende, im zweiten eine abstoßende Kraft).

Dadurch, daß in (51) α eine Funktion der Zeit sein kann, besteht die Möglichkeit eines Wachsens von α und die eines Kleiner-Werdens oder aber die eines Konstant-Bleibens durch die Zeit hindurch. Offensichtlich gibt es diese drei, aber auch nur diese drei Fälle; und damit ist auch in der Newtonschen Kosmologie der Weg frei zu den drei Bewegungstypen der Expansion, wie sie sich bereits in der relativistischen Kosmologie zeigten (Schema X, Mitte und XI, links). Der Grund ist, daß die Expansion gemäß (51) schneller oder langsamer wird oder in der Geschwindigkeit gleich bleibt, je nachdem, wie α von der Zeit abhängt. In (51) steht links eine Geschwindigkeit, wodurch sich die Analogie ergibt.

Werden der Expansion jetzt gemäß der Newtonschen Kosmologie Gravitationskräfte zugrunde gelegt, dann muß gelten:

$$\Delta \Phi = \frac{\partial^2 \Phi}{\partial x^2} + \frac{\partial^2 \Phi}{\partial y^2} + \frac{\partial^2 \Phi}{\partial z^2} = -4\pi \cdot G \cdot \varrho \tag{55}$$

(siehe S. 135, G ist hier zu 1 gesetzt). Das gibt einen Ausdruck für f(t) gemäß (54):

$$f(t) = -\frac{4}{3} \cdot \pi \cdot G \cdot \varrho. \tag{56}$$

(56) in (42) eingesetzt liefert:

$$\frac{d^2 r}{dt^2} = -\frac{4}{3} \pi \cdot G \cdot \varrho \cdot r. \tag{57}$$

Bezeichnet man mit M(r) die Masse innerhalb einer Kugel mit dem Radius r und mit ϱ die mittlere Dichte in dieser Kugel, dann ist ϱ (wegen Dichte = Masse/Volumen),

$$\varrho = M(r) \Big/ \frac{4}{3} \cdot \pi \cdot r^3, \tag{58}$$

weil $4/3 \cdot \pi \cdot r^3$ der Inhalt einer Kugel mit dem Radius r ist. (58) in (57) eingesetzt, ergibt:

$$\frac{d^2r}{dt^2} = -\frac{G \cdot M(r)}{r^2}. \tag{59}$$

(59) ist das Newtonsche Gesetz, d. h. die Kraft, mit der eine Masse innerhalb einer Kugel mit Radius r auf einen Massenpunkt der Masse 1 in der Entfernung r wirkt, wobei die Masse M(r) im Kugelzentrum vereinigt gedacht werden kann (siehe z. B. II. 2, S. 43 ff.).

Innerhalb der Newtonschen Kosmologie gibt (59) eine Art Weltmodell im euklidischen Raum. Es repräsentiert ein Newtonsches Gravitationsfeld für eine dreidimensional euklidische Mannigfaltigkeit, die sich in Expansion gemäß der durch (51) beschriebenen Beobachtung, bewirkt durch Gravitationskräfte befindet, wie sie auch z. B. zwischen Sonne und Planeten wirksam sind.

Rein wissenschaftstheoretisch gesehen, ist es bemerkenswert, daß man überhaupt das Expansionsbild so beschreiben kann; denn an sich ist die Gravitationskraft eine Zentralkraft, wie der offizielle Terminus heißt. Damit soll ausgedrückt werden, daß sie grundsätzlich von einem „ausgezeichneten" Punkt ausgeht, nämlich von dem durch r = 0 gegebenen, wo die Kraft „unendlich" wird, wie z. B. (59) zeigt. Auf die wissenschafts-theoretisch-philosophische Problematik kann hier nicht eingegangen werden.

Aber das „Bild" des Modells, welches sich hier ergibt, kann dargestellt werden (Abb. 9). Betrachtet man im All zwei Beobachter A und B in der Entfernung r, so wird gemäß obigem mathematischen Formalismus das Expansionsbild, das ja beide aufgrund des Homogenitätspostulates in gleicher Weise sehen, auf der Basis von Gravitationskräften dadurch hervorgerufen, daß um A eine mit Materie angefüllte Kugel K_A mit dem Radius r existiert und daß außerhalb von K_A das Weltall massenleer ist. Das Umgekehrte gilt für B in bezug auf A. Für B ist die Kugel K_B mit Stoff gefüllt, und das All außerhalb ist leer.

Man kann nicht sagen, daß dergleichen ein sinnvolles Modell ist; und dessen ist sich die Newtonsche Kosmologie auch bewußt. Das Ganze ist eben, wie auch die Ausgangsformel (51), als eine Beschreibung in mathematischer Sprache zu denken, keine Erklärung oder anschauliche Aussage, wie auch in der relativistischen Kosmologie nicht.

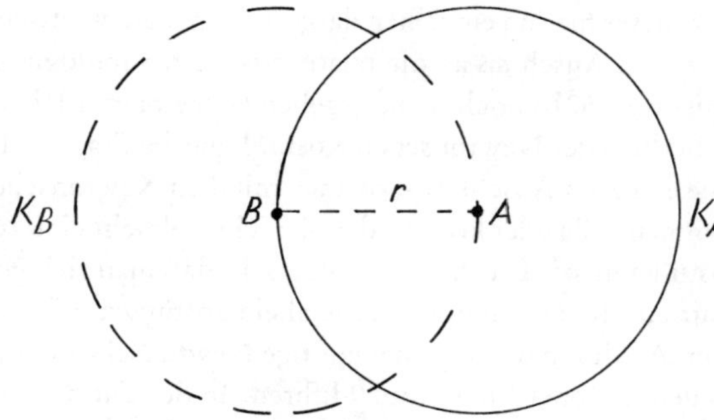

Abb. 9: Modell der Newtonschen Kosmologie für zwei Beobachter A und B in der Entfernung r.

Aber es zeigt sich wieder sehr markant die Geltung des von Seeligerschen Satzes (S. 53), daß Gesetz, Stoffverteilung und Geometrie nicht unabhängig voneinander sind. Als Gesetz gilt hier zunächst das Newtonsche zusammen mit dem Faktum der Expansion (51), als Geometrie die euklidische und denknotwendig folgt die in Abb. 9 dargestellte Stoffverteilung für A bzw. B.

Integriert man (59) nach t, so folgt:

$$\frac{1}{2}\cdot\left(\frac{dr}{dt}\right)^2 = \frac{G\cdot M(r)}{r} + h, \tag{60}$$

bzw. wenn man wieder die Dichte ϱ einführt,

$$\frac{1}{2}\cdot\left(\frac{dr}{dt}\right)^2 = \frac{4\pi\cdot G}{3}\cdot r^2\cdot\varrho + h = \frac{4\pi\cdot G}{3}\cdot r^2\cdot\varrho + h'\cdot r_0^2, \tag{60a}$$

mit $r = r_0\cdot R(t)$ und $h = h'\cdot r_0^2$. Setzt man jetzt R(t) in (60a) ein, so heißt dies, daß die ganze homogene Ausdehnung des Alls betrachtet wird; denn R(t) bedeutet die allgemeine Ausdehnung und r_0 repräsentiert dabei einen bestimmten Punkt. Auch (51) ist immer zunächst für einen einzelnen Punkt zu denken, wobei (51) natürlich für alle Punkte Geltung hat. Wie in der relativistischen Kosmologie ist R (t) eine universelle, d. h. für das ganze All (bzw. dessen Modell) geltende Zeitfunktion, die angibt, wie sich numerisch das Ganze des Alls ausdehnt, analog zu (21).

Setzt man in (60a) die Zeitfunktion $r = r_0\cdot R(t)$ ein, so folgt sofort:

$$\frac{1}{2}\cdot\left(\frac{d\,R(t)}{dt}\right)^2 = \frac{G\cdot M}{R(t)} + h'. \tag{60b}$$

Hier ist M die gesamte Masse des Alls, gegeben durch ϱ als mittlere Dichte (S. 192). ϱ in (60a) ist durch M gemäß (58) mit r = R ersetzt.

Der Zweck dieser hier im einzelnen dargestellten mathematischen Manipulationen ist, den Anschluß an die relativistische Kosmologie zu gewinnen. Dieser ist mit (60b) noch nicht gegeben (siehe hierzu III. 5, S. 6 ff.).

Es wird innerhalb der Newtonschen Kosmologie die Frage gestellt – und dies bringt sie erst zum Abschluß –, ob man mit dem Newtonschen Gesetz allein auskommen solle oder könne oder ob nicht vielmehr eine zusätzliche Kraft zu postulieren sei. Das heißt ontologisch, daß man sich gegebenenfalls nicht nur auf die Gravitationskräfte allein abstützen will, welche für die Massen im All durch das allgemeingültige Newtonsche Gesetz bedingt sind und zu dem „Modell" der Abb. 9 führen. In der Tat führt dieser frei konzipierte Gedanke (S. 150 ff.) dazu, die Newtonsche Kosmologie mit der relativistischen vergleichen zu können.

Die Einführung der zusätzlichen Kraft geschieht durch den Ansatz:

$$\Delta\Phi = 4\,\pi \cdot G \cdot \varrho - \lambda(t), \tag{61}$$

an Stelle von (55). Das Zusatzglied kann eine Funktion der Zeit sein, muß es aber nicht, in jedem Fall soll es ortsunabhängig sein. Durch $\lambda(t)$ werden die Potentiale Φ verändert und demgemäß auch die Kraftfelder, was im einzelnen hier nicht dargelegt zu werden braucht.

Führt man nun die gleichen Rechnungen durch, wie vorhin ab der Formel (51), nur daß (55) durch (61) ersetzt wird, folgt an Stelle von (60b):

$$\frac{1}{2} \cdot \left(\frac{d\,R(t)}{dt}\right)^2 = \frac{G \cdot M}{R(t)} + \frac{\lambda}{6} \cdot R^2(t) + h'. \tag{62}$$

Vergleicht man (62) mit (50), der Schlußformel der relativistischen Kosmologie (S. 243), so sieht man einen völlig gleichen Aufbau beider Formeln. Die linken Seiten sind dieselben. $\dot{R}$ ist nur eine andere Schreibweise für dR/dt. Im ersten Glied rechts steht im Nenner R, im Zähler eine Konstante; das zweite Glied enthält in beiden Fällen $\lambda \cdot R^2(t)$, und das letzte Glied rechts ist jedes Mal eine Konstante. Die Konstanten in (50) und (62) sind nicht immer die gleichen und haben zum Teil verschiedene Bedeutung. Das sei hier nicht erörtert, weil es keine philosophische Bedeutung hat. Die Konstanten in einer Gleichung verändern im allgemeinen nur die Dimensionen der sie darstellenden Kurven, nicht aber ihren qualitativen Charakter. Ändert man numerisch in einer eine Parabel darstellenden Gleichung die Konstanten, ergibt sich wieder eine Parabel.

Das gilt auch für (50) und (62). Das heißt, (62) liefert die gleichen Lösungstypen, wie sie in Abb. 8 für die relativistische Kosmologie dargestellt sind, bzw. die in Schema X beschriebenen Zusammenhänge. Die Newtonsche Kosmologie führt also zu den gleichen Weltmodellen wie die relativistische!

Die in Schema XI dargestellte Denknotwendigkeit der drei Formentypen findet sich auch in der Newtonschen Kosmologie: In (60) kann die Konstante h größer 0, kleiner 0 und gleich 0 sein. Es gibt nur diese drei Möglichkeiten. Links in (60) steht das Quadrat einer Geschwindigkeit $(dr/dt)^2$ multipliziert mit 1/2. Die kinetische Energie ist bekanntlich $1/2 \cdot m \cdot v^2$, so daß in (60) links eine kinetische Energie steht.

Ist in (60) $h > 0$ und geht $r \to \infty$, so bleibt der Ausdruck rechts bis ins „Unendliche" immer positiv, d. h. die kinetische Energie verschwindet nie. $h > 0$ bedeutet den hyperbolischen Fall eines sich dauernd ausdehnenden Alls. Ist $h = 0$, so wird für $r \to \infty$ die rechte Seite in (60) zu 0; d. h., die kinetische Energie ist im Unendlichen verbraucht. Hier kommt die Expansion des Alls zur Ruhe. Ist $h < 0$, so steht rechts in (60) eine Differenz, und mit wachsendem r wird $G \cdot M(r)/r$ immer kleiner; es wird also einmal den Wert von h erreichen, die rechte Seite ist dann gleich 0, d. h., die kinetische Energie der Expansion ist verbraucht. Die Expansion kommt im Endlichen zur Ruhe und geht der vorhandenen Gravitation wegen in Kontraktion über, es liegt also der elliptische Fall mit gegebenenfalls pulsierendem All vor.

Die Denknotwendigkeit der drei Formentypen ist in der Newtonschen Kosmologie genaugenommen stärker ausgeprägt als in der relativistischen, denn es wird nur von Gravitationskräften Gebrauch gemacht. Diese repräsentieren ein Faktum mit der quadratischen Form des Newtonschen Gesetzes und die Trias der Formentypen folgt sofort daraus (Abb. 7 und Schema X). In der relativistischen Kosmologie hingegen gibt es immer noch die Möglichkeit der projektiven Relativitätstheorie und der Weylschen Erweiterung der Riemannschen Geometrie (Schema XI, rechts).

c) Das Gegenüber von relativistischer und Newtonscher Kosmologie in philosophischem Aspekt

Beide Kosmologien führen zu dem gleichen Resultat. Es ist von größter Wichtigkeit zu wissen, daß zwei verschiedene Betrachtungsweisen zu den gleichen Modellen für das Weltall führen.

Im Aspekt von Verstanden–Nicht-Verstanden (S. 82ff.) bedeutet das zunächst, daß gleiche Weltall-Strukturen auf unterschiedliche Ursachen zurückgehen können; mit anderen Worten, das Weltall braucht nicht eindeutig erklärbar zu sein, sofern es überhaupt erklärbar ist.

Vergleicht man das mit der Philosophie, so ist die Vielfalt der Meinungen und Positionen sicher auch darin begründet, daß die Wirklichkeit mehrdeutig ist. Auch kann man das so ausdrücken, daß von einzelnen Positionen aus die Wirklichkeit nie ganz zu fassen ist, weil sie in der Vielfalt ihrer nie ganz erfahrenen und vielleicht auch nicht erfahrbaren Zusammenhänge jeweils mehr ist, als solchen Ausgangspositionen entspricht.

Was diesbezüglich die beiden vorstehenden Kosmologien angeht, so führen sie zwar zu gleichen Resultaten; aber die Deutung der Welt geht in der relativistischen Kosmologie viel tiefer als in der Newtonschen. Letztere verharrt beim überkommenen euklidischen Raum, in dem etwas „passiert", auf der Basis der ebenfalls überkommenen Gravitation mit ihrer quadratischen Entfernungsabhängigkeit (Newtons Gesetz).

Die relativistische Kosmologie dagegen konstituiert einen grundsätzlichen Zusammenhang zwischen Stoffverteilung und Raumstruktur bzw. Geometrie (Schema III), und es gelingt (in erster Näherung) das Newtonsche Gesetz herzuleiten (Formel (52) in Schema VI). Von alledem ist die Newtonsche Kosmologie weit entfernt. Das Newtonsche Gesetz ist in der Relativistik auf einen anderen Zusammenhang zurückgeführt (S. 159ff.).

In der Newtonschen Kosmologie wird eine nicht erklärbare Zusatzkraft angenommen, repräsentiert in (61) durch $\lambda(t)$. Erst dadurch gelingt der volle Anschluß an die relativistische Kosmologie. Es ist analog zu dem, was in den Einsteinschen Feldgleichungen (65) in Schema VIII geschieht, wo der Proportionalität von Krümmung und Materietensor der Ausdruck $\lambda \cdot g_{ik}$ hinzugefügt wird. In beiden Fällen liegen souveräne Setzungen des Intellektes vor, aber in der relativistischen Kosmologie bleibt das λ-Glied im Gegenüber von Krümmung und Stoffverteilung, während es in der Newtonschen Kosmologie einen Zusatz zu den ursprünglichen Annahmen bedeutet, wohl weil man glaubt, mit dem Newtonschen Gesetz in seiner klassischen Form allein nicht recht auszukommen.

Vorstehendes bedeutet nicht, daß die Newtonsche Kosmologie zu den Akten gelegt werden könnte. Trotz der vielleicht weniger leistungsfähigen Newtonschen Kosmologie besteht zwischen beiden Kosmologien ein ontologisch wichtiger Unterschied.

Das λ-Glied ist in der Newtonschen Kosmologie als eine reine „Bewegungskraft" zu denken. Zu der durch die Massen bewirkten Gravitation gibt es hiernach einfach eine zweite zusätzliche Kraft, und es steht nichts im Wege, sie im Urknall zu sehen (S. 203ff.). In der relativistischen Kosmologie gehört das λ-Glied unmittelbar zur Struktur der Wirklichkeit, ist ontologisch gesehen in diese eingebettet. Für die Newtonsche Kosmologie gibt es nach wie vor den euklidischen Raum, „in" dem etwas passiert oder auch nichts passiert (S. 148ff.), und darum kann sich auch hier etwas zusätzlich ereignen, eben der Urknall (oder wie immer man λ interpretieren will), der die zusätzliche Bewegungskraft bedingt. In der relativistischen Kosmologie ist das von vornherein eine Struktur der Wirklichkeit, ohne die sie von ihrem Wesen her nicht das wäre, was sie nun einmal ist. So z. B. ist der Weg des Lichtes nicht einfach ein Weg, sondern eine „Geodätische", d. h. ein die Geometrie, die Raumstruktur bestimmendes Agens (Schema VII, links oben).

Der ontologisch-philosophische Gegensatz zwischen beiden Kosmologien besteht letzten Endes darin, ob man den Urknall – denn nur auf ihn kann die Bewegungskraft neben der Gravitation zurückgehen – als ein zusätzliches Ereignis ansieht oder ob man diesen als der Welt immanent ansieht, als zu ihrem Wesen oder auch zu ihrer Konstitution gehörig. Dann wären auch die durch den Urknall verursachten Bewegungen wie dieser selbst der Wirklichkeit immanent, d. h. ursachlos, eine Möglichkeit, die bereits auf S. 207 diskutiert wurde.

Gemäß dieser philosophischen Ausdeutung gäbe es nach der Newtonschen Kosmologie nur verursachte Bewegung, wobei die Expansion aus einer Kraft des Urknalls käme. Freilich kann damit nicht gesagt werden, wieso der Urknall bzw. die Anstoßkraft der Expansion zustande kommt. Nach der relativistischen Kosmologie ist letzterer von vornherein als Struktur der Wirklichkeit vorhanden und damit auch die deshalb ursachlose (im Sinne eines Anstoßes) Expansionsbewegung, während die anderen Bewegungen natürlich als ihren Anstoß die Gravitation haben.

Beide Auffassungen führen zu den gleichen Resultaten, d. h. den gleichen Weltmodellen. Ob aber eines dieser Modelle realisiert ist, kann bis heute nicht gesagt werden. Hier ist alles genauso offen wie in der Philosophie.

Aber selbst, wenn diese geistesgeschichtliche Situation sich ändern sollte, bleibt die oben dargestellte Alternative, die sich in den Formeln (65) in Schema VIII und (61) auf S. 135 repräsentiert und die letzten Endes durch die unterschiedliche Interpretation des λ-Gliedes bedingt ist.

Dergleichen ist in der Philosophie gang und gäbe. Es ist ja nicht so, als wenn die unterschiedlichen Systeme keine Weltinterpretation darstellten; vielmehr werden gleiche Phänomene der Realität von unterschiedlichen Grundlagen hergeleitet, wie im Gegenüber von relativistischer und Newtonscher Kosmologie auch.

Da es sich hier um die Maß-Struktur der Wirklichkeit handelt (S. 169), also um einen begrenzten Ausschnitt der Wirklichkeit, kann man vielleicht klarer als in der Philosophie sehen, woher es kommt, daß unterschiedliche Ausgangsbasen zu gleichen Ergebnissen bezüglich der Realität führen.

Was sich der Naturwissenschaft als Gegenstand darbietet, ist ein „Wirkzusammenhang", eine „Wirk"lichkeit in des Wortes eigentlicher Bedeutung. Diese Wirkungen sind bedingt durch Ursachen, und es können verschiedene Ursachen die gleichen Wirkungen haben.

Hier handelt es sich um Kräfte, und verschiedene Kräfte können die gleiche Wirkung haben. Das Ganze erscheint etwas banal; aber einmal ist im Philosophisch-wissenschaftstheoretischen selten etwas banal, weil es sich jeweils über spezielle Forschungsmethoden hinaus um ein Hinterfragen von Sachzusammenhängen handelt, und zum anderen stehen hier im konkreten Falle Kräfte in Rede, die völlig undurchsichtig sind.

In der relativistischen Kosmologie ist es das eigentümliche Zusammen von Raumstruktur und Stoffverteilung, welches Kräfte aus sich entläßt, die sich mathematisch in der gleichen Weise ausdrücken wie diejenigen gemäß Newtons Gesetz und welches über (65) in Schema VIII zu Formel (50), S. 243 führt, die auch die Newtonsche Kosmologie über das λ-Glied in (62) erreicht. Was für Kräfte sich aber im λ-Glied von (61) ausdrücken, ist genausowenig beantwortbar wie dasjenige, was sich eigentlich ontologisch in dem Zusammen von Raumstruktur (Raumkrümmung) und Stoffverteilung darstellt (S. 161). Die schließlich zu einem einheitlichen Resultat führenden Denkwege der beiden Kosmologien kommen von axiomatisch gesetzten Zusammenhängen her, welche nicht verstanden sind (S. 82).

Eine bemerkenswerte Analogie hierzu kann man im Bereiche des Philosophischen finden in dem Gegenüber von Hegels Weltentwurf und dem dialektischen Materialismus von Engels und Marx, die bekanntlich auch in der Gegenwart eine große Rolle spielen (S. 39).

Beide gehen von einer dialektischen Interpretation der Welt aus und haben damit zweifelsohne gewisse Erfolge. Obwohl schließlich beide dialektische Weltentwürfe aus sich entlassen, welche jeweils zu ähnlichen oder auch teilweise übereinstimmenden Aussagen über die Wirklichkeit führen, sind die Ausgangspositionen völlig verschieden. Hegel geht vom Bereich des Geistigen aus und sucht von da aus im dialektischen Dreischritt die Wirklichkeit zu erklären.

Der dialektische Materialismus bestreitet die Existenz von etwas Geistigem und behauptet ausschließlich die Existenz von Materie, sucht in dieser dialektische Gegensätze und will so einen umfassenden Weltentwurf konstituieren. Daß dabei zum Teil ähnliche Aussagen herauskommen müssen wie bei Hegel, ist ohne weiteres einsehbar.

Aber warum es überhaupt Dialektik gibt, woher diese kommt, sagen beide Systeme nicht. Sie müssen sie als Faktum hinnehmen. Analog sind in den beiden Kosmologien die Kräfte nicht geklärt, die zu gleichen Modellen führen. Die Dialektik entspricht den Wirkprinzipien (Kräften), die zu den Weltmodellen führen. Sie sind in beiden Fällen in ihrer Auswirkung gleich. Aber wie Hegel die Dialektik im Geistigen sucht, ohne dafür einen Grund anzugeben, und wie der dialektische Materialismus sie ohne Erklärung im Stoff ansiedelt, so sucht die relativistische Kosmologie ihre Wirkprinzipien im Zusammen von Stoff und Raum, ebenfalls ohne das zu begründen, und die Newtonsche Kosmologie macht einen Zusatz zum klassischen Newtonschen Gesetz, ohne dafür eine Erklärung zu haben. Beide treffen sich in ihren Resultaten, wie auch, wenigstens weitgehend, Hegel und der dialektische Materialismus, der im eigenen Selbstverständnis „Hegel vom Kopf auf die Füße" gestellt haben will (S. 40).

Sicherlich handelt es sich bei der vorstehenden Gegenüberstellung um völlig verschiedene Bereiche und Sachbezüge. Aber die Ähnlichkeit der geistigen Strukturen ist nicht zu verkennen. Sie dürfte daher kommen, daß es in beiden Denkbemühungen um das Ganze der Wirklichkeit geht.

d) Das Unendliche in relativistischer und Newtonscher Kosmologie

Bei allen Aussagen über das All als Ganzes steht unvermeidbar die Frage nach Endlich oder Unendlich (S. 177), „Immer weiter" oder „nicht immer weiter", im Brennpunkt des Interesses.

Die Frage ist, ob und inwieweit die Kosmologie hier von der Mathematik im „Stich gelassen" ist (S. 179).

Für die Mathematik ist „unendlich" damit erledigt, daß sie in ihren Formalismen angibt – und das kann sie –, ob innerhalb ihres Formalismus etwas bestimmt oder nicht bestimmt ist (S. 178).

Für die Physik der Kosmologie sieht das ganz anders aus, weil Unendlich „unbestimmt" bedeutet, die mathematischen Formeln, welche auch immer, geben nichts, was man messen kann; denn „unbestimmt" kann man nicht messen (S. 178).

Betrachtet man daraufhin die identischen Resultate der relativistischen und Newtonschen Kosmologie, so tritt zunächst der parabolisch-euklidische Fall besonders hervor (S. 232). Hier muß bei Interpretation von (31) gesagt werden, daß die Expansion im Unendlichen zur Ruhe kommt. In dieser Aussage ist miteinander verbunden etwas „Endliches", nämlich die Geschwindigkeit 0, mit etwas „Unendlichem", einer unendlichen Entfernung und unendlichen Zeit. (Für R(t) ein zu III in Abb. 8 analoger Kurventypus.) Fragt man nach dem ontologischen Sinn dieser Aussage, was sie bedeuten soll für die Realität, so wird man keinen finden. Der Intellekt ist hier in die totale Unbestimmtheit hineingeführt, und zwar durch einen mathematischen Formalismus, den er selbst geschaffen hat (Schema IX) und der ihn hier völlig im Stich läßt (S. 179).

Das unmittelbare Erleben des nächtlichen Sternenhimmels mit seinem „Immer weiter" steht hier nach all der Mathematik und den Beobachtungen, auf welche sie angewandt wird, in seiner ganzen Realität und Eindringlichkeit, als wäre nichts geschehen. Die sonst so eindrucksvoll greifende Zange des mathematisch-exakten Erkenntnisgriffes gleitet ab, und es repräsentiert sich ein Unvermögen und eine Ohnmacht des Denkens, wie sie sich vielleicht nur noch in theologischen Fragestellungen finden, etwa in der Frage nach dem Wesen Gottes.

Das gleiche tritt bei den offenen hyperbolischen Modellen ein, wo das „Sich-Ausdehnen" kein Ende findet. Auch hier versagt nicht nur die Vorstellung, wie überhaupt bei allen hier in Rede stehenden Modellen, sondern eine solche Aussage bedeutet einfach die Situation des Unbestimmten; und das ἄπειρον des Anaximander (S. 9) charakterisiert bis heute immer noch am besten den Stand des Denkbemühens.

Die alte Geozentrik stand ihrer Fragestellung nach vor dem gleichen Problem, nämlich, was jenseits der Fixsternsphäre sich befinde (S. 16ff., S. 220)? In seiner Schrift Περὶ οὐρανοῦ (Über den Himmel) stehen die bemerkenswerten Sätze des Aristoteles: „Außerhalb des Himmelsgewölbes gibt es weder Ort noch leeren Raum, noch Zeit. Denn an jedem Ort kann ein Körper vorhanden sein; leerer Raum aber ist dort, wo ein Körper zwar nicht vorhanden ist, wohl aber sich befinden könnte. Die Zeit ist gemessene Bewegung; Bewegung aber gibt es nicht ohne einen in der Natur vorhandenen Körper, der sie ausführt. Da es nun außerhalb der Sphäre weder einen Körper gibt, noch ein solcher entstehen kann, gibt es dort weder Ort noch leeren Raum, noch Zeit. Deshalb ist das, was im Jenseits ist, seiner Natur nach an keinem Ort, noch läßt Zeit es altern, und nichts von dem, was der Ordnung jenseits der Sphäre angehört, kennt irgendeine Veränderung, sondern unveränderbar und leidenlos führt jenes Reich das vollkommenste und in sich selbst befriedigte Dasein immerfort."

Der metaphysische Charakter dieser Aussagen ist unverkennbar. Was dort gesagt ist, ist μετὰ τὰ φυσικά = jenseits der Physik, wie die entsprechenden Abhandlungen des Aristoteles schon im Altertum genannt wurden. In moderner Terminologie würde man sagen, daß in jenen transsphärischen Bereichen keine Maß-Struktur besteht, nichts ist, was meßbar wäre, wie es von der Zeit ausdrücklich gesagt wird. Es fehlt nach Aristoteles alles das, was die Grundlagen von Messen darstellt, Raum, Zeit, Bewegung und Veränderung. Das Unbestimmte, Unendliche im Bereich der messenden Naturwissenschaft heißt, daß hier keine Zahlenangabe gemacht, keine Messung ausgeführt werden kann. So ist das „Unendliche" der modernen Kosmologie in seinen „Eigenschaften" identisch mit den transsphärischen Strukturen, wie Aristoteles glaubte, sie beschreiben zu sollen.

Die elliptischen Modelle haben das Problem des Unendlichen nicht. Sie sind geschlossene Sphären, endlichen Inhaltes ohne Grenze (S. 228), und es werden von seiten der Mathematiker, unabhängig von der Kosmologie, solche Sphären als Beispiele dafür angeführt, daß sie sehr wohl verstehen, mit „Unendlich" fertig zu werden. Das sei auch nicht bestritten, aber es gilt eben nur für den Bereich der Maß-Struktur.

Qualitativ-ontologisch aber steht immer die Frage im Raum, was denn die geschlossene Sphäre „umgibt". Der Zusammenhang mit der Denkstruktur, daß sich alles von allem entfernt, ohne daß es dabei in der sich ausdehnenden Punktmannigfaltigkeit selbst ein Zentrum der Ausdehnung gibt, ist bereits in Abb. 5 diskutiert und gilt für alle gekrümmten sich gleichmäßig ausdehnenden Punktmannigfaltigkeiten.

Bei den geschlossenen Flächen kann man, wie auf der Kugel, stets zum Ausgangsort zurückkehren. Man kann prinzipiell einen Stern in zwei entgegengesetzten Richtungen sehen. Versuche, dergleichen im All zu finden, werden nicht ernsthaft gemacht, sind auch nicht sinnvoll, schon der Dimensionen wegen nicht.

Selbst wenn dergleichen gelänge, wäre die Welt, so soll hier gemeint sein, nicht verstehbarer; denn es bleibt ontologisch, nicht geometrisch der Maß-Struktur nach die Frage, wohinein denn die geschlossenen Flächen gekrümmt sind (S. 218), was übrigens auch für die offenen gekrümmten Modelle (Schema X) gilt. Wie dargelegt kann die Krümmung rein numerisch aus den Daten der Fläche selbst abgeleitet werden (Formel (48) in Schema VIII), womit die genannte Frage umgangen werden kann; und man ist sehr oft der Meinung, letztere damit auch erledigt zu haben. Für die reine, ideale Mathematik trifft das auch zu, nicht aber für eine reale Welt, wenn man, wenigstens in der Theorie, die Mathematik auf sie anwendet; denn, wenn man realiter eine Kugel hat, braucht man nun einmal einen Raum, in dem diese ist. Selbst beim idealen Kreis braucht man dessen Radius, welcher der Punktmannigfaltigkeit der Peripherie nicht angehört (S. 218). Ihre Länge, wie jeder weiß $2\pi r$, kann nur durch die Länge r ausgedrückt werden, den Radius, der in der Peripherie nicht angesiedelt ist.

Den gekrümmten Mannigfaltigkeiten der bisher besprochenen kosmologischen Denkbemühungen widerfährt das Analoge. Ihre geometrischen Strukturen sind durch etwas ausgedrückt, das in ihnen nicht angesiedelt ist; denn jede Krümmung repräsentiert einen Krümmungsradius, d. h. einen Strukturbezug, der zwar aus der Mannigfaltigkeit berechenbar, aber trotzdem in ihr nicht angesiedelt ist. So lange es sich um reine Geometrie, reine Mathematik, handelt, braucht das nicht zu stören.

Soll damit aber ontologisch Realität repräsentiert werden, ist alles anders. Ein Künstler, der eine Ornamentik aus Kreisen gestaltet, benötigt dazu konkret die Radien der Kreise, die im fertigen Werk gegebenenfalls überhaupt nicht mehr erscheinen, ohne die aber die reale Ornamentik nicht erstellbar wäre.

Wendet man die Geometrie der gekrümmten Mannigfaltigkeiten auf die Realität an, d. h. will man mit ihnen das Universum beschreiben, so ist, im Bilde gesprochen, diese Realität der Ornamentik vergleichbar, die der Künstler schafft. In der Ornamentik, die das zugängliche All repräsentiert, spielen sich alle Vorgänge ab; hier können Physik und Astronomie messen und beobachten; aber die Radien oder wie man auch immer die Seinsbezüge hier bezeichnen mag, welche die Voraussetzungen hierfür darstellen, sind dem Zugriff der Maß-Struktur entzogen. Wie die eindimensionale Ornamentik auf der Basis von Kreisen nicht möglich ist ohne die Fläche, in der sie sich ausbreitet und in der die Radien der benutzten Kreise liegen, so ist es auch mit den vierdimensionalen gekrümmten Mannigfaltigkeiten der bisher besprochenen Kosmologien: Diese können ontologisch nicht ohne ein Etwas, in das sie eingebettet sind gedacht werden, auch wenn man dieses Etwas zur Erfassung ihrer inneren Maß-Struktur und Morphologie nicht bedarf. Kann man doch auch die Ornamente nach ihren unterschiedlichsten Aspekten untersuchen, ohne die Ebene zu beachten, in der sie ausgebreitet sind. Ja, sie könnte dabei vielleicht sogar störend, nichtssagend wirken, obwohl sie als Realität vorhanden ist wie die Ornamentik selbst.

So sind auch die bisher besprochenen kosmologischen Modelle in sich legitim geschlossene Denkentwürfe, und sie bedürfen des Etwas nicht, in das die Modelle ontologisch eingebettet sind. Trotzdem bleiben Fragen, steht hier ontologisch Nicht-Verstandenes, vielleicht sogar Unverstehbares (S. 82).

4. *Die kinematische Kosmologie*

a) Denkhaltung und Denkwege

Die kinematische Kosmologie, wie sie heute allgemein genannt wird, ist nicht einfach ein kosmologischer Entwurf, sondern nimmt eine Sonderstellung ein. Entwickelt wurde sie von dem englischen Astrophysiker E. A. Milne in den dreißiger Jahren, als schon die relativistische und Newtonsche Kosmologie entfaltet waren; sie steht in radikalem und schärfstem Widerspruch zu letzteren.

Nicht nur das unterscheidet sie von den bisher besprochenen kosmologischen Denkbemühungen, sondern mehr noch der Umstand, daß sie über die Kosmologie, d. h. die unmittelbar das All betreffenden Problemkreise hinaus die Physik als Ganzes betrifft; sie versteht sich zwar nicht so, ist aber im Prinzip eine neue, in kosmologische Fragestellungen eingebettete Physik. Das hat zur Folge, daß sie eine weit gespannte Zielsetzung und ihr mathematisch-formaler Apparat einen großen Umfang hat. Es würde den

Rahmen dieser Einführung sprengen, wollte man ihn auch nur skizzenhaft hier zur Darstellung bringen. Es muß auf die grundlegenden Werke Milnes (II. 12, III. 13) verwiesen und im allgemeinen sich damit begnügt werden, die Resultate der kinematischen Kosmologie darzustellen und ihre wissenschaftstheoretisch-philosophische Relevanz zu beschreiben. Ein kurzer Abriß der mathematischen Denkwege findet sich z. B. bei O. Heckmann (III. 5, S. 79).

Die kinematische Kosmologie geht von formalen Axiomen in Analogie zu mathematischen Axiomensystemen aus und erhebt den Anspruch, auf diese Weise zu einem Weltentwurf gelangen zu können und die Naturgesetze a priori abzuleiten. Im eigenen Selbstverständnis erscheinen diese dann nicht als Resultate von Beobachtungen, wie sie in der bisher besprochenen Kosmologie und überhaupt in der ganzen Physik verstanden sind, sondern als Ergebnis mathematisch-logischer Deduktionen.

Ferner werden nur solche Phänomene bzw. Aussagen betrachtet, die sich auf Bewegung beziehen, daher auch die Bezeichnung „kinematisch". Ausschließlich über Bewegung soll also versucht werden, das All als Ganzes intellektuell in den Griff zu bekommen.

E. A. Milne spricht in Zusammenhang mit seinen Arbeiten von einer „Arithmetisierung" der Physik und versteht sich so im konträren Gegensatz zu Einstein, dessen Ziel es war, zusammen mit der Kosmologie zu einer „Geometrisierung" der Physik zu gelangen, zu einem Zusammen von Stoff, Gesetz und Raum, wie es bereits im von Seeligerschen Satz angelegt ist (S. 48, Schema III, VI und VIII).

Ein radikaleres Sichabsetzen von der bisher gezeichneten Entwicklung der Kosmologie ist kaum denkbar. Es handelt sich um eine völlige Umstülpung der Physik, die bisher immer von der Erfahrung ausging; sie wird wissenschaftstheoretisch gesehen gegenüber dem Bisherigen auf den Kopf gestellt, so wie es die östlichen Ideologen mit Hegel (S. 40) machen, nur daß es hier gerade in die umgekehrte Richtung geht.

Dergleichen geschieht aber in diesem Fall nicht in der oft verachteten Philosophie, sondern im Bereich der mathematischen Naturwissenschaft, in der sich angeblich durch ihre Geschichte hindurch exakt und stetig ein Resultat an das andere reiht. Man sieht daraus wieder, wie nahe die mathematische Kosmologie, die Kosmologie heute, in Denkverhalten und Denkstruktur der Philosophie steht, ja diesbezüglich mit ihr identisch ist; denn das radikale Absetzen von der Vergangenheit in der Philosophiegeschichte und der radikale Neuanfang ist eine dort oft beobachtete Erscheinung. Gerade das aber ist auch der kinematischen Kosmologie eigen: Das Denkbemühen steht eben hier einem Ganzen der Wirklichkeit gegenüber wie die Philosophie auch (S. 4).

Fragt man danach, ob es in der Philosophie ein System gibt, mit dem die kinematische Kosmologie mit ihrer Arithmetisierung am besten zu vergleichen ist, so bietet sich der Neukantianismus an (S. 44 ff.). „. . . jede rechtschaffene Erkenntnis . . . muß eine Neuschöpfung von Begriffen sein . . . und nicht Rückgang . . . auf schon Bekanntes", sagt P. Natorp (1. Teil, I. 13, S. 40), einer der Hauptvertreter jener Denkrichtung und drückt damit das aus, was Milne, davon wohl direkt nicht beeinflußt, zu seinem Programm einer Kosmologie erhebt. Es ist die Maxime, daß „wo der Verstand zuvor nichts verbunden hat, . . . er auch nicht auflösen kann", wie Kant es formuliert hat. Das heißt, es gilt die absolute Priorität des Denkens und nicht diejenige der Erfahrung, des empirisch gegebenen Befundes, von dem die relativistische und Newtonsche Kosmologie ausgeht.

b) Der mathematische Formalismus in der kinematischen Kosmologie

Um einen Einblick in die wissenschaftstheoretische Struktur der kinematischen Kosmologie zu erhalten, sei an zwei Beispielen die Funktion der Mathematik in diesem Zusammenhang erläutert.

In intellektuell-souveräner Setzung geht die kinematische Kosmologie von einem System von „Fundamentalbeobachtern" aus, das axiomatisch, entsprechend der vorhin skizzierten Denkhaltung gefordert wird. Auf die ontologische Bedeutung wird später eingegangen.

Diese Fundamentalbeobachter sollen sich, wieder als axiomatische Setzung, zueinander gleichförmig bewegen. Ist dabei die gegenseitige Geschwindigkeit zweier Beobachter v, dann sollen zwischen den mit ihnen verbundenen Koordinatensystemen die Relationen bestehen:

$$x' = \frac{x - v \cdot t}{\sqrt{1 - v^2}}, \quad y' = y, \quad z' = z, \quad t' = \frac{t - v \cdot x}{\sqrt{1 - v^2}}, \tag{63}$$

die mit der Lorentz-Transformation übereinstimmen, wenn man in dieser die Lichtgeschwindigkeit c = 1 setzt. (63) ist eine Setzung, man kann sagen, „aus heiterem Himmel".

Das soll keine despektierliche Herabsetzung einer Denkmanipulation darstellen, sondern man muß wissen, daß – bewußt oder unbewußt – mit der erwähnten Kantschen These Ernst gemacht wird, der Verstand müsse „zuerst etwas verbinden" oder mit Natorp, es müsse „eine Neuschöpfung von Begriffen sein", wenn eine perfekte Erkenntnis zustande kommen soll. Gerade das geschieht mit der souveränen Setzung (63), verbunden mit dem System der Fundamentalbeobachter. Dabei sollen in (63) die Koordinatensysteme so angeordnet sein – das steht in jedem Falle frei –, daß die x'- bzw.

x-Richtung mit der Verbindungslinie der beiden Beobachter zusammenfällt.

Eine ausdrücklich als Axiom deklarierte Aussage kann jederzeit getan werden; sie bedarf wissenschaftstheoretisch keiner Begründung, solange sie keine inneren logischen Widersprüche enthält. (Z. B. kann man keine Aussagen über einen „viereckigen Kreis" machen, weil darin ein innerer Widerspruch enthalten ist.) So ist (63) im Selbstverständnis der kinematischen Kosmologie zu verstehen. Sie ist analog zu den „logischen Grundlagen der exakten Wissenschaften" (1. Teil, I. 13) die logische Grundlage dieser Kosmologie als freie Setzung des Geistes.

Formel (63) ist aber identisch mit (15) im 1. Teil, sie ist dort nur für 2 Koordinaten aufgeschrieben. (15) stellt die hyperbolische Transformationsgruppe dar (S. 64 ff.). Sie ermöglicht es, das Resultat des Michelsonschen Versuches, für eine vierdimensionale Raum-Zeit-Welt (Koordinaten x, y, z, t) unabhängig von Koordinatensystemen zu beschreiben, und zwar für die Minkowsky-Welt, in der Geometrie der speziellen Relativitätstheorie, was dann in der allgemeinen Relativitätstheorie seine Verallgemeinerung findet (S. 98 ff.).

(15) ist das Resultat der Empirie. Das überraschende und alle Konzeptionen der Klassik umstürzende Resultat des Michelsonschen Versuches (S. 60 ff.) führte zu der Formel (14) in Teil 1 und diese durch die Idee Minkowskys zu (15).

Nun wird in der kinematischen Kosmologie – und das soll jetzt weder Kritik noch Herabsetzung sein –, alles das sozusagen beiseite geschoben und ab ovo (15) bzw. (63) als Axiom erklärt und gesetzt, unabhängig von der Empirie.

Logisch kann gegen ein solches Verfahren nichts eingewandt werden – warum auch?! Aber wissenschaftstheoretisch ist es doch bemerkenswert, wieweit die Freiheit des menschlichen Intellektes gegenüber seinem Gegenstand reicht. Das wird im Bereich des Mathematischen, wie hier, besonders deutlich, weil es nur um Gleichungen, um Zahlenrelationen geht: Eine Gleichung wird willkürlich herausgegriffen und mit ihr irgend etwas „gemacht", was bisher nicht üblich war; und es gelingt dadurch, gegenüber der Wirklichkeit eine völlig neue Position zu konstituieren, bzw. einen völligen Neuanfang zu „setzen".

In der Philosophiegeschichte geschieht das immer dann, wenn ein sogenanntes „neues System" entwickelt wird. Der Beginn des abendländischen Denkens ist direkt dadurch charakterisiert, angefangen vom Wasser des Thales bis zu den Atomen Demokrits (S. 9, 13). Diese neuen Entwürfe stehen sehr oft für einen totalen Neuanfang, so z. B. der Neukantianismus, Hegel oder der dialektische Materialismus. Man sieht auch daraus wieder, wie nahe die Kosmologie heute der Philosophie in ihrem Ganzheitsbemühen steht. Es soll hier nicht der Eindruck erweckt werden, als wenn dergleichen auf die hier allein in Rede stehende Kosmologie beschränkt sei. Man könnte jetzt die aber nicht näher zu behandelnde Frage aufwerfen, inwieweit nicht überhaupt Naturwissenschaft, wenn man so will, verkappte Philosophie ist; und die genannten Analogien der Ähnlichkeiten zeigen sich immer dann, wenn es um Fragen nach dem Ganzen der Gegenstände geht.

Als zweites Beispiel für die wissenschaftstheoretische Position der kinematischen Kosmologie sei die Hubble-Konstante (S. 203) herausgegriffen. Hier werden folgende Überlegungen angestellt (Abb. 10): es sei G_0 eine Galaxie, G eine weitere in der Entfernung r von G_0. G habe in bezug auf G_0 die Geschwindigkeit v (in Abb. 10 als Vektor gezeichnet). Dann hat die Geschwindigkeit von G_0 in bezug auf G den Wert –v. Eine weitere Galaxie in der Entfernung r_1 von G_0 sei G_1. Sie habe in bezug auf G_0 die Geschwindigkeit v_1. Jetzt wird axiomatisch gesetzt: Es soll eine universale Geschwindigkeitsfunktion V(R) existieren. Hier gibt R, als Vektor gedacht (Größe und Richtung in Abb. 10) die relativen Entfernungen zwischen zwei Galaxien an. In Abb. 10 wären das die Vektoren r und r_1 in bezug auf G. Wenn es diese universelle Funktion gibt, dann muß ersichtlich sein:

(64) $$v = V(r),\ v_1 = V(r_1).$$

Von G_1 aus gesehen gilt für G zunächst bezüglich der Entfernung die Vektordifferenz $r - r_1$, und wegen des genannten Axioms muß die Geschwindigkeit von G in bezug auf G_1 sein $V(r - r_1)$. Andererseits ist (untere Skizze in Abb. 10) die Geschwindigkeit G in bezug auf G_1 nach den Regeln der Vektorrechnung $r - r_1$. Daraus folgt wegen (64) und der axiomatischen Setzung:

(65) $$v - v_1 = V(r) - V(r_1) = V(r - r_1).$$

Man kann sich sofort durch Nachrechnen davon überzeugen, daß eine allgemeine Lösung von (65) ist:

(66) $$V = \alpha \cdot R,$$

wo α eine von r unabhängige Konstante ist, wenn man für r, r_1 allgemein R setzt.

(66) ist aber nichts anderes als (19), die einfache Beschreibung des empirischen Befundes der Expansion (S. 203 ff.). In der kinematischen Kosmologie wird axiomatisch eine universelle Funktion V(R) eingeführt, und die skizzierten Vektormanipulationen führen zu (66) bzw. (15).

In dieser Weise wird in der kinematischen Kosmologie vorgegangen, das bedeutet in ihrem eigenen Selbstverständnis die Arithmetisierung.

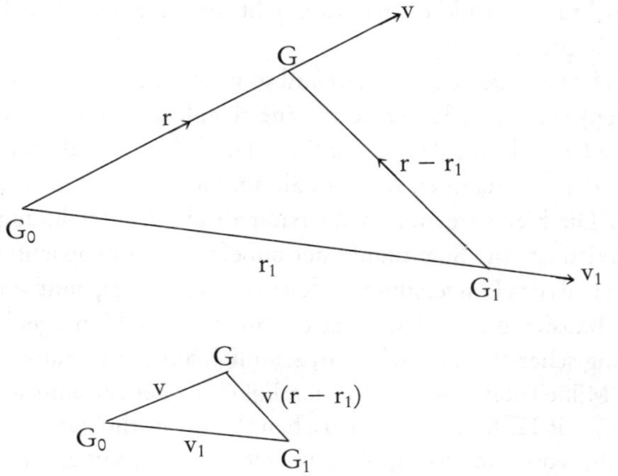

Abb. 10: Ableitung der Beziehung $V = \alpha \cdot r$ in der kinematischen Kosmologie

c) Das kosmologische Prinzip in der kinematischen Kosmologie

Infolge ihrer veränderten Ausgangsposition ist auch die Stellung des kosmologischen Prinzips oder Homogenitätspostulates (S. 179ff.) in der kinematischen Kosmologie eine andere. N. v. Kues hatte das so formuliert (S. 25ff.), daß es keine ausgezeichneten Punkte geben solle, in dem Sinne, daß nichts sein solle, was nicht auch anderswo vorkomme.

Demgemäß wenden die relativistische und Newtonsche Kosmologie das Prinzip so an, daß alles, was im beobachtbaren Bereich beobachtet wird, Gesetz, Stoffverteilung, Raumstruktur u. a. überall dasselbe sein soll gemäß dem Übergangsprinzip (S. 176). Das kosmologische Prinzip bezieht sich hier auf unmittelbar ontologische Sachbezüge.

In der kinematischen Kosmologie muß man das Homogenitätspostulat so ausdrücken, daß der „Anblick" der Welt überall derselbe sein soll, entsprechend dem Prinzip, nicht von den „Sachen" auszugehen, sondern vom Denken, von Setzungen und intellektuellen Manipulationen; denn Anblick ist ja etwas, was sich irgendwie im Denken abspielt, auf das denkende Individuum bezogen.

Dem dient der Begriff der Fundamentalbeobachter. Darunter sind natürlich keine geheimnisvollen Wesen verstanden, die irgendwo im All sitzen, vielmehr ist das System der Fundamentalbeobachter ein System von Punkten, die durch bestimmte, ad hoc konstruierte physikalische Vorgänge, d. h. näherhin Lichtsignale, miteinander verbunden gedacht werden; denn die intellektuelle Denkkonstruktion geht der kinematischen Kosmologie vor der Empirie.

Dieses System der sogenannten und so verstandenen Fundamentalbeobachter denkt sich, wieder ein souveräner Denkakt, die kinematische Kosmologie identisch mit der Gesamtheit der Galaxien, näherhin mit deren Zentren, den sogenannten Kernen. Sie sind in ihrer Gesamtheit das Weltsubstrat. Die hier vorgenommene axiomatische Auszeichnung der Kerne der Galaxien ist vom Standpunkt der unbefangenen Beobachtung insofern berechtigt, als das Universum von den Galaxien aufgespannt wird, d.h., sie sind die Bausteine des Alls, nicht die Sterne. Das Homogenitätspostulat (kosmologisches Prinzip) wird vornehmlich auf dieses Substrat bezogen.

E. A. Milne leitet, wie der Vollständigkeit halber erwähnt sei, die Beziehung (66) mit Hilfe des relativistischen Additionstheorems (Formel (18), 1. Teil) ab, wobei das dortige $\bar{u}$ als universeller Strömungsfaktor analog zu V(r) bei der Ableitung von (66) axiomatisch gesetzt wird. Letzteres ist die Anwendung des Homogenitätspostulats bzw. kosmologischen Prinzips. (siehe z. B. III.5, S. 79ff.).

d) Die Zeit in der kinematischen Kosmologie

Wissenschaftstheoretisch-philosophisch von besonderer Bedeutsamkeit ist die Rolle der Zeit. Die Zeit soll sich völlig innerhalb der Intellektualität des Beobachters abspielen. Es sind praktisch Kantische Positionen (S. 44), die aber in einer Weise benutzt werden, womit Kant wohl kaum einverstanden gewesen wäre.

Es soll keine irgendwie geartete unabhängige Zeit geben, sondern der Beobachter hat diese selbst zu bestimmen. Es wird folgende axiomatische Festsetzung getroffen: Von 0 gehe ein Lichtsignal zur Zeit t_1 aus. Dieses wird bei einem Beobachter in P sofort reflektiert und kommt zur Zeit t_2 wieder in 0 an. Dann soll der Beobachter in 0 eine Entfernung r von P „definieren“ und eine „Zeitlänge“ t für den ganzen Vorgang:

$$(67) \qquad r = \frac{1}{2} \cdot (t_2 - t_1), \qquad t = \frac{1}{2} \cdot (t_1 + t_2).$$

Das Umgekehrte soll bei P geschehen. Aus (67) folgt jetzt eine Geschwindigkeit,

$$(68) \qquad v = r/t,$$

für P in bezug auf 0 bzw. wieder umgekehrt.

(68) heißt aber jetzt, daß die beobachtete Geschwindigkeit v für alle Fundamentalbeobachter untereinander proportional zu der Entfernung ist,

und überdies entfernt sich jeder von jedem; denn die Manipulation (67) gilt bzw. ist möglich für jeden Fundamentalbeobachter in bezug auf jeden. Damit gelingt der kinematischen Kosmologie wieder der Anschluß an die Beobachtung bzw. die übliche Interpretation der Rotverschiebung als Ausdehnung des Ganzen ohne einen Mittelpunkt dieser Ausdehnungsbewegung, analog der Denkkonstruktion in Abb. 5. Die vorstehenden Überlegungen im Rahmen der kinematischen Kosmologie erscheinen im rein naturwissenschaftlichen Aspekt vielleicht ungewöhnlich oder eigenartig. Philosophisch bedeuten sie beinahe Revolutionäres. Das hängt mit der Nähe der kinematischen Kosmologie zu Kant und dem Neukantianismus zusammen (S. 44).

Wird doch mit (67) das Räumliche (der Abstand) aus dem Zeitlichen abgeleitet! Im abendländischen Denken wurden im allgemeinen Raum und Zeit immer als gleichberechtigt angesehen. Aber im Neukantianismus findet sich die Vorstellung, daß die „Zeitordnung sich der Raumordnung überordnet, daß in der Zeit sich ordnen muß, was nur überhaupt in unsere Vorstellung kommt, auch wenn es nicht oder noch nicht räumlich geordnet sein mag" (s. 1. Teil, I. 13, S. 292). Genau das aber ist in (67) praktiziert, indem vom Zeitlichen zum Räumlichen vorgeschritten wird. Es ist bemerkenswert, wie in der Gegenwart, dem Autor wohl kaum bewußt, in einer in der Philosophie heute wenig beachteten Gedankenwelt (S. 44) etwas ausgesprochen wurde, was in ganz anderen Bereichen erneut wieder auftaucht.

Der Neukantianismus verstand mit Kant Zeit und Raum als Ordnungsfunktion des Denkens, und die Überordnung der Zeit sollte darin bestehen, daß das Ordnungsprinzip in der Zeit angesiedelt sei, hier am reinsten sich darstelle und im Räumlichen (als dem Nebeneinander im Unterschied zum zeitlichen Nacheinander) nur anders angewandt werde. (67) geht aber darüber noch hinaus, indem durch eine Zeitdifferenz ein Raumabstand festgelegt wird. Eine radikalere Praktizierung des neukantischen Prinzips vom Vorrang des reinen Denkens gegenüber der Empirie ist kaum denkbar!

Dies zeigt sich besonders daran, wie über (67) hinaus in der kinematischen Kosmologie mit der Zeit umgegangen wird. Es ist ja das Prinzip, daß jeder Beobachter sich seine Zeit selbst bestimmen kann. Die Zeit selbst ist sozusagen von der Realität nicht vorgeschrieben, zumindest nicht die Zeitmessung.

So wird die durch (67) konstituierte und mit den Fundamentalbeobachtern bzw. Galaxienkernen verknüpfte Zeit die „t-Zeit" genannt. Es wird darüber hinaus eine sogenannte „τ-Zeit" definiert, welche von einer irgendwie gearteten Zeit $\bar{t}$ mit der Zeit τ verbunden ist durch die axiomatische Setzung

$$\frac{d\bar{t}}{\bar{t}} = \frac{d\tau}{\bar{t}_0}. \qquad (69)$$

Dabei soll $\bar{t}_0$ die Gegenwart in der $\bar{t}$-Zeit sein. Natürlich kann in (69) $\bar{t} = t$ gesetzt, d. h. die t-Zeit eingeführt werden. Warum gerade die Beziehung (69) gewählt ist, wird später zu sagen sein. Die Lösung der Differentialgleichung (69) ist:

$$\tau = \bar{t}_0 \cdot \log(\bar{t}/\bar{t}_0) + \bar{t}_0. \qquad (70)$$

Für $\bar{t} = t$ ergibt sich die gleiche Beziehung zwischen t-Zeit" und τ-Zeit". Hier gelten daher in bezug auf (67) die Relationen:

$$\left\{ \begin{array}{l} \tau_1 = t_0 \cdot \log(t_1/t_0) + t_0 \\ \tau_2 = t_0 \cdot \log(t_2/t_0) + t_0. \end{array} \right. \qquad (71)$$

Auch für die τ-Zeit – die Beobachter können ja die Zeit frei wählen –, gilt die axiomatische Vorschrift (67) in der Form:

$$\bar{r} = \frac{1}{2}(\tau_2 - \tau_1); \qquad \tau = \frac{1}{2}(\tau_2 + \tau_1). \qquad (67\,a)$$

Kombiniert man (67 a) und (71) miteinander durch Eliminierung von τ_1, τ_2 und t_1, t_2 ergibt eine reine formale Rechnung:

$$\begin{array}{l} \bar{r} = \frac{1}{2} \cdot t_0 \cdot \log \frac{t + r}{t - r} \\ \\ \tau = \frac{1}{2} \cdot t_0 \cdot \log \frac{t^2 - r^2}{t_0^{\,2}} + t_0 \end{array} \qquad (72)$$

(z. B. III.5, S. 90).

Nun ist $\bar{r}/\tau$ (Weg dividiert durch Zeit) eine Geschwindigkeit w in der τ-Zeit. Die konstituierte Abhängigkeit der Länge von der Zeit gemäß der Vorschrift (67) gilt, wie nochmal hervorgehoben sei, nur für die Fundamentalbeobachter, d. h. das Substrat der Gesamtheit der Kerne der Galaxien. Diese Geschwindigkeit ist in der t-Zeit $v = r/t$, wobei w und v für irgendwelche Beobachter des Substrates zu denken sind. Eine weitere formale Rechnung führt mit Hilfe von (72) zu der Beziehung:

$$w = \frac{v - r/t}{1 - v/t}. \qquad (73)$$

(73) repräsentiert allgemein den Übergang von v in irgendeiner t-Zeit in eine Geschwindigkeit w für die τ-Zeit. Falls es sich nun bei v um die Geschwindigkeiten in dem Substrat der Kerne handelt ist (68) $v = r/t$ und daher $w = 0$. Das heißt in der τ-Zeit „ruhen“ die Galaxienkerne gegeneinander.

Die wissenschaftstheoretischen Strukturen des Vorstehenden bestehen darin – und das ist das Neue in den Denkbemühungen der kinematischen Kosmologie –, daß durch axiomatische Veränderung der Zeitskala mit der Beziehung (69) auch die Raumskalen durch (67) verändert werden, so daß sozusagen gleichmäßige Bewegungen in Ruhe verwandelt werden bzw. umgekehrt. Wie auch immer das Schicksal der kinematischen Kosmologie in den kosmologischen Denkbemühungen sein wird, diese rein intellektuellen Manipulationen entdeckt zu haben, ist eine bleibende Bereicherung astronomisch-physikalischen Wissens.

Wegen ihrer besonderen philosophischen Relevanz sind die wesentlichen Gedankengänge der kinematischen Kosmologie in Schema XII dargestellt. Die linke Seite gibt das bereits Besprochene wieder. Die Ausgangsbasis ist ein postuliertes Grund-Substrat, identisch mit der Gesamtheit der Galaxienkerne.

Davon werden über das Bisherige hinaus, wieder in freier Setzung, „freie" Partikel unterschieden (rechts, Schema XII). Diese sollen nur – und das heißt frei – der Gravitationswirkung des Fundamentalsubstrats unterworfen sein. Das ist nichts anderes als der Gedanke, daß die Galaxien das All aufspannen, seine eigentlichen Bausteine sind (S. 278), und daß alles, was – wenigstens kinematisch – in diesem vorgeht, durch die Gesamtheit der Galaxien bzw. deren Kerne bestimmt wird.

Vorstehend ist im Selbstverständnis der kinematischen Kosmologie bereits zu viel gesagt – es geschieht aus didaktischen Gründen. Von einer Gravitationswirkung bzw. von einem Gravitationsfeld, welches die Kerne aufspannen, ist nämlich nicht die Rede, das sind Auffassungen der relativistischen und Newtonschen Kosmologie.

Vielmehr wird in einem von jeder Erfahrung unabhängigen Ansatz, wieder in intellektuell freier Setzung, die vektorielle Beziehung eingeführt:

$$\frac{d\overset{2}{w}}{dt^2} = g\,(w, v, \bar{t}). \tag{74}$$

In (74) steht links die Geschwindigkeitsänderung (Beschleunigung, Verlangsamung) einer bewegten freien Partikel vor dem Hintergrund des Systems der Galaxienkerne. Diese soll nur abhängen, und zwar eindeutig, von der Position w, der Geschwindigkeit v zum Zeitpunkt $\bar{t}$. (74) ist eine Vektorgleichung, d. h. ein System von drei Gleichungen für die Koordinaten x, y, z (z. B. v_x, v_y, v_z) als Komponenten der Entfernungsstrecke r vom Beobachter aus.

Auch hier zeigt sich eine besondere Position der kinematischen Kosmologie. Sie versteht sich als Arithmetisierung der Physik, d. h. von Geometrie ist keine Rede. Sie kommt bzw. will mit einem Zahlentrippel x, y, z

Schema XII

Rotverschiebung
≙ Dopplereffekt
in der „t-Zeit“.

↑

Es ergibt sich ein
Expansionsbild
ohne Zentrum

↑

von jedem Beobachter
aus gesehen.

↑

Die Geschwindigkeit ist
proportional der Entfernung,

↑

(68) $v = r/t$,

↑

Geschwindigkeit zwischen
zwei Beobachtern:

↑

Rotverschiebung
= Rötung des Lichtes
in der „τ-Zeit“.

↑

Statisches Universum

↑

$w = 0$

↑

Im Falle eines Fundamental-
partikels
$(\bar{v} = v, \bar{r} = r, \bar{t} = t)$

↑

(74 a) $$w = \bar{r}/\tau = \frac{\bar{v} - \bar{r}/\bar{t}}{1 - \bar{v}/\bar{t}}$$

↑

führt zu einer allgemeinen
Transformationsformel
für Geschwindigkeit:

↑

Die Newtonsche
„Beschleunigung“ im Falle
der Kräftefreiheit

||

(76) $$\frac{d^2 w}{dt^2} = 0$$

↑

→ geht mit (69) über in:

↑

die „t-Zeit"

↑

(67) $r = \frac{1}{2} \cdot (t_2 - t_1)$,

$t = \frac{1}{2} \cdot (t_1 + t_2)$

↑

für die Fundamentalbeobachter gegeben durch:

↑

Axiomatische Festsetzung einer Länge r durch frei gewählte Signalzeiten zwischen zwei Beobachtern,

↑

Kerne der Galaxien

↑

Fundamentalpartikel als Fundamentalbeobachter im Dreidimensionalen

||

Konstituierender „Hintergrund" des Universums

(69) $\frac{d\bar{t}}{\bar{t}} = \frac{d\tau}{\bar{t}_0}$

↑

Die Axiomatische Einführung einer „τ-Zeit" durch:

(75) $\frac{d\bar{w}^2}{d\bar{t}^2} = -\frac{1}{\bar{t}^2}(w - v \cdot \bar{t})$

↑

Näherung für eine Testpartikel:

↑

(74) $\frac{d\bar{w}^2}{dt^2} = g\,(w, v, \bar{t})$

(w, v, g Vektoren)

↑

Axiomatische Einführung einer Beschleunigung.

↑

„Freie" Partikel vor dem Hintergrund des Alls.

auskommen, welches einen Ort bedeuten soll, in welcher Geometrie auch immer. Es wird an dieser Stelle wieder radikal damit Ernst gemacht, im Sinne von Kant bzw. des Neukantianismus, daß Raum und Zeit nichts anderes sind als Ordnungsfunktionen des Denkens.

Von daher ist zunächst die Setzung (74) zu verstehen. Aber als eigenständige mathematische Leistung gelingt es E. A. Milne – und das ist in jedem Falle ein neuer Beitrag zur Kosmologie und Physik –, allgemein die Beziehung

$$\frac{d^2 w}{d\bar{t}^2} = -\frac{1}{\bar{t}^2}(w - v \cdot \bar{t}) \qquad (75)$$

herzuleiten (siehe z. B. III.5, S. 83 ff.). Stuft man jetzt mit (69) $\bar{t}$ in die τ-Zeit um – die Zeit zu wählen, steht den Beobachtern frei –, folgt (Schema XII, rechts):

$$\frac{d^2 w}{dt^2} = 0. \qquad (76)$$

(76) ist nichts anderes als das erste Newtonsche Bewegungsaxiom (Kraft = Masse × Beschleunigung) für den Fall, daß die Kraft gleich 0 ist; denn links in (76) steht eine Beschleunigung. Damit ist prinzipiell den Gedankengängen der kinematischen Kosmologie über das Astronomische hinaus der Anschluß an die klassische Physik gelungen, zweifelsohne auf Wegen, an die man bis dahin nicht gedacht hatte.

Daß sich (76) aus dem allgemeinen Ansatz (74) erreichen läßt, ist der Grund, weshalb in der kinematischen Kosmologie die prinzipiell frei zu wählenden „Zeiten" axiomatisch durch (69) miteinander verbunden sein sollen (Schema XII, Mitte).

Führt der Gedankenweg rechts in Schema XII als eine astronomische Aussage über das All in die Physik hinein, deshalb hier nicht zu behandeln, so ist für die kinematische Kosmologie speziell die Formel (74) bzw. ihre Verallgemeinerung (74 a) in der Mitte von Schema XII von wesentlicher Bedeutung. Hier werden die Geschwindigkeiten ineinander verwandelt, wenn man die (frei wählbaren) Zeiten gemäß (69) ineinander überführt.

Bezieht man nämlich die allgemeine Formel (74 a) in Schema XII auf den „Hintergrund des Alls", die Gesamtheit der Kerne der Galaxien, d. h., setzt man in (74 a) die „t-Zeit" ein (links in Schema XII), so folgt, daß für diesen „Hintergrund" in der „τ-Zeit" $v = 0$, d. h. „keine Bewegung vorhanden" ist. Das „Substrat des Universums" wäre danach statisch (Mitte oben in Schema XII).

Für die Rotverschiebung bedeutet dies, daß in der τ-Zeit eine Rötung eintritt, die Lichtfrequenz nimmt ab, die Wellenlänge zu, das jetzt gedacht als eine Eigenschaft des Lichtes. In der t-Zeit dagegen (linke Schema XII) resultiert eine Expansion mit der Eigenschaft (68), und die Rotverschiebung ist ein Doppler-Effekt. Es ist eine ähnliche Situation wie in de Sitters Weltmodell. Der grundsätzliche Unterschied ist jedoch, daß im de Sitterschen Modell sich jene Dualität aus dem Modell selbst ergibt, während sie in der kinematischen Kosmologie durch die axiomatische Einführung der t- bzw. τ-Zeit und die Zeittransformation (69) zustande kommt.

Vorstehendes dürften die wichtigsten philosophisch relevanten Aspekte der kinematischen Kosmologie sein. Auf das umfangreiche Werk E. A. Milnes einzugehen, verbietet der gesteckte Rahmen dieser Einführung. Erwähnt sei noch, daß u. a. H. P. Robertson (III. 14) zeigen konnte, daß sich auch die kinematische Kosmologie grundsätzlich in eine Riemannsche Metrik fassen läßt, gemäß Formel (32) in Schema X für den hyperbolischen Fall $k = -1$. Allerdings haben die Koordinaten eine andere Bedeutung: Sie sind die mit den „Fundamentalbeobachtern" verbundenen dreidimensionalen Koordinaten. (32) bedeutet in diesem Falle nicht eine Raum-Metrik wie in der Riemannschen Geometrie, sondern ist einfach ein rein formaler mathematischer Zusammenhang ohne Beziehung zu einer irgendwie gearteten „Geometrie". Daß sich auch innerhalb dieses rein Formalen der hyperbolische Fall ergibt, ist weiter nicht verwunderlich; denn die axiomatisch angesetzten Transformationsformeln (63) repräsentieren ja die hyperbolische Gruppe (S. 64 ff.). Mindestens im rein Formalen kehrt man damit schließlich doch wieder zu der relativistischen Kosmologie zurück, ähnlich wie das auch bei der Newtonschen Kosmologie der Fall ist (S. 264 ff.). Nur sind die Aspekte und Denkprinzipien völlig verschieden.

Das zeigt sich auch in einer eigentümlichen Aussage über den Urknall. Expressis verbis kommt der Terminus nicht vor, jedenfalls nicht im üblichen Sinne des Expansionsbildes.

Der Nullpunkt der t-Zeit, $t = 0$, bedeutet gemäß Formel (68), $v \cdot t = r$, daß dem ein Zustand entspricht, wo alle r, d. h. alle gegenseitigen Entfernungen $= 0$ sind. Das wäre dann ja wohl der „Urzustand".

Gemäß der Transformationsformel (70) hieße das für $t = 0$, daß $\tau \to \infty$, weil log 0 gegen $-\infty$ geht. Spricht man einmal ganz neutral von einem „singulären Ereignis", so läge dies in der t-Zeit bei deren Nullpunkt, in der τ-Zeit aber in unendlich ferner Vergangenheit. Das muß einfach so stehengelassen werden.

e) Die wissenschaftstheoretisch-philosophische Situation der kinematischen Kosmologie

Die mathematische Kosmologie als Frage nach dem Ganzen des Alls hat das Prinzip, mathematische Relationen, die ihr von der reinen Mathematik bereitgestellt werden, mit physikalischem Inhalt zu füllen (S. 139ff.). Dieser Inhalt wird ihr in Form von Meß-Resultaten durch die Beobachtung des Alls zur Verfügung gestellt. Es sei hier beiseite gelassen, inwieweit das für die gesamte messende Naturwissenschaft gilt. Wichtig ist, daß es sich bei der Kosmologie um die Frage nach einem Ganzen handelt.

Die Mathematik repräsentiert als ein rein geistiges Produkt sichere, ohne Widerlegungsmöglichkeiten zu tätigende Aussagen, die ohne jeden Bezug zu etwas anderem zu konstituieren sind. Die Philosophie auf ganz sichere Grundlagen zu stellen und sie damit zu einer Wissenschaft unter anderen zu machen, war das Anliegen des Neukantianismus, nachdem früher schon der englische Empirismus dergleichen versucht hatte (S. 30ff., S. 44ff.). Deshalb ging der Neukantianismus analog zur reinen Mathematik ausschließlich vom Denken aus, wie es auch Kant wollte (S. 149).

Genau das ist auch das Anliegen der kinematischen Kosmologie, wobei es offenbleibe, ob hier bewußt der Neukantianismus Pate gestanden hat, der nach dem Urteil von H. Glockner im Ersten Weltkrieg in das Massengrab der aus der Wilhelminischen Ära überkommenen deutschen Hoffnungen gesunken sei (S. 45). Jedenfalls deckt sich, wie schon erwähnt, die wissenschaftstheoretisch-philosophische Situation der kinematischen Kosmologie genau mit derjenigen des Neukantianismus.

Trotzdem ist hier vieles, um nicht zu sagen alles, anders. Der Anspruch der kinematischen Kosmologie, auf eine außerdenkerische Empirie zu verzichten – z. B. gelingt die Formel (76) ohne Einführung eines Massenbegriffs, der ja doch wohl nur aus der Erfahrung abzuleiten ist –, muß anerkannt werden. Jedoch die Frage erhebt sich, woraus dann alles abgeleitet ist.

Da sind zunächst die Formeln (63) aus der speziellen Relativität als Konsequenz des Michelsonschen Versuches im Rahmen eben dieser Theorie.

Der Intellekt ist in seinem Denken so frei, daß er mit allem und jeglichem als Grundlage bzw. Axiom einen Neuanfang setzen kann. Das geschieht in der kinematischen Kosmologie mit (63). Tut man das, dann ist man logisch und wissenschaftstheoretisch völlig im Recht, und es kommt dann darauf an, was man aus einer solchen Setzung, und nur durch sie – also ohne Seitenblick auf ein Experiment – herausholen kann. Die kinematische Kosmologie zeigt, daß das nicht gerade wenig ist, z. B. (68) bzw. das beobachtete

Strömungsfeld (Rotverschiebung). Das ist, wie erwähnt, die intellektuelle Eigenleistung der kinematischen Kosmologie.

Eine analoge Eigenleistung ist die Ableitung der Newtonschen Beschleunigungsformel aus dem Ansatz (74) rechts in Schema XII. Nun wird das alles mit dem Anspruch hervorgebracht, nirgends die Empirie zu benutzen. Logisch-formal ist das sicher richtig, aber wie kommt man auf den Ansatz (63)? Doch wohl kaum ohne das „Erlebnis", um es einmal so auszudrücken, des Michelsonschen Versuches und seines Resultates (S. 60ff.).

Dasselbe gilt, so sei hier gemeint, für den Ansatz (74). Ohne die Begriffe Geschwindigkeit, Zeit, Entfernung wäre er gar nicht formulierbar, und die liegen ja nun nicht im Denken einfach bereit wie z. B. die Zahlen. Ohne Erfahrung könnte man auf so einen Ansatz doch wohl nicht kommen.

Innerhalb der geistigen Struktur des Humanums ist das Phänomen des Denkens nicht nur eine Gesamtheit logischer Regeln, sondern darüber hinaus auch eine Fähigkeit, die eine große Freiheit gegenüber allem und jeglichem in sich schließt.

Das ermöglicht einmal den schöpferischen Einfall, den zündenden Funken, ohne den Erkennen und kultureller Fortschritt nicht möglich wären. Zum anderen aber kann auch jene Freiheit unmittelbar innerhalb des Denkens selbst mächtig werden, indem in freier Setzung ein Erfahrungsinhalt nicht mehr als solcher interpretiert wird, sondern ab ovo, sozusagen in einem Neubeginn, d. h. logisch als Axiom gesetzt wird. Geschichtsmächtig hat das vielleicht zum ersten Mal Kant praktiziert im Versuch zu seiner Kritik der reinen Vernunft mit seiner Umkehrung des Erkenntnisstandpunktes (S. 149ff.). Was Kant in diesem Rahmen vorschlägt und dann auch in seiner Philosophie praktiziert, ist dasselbe wie das Denkverhalten der kinematischen Kosmologie.

Hinzu kommt, daß die Mathematik diese Freiheit in besonderer Weise ausnutzt. Gebunden ist der Intellekt nur sozusagen an die inneren Spielregeln der Mathematik. Was er darüber hinaus mit ihnen macht, ist weitestgehend in seine Freiheit gestellt (S. 150). Man hat angesichts der Entwicklung der modernen Kosmologie oft den Eindruck, als wolle die Mathematik den im Prinzip freien Menschengeist dafür, daß sie ihn so sehr in die Zucht des Denkens nehmen muß, entschädigen, indem sie ihn in die Freiheit entläßt, wenn er ihre Spielregeln auf etwas anderes anwenden will, was nicht sie selbst ist – die Wirklichkeit. Daß sie den Intellekt dabei oft in die „totale Hilflosigkeit" stürzt, scheint sie wenig zu kümmern (S. 86ff.). Philosophisch könnte man die modernen kosmologischen Denkbemühungen als den Versuch des Intellektes ansehen, sich aus dieser Hilflosigkeit zu befreien.

Derartige Aspekte scheinen sich immer dann zu zeigen, wenn es irgendwie um ein Ganzes des Seins geht, nicht nur um spezielle Teilbereiche; und so erscheint jener Sachverhalt, vielleicht zum ersten Male in der Geschichte der Naturwissenschaften, besonders deutlich bei der Grundlegung der Kosmologie (S. 150ff.). Die kinematische Kosmologie ist nur eine vielleicht extreme Fortsetzung dieser Linie.

Deshalb sind hier auch die Setzungen und Approximationen noch viel umfangreicher als bei der relativistischen Kosmologie bzw. der Grundlegung der Kosmologie (S. 150ff.) überhaupt. Beim Lesen der Arbeiten aus dem Bereich der kinematischen Kosmologie hat man oft den Eindruck, nicht mehr mit einer Wirklichkeit konfrontiert zu sein, sondern reinen, allerdings sinnvollen mathematischen Denkmanipulationen. Daß sich dergleichen in der Kosmologie ereignet, zeigt, wie sehr sie ein Gespräch mit der Wirklichkeit in mathematischer Sprache ist (S. 144ff.).

Das Neue gegenüber den bisherigen Kosmologien ist der Umstand, daß auch andere (mathematische) Denkwege möglich sind, um an die Wirklichkeit als Ganzes heranzukommen. Die Frage ist nur, ob in der Komplexheit der Ausgangsbasen (siehe oben) nicht doch auch die Grundlagen enthalten sind, von denen auch die anderen Kosmologien ausgehen, so daß sich schließlich alles wieder bei dem Riemannschen Längenelement (32) in Schema X zusammenfindet. Man hat daher oft auch der kinematischen Kosmologie vorgeworfen, sie bediene sich nur einer anderen Terminologie als die übrigen kosmologischen Versuche, ein Vorwurf, den oft auch philosophische Systeme gegeneinander ins Feld führen.

Übrigens liegt hier der strukturelle Unterschied zum Neukantianismus, der sich als reine abstrakte Philosophie nicht an einer Gegenständlichkeit orientieren will. Eine naturwissenschaftliche Theorie, welche auch immer, kann das nie umgehen, sie muß sich irgendwann einmal den Gegenständen stellen. Da ist es natürlich, daß sich auch sehr unterschiedliche Denkwege, wenn vielleicht auch nur zu einem Minimum an Gemeinsamkeiten treffen.

Was das Gegenüber von Verstanden–Nicht-Verstanden angeht (S. 82), so bringt man dies am besten gar nicht erst mit der kinematischen Kosmologie in Zusammenhang. Schon die unterschiedliche Rolle der Zeit als t- bzw. τ-Zeit wirft ontologische Probleme auf, die vielleicht überhaupt nicht zu bewältigen sind. Letzten Endes müßte man die Objektivität von Ereignissen überhaupt leugnen. Wenn in der τ-Zeit (Schema XII, oben) die Rötung ein Verhalten der Atome oder des Raumes ist, für den keine Ursache angegeben werden kann, andererseits aber in derselben Welt die Rötung kein Vorgang im Raum oder in den Atomen ist, sondern einfach ein überschaubarer Übertragungseffekt, was der Dopplereffekt im Grunde ist, dann kann man von einem Weltverständnis nicht mehr sprechen. Dabei sei bemerkt, daß nicht von vornherein feststeht, ob die Welt verstehbar ist (s. auch S. 164/165).

Die Weltbeschreibung der kinematischen Kosmologie – von einem Modell kann schwerlich gesprochen werden, man träfe damit nicht ihr Selbstverständnis –, sieht in groben Zügen so aus: Eine objektive Raumstruktur gibt es nicht, lediglich die Möglichkeit, Lokalisationen durch drei Koordinaten durchzuführen. Das All besteht aus dem Gerüst der Kerne der Galaxien, auch Hintergrund genannt, für das axiomatische Zeit- und Entfernungsdefinitionen gültig sein sollen, die, der Beobachtung nicht widersprechend, durch die Formel (67), Schema XII, festgelegt sind. Davon sind die sogenannten freien Partikel zu unterscheiden, für welche insbesondere die Festsetzung (74) Geltung haben soll. Sie hängen von der Einwirkung des Hintergrundes ab, sind aber – was im vorigen nicht behandelt ist – in ungeordneter, statistischer Bewegung, wie etwa Wasserteilchen in einer Strömung. (Hier wäre die Strömung der Hintergrund.) Nun konnte Milne zeigen, daß diese freien Partikel sich im statistischen Durchschnitt um die Kerne = Fundamentalpartikel, die das Gerüst ja ausmachen, jeweils anhäufen. Auf diese Weise glaubt E. A. Milne einen Beitrag zur Erklärung der Entstehung der Galaxien geliefert zu haben.

Es ist also keineswegs so, daß die kinematische Kosmologie ganz im Gedanklichen verbleibt, wie der Neukantianismus das tut, und wovon ihn E. Cassirer befreien wollte (S. 75ff.). Vielmehr ergibt sich ein „Bild“ des Alls, das demjenigen der relativistischen und Newtonschen Kosmologie nicht unbedingt widerspricht, nur „anders“ ist, so wie das im allgemeinen auch im Gegenüber der philosophischen Systeme der Fall ist. Einen Durchbruch zu etwas Endgültigem stellt auch die kinematische Kosmologie nicht dar.

5. *Die Steady-State-Theorie*

a) Konzeptionen

Wieder einen grundsätzlichen Neuansatz, analog zu den jeweils neuen Systemen in der Philosophiegeschichte, repräsentiert die Steady-State-Theorie. Sie resultiert aus der Unzufriedenheit mit der Rolle des kosmologischen Prinzips bzw. des Homogenitätspostulates in der bisherigen Kosmologie.

Und diese Unzufriedenheit ist berechtigt. N. von Kues (S. 25ff.) hatte das kosmologische Prinzip in ganz radikaler Weise formuliert, daß das Universum nichts Ausgezeichnetes enthalte. Alles sei Mittelpunkt.

Es ist bereits darauf hingewiesen, daß die moderne Kosmologie dieses Prinzip übernahm, insbesondere um der Rotverschiebung (Expansion) Herr zu werden, wohl ohne einen bewußten Bezug zum Kusaner.

Zwar übernahm die mathematische Kosmologie jenes Prinzip als qualitative Aussage jenseits des rein Quantitativen (S. 3), aber niemals in seiner ganzen Folgerichtigkeit wie der Kusaner es formuliert hat.

Der Grund ist das Problem des Urknalls (S. 197 ff.). Ist dieser eine Realität, dann besteht hier eine Singularität in der Zeit, nämlich der Anfang, und zwar in bezug auf alles und jegliches, und das kosmologische Prinzip ist notwendig durchbrochen (S. 179 ff.). Dem Kusaner und seiner Zeit lag das fern; denn einmal war nicht der Gedanke mächtig, daß die Welt das Produkt einer Entwicklung sein könne, und zum anderen war in der Geozentrik, in deren Bann auch N. von Kues noch stand, für so etwas wie eine Expansion kein Platz.

Das Anliegen der Steady-State-Theorie ist, die Singularität des Urknalls und seine Problematik (S. 181 ff.) zu vermeiden. Sie wurde von H. Bondi (III. 1), T. Gold (III. 2) und von F. Hoyle (III. 6) entwickelt. Sie ist in verschiedenen in ihren Unterschieden philosophisch nicht relevanten Varianten ausgebildet, wofür auf die Literatur verwiesen sei.

Die Vermeidung des Urknalls unter Einbau der Expansion in ihr Modell gelingt der Steady-State-Theorie vollkommen, und sie ist damit eine der philosophisch am meisten relevanten Denkversuche der heutigen Kosmologie, unabhängig davon, wie sich ihre rein wissenschaftliche Position gegenwärtig darstellt. Ersteres sei im folgenden vorrangig behandelt.

b) Das Standardmodell der Steady-State-Theorie

Es sei hier der Terminus „Standardmodell“ eingeführt, der gegenwärtig in der Kosmologie des Werdens besonders geläufig ist. Er soll ausdrücken, daß nur bestimmte Grundzüge bestimmter Denkbemühungen – hier derjenigen der Steady-State-Theorie – in Rede stehen, die als charakteristische Richtschnur für diese gelten können, unabhängig von differenzierenden Einzelheiten und sich ändernden Denksituationen, die oft durch neues Beobachtungsmaterial bedingt sind.

Für die Steady-State-Theorie läßt sich ihr Standardmodell im Sinne dieser Definition durch die Skizze in Abb. 11 darstellen. Die radikale Durchführung des kosmologischen Prinzips erfordert insbesondere, daß die mittlere Stoffdichte des Alls konstant bleibt, während diese prinzipiell bei einer Expansion abnimmt. Da letztere von der Steady-State-Theorie als Faktum angesehen wird, ist ihr Grundgedanke, daß Stoff sich laufend neu aus dem Raum bildet; sie lehnt es grundsätzlich ab, dafür eine Ursache anzugeben, genauso, wie man nicht angeben könne, warum der Raum elektromagnetische Wellen überträgt (S. 66).

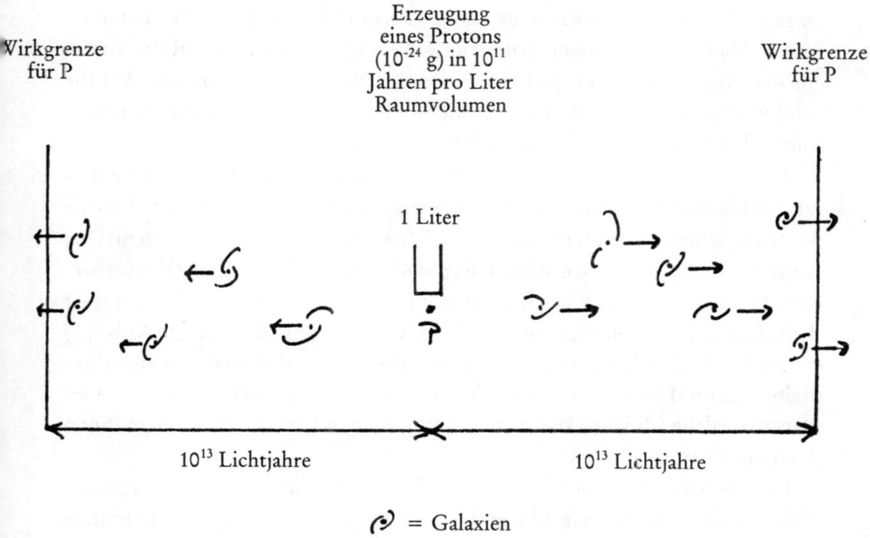

Abb. 11: Standardmodell der Steady-State-Theorie

Die Stoffverdünnung liegt numerisch fest durch die quantitative Größe der Expansion. Damit die Forderung der Steady-State-Theorie nach konstanter mittlerer Stoffdichte erfüllt wird, müßte sich im Durchschnitt in 1 Liter Raumvolumen in 100 Milliarden Jahren 1 Proton (Wasserstoffkern) aus dem Raum heraus bilden (Abb. 11). Das bedeutet, daß ein solcher Vorgang praktisch nicht beobachtbar ist; denn niemand kann sich 10^{11} Jahre vor ein Litergefäß setzen und abwarten, bis ein neues Proton auftaucht.

Diese sich jeweils neu bildende Materie formt die Galaxien aus, die sich gemäß der Expansion auseinander bewegen. Die Expansion selbst wird nicht erklärt; sie gilt als eine „Eigenschaft" der Wirklichkeit. Nun erreichen im gegenwärtigen Expansionsbild, wie die Beobachtungen es darstellen, die Galaxien jeweils in 10^{13} Lichtjahren Entfernung die Lichtgeschwindigkeit in bezug auf irgendeinen Beobachter P (Abb. 11). Der Wert von 10^{13} Lichtjahren ergibt sich, wenn man das Übertragungsprinzip (S. 176) in der Weise anwendet, daß man die lineare Beziehung zwischen Rotverschiebung und Entfernung (Abb. 1 bzw. 2) bis zu einer Rotverschiebung $\Delta\lambda$ verlängert, für die nach (18) die Lichtgeschwindigkeit erreicht wird.

Gemäß Formel (21) in Schema I geht für $u = c$ die Masse $m' \rightarrow \infty$; d. h. eine Masse, die sich mit der Geschwindigkeit u bewegt, kann nicht auf die Geschwindigkeit c, die Lichtgeschwindigkeit, beschleunigt werden, oder auch mit wachsender Geschwindigkeit wächst die Masse gemäß (21). Experimentell ist dieser Sachverhalt heute glänzend bestätigt; denn unendlich große Massen gibt es nicht. Auch diese Aussage der speziellen Relativitätstheorie löste damals heftige Reaktionen des Neukantianismus aus. Auf die philosophische Problematik kann hier nicht eingegangen werden, da diese nicht direkt die Kosmologie betrifft.

Man kann den Sachverhalt auch so ausdrücken, daß zwei Körper in bezug aufeinander sich nicht schneller bewegen können als das Licht. Tun sie es doch, können sie aufeinander keine Wirkungen mehr ausüben; denn (21) kann auch so gedeutet werden, daß (physikalische) Wirkungen (Kraftübertragungen, Signale u. a.) sich nicht schneller als mit Lichtgeschwindigkeit fortpflanzen können. So kann z. B. ein Objekt, das sich von P (Abb. 11) schneller als die Lichtgeschwindigkeit entfernt, von P niemals ein Signal erhalten; denn dieses müßte schneller als das Licht sein. Das heißt jetzt wiederum, solche Objekte sind für P „nicht vorhanden", P könnte von ihnen niemals etwas „erfahren".

Die Steady-State-Theorie übernimmt auf der Basis des Übertragungsprinzips das Expansionsbild von Abb. 1 bzw. 2 in seinem ganzen Umfange für das Universum als Ganzes mit dem Wert der Hubble-Konstanten (19 a). Von jedem Punkte aus gesehen findet eine Expansion in gleicher Weise statt, wobei die Geschwindigkeit um so größer ist, je weiter die bewegten Objekte in bezug aufeinander entfernt sind.

Für jeden Beobachter gibt es einen „Horizont", einen Umkreis von 10^{13} Lichtjahren (Abb. 11), wo für ihn das Universum „aufhört"; denn jenseits dieses Horizontes bewegt sich alles schneller als das Licht von ihm fort, und damit hört für ihn jede Kommunikation auf. Man kann es auch so ausdrükken: Jede physikalische Wirkung, die von P ausgeht, kann keinen Punkt jenseits der 10^{13}-Grenze erreichen bzw. umgekehrt. So ergibt sich die Skizze der Abb. 11. Die jeweils in den Raum eintretende Materie formt sich zu Galaxien, die sich in die Expansionsstruktur als einer Eigenschaft des Alls einfügen müssen. Diese „schwimmen" von P aus gesehen „davon" und „verschwinden" schließlich hinter dem Horizont der 10^{13} Lichtjahre. Als Ganzes bleibt das All, was es ist. Laufend gliedert sich Stoff in den Raum ein, bildet Galaxien, die schließlich für jeden Punkt hinter seiner 10^{13}-Grenze „unsichtbar" werden. Es gibt keinen Urknall und keinen „Anfang" des Alls und auch kein „Ende"; das All bleibt, was es ist in jeglichem Aspekt – das vollkommene kosmologische Prinzip, wie der Kusaner es sich dachte.

Wegen ihrer gegenüber den früheren kosmologischen Versuchen so andersartigen und neuen Denkwege wird in der Literatur die Steady-State-Theorie häufig als ein Fremdkörper empfunden. Mindestens aber, was ihre Mathematik angeht, so soll hier gemeint sein, kann man sie der relativistischen Kosmologie zurechnen. Auf die Darstellung der mathematischen

Formulierung sei hier verzichtet und auf die angegebene Originalliteratur verwiesen. Gegenüber den relativistischen Versuchen liegt keine neue philosophische Relevanz vor, nur die Endergebnisse seien angegeben.

Infolge des vollkommenen kosmologischen Prinzips darf die Hubble-Konstante (34) nicht zeitabhängig sein, d. h., auch die Expansion muß in ihrer Geschwindigkeit bleiben, was sie ist. Das bedeutet aber

(77) $$H = \dot{R}/R = \text{const; d. h. } R(t) = e^{\alpha \cdot t},$$

wenn in (77) $\dot{R}$ die Differentiation nach der Zeit bedeutet. α ist eine Konstante, und das Linienelement (21) wird damit zu

(78) $$\overset{2}{ds} = dt^2 - e^{2\alpha \cdot t} \cdot \overset{2}{d\sigma}.$$

In Polarkoordinaten ausgedrückt (Formel (47), (49), 1. Teil):

(78 a) $$\overset{2}{ds} = dt^2 - e^{2\alpha \cdot t} \cdot (\overset{2}{dr} + r^2 \cdot d\Theta^2 + r^2 \cdot \sin^2\Theta \cdot d\Phi^2).$$

Geometrisch ist das Modell also eingeordnet unter die relativistischen; es geht wie diese von (21) auf S. 219 aus.

Trotzdem ist es nicht ohne weiteres in die Morphologie der Schemata X und XI einzuordnen. Das hängt damit zusammen, daß in der Steady-State-Theorie die Materie nicht mit dem Raum gekoppelt ist wie in der relativistischen Kosmologie, wo die Raumstruktur (Krümmung) durch die Stoffverteilung bestimmt ist (z. B. Formel (64) in Schema VIII).

Der Stoff ist hier ontologisch vom Raum völlig unabhängig, da er ja dauernd in ihn eintritt. Stoff und Raum sind nicht von vornherein gleichzeitig da, sondern der Raum nimmt jeweils neu Stoff auf. Zweifellos rückt damit in der Steady-State-Theorie der Raum wieder näher zur Position Newtons (S. 149) als einer leeren Bühne des Weltgeschehens.

Aber der mathematisch-formale Zusammenhang mit der relativistischen Kosmologie bleibt. So ist der Decelerationsparameter (37), S. 235, $q = -1$. Das All bleibt unveränderlich. Die Expansion kann weder beschleunigt noch verlangsamt sein. Sonst wäre das strenge kosmologische Prinzip nicht erfüllt, und infolgedessen müssen die sie bremsenden und treibenden Kräfte (bzw. Energien) immer gleich sein, d. h., der Quotient (37) ist gleich 1. Das Minuszeichen bedeutet die jeweils entgegengesetzte Richtung von Bremsung und Beschleunigung. Erreicht wird das alles in der Steady-State-Theorie durch die Forderung konstanter mittlerer Stoffdichte.

Ein Vergleich mit den Formeln (38), S. 235 und hier aufscheinenden q-Werten zeigt, daß das Modell morphologisch nicht unter die drei Formen der relativistischen Kosmologie fällt, aber es ist nicht sehr weit davon entfernt. R(t) in (21), das die Art der uniformen räumlichen Veränderung mit der Zeit angibt, hat die Form $e^{\alpha \cdot t}$ gemäß (77) rechts. Man nennt deshalb diese geometrische Struktur exponentiell. Insofern weicht sie von den relativistischen Modellen ab. Sie geht nicht hyperbolisch, sondern exponentiell gemäß der „e-Funktion" ins Unendliche. Die Raumkrümmung ist 0, weil ja keine Beziehung zwischen Raumstruktur und Stoffverteilung besteht. Das hat sie mit dem parabolisch-euklidischen Formentyp (Schema X, Mitte) gemeinsam.

c) Philosophisch-wissenschaftstheoretische Aspekte der Steady-State-Theorie

Die Frage, ob die Steady-State-Theorie richtig ist oder das All besser erklären kann als die anderen Kosmologien, erscheint müßig. Die Theorie wird heute praktisch allgemein abgelehnt, und es soll auch hier für sie keine Lanze gebrochen werden. Wie man in der Philosophie an das System Hegels etwa die Frage stellen kann, ob es richtig ist oder nicht, oder wie man die Frage eben auch nicht stellen kann – denn man richtet damit gar nichts aus –, so auch hier in der Kosmologie.

Die Kosmologie ist ein Gespräch mit der Wirklichkeit wie die Philosophie und nicht einfach eine spezielle Frage an einen speziellen Gegenstand, z. B. wieweit etwa der Sirius entfernt ist, wo man eine solche Frage mit Recht stellen könnte, nicht aber so bei einem Gespräch. An ein solches kann man auch nicht die Frage stellen, ob es „richtig" ist oder nicht oder ob dabei etwas „herausgekommen" sei. Das Gespräch ist ein Bezug auf „wahr–falsch", ein Phänomen sui generis, zugewandt einer Fülle des Wirklichen; und ein Gespräch flammt immer dann auf, wenn sich eine solche Fülle zeigt. In bezug auf die unmittelbare Beweisführung des pythagoräischen Lehrsatzes z. B. ist nichts zu „besprechen", sehr wohl aber bis heute über seine Stellung in der Geometrie, daß es Geometrie „gibt", in der er nicht ohne weiteres „gilt".

Analog verhält es sich auch mit der Steady-State-Theorie in der Kosmologie wie mit allen hier angesiedelten Denkbemühungen. Ihre Unterschiede – nicht unbedingt ihre Gegensätze – rühren primär daher, daß besondere, bisher wenig oder gar nicht beachtete Aspekte zum zentralen Gegenstand des Denkbemühens gemacht werden, wie bei Hegel etwa die Dialektik (S. 37).

In der Steady-State-Theorie spielt das kosmologische Prinzip diese Rolle bezüglich des Ganzen der kosmologischen Denkbemühungen. Es wurde hier zum ersten Male gesehen, daß eben mit dem kosmologischen Prinzip nicht radikal Ernst gemacht worden ist. Das Resultat ist, ähnlich wie bei Hegel, ein neues Weltmodell, dasjenige der Abb. 11, das keinen „Anfang" mehr hat wie die „Urknallmodelle". Des öfteren wurde in der Literatur auf die angeblich hier resultierenden theologischen Konsequenzen hingewiesen, wie abwegig das ist, wurde bereits auf S. 201 ff. dargelegt.

Auch das dauernde Neu-Eintreten von Stoff in den Raum, womit die Steady-State-Theorie naturgemäß den stärksten Widerspruch hervorruft, ist nicht so völlig aus der Luft gegriffen. Die Gedankengänge gehen auf Pascual Jordan zurück.

Als Beispiel sei die Erde als isolierter Massenkörper im All genommen. Sie trägt um sich ein Gravitationsfeld, das von ihrer Masse erzeugt – oder besser getragen wird. Hier liegen längst nicht geklärte ontologische Probleme. Gegen dieses Feld muß Arbeit-Energie aufgewandt werden, um es zu verlassen, wie die Raketenstarts handgreiflich zeigen.

Die neue Idee Jordans besteht in einem Gedankenexperiment: Anstatt eine Rakete mit Treibstoff zu heben, könnte man prinzipiell über $E = m \cdot c^2$ aus der Raketenmasse m selbst die Energie gewinnen, um sie zu heben. Dieser Prozeß wäre dann zu Ende, wenn man bei der Fortbewegung der Rakete aus dem Gravitationsfeld ihre ganze Masse über $E = m \cdot c^2$ verbraucht hätte. Die Rakete würde dann nicht mehr existieren, sie wäre vielmehr als potentielle Energie in das Kraftfeld der Erde eingegliedert.

Das Analoge kann man sich für die Erde vorstellen. Man nimmt etwa ein Kubikzentimeter Boden, hebt diesen gegen die Schwerkraft, wobei man laufend seinen Stoff in Energie verwandelt, die man zur Hebung benutzt, bis der gesamte Stoff verbraucht ist. Auf diese Weise kann mit der ganzen Erde verfahren und sie in Gedanken als potentielle Energie in das Potentialfeld des Alls eingliedern, so wie es sich im Decelerationsparameter (S. 234) ausdrückt.

Den Prozeß kann man sich auch umgekehrt denken: Das Potentialfeld verwandelt sich wieder über $E = m \cdot c^2$ in Materie, die sich zur Kugel formt, wie es vorher aus der Stoffkugel hervorgegangen ist. Diese Überlegungen widersprechen keinem Naturgesetz. Offen lassen sie natürlich, wie im einzelnen, etwa über die Elementarteilchen der Atome, ein solcher Vorgang möglich wird. So kann, wenigstens in Gedanken, aufgezeigt werden, daß der Eintritt von Stoff in den Raum bzw. die Umkehrung keinem Naturgesetz widersprechen. Natürlich müßte es sich hier um sogenannte „nichtklassische" Vorgänge handeln, wie etwa beim Michelsonschen Versuch, wo man durch die Entbehrlichkeit des Äthers bei der Lichtfortpflanzung in Verlegenheit gerät (S. 60 ff.). Gegenüber dem letzteren ist man aber bei der Steady-State-Theorie insofern in einer besseren Position, als hier wenigstens positive Aussagen möglich sind, während man sich beim Michelsonschen Versuch mit der reinen Negation bezüglich des Äthers begnügen muß.

P. Jordan hatte den geschilderten Gedankengang zuerst in Zusammenhang mit dem Supernova-Phänomen in den Galaxien geäußert: Punktuelle Lichtausbrüche, die oft für wenige Tage heller sind als eine ganze Galaxie mit ihren Milliarden Sternen (siehe z. B. II. 5, S. 585ff.). Man glaubte damals, hier den Vorgang einer neuen Sternentstehung vor sich zu haben, und die Supernovae sollten aus dem Potentialfeld herausgebildete neue Sterne sein. Es konnte aber gezeigt werden (III. 11), daß bestimmte Eigenschaften der Supernova mit solchen Vorstellungen nicht vereinbar sind. Heute kann man die Supernovae zwangloser als einen vorübergehenden Zustand bei schon verhältnismäßig alten Sternen verstehen.

Das ändert aber nichts an dem geschilderten Gedankenexperiment selbst, das als Denkmöglichkeit, d. h. keinen logischen und keinen Naturgesetzen widersprechende Aussage, seinen Wert in sich behält, genauso wie in der Philosophie Hegels Dialektik oder die Lehre der christlichen Theologie von Raum und Zeit (siehe S. 76ff., S. 157ff.).

Wissenschaftstheoretisch liegt P. Jordans Konstruktion auf der gleichen Ebene wie Einsteins Kastenexperiment (Schema IV). Nur hat letzteres einen konkreten Erfolg gehabt. Aber Wissen und Bemühen darum nur nach dem Erfolg zu beurteilen, dürfte doch zu engstirnig sein. Jedes Wissen, das erworben wurde, trägt einen potentiellen Erfolg in sich. Das gilt auch für die Gedanken um die Steady-State-Theorie.

Die Steady-State-Theorie gibt noch eine weitere Antwort, die in allen bisherigen Kosmologien fehlt. Diese werden mit dem Unendlichen mathematisch fertig, aber nicht ontologisch im Sinne einer positiven Aussage, weil das Unendliche im mathematischen Sinne unbestimmt wird.

Der Horizont der 10^{13} Lichtjahre (Abb. 11) repräsentiert hier einen neuen Aspekt. Er ist nämlich eine „Wirkgrenze", indem von P ausgehende Wirkungen diese nicht überschreiten können. Das bedeutet jetzt, daß im Weltmodell der Steady-State-Theorie jeder Punkt einen Wirkraum von 2×10^{13} Lichtjahren Durchmesser hat, der für ihn als physikalisch zugänglichen Bereich „das" Universum ist, innerhalb dessen die mittlere Stoffdichte konstant ist und das Expansionsbild Gültigkeit hat.

Weitere Aussagen brauchen im Rahmen der Steady-State-Theorie nicht gemacht zu werden. Zwar ist „Unendlich" nicht geklärt oder gar verstanden, eine Aussage darüber ist aber nicht nötig; das All ist als Ganzes nicht präsent, sondern immer nur im Wirkraum des Beobachters.

Damit wird das All ausschließlich als ein Wirkzusammenhang verstanden, je getrennt in Wirkräume. Es ist das gleiche wie das deutsche Wort für „Alles, was ist", es ausdrückt, nämlich „Wirk"-lichkeit. M. Heidegger hat die Auffassung vertreten (S. 185), daß die Sprache nicht nur ein reines Kommunikationsmittel sei, sondern auch Seinsbezüge, aus denen die Worte gebildet sind, in den Wortstämmen zum Ausdruck bringe. Der deutsche Kulturraum hat in seiner Bezeichnung „Wirklichkeit“ für das „Alles“ letzteres als einen Wirkzusammenhang empfunden und bezeichnet. Genau dahin zielt auch das Modell der Steady-State-Theorie; und wieder zeigt sich die enge Beziehung zwischen den kosmologischen Denkbemühungen und den allgemeinen Verhaltensweisen des Intellektes, welche sich am markantesten in der Philosophie darstellen.

6. Die Zahl γ

Es ist bei der Darstellung der Zahlenlehre der Pythagoräer (S. 18ff.) darauf hingewiesen worden, daß auch heute Naturwissenschaft, insbesondere Kosmologie, nach konstitutiven Zahlenverhältnissen sucht, die irgendwie den Aufbau der Natur, wenn auch nicht ausschließlich, mittragen. Einige Beispiele sind früher genannt worden.

In der Kosmologie der Gegenwart ist vor allem A. S. Eddington auf solche Zahlenverhältnisse gestoßen. Es handelt sich dabei um folgendes: Ist e das elektrische Elementarquantum, m_e die Masse eines Elektrons, m_p die Masse eines Protons (Wasserstoffkerns), h das Planksche Wirkungsquantum, H die Hubble-Konstante, ϱ_0 die mittlere Stoffdichte des Alls (nach dem Übertragungsprinzip), c die Lichtgeschwindigkeit und G die Gravitationskonstante im Newtonschen Gesetz, dann gelten näherungsweise die folgenden numerischen Beziehungen zwischen den genannten Größen:

a) $$\frac{e^2}{G \cdot m_e \cdot m_p} = \frac{\text{elektrische Kraft zwischen Elektron und Proton}}{\text{Gravitationskraft zwischen Elektron und Proton}} = \gamma$$

b) $$\frac{c/H}{e^2/[m_e \cdot c^2]} = \frac{\text{Grenzhorizont der } 10^{13} \text{ Lichtjahre}}{\text{klassischer Elektronenradius}} \sim \gamma$$

c) $$\frac{\varrho_0 \cdot c^3/H^2}{m_p} = \frac{\text{Masse des Universums}}{\text{Masse eines Protons}} \sim \gamma^2$$

$$\gamma = 2{,}3 \cdot 10^{39}$$

Für die Definition der einzelnen physikalischen Größen muß auf ein einschlägiges Physikbuch verwiesen werden.

Man sieht, daß die unterschiedlichsten physikalischen Größen sich durch die Zahl γ verklammern lassen. Die Quotienten a), b) und c) sind dimensionslose Größen, also reine Zahlen im Sinne der Pythagoräer, und die Klammer ist die Zahl γ, wie sie oft in der Literatur bezeichnet wird.

a) gibt das Verhältnis der Größe der elektrischen Anziehungskraft zwischen Proton und Elektron und der Massenanziehungskraft wieder. Beide Teilchen sind ja elektrisch geladen; und diese Ladungen gehen nach dem Coulombschen Gesetz, während ihre Massen sich nach dem Newtonschen Gesetz anziehen. Die elektrischen Kräfte sind im atomaren Bereich angesiedelt. Die Massenanziehung gilt allgemein, vor allem eben im Universum, qualitativ als kosmische Größe so wie die elektrische Kraft als eine atomare Größe. So verbindet a) eine atomare Größe mit einer kosmischen. Das ist allgemein die Absicht, welche mit der Konstruktion der drei Quotienten verfolgt wird.

Das Erstaunliche ist nun, daß sich immer ungefähr der angegebene numerische Wert von γ ergibt, denn es sind in drei Quotienten doch sehr heterogene Agenzien miteinander verbunden. Die Zahlen in dem γ-Wert sind naturgemäß nicht so wichtig, entscheidend ist die Größenordnung, die 10^{39} ist; und in der Literatur wird oft auch nur dieser Wert für γ genannt.

γ tritt hier, und zwar als reine Zahl, in Form eines Konstituens der Wirklichkeit auf, ist eine Struktur der Wirklichkeit. Da sie dimensionslos ist, geht nicht die (unvermeidbare) Willkür eines Maß-Stabes ein, den immer der Intellekt künstlich schafft (S. 4), und eben das meinten die Pythagoräer (zum Teil unbewußt) mit ihrer Zahlenlehre. Bei ihnen handelt es sich auch immer um reine Zahlen bzw. qualitative geometrische Bezüge, wie etwa den Goldenen Schnitt, ohne jegliche zuvor konstruierten Maß-Stäbe. Das ist nämlich das ontologisch Wichtige an der Zahlenlehre der Alten, daß sie, mystisch oder nicht, mit reinen Zahlen operierten, etwa die Siebenzahl u. a., sie die Zahlen sozusagen an und für sich nahmen. Genau das ist aber heute wieder bei γ der Fall.

Aber all diese Bestrebungen des menschlichen Geistes, die reine Zahl als Konstituens in der Wirklichkeit wiederzufinden, haben etwas Eigentümliches an sich. Immer wieder sind Ansätze gemacht worden, angefangen von der Idee, die Götter hätten alles nach Maß, Zahl und Gewicht gemacht (Homer), über die Pythagoräer bis hin zur Zahlenmystik des Mittelalters, den Goldenen Schnitt (S. 18ff.) und die Versuche, diesen in der Natur wiederzufinden; aber alle diese haben mehr oder minder zu nichts geführt. Vorübergehend glaubte man, in der Physik der Elementarteilchen die Dreizahl finden zu können: in der Trias positiv geladene, negativ geladene und elektrisch neutrale Teilchen. Aber die fortschreitenden Entdeckungen machten diesen Hoffnungen sehr bald einen Strich durch die Rechnung.

Dergleichen ist zwar in bezug auf die Zahl γ nicht der Fall; und an dem Faktum der drei Quotienten mit ihren übereinstimmenden Werten kann sich auch nichts mehr ändern, aber andererseits hat man jene Faktizität bis heute nicht weiter verwerten können. Insbesondere sind alle Versuche, die

Zahl noch anderswo zu finden, wie es scheint, bis heute erfolglos geblieben, was sich natürlich in Zukunft ändern kann.

So hat man mindestens im Augenblick den Eindruck, daß sich am Beispiel der γ-Zahl dasselbe wiederholt, was bei diesen Denkbemühungen durch die ganze abendländische Geistesgeschichte hindurch beobachtet werden kann. Unabhängig davon zeigt sich auch hier wieder, wie bei modernsten, von Technik und hochentwickelter Physik bestimmten Denkversuchen jene Geschichte immer wieder zu Gedanken zurückkehrt, die sie schon vor 2000 Jahren aus sich hervorbrachte.

IV. KAPITEL: DIE KOSMOLOGIE DES WERDENS

1. Forschungswege

Wie auf S. 181 ff. dargestellt ist, zeigt sich mit der Kosmologie des Werdens etwas ganze Neues in der Geschichte der anorganischen Naturwissenschaften, nämlich der Versuch, analog zum Biologischen auch das Anorganische als das Produkt einer Entwicklung zu verstehen. Zwar gibt es in der Kosmologie der Homogenität auch Veränderung, aber nicht im eigentlichen Sinne Entwicklung von einer Stufe zur nächsten in Analogie zur Entwicklung des Lebens auf der Erde. So bezeichnet man am besten die Rotverschiebung, interpretiert im Expansionsbild, als Veränderung, aber nicht als Entwicklung; denn die Expansion liegt nach einem zeitlosen Zusammenhang von vornherein fest. Entweder ist sie hyperbolisch, elliptisch oder parabolisch (Schema X). Auf Grund der Beobachtungen kann gegenwärtig zwischen diesen Möglichkeiten nicht entschieden werden, aber der Expansionstyp ist je als etwas Zeitloses verstanden; und die Steady-State-Theorie muß infolge ihres radikalen kosmologischen Prinzips (S. 289 ff.) jede Entwicklung ablehnen.

In der Kosmologie des Werdens dagegen wird versucht, die einzelnen Entwicklungsstufen des Alls vom Urknall her abzuleiten. Sie hat eine Zeitskala, innerhalb derer die einzelnen Entwicklungsstadien eingegliedert werden. Der Anfang dieser Zeitskala ist der Urknall, also der Nullpunkt der t-Zeit in der kinematischen Kosmologie (S. 287); denn die Zeitskala einer Evolution darf in die Vergangenheit, nicht aber ins Unendliche gehen wie die τ-Zeit.

Ausgegangen wird von der Einmaligkeit und Besonderheit der Hintergrundstrahlung (Abb. 3 und S. 211). Sie wird, wie dargelegt, als ein Überbleibsel des Urknalls interpretiert. Die Begründung dafür ist ihre Isotropie, d. h. ihre gleiche Intensität unabhängig von der Himmelsrichtung, von den astronomischen Objekten. Stillschweigend wird dabei wieder von dem Übertragungsprinzip (S. 176 ff.) Gebrauch gemacht, daß die Hintergrundstrahlung das ganze All gleichmäßig mit der Energiedichte erfüllt, wie sie in dem zugänglichen Bereich des Alls beobachtet wird.

a) Hintergrundstrahlung und Expansion

Nimmt man die Expansion als Realität, so ist dadurch einmal die gegenwärtige Materiedichte (S. 192) bedingt, zum anderen die Hintergrundstrahlung mit gegenwärtig einer Temperatur von 2°.7 Kelvin (= + 2.7 über dem absoluten Nullpunkt, S. 212). Die Geschwindigkeit der Expansion ist durch die Hubble-Konstante (S. 203) gegeben und wird als zeitlich unabhängig interpretiert.

Von diesen Fakten der Gegenwart kann nun zurückgerechnet werden bis zu dem Urknall vor 10^{10} Jahren. Die mittlere Stoffdichte muß beim Blick zurück in die Vergangenheit immer größer werden, und ebenso muß die Hintergrundstrahlung eine immer höhere Temperatur erreichen. Dies kann entlang der Zeitskala gerechnet werden, und zwar, wenn nötig, für beliebig kleine Zeitintervalle, z. B. für Sekunden. Dergleichen war bisher noch keiner kosmologischen Konzeption beschieden.

Stoff und Strahlungsfeld stehen, wie schon das alltägliche Leben zeigt, in enger Wechselwirkung miteinander. (Jeder angestrahlte Körper wird warm.) So kann nun in der Kosmologie des Werdens für jeden Zeitpunkt, zurück bis zum Urknall, das Wechselspiel zwischen (dichter werdendem) Stoff und einem heißer werdenden Strahlungsfeld in die Vergangenheit hinein verfolgt werden. Demgegenüber steht in der Kosmologie der Homogenität ausschließlich das Zusammen von Stoff und Raum im Blickfeld, ohne Ansehen der physikalischen Beschaffenheit des Stoffes, nur dessen Gravitationswirkung wird berücksichtigt. Es bestand auch vor der Entdeckung der Hintergrundstrahlung keine Veranlassung, mehr zu tun, da ein veränderliches, den Stoff physikalisch beeinflussendes und eventuell veränderndes Strahlungsfeld nicht bekannt war. Das von der gegenwärtig leuchtenden Materie (Sterne) im augenblicklichen All erzeugte Strahlungsfeld (S. 191) hat, als von einzelnen und unterschiedlichsten Strahlungsquellen erzeugt, nicht den Charakter der Hintergrundstrahlung. Es ist lediglich ein Produkt der Gegenwart, ohne Bezug zu Zukunft oder Vergangenheit.

Rechnet man die Expansion heute mit ihren sie bestimmenden numerischen Werten in die Vergangenheit zurück, muß die Vorstellung zugrunde gelegt werden, daß sich das Universum (in Gedanken) „zusammenzieht", und zwar gleichmäßig und in allen seinen Teilen und Bereichen (kosmologisches Prinzip!), wie es sich tatsächlich im Augenblick immer weiter „ausdehnt". Letztere „Bewegung" ist grundsätzlich nicht „beobachtbar". Legt man z. B. einen Maß-Stab aus Eisen an ein Stück Eisen, das man messen will, und erhitzt beides, so wird sich in gleicher Weise der Maß-Stab wie das Eisen ausdehnen, das Längenverhältnis von Maß-Stab und Eisenstück bleibt das gleiche; und da der Maß-Stab nur dieses Verhältnis anzeigt, gibt er auch denselben Längenwert für das Eisenstück an.

Das gilt prinzipiell für alle Messungen. Von der Expansion kann man innerweltlich auch nur dadurch etwas erfahren, daß auf das Licht zwischen zwei sich voneinander entfernenden Körpern ein zusätzlicher Effekt ausgeübt wird, wie die Rotverschiebung. Es tritt eine neue Qualität in den zu messenden Vorgang der Expansionsbewegung, die man nun messen kann. Bei dem genannten Beispiel des sich ausdehnenden Eisens und dem Maß-Stab aus Eisen fehlt eine solche zusätzliche Qualität. Hier kommt wieder der Unterschied zwischen Qualität und Quantität (S. 169ff.) zum Tragen.

Da Messen grundsätzlich Bestimmen eines Zahlenverhältnisses ist, kommt es nur auf dieses an. Das ermöglicht für das Gegenüber von Hintergrundstrahlung und Expansion folgende Überlegung: Man denke sich, entsprechend der Konzeption der Kosmologie des Werdens, das All in die Vergangenheit zurück immer kleiner werden, in völlig gleichmäßiger Weise. Betrachtet man einen Kubikzentimeter Raumvolumen hier und jetzt, dann wird in die Vergangenheit hineingedacht dieses Kubikzentimeter kleiner proportional dem Kleinerwerden des Alls. Ist letzteres z. B. um 1/3 kleiner geworden, dann auch das ins Auge gefaßte Kubikzentimeter. Nur kann man das an diesem infolge des vorhin Gesagten nicht feststellen, weil jeder denkbare Maß-Stab auch um 1/3 kleiner geworden ist. Diese Aussage kann getätigt werden, ohne auf das übrige All irgendwelche Rücksicht zu nehmen.

Es kann dann ferner überlegt werden, was mit den physikalischen Agenzien, mittlere Stoffdichte, Strahlung u. a., die man in dem betrachteten Kubikzentimeter vorfindet, in ihren quantitativen wie qualitativen Bezügen geschieht, wenn sich das betreffende Kubikzentimeter um 1/3 verkleinert, wieder ohne das berücksichtigt werden müßte, was in den anderen Bereichen des Alls geschieht, immer natürlich unter der Voraussetzung, daß das (im Vergleich zur Steady-State-Theorie eingeschränkte) kosmologische Prinzip bzw. Übertragungsprinzip Gültigkeit hat. Was dann für das eine betrachtete Kubikzentimeter gilt, würde überall bezüglich der physikalischen Agenzien gelten. Auf diese Weise erhält man eine Aussage über das All als Ganzes und was mit ihm geschieht, wenn es sich um 1/3 verkleinert, bzw. in welchem Zustande dies, von der Gegenwart aus gesehen, sich damals befand.

Ist ϱ_m die mittlere Massendichte des Alls (= Masse/cm^3), so muß bei gleichmäßiger Zusammenziehung in die Vergangenheit hinein

$$\varrho_m \sim V^{-1}. \tag{79}$$

Die Massendichte wächst in die Vergangenheit hinein; denn das Volumen V wird immer kleiner.

In dem Kubikzentimeter befindet sich die schwarze Strahlung von + 2°.7 Kelvin wie überall im All. Diese Strahlung hat eine Energiedichte, d. h., sie transportiert Energie.

Man denke sich zum Vergleich eine strömende Flüssigkeit mit völlig gleichmäßiger Strömung und betrachte in dieser einen Kubikzentimeter Raumvolumen. Dann wird in jedem Augenblick wegen der Gleichmäßigkeit die gleiche Flüssigkeitsmenge in dem Kubikzentimeter enthalten sein, d. h. eine bestimmte Flüssigkeitsdichte.

Analog verläuft der Energietransport durch Licht (elektromagnetische Wellen) im Falle völlig homogener-isotroper Strahlung, und man kann analog zu obigem Bilde eine Energiedichte der Strahlung angeben. Bezeichnet man diese Energiedichte mit ϱ_s, so wird:

(80) $$\varrho_s \sim T^4,$$

im Falle einer schwarzen Strahlung, also auch speziell für die Hintergrundstrahlung. ϱ_s ist mit dem Wert von 2°.7 für die Gegenwart bekannt. – Für die Ableitung von (80) siehe z. B. II.2, S. 576 ff. –.

Über $E = m \cdot c^2$ (Schema I) besteht eine völlige Äquivalenz von Stoff und Energie. Dividiert man eine Energie durch c^2, so erhält man ihr Stoffäquivalent. Dividiert man also (80) durch c^2,

(80 a) $$\varrho_{ms} = \varrho_s/c^2 \sim T^4,$$

dann steht links in (80 a) ϱ_{ms}, eine „Stoffdichte der Strahlung", welche mit (79), der „Stoffdichte der Materie" in einem Kubikzentimeter, vergleichbar ist, da es sich jedes Mal um Stoffdichten handelt. ϱ_{ms} ist ebenfalls proportional T^4, da c als Lichtgeschwindigkeit eine Konstante ist.

Ist V das räumliche Volumen einer schwarzen Strahlung, so sagt ein bekannter Satz über die schwarze Strahlung aus, daß gilt:

(81) $$T^3 \cdot V = \text{const.}$$

Nach den Regeln der Exponentialrechnung wird aus (81) und (80 a):

(81 a) $$T^4 \cdot V^{\frac{4}{3}} = \text{const}; \; T^4 \sim V^{-\frac{4}{3}} \sim \varrho_{ms}.$$

ϱ_m, die mittlere Stoffdichte, ist gemäß (79) proportional zu V^{-1}, während die gleichzeitig vorhandene Strahlungsdichte, ausgedrückt gemäß (81 a), durch ihr Stoffäquivalent proportional zu $V^{-\frac{4}{3}}$ ist.

Denkt man jetzt im Expansionsbild in die Vergangenheit zurück, so wird V, das Volumen, kleiner, aber bei der eigentlichen Stoffdichte ϱ_m nur mit V^{-1}, während das Stoffäquivalent bei der Strahlungsdichte ϱ_{ms} mit $V^{-\frac{4}{3}}$ abfällt.

Das bedeutet, daß bei gleichbleibender Expansion (in die Vergangenheit zurückgedacht) die Strahlungsdichte (81 a) schneller wächst als die Stoffdichte (79). Es muß also in die Vergangenheit hinein einen Zeitpunkt geben, wo $\varrho_m = \varrho_{ms}$ bzw. noch weiter zurück $\varrho_{ms} > \varrho_m$ wird. Dann hätte man ein All vor sich, in welchem die Strahlung eine größere Dichte hätte als der Stoff, sozusagen auf ein Einheitsvolumen umgerechnet, mehr Strahlung vorhanden wäre als Stoff. Man spricht dann auch von einem „strahlungsdominanten" Universum.

Rechnet man mit der gegenwärtigen mittleren Dichte des Universums (S. 192 ff.) und der gegenwärtigen Strahlungsdichte, die ja auf dem geschilderten Weg festgestellt werden kann, in die Vergangenheit zurück, unter Berücksichtigung der gegenwärtigen Expansionsgeschwindigkeit, gegeben durch die Hubble-Konstante, dann wird der Beginn der Strahlungsdominanz bei einer Temperatur von 3000° Kelvin erreicht, 1 Million Jahre nach dem Urknall vor 10^{10} Jahren. Seit diesem Zeitpunkt ist das All von Materie beherrscht, wie man es heute kennt, besteht die sogenannte „Materieära" des Universums im Unterschied zu seiner „Ära der Strahlungsdominanz".

Das sind faszinierende und zugleich fundierte Aussageinhalte, die das weit überschreiten, was die Kosmologie der Homogenität bis jetzt gesagt hat, womit letztere aber natürlich nicht überflüssig wird. Der Unterschied liegt darin, daß in diesen neuesten Gedankengängen das „Werden" in Rede steht.

b) Physik der Elementarteilchen als Leitfaden einer Kosmologie des Werdens

α) *Die Zahl 10^{-9}*

Der weitere Weg der Kosmologie des Werdens stellt sich so dar, daß versucht wird, den physikalischen Zustand der Materie im All in der Vergangenheit, möglichst zurück bis zum Urknall, zu erforschen bzw. festzustellen. Im Prinzip genügen dafür zwei Angaben: Stoffdichte und Temperatur. Das periodische System der Elemente und der innere Aufbau der Atome ist heute so weit sicher verstanden, daß fundierte Aussagen über das All und seinen stofflichen Zustand bis in die fernste Vergangenheit möglich sind. Die Entdeckung der Hintergrundstrahlung gab dazu den Anstoß; und so ist die Kernphysik, d. h. die Kenntnis des inneren Aufbaus der Atomkerne, der Leitfaden, an dem die Kosmologie des Werdens sich in die Vergangenheit hineinzutasten versucht.

Eine Einführung in diese Forschungswege steht vor der Schwierigkeit, das kosmologisch Wichtige und angesichts des Neuen einigermaßen Gesicherte verständlich darzustellen, um es entsprechend der Zielsetzung dieses Buches philosophisch fruchtbar zu machen, weil die Grundlage des Ganzen die Kernphysik ist. Deshalb soll aus der Kosmologie des Werdens im folgenden nur das philosophisch Relevante auch in bezug auf das Physikalische betrachtet werden. Die beiden Werke von H. Fritzsch (IV. 1) und St. Weinberg (IV. 5) bringen allgemeinverständliche Informationen über den gegenwärtigen physikalischen Forschungsstand, auf den die Kosmologie des Werdens sich abstützt.

Eine dimensionslose Zahl, durchaus im Sinne der Pythagoräer, steht am Anfang des Weges in die Vergangenheit. Ein Atom besteht bekanntlich aus einem Kern und einer Elektronenhülle, wobei die Hauptmasse des Atoms im Kern vereinigt ist. Der Kern besteht aus sogenannten Nukleonen. Nukleon ist ein Oberbegriff für Proton und Neutron. Proton ist der Wasserstoffkern (der Kern des leichtesten Elementes) und der Grundbaustein aller anderen Elemente bzw. deren Atomkerne. Das Proton hat eine positive elektrische Einheitsladung; das Neutron besitzt die gleiche Masse wie das Proton, ist aber elektrisch neutral. Man kann sagen, daß sich die gegenwärtige Weltallmaterie über ihre Atomkerne aus Nukleonen zusammensetzt; denn mit Ausnahme des Wasserstoffs, der sein eigenes Nukleon ist, baut sich jeder Atomkern, von Element zu Element verschieden, aus einer bestimmten Anzahl von Protonen und Nukleonen auf.

Aus der mittleren Stoffdichte (S. 192) des Alls kann man die Nukleonendichte = Anzahl der Nukleonen/cm^3 bestimmen. Die Weltallmaterie besteht praktisch aus Nukleonen, denn die Elektronen haben eine zu vernachlässigende Masse. Die Nukleonendichte beträgt $10^{-6}/cm^3$, was direkt aus (17) folgt, da die Nukleonenmasse bekannt ist (Abb. 11).

Das Licht ist nicht nur eine Wellenbewegung (allgemein elektromagnetische Wellen), sondern besteht auch aus „Atomen", die man hier Photonen nennt. Besser sagt man: das Licht ist gequantelt, d. h. seine Energieübertragung geht in kleinsten endlichen Einheiten vor, den „Quanten". Ein Lichtstrahl der Energiedichte E und der Frequenz ν hat n Quanten mit $E = n \cdot h \cdot \nu$, wo h das sogenannte Plancksche Wirkungsquantum ist. Durch ν und E ist also die Zahl der Quanten-Photonen bestimmt.

Der Stoffdichte der Materie von $10^{-29}/cm^3$ mit $10^{-6}/cm^3$ Nukleonen steht von der Hintergrundstrahlung her eine Stoffdichte von $10^{-33}/cm^3$ gemäß (80 a) gegenüber. Rechnet man diesen Wert in Photonen um mit $E = n \cdot h \cdot \nu$ wobei ν durch die Kurve der schwarzen Strahlung von + 2°.7 Kelvin bekannt ist, ergibt sich für die Hintergrundstrahlung gegenwärtig eine Photonendichte von $\sim 10^3/cm^3$. Daraus resultiert das Verhältnis der Nukleonendichte zu Photonendichte der Hintergrundstrahlung in der Gegenwart:

(82) $$\frac{10^{-6}}{10^{3}}/\mathrm{cm}^3 = 10^{-9}/\mathrm{cm}^3.$$

In (82) erscheint jetzt eine dimensionslose Zahl, die irgendwie mit dem Urknall zusammenhängen muß; denn bei gleichmäßiger Expansion bleibt (82) als Verhältniszahl zweier auf gleiches Volumen bezogener Größen invariant. Sobald also der Wert (82) sich einmal ausgebildet hat, bleibt er durch die Expansion hindurch derselbe (wofern sich nicht neue Materie bildet oder neue Hintergrundstrahlung entsteht). 10^{-9} wird damit zu einem Konstituens des heutigen Universums, wie sich die Pythagoräer (S. 18ff.) ein solches dachten. So wie es augenblicklich aussieht, scheint die Auffindung der Zahl 10^{-9} eine der wichtigsten Entdeckungen der letzten Jahre zu sein. Deshalb sind in Schema XIII die Gedankengänge, welche zu dieser Zahl führen, noch einmal zusammengestellt.

β) *Elementarteilchen und Strahlung*

Die Kosmologie des Werdens benutzt die aus dem irdischen Laboratorium bekannten Wechselwirkungen zwischen Elementarteilchen und Strahlung. Man hat hier heute gewaltige Einsichten gewonnen, jedoch ist die Forschung noch völlig im Fluß, und der Bereich der Elementarteilchen wird immer komplizierter, ja erscheint im Augenblick verwirrender denn je, weshalb man auch mit der trinitarischen Strukturidee nicht mehr weiterkommt (S. 298). Das wird sich sicher einmal ändern, wenn vielleicht auch nicht zugunsten des Trinitarischen. Aber im Augenblick gibt das der Kosmologie des Werdens für Einzelheiten eine gewisse Unsicherheit. Auch schon, um den Umfang einer Einführung einzuhalten, werden im folgenden nur einige Aspekte beschrieben, die philosophisch besonders relevant sind und bereits jetzt für die Zukunft eine gewisse Sicherheit der Erkenntnis beinhalten dürften. Im übrigen muß auf die Literatur verwiesen werden (IV. 1, IV. 5).

Die Elektronen, welche im allgemeinen in einem Atom um den positiv geladenen Kern herum „angesiedelt" sind, diesen nach außen elektrisch neutral erscheinen lassen, weil sie negative Elektrizität tragen, können auch außerhalb der Atome existieren, wenn sich das betreffende Atom in einem hinreichend starken Strahlungsfeld befindet. Sie werden dann von letzterem durch das Feld abgerissen. Man spricht dann von freien Elektronen, die sich frei bewegen und eine entsprechende Bewegungsenergie haben. Im Inneren der Sterne z. B. herrscht eine Temperatur von 20 Millionen Grad. Das bewirkt, daß kein Atom seine Elektronen festhalten kann. In den Tiefen der Sterne hat man ein „Gemisch" von Atomkernen und freien Elektronen vor sich. Weitestgehend können derartige Materiezustände heute mit der modernen Technik (IV. 1, S. 23 ff.) nachgeahmt werden. Dadurch ist das Verhalten freier Elektronen völlig bekannt, und nicht nur von diesen, sondern von allen Elementarteilchen, von denen man gegenwärtig Kenntnis hat. Man weiß, unter welchen Bedingungen sie einzeln existieren können und wie sie sich verhalten. Auf diese Weise war es möglich, in die Welt der Elementarteilchen einzudringen und ihren Reichtum zu erschließen. Allein auf diese gesicherten Experimente stützt sich die Kosmologie des Werdens ab; sie ist insofern wesentlich weniger spekulativ als die anderen Kosmologien – ohne daß damit ein Gegensatz konstituiert sei –; aber die Kosmologie des Werdens steht im Augenblick vor dem Faktum der Unübersehbarkeit des Elementarteilchen-Bereiches.

Durch die moderne Technik hat man ein Pendant zum Elektron entdeckt, das den Namen Positron trägt. Es ist ein Teilchen gleicher Masse wie das Elektron, trägt aber eine (gleich große) positive elektrische Ladung. Das Positron bezeichnet man als das „Antiteilchen" zum Elektron bzw. umgekehrt.

Um der Fülle der Phänomene im Bereich der Elementarteilchen Herr zu werden, hat man den Begriff der „Antimaterie" geprägt. Antiteilchen sind grundsätzlich jene Elementarteilchen, die eine negative elektrische Ladung haben, die „Teilchen" sind positiv geladen. So ist Positron das „Teilchen", Elektron sein „Antiteilchen". Teilchen und Antiteilchen müssen ferner die Bedingung erfüllen, daß sie gleiche Massen haben, gleich schwer sind und denselben „Spin" haben, d. h. im Bilde gesprochen, in gleicher Richtung um ihre Achse rotieren (siehe hierzu z. B. IV. 1, S. 37 ff.). Auf die weiteren Bedingungen sei hier nicht eingegangen.

Das Antiteilchen zum Proton ist das Antiproton, ein positiv geladenes Teilchen von der Masse des Wasserstoffkernes, dasjenige zum Positron ist das Antipositron (Elektron). Die elektrisch neutralen Teilchen gelten als ihre eigenen Antiteilchen. Das gilt z. B. für das erwähnte Neutron. Das Antineutron repräsentiert sich primär in seiner Rolle, die es bei Kernprozessen spielt. Es muß hier wieder auf die Literatur verwiesen werden. Auch das Photon ist sein eigenes Antiteilchen. Mit diesem Denkschema kann man sich gegenwärtig einigermaßen in der Vielfalt des Elementarteilchen-Bereiches zurechtfinden. Für die Kosmologie des Werdens ist es ausschlaggebend, und alles ist durch das irdische Laboratorium belegt, aber auch von diesem abhängig, besonders was die Zukunft betrifft.

Das irdische Laboratorium gibt einen heute nicht mehr bezweifelbaren Zusammenhang zwischen freien Elementarteilchen und Strahlung (IV. 5, S. 123). Das Licht besteht aus Photonen, deren Energie $h \cdot \nu$ ist, wobei ν die Frequenz (Wellenlänge) darstellt. (Auf die philosophisch-wissenschafts-

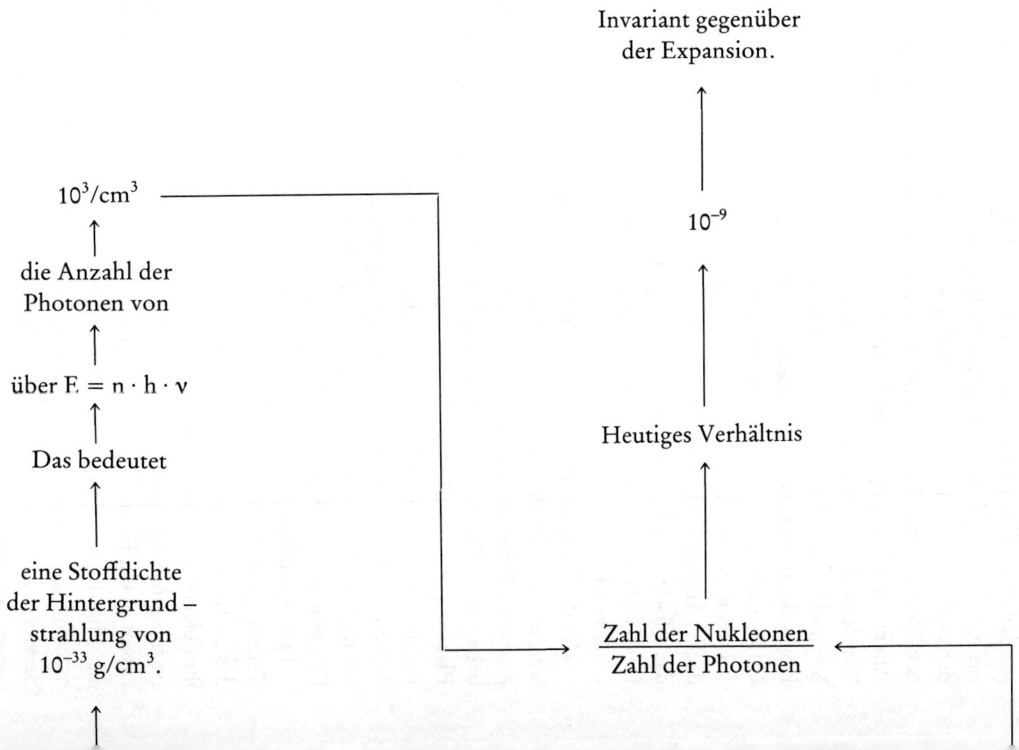
Invariant gegenüber
der Expansion.
10^{-9}
Heutiges Verhältnis
$\frac{\text{Zahl der Nukleonen}}{\text{Zahl der Photonen}}$
$10^3/cm^3$
die Anzahl der
Photonen von
über $E = n \cdot h \cdot \nu$
Das bedeutet
eine Stoffdichte
der Hintergrund –
strahlung von
10^{-33} g/cm^3.

Daraus folgt über
$E = m \cdot c^2$

↑

Energiedichte
$E \sim T^4$.

↑

heißt

↑

Schwarze Strahlung
(Abb. 3)

||

Hintergrundstrahlung
von $+2.7^{\circ}$
über dem absoluten
Nullpunkt

$10^{-6}/cm^3$.

||

die Anzahl der Nukleonen
beträgt

↑

was bedeutet,

↑

10^{-29} g/cm^3
mittlere Raumdichte,

↑

Die Materie hat

theoretische Problematik kann hier nicht eingegangen werden; es handelt sich jedenfalls um Fakten.) Wenn zwei Photonen zusammenstoßen, können sie sich beide über $E = m \cdot c^2$ in Stoff verwandeln, in ein Elektron und ein Positron; wobei die Energie-Massen-Bilanz exakt erfüllt ist. Ebenso ist das Umgekehrte möglich – experimentelle Fakten. Grundsatz ist, daß zwei zusammenstoßende Photonen bei hinreichender Energie ein stoffliches Elementarteilchen erzeugen und zugleich sein Antiteilchen, und zwar nicht nur Positron und Elektron, wo man diesen Prozeß zum ersten Male entdeckte. Die Photonen müssen nur hinreichend große Energie E haben, damit über $E = m \cdot c^2$ die Masse m entstehen kann.

Diese Energie hängt für eine schwarze Strahlung, wie die Hintergrundstrahlung, von der Temperatur des Strahlungsfeldes ab, das die Photonen repräsentieren, d. h. $E \sim T^4$. Je größer also die Masse eines Teilchens ist, das die Photonen erzeugen sollen, um so höher muß die Temperatur des Strahlungsfeldes gemäß $E = m \cdot c^2$ sein.

Hier hat man den Begriff der „Schwellentemperatur" geprägt. Darunter ist die Temperatur verstanden, welche ein Feld schwarzer Strahlung haben muß, damit seine Photonen Elementarteilchen (immer Teilchen und Antiteilchen, d. h. ein Teilchenpaar in einem Prozeß) einer bestimmten Masse m erzeugen können.

Die Massen der Elementarteilchen sind sehr gut bekannt. Gemäß den Formeln (79), (80), (80a) und (81a) kann für jeden Zeitmoment von der Gegenwart aus in die Vergangenheit und für beliebig kleine, endliche Zeitintervalle, das Verhältnis von Strahlung und Stoff beschrieben werden. Die Ausgangswerte der Gegenwart sind die mittlere Stoffdichte ϱ_m, die Strahlungsdichte der Hintergrundstrahlung ϱ_{ms} und die Zahl 10^{-9}, das gegenwärtige Verhältnis ~~der Protonen und~~ Nukleonen in der Weltallmaterie zu den Photonen der Hintergrundstrahlung.

2. *Standardmodell der Kosmologie des Werdens*

a) Begriff eines Standardmodells

In Zusammenhang mit dem kopernikanischen System wurde dargelegt (S. 30ff.), daß sich dort zum ersten Male das Prinzip des Modell-Denkens zeigt: Es wird nicht direkt und von vornherein eine Frage bzw. ein Gegenstand angegangen, um zu einer direkten und feststehenden Erkenntnis zu gelangen, vielmehr wird eine Konzeption formuliert und dann versucht, Ergebnisse daraus abzuleiten. Das tat damals für den Bereich der Astronomie Kopernikus und für die Philosophie nach des Kopernikus' Vorbild Kant in seiner Kritik der reinen Vernunft.

Das Modell hat Versuchscharakter. Das jeweils Bekannte wird in eine Art Gedankenschema gebracht, das immer und je für Neues offen sein soll; es soll ein Leitfaden sein, erste oder auch größere Schritte zu tun, einen Sachverhalt mehr oder minder endgültig in den intellektuellen Erkenntnisgriff zu bekommen. Wissenschaftstheoretisch soll es Versuchscharakter tragen, so wie auch Kopernikus sein heliozentrisches System verstand. Dabei nimmt man in Kauf, daß in bezug auf ein und denselben Gegenstand Modell gegen Modell steht. Das Licht kann z. B. von der klassischen Physik weitestgehend durch eine Wellenbewegung beschrieben werden. Aber es gibt auch Phänomene, die veranlassen, Licht aus „Atomen", den Photonen, bestehend zu denken. Beides läßt man, jedenfalls bis heute, nebeneinanderstehen. Wie vorhin dargelegt, macht die Kosmologie des Werdens nur von dem Photonen-Modell des Lichtes Gebrauch, das Wellenmodell würde ihr nicht helfen. Dabei ist sowohl das Wellenmodell des Lichtes experimentell belegt wie auch das Photonenmodell.

Diese Weise intellektuellen Verhaltens war der klassischen Physik fremd. Sie versuchte stets, ihre Einsichten direkt aus der Realität abzuleiten; nur das galt im Falle des Erfolges als „Ergebnis", wie etwa Newtons Gravitationsgesetz. Erst durch das Prinzip des Modell-Denkens hat die moderne Naturwissenschaft ihre eindrucksvollen Erfolge erzielt. Man kann dieses Denkverhalten auch so charakterisieren, daß man im Augenblick nicht lösbare Fragen einfach stehenläßt, wie etwa die Doppelnatur des Lichtes, die keineswegs verstanden (S. 82ff.) ist, und wendet sich solchen Problemen zu, in die man eindringen kann.

Das „Standard"modell bedeutet gegenüber dem üblichen Modell-Denken, daß man in einem Standardmodell solche Einsichten zusammenfaßt, bei denen man glaubt, durchgängige Grundstrukturen erkannt zu haben, auf die einigermaßen Verlaß ist, was die Endgültigkeit der Einsichten angeht. Einsichten, die auch einen mehr oder minder lückenlosen Zusammenhang aufweisen, im Unterschied z. B. zu der offenen Frage nach der Doppelnatur des Lichtes. Freilich bleibt man sich immer noch bewußt, daß es sich um ein Modell handelt und noch nicht um ein fertiges Gedankengebäude.

Geistesgeschichtlich scheint dieses Modell-Denken zum ersten Male in der Geschichte der Naturwissenschaften, bei der Erforschung des inneren Aufbaues der Sterne angewandt worden zu sein, wenn auch nicht intellektuell so bewußt wie heute. Das geschah durch R. Emden zu Anfang dieses Jahrhunderts. In das Innere von Sternen kann man nicht hineinschauen, ähnlich, wie man nicht den Urknall vor 10^{10} Jahren direkt untersuchen kann. R. Emden konstruierte, ausdrücklich als Modelle gedacht, „Gaskugeln“, die nur der eigenen Gravitation unterworfen wurden und verglich deren Eigenschaften mit dem, was an den Sternen beobachtet wurde. Er hat damit den Grund zur heutigen Astrophysik gelegt. Durch Eddington kam dann später so etwas wie ein Standardmodell der Sterne zustande, das lange den Leitfaden für die Entwicklung der Theorie des inneren Aufbaus der Sterne darstellte. Von ihm ist allerdings heute nicht mehr viel übriggeblieben.

So hat auch die gegenwärtige Kosmologie des Werdens ein Standardmodell. Es ist von St. Weinberg (IV. 5, S. 18ff.) eingehend beschrieben, wobei allerdings heute schon bemerkt werden muß, daß, bedingt durch den rasanten Fortschritt der Elementarteilchenforschung nicht alle Einzelheiten noch den Stellenwert besitzen, den sie zur Zeit der Abfassung des Buches hatten, was aber keineswegs die Qualität und Bedeutung des Buches mindert.

Es sprengte den Rahmen dieser Darstellungen, in Einzelheiten das Standardmodell zu beschreiben, dazumal naturgemäß nicht alles von speziell philosophisch-wissenschaftstheoretischem Interesse ist. Mit einer vereinfachten Darstellung, welche die zentralen philosophischen Probleme aufzuzeigen gestattet, soll sich im folgenden begnügt werden.

b) Grundstruktur des Standardmodells der Kosmologie des Werdens

α) *Die Ausgangsbasis des Standardmodells*

Das gegenwärtige Weltall besteht aus der Materie der positiv geladenen Protonen, die Antimaterie kann mengenmäßig vernachlässigt werden; denn die Weltallmaterie besteht überwiegend aus Wasserstoff und Helium und deren Kernen, auch die Kerne aller anderen chemischen Elemente bestehen aus Materie und nicht aus Antimaterie.

Der Grundgedanke der Kosmologie des Werdens ist, an Hand der Expansion, bzw. ihrer Rückrechnung in die Vergangenheit, Zeitpunkte zu finden, wo im Zusammenspiel von Strahlungsfeld und Materie sich für die Materie bestimmte Verhältnisse ausbilden (auf Grund der irdischen Laboratoriumskenntnisse bzw. den daraus gezogenen Konsequenzen), aus denen dann der gegenwärtige Zustand des Alls verstanden werden kann.

Dabei gibt es ein grundsätzliches Problem in der Singularität des Urknalls (S. 199ff., S. 207ff.). Hier wird im Sinne eines „punktförmigen“ Universums Alles unbestimmt. Infolgedessen kann man beim Zurückdenken nicht in den sozusagen „absoluten Anfangspunkt“ zurückgehen. Mathematik und Physik spielen hier nicht mehr mit; man steht beim ἄπειρον des Anaximander (S. 9). Es wird ein Minimum an Endlichkeit, d. h. endlicher Ausdehnung, benötigt, damit Mathematik und Physik sich auswirken können.

Da die Expansion ein kontinuierlicher Vorgang ist, kann man diesen in beliebig kleinen, jedoch noch endlichen Zeitintervallen betrachten. Nur die Singularität des Anfangs ist verschlossen. Man kann also in kleinsten, endlichen Schritten sich zeitlich an den Anfang herantasten, wofern man nur diesen selbst vermeidet. Demgemäß verfährt die Kosmologie des Werdens.

Dabei entsteht noch eine bemerkenswerte wissenschaftstheoretische Situation: Generell wird der Bereich des Anorganischen von Materiedichte und Temperatur im Sinne von Strahlungsfeldern bestimmt. Daher kommen andere Größen in den Formeln (79) bis (81 a) auch nicht vor (das Volumen ist ja unmittelbar an die Dichte gebunden).

Will man also eine Aussage über stoffliches Verhalten treffen, braucht man nur für ein betrachtetes endliches Volumen Dichte und Temperatur festzulegen, und man kann weitestgehend das stoffliche Verhalten beschreiben. Dabei ist es gleichgültig, bzw. interessiert für die Aussage über das Verhalten nicht, was in anderen „Volumina" gleichzeitig vor sich geht. Es interessieren auch die Dimensionen der Wirklichkeit, endlich oder unendlich, nicht. Um das Verhalten zu beschreiben, genügt ein definiertes Volumenelement „hier und jetzt" mit den beiden anderen Angaben.

Begibt sich nun die Kosmologie des Werdens in die Nähe des Anfangs, indem sie gemäß Vorigem ein vorgefaßtes Volumen immer kleiner und kleiner werden läßt, proportional dem Kleinerwerden des Alls, braucht die Frage nach einem Gesamtvolumen des Alls nicht gestellt zu werden. Diese Überlegungen bleiben unabhängig von der Frage Endlich oder Unendlich (S. 177 ff.). So kann man sich mit einem kleiner werdenden All beliebig nahe, aber immer noch mit endlichem zeitlichen Abstand an den Anfang herantasten, ohne in die Verlegenheit zu kommen, davon Kenntnis nehmen zu müssen, daß das All in diesem Anfang „unendlich klein" ist.

Es ergibt sich die bizarre und doch völlig durchsichtige intellektuelle Situation, sozusagen in der unmittelbaren Nähe des „Unendlich-Kleinen" operieren zu können, ohne von letzterem direkt tangiert zu werden, indem wie gleich gezeigt wird, konkrete und fundierte physikalische Aussagen über die Materie möglich sind. Das ist gleichsam die Kehrseite von Anaximanders ἄπειρον.

DAS EVOLUTIVE STANDARDMODELL DES UNIVERSUMS

Schema XIV

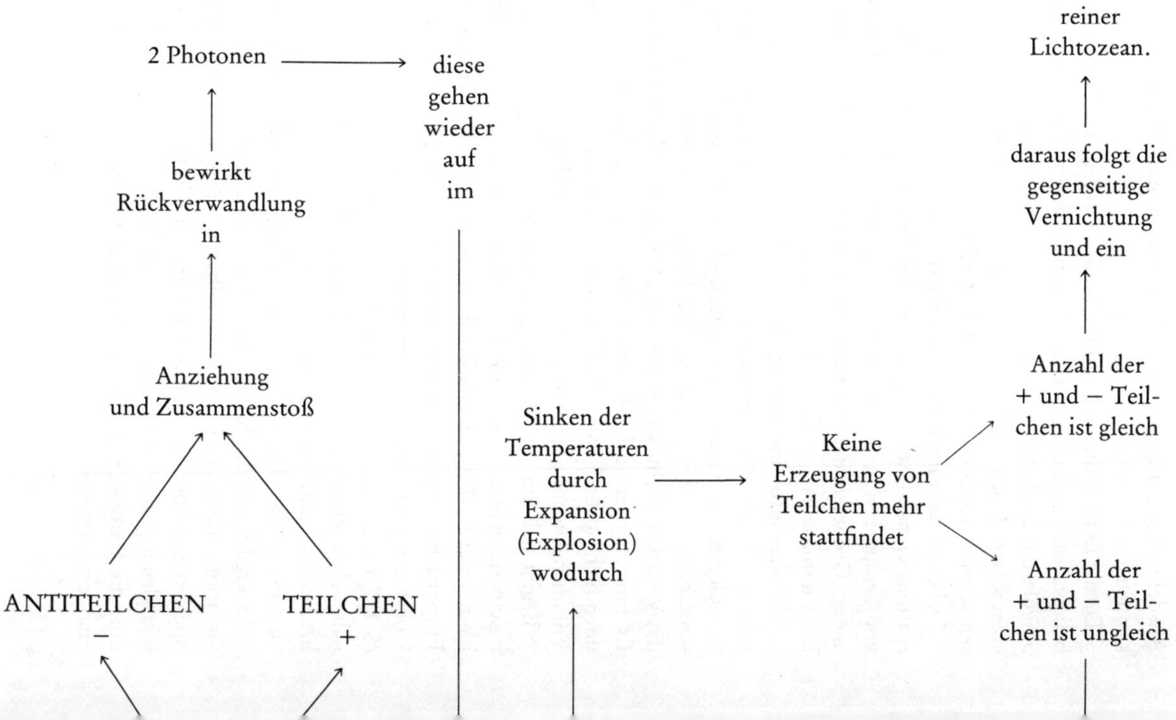

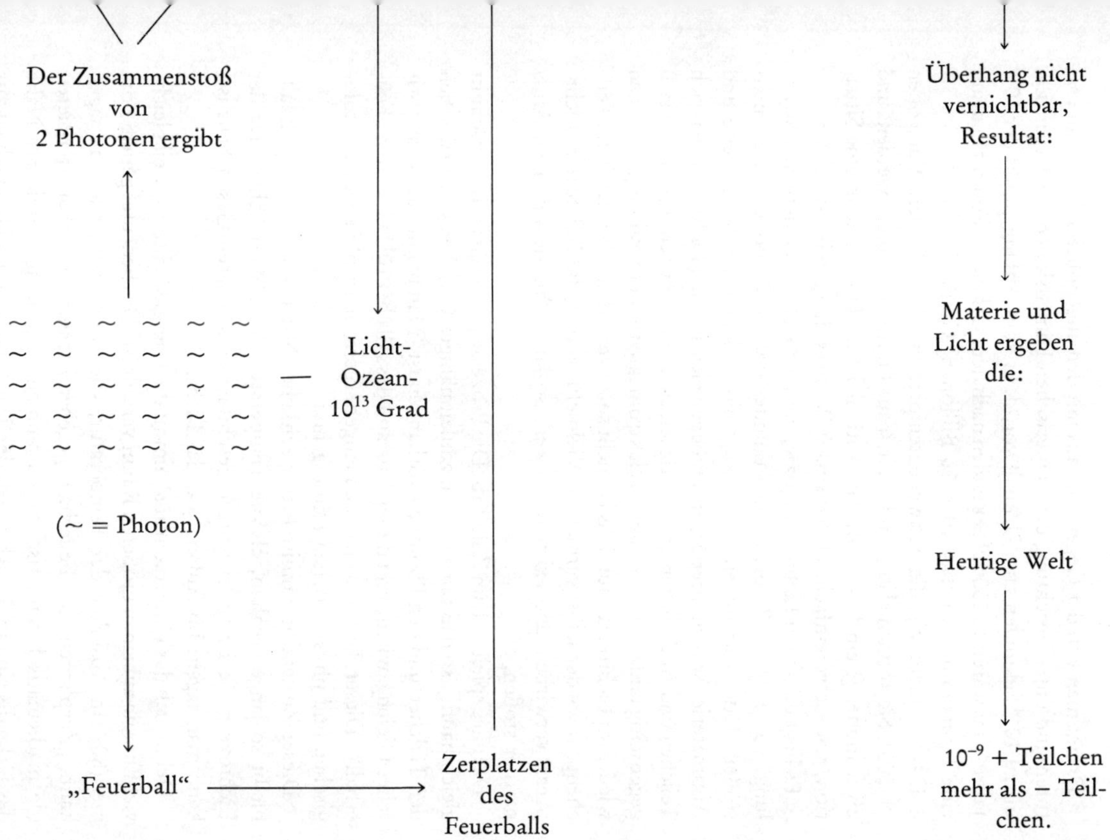
Der Zusammenstoß von 2 Photonen ergibt
Licht-Ozean- 10^{13} Grad
(~ = Photon)
„Feuerball“
Zerplatzen des Feuerballs
Überhang nicht vernichtbar, Resultat:
Materie und Licht ergeben die:
Heutige Welt
10^{-9} + Teilchen mehr als – Teilchen.

β) *Der Aufbau des Standardmodells*

Dringt man von der Gegenwart aus mit den augenblicklichen Temperaturen und unter Beachtung der numerischen Dimensionen der Expansion bis zu 10^{-4} Sekunden zum Urknall vor, d. h. zum Anfangspunkt der 10^{10} Jahre – das wären 10000stel Sekunden nach dem Urknall –, kommt man auf eine Temperatur von etwa 10^{13} (10 Billionen) Grad.

Das ist mehr als die Schwellentemperatur (S. 310) der Nukleonen (S. 305). Sie können also grundsätzlich aus Photonen erzeugt werden, und zwar immer je ein Paar Teilchen–Antiteilchen. Man hat dann eine Situation, wie sie vereinfacht im Schema XIV links dargestellt ist.

Es liegt damit ein Lichtozean (bzw. ein Feld elektromagnetischer Strahlung) von 10^{13} Grad vor, in dem ununterbrochen Photonen zusammenstoßen. Jeder Zusammenstoß erzeugt ein Teilchenpaar aus Materie und Antimaterie. Wegen ihrer gegensätzlichen elektrischen Ladung ziehen sich Teilchen und Antiteilchen gegenseitig an, stoßen zusammen, vernichten sich gegenseitig und werden wieder zu elektromagnetischer Strahlung; sie gehen wieder im Lichtozean auf. Das ist nicht so zu verstehen, daß sich jedes Teilchenpaar wieder selbst vernichtet. Vielmehr werden die Teilchen im Lichtozean verwirbelt und existieren jeweils so lange, bis sie auf einen Antipartner stoßen.

Das alles spielt sich im Zufall ab. Die Prozesse passieren im Durchschnitt gleich häufig, so daß zunächst ein zahlenmäßiges Gleichgewicht zwischen den Teilchen und den Photonen vorhanden ist. Man nennt das ein statistisches Gleichgewicht, und diesen Zustand des Alls bei 10^{13} Grad den „Feuerball". Dieser Terminus hat sich eingebürgert; er ist ohne jeden ontologischen und physikalischen Hintergrund.

Dieser Zustand in unmittelbarer zeitlicher Nachbarschaft des Urknalls bleibt so lange erhalten, als die Temperatur ihren Wert behält. Da der Lichtozean die Basis des ganzen geschilderten atomaren Geschehens ist, kann man sagen: Im Anfang war das Licht.

Dehnt sich das Universum aus, nimmt die Energiedichte ab, weil gleichviel Energie auf einen größeren Raum verteilt ist. Das bedeutet gemäß Formel (80) ein Absinken der Temperatur, wie es mit dem, wie man sagen kann, „Zerplatzen" des Feuerballs gegeben ist; und zwar charakterisieren die mathematisch-numerischen Zusammenhänge in unmittelbarer Nähe des Urknalls ein rapides Absinken der Temperaturen, im Unterschied zur Gegenwart.

Sobald die Temperatur unter die Schwellentemperatur für die Erzeugung der in Rede stehenden Elementarteilchen gesunken ist, wird der links in Schema XIV veranschaulichte statistische Kreisprozeß jäh unterbrochen:

Der Lichtozean kann keine Elementarteilchen mehr nachliefern. Die bisher erzeugten Teilchen befinden sich aber auch noch nach dem Zeitpunkt des Absinkens im Lichtozean und sind sozusagen damit beschäftigt, sich gegenseitig zu vernichten; denn dieser Prozeß ist unabhängig von der Erzeugung oder Nichterzeugung neuer Teilchenpaare; er folgt allein dem Gesetz, daß sich ungleich elektrisch geladene Teilchen anziehen, wobei die Begegnungen zufällig sind.

Von dem links in Schema XIV dargestellten Kreislauf bleibt also nur die eine Hälfte übrig, die Wiederverwandlung der Elementarteilchen in Licht. Hierbei spielt aber jetzt der Zufall eine besondere Rolle. Der Lichtozean enthält je die erzeugten Teilchen und Antiteilchen, prinzipiell in gleicher Anzahl, so daß jedes Teilchen einmal einen Partner finden kann. Das gilt aber nur so lange, als der Kreislauf intakt bleibt.

Sobald das nicht mehr der Fall ist, gibt es zwei Möglichkeiten (rechts Schema XIV): Es kann sein, daß im Augenblick der Unterschreitung des Schwellenwertes für die Teilchenerzeugung genau gleich viele Teilchen und Antiteilchen vorhanden sind. Diese können sich dann durch ihre zufälligen Zusammenstöße im Laufe der Zeit gegenseitig vernichten, sie werden zu Licht, und es bleibt ein reiner Lichtozean übrig (rechts oben Schema XIV).

Nun ist aber, statistisch gesehen, eine solche Situation der exakten numerischen Gleichverteilung von Teilchen und Antiteilchen für einen je bestimmten Zeitpunkt sehr unwahrscheinlich. Für einen längeren Zeitraum ist dieser Zustand im Durchschnitt realisiert. Aber für einzelne konkrete Zeitpunkte – also auch für den Moment des Erreichens des Schwellenwertes – werden, wenn jeweils auch nur wenig, bald die Teilchen und bald die Antiteilchen etwas überwiegen. D. h., das Gemisch weicht für jeden Augenblick von dem exakten Verhältnis 1:1 ab. Der Grund ist der erwähnte Umstand, daß Teilchen und Antiteilchen im Lichtozean verwirbelt sind; und jedes Teilchen findet nicht sofort hier und jetzt seinen Partner. Darüber hinaus gehen die Zusammenstöße der Photonen, welche die Teilchenpaare gebären, zufällig vor sich. Diese Stoßprozesse im Lichtozean einerseits und die Rekombinationsvorgänge, die zwei Teilchen wieder zu Licht werden lassen andererseits sind keineswegs koordiniert, sondern verlaufen unabhängig voneinander. Das bewirkt unvermeidbar statistisch-zufällige Schwankungen um das exakte Verhältnis von 1:1 im Zusammen der Teilchen und Antiteilchen.

Sinkt nun die Expansion der Temperatur unter den Schwellenwert, dann werden plötzlich keine Teilchen mehr nachgeliefert, und es bleibt bei dem in diesem Augenblick gerade bestehenden Häufigkeitsverhältnis von Teilchen und Antiteilchen, daß dann eben im Zufall nicht mehr 1:1 ist.

Tritt dieser Fall ein, dann verläuft die Entwicklung des Alls gemäß der

Linie rechts unten in Schema XIV. Die Rekombinationsvorgänge laufen weiterhin unabhängig von dem Sinken der Temperatur ab. Teilchen und Antiteilchen finden ihren Partner, aber der Überhang von Teilchen bzw. Antiteilchen kann keinen Partner finden: Es bleiben Strahlung (Licht) und Stoff übrig. (Schema XIV, rechts unten.)

Die Weltallmaterie besteht zum größten Teil aus Nukleonen, 70% sind Wasserstoff (Protonen). Für sie ist zur Erzeugung eine Schwellentemperatur von 10^{13} Grad erforderlich. Sie müssen sich also sehr bald (10^{-4} Sekunden) nach dem Urknall gebildet haben, und zwar so, daß im Augenblick des Unterschreitens der Schwellentemperatur ein Überhang der positiven Teilchen zu den negativen Teilchen von 1000000000 Teilchen/Antiteilchen existiert haben muß; denn die positiven Teilchen bilden heute in Form der Protonen (Wasserstoffkerne) den überwiegenden Teil der Weltallmaterie, und auf diese Weise kommt in diesem Bild des Standardmodells die Zahl 10^{-9} zustande (S. 306), welche heute noch festgestellt werden kann.

Auf diese Weise hätte man eine fundierte Aussage darüber gewonnen, warum es überhaupt Stoff und Licht gibt, und zwar in dem numerischen Verhältnis, wie es durch 10^{-9} dargestellt wird. Das gelang bisher noch keiner Kosmologie.

Diese heute das All in seinem Gegenüber von Stoff und Strahlung bestimmende Zahl von 10^{-9} ist das numerische Resultat einer Zufallsschwankung im Kreisprozeß zwischen Lichtozean und Materieteilchen, eines zufälligen Übertragens von 1000000000. Das All heute entpuppt sich als das Resultat eines beinahe erschreckend zu nennenden Zufalls.

Den in Schema XIV gezeichneten Zustand des Alls in der unmittelbaren zeitlichen Nähe des Urknalls bezeichnet man auch als die Hadronenära. Unter Hadronen versteht man solche Teilchen, die in sogenannter starker Wechselwirkung miteinander stehen, d. h. die sich besonders eng und stark aneinander binden können. So fallen insbesondere Neutronen und Protonen darunter, aus denen ja die Atomkerne aufgebaut sind. Daß diese so in den Atomkernen zusammenhalten, ist ihre starke Wechselwirkung. Wie dargestellt, bilden sich die Hadronen innerhalb 10^{-4} Sekunden.

Auf die Hadronen folgt die sogenannte Leptonen-Ära, die bis zu eine Sekunde nach dem Urknall reicht. Unter Leptonen (vom Griechischen λεπτός) versteht man leichte Teilchen wie etwa Elektronen und Positronen, auch die Neutrinos, Elementarteilchen sehr geringer Masse, von denen die Elektronen die Hüllen der Atome bilden. Ihre Schwellentemperatur liegt bei 10^{10} Kelvin. Die Energie der Photonen reicht in dieser Zeit aus, um Elektronen-Positronen-Paare zu bilden.

An die Leptonen-Ära schließt sich die häufig Strahlen-Ära genannte Phase an, die bis zu 1 Million Jahre nach dem Urknall reicht. Die Temperaturen sinken in die Größenordnung der Millionen Grad. Diese Temperaturangabe ist für die Aussagekraft des Standard-Modells von besonderer Bedeutung.

Die Entstehung der Elemente aus Wasserstoff (Protonen) ist durch Experiment und Theorie (Wellenmechanik) mit Sicherheit bekannt. Es kann in diesem Rahmen darauf nicht eingegangen werden (s. z. B. II. 10; S. 260). In der Strahlen-Ära sind die Temperaturen und die Stoffdichte so beschaffen, daß sich Wasserstoff in Helium verwandeln kann. Die Menge des erzeugten Heliums (natürlich nur Kerne) hängt wesentlich von der Stoffdichte ab. Es ergibt sich das Erstaunliche, daß unter den aus dem Expansionsbild errechneten Dichten und Temperaturen der heutigen Hintergrundstrahlung etwa 27% des Wasserstoffs sich in Helium verwandelt hat. Das ist aber gerade der heutige Anteil des Heliums an der Weltallmaterie, die sich etwa so zusammensetzt:

(83) Wasserstoff 70%, Helium 27%, alle übrigen Elemente 3%.

Man weiß heute mit Sicherheit, daß alle Elemente außer Wasserstoff und einem Teil des Heliums in den Sternen entstehen. Die Prozesse sind im Rahmen einer Sternentwicklung weitestgehend bekannt (z. B. II. 10, S. 264ff.). Daß die Erde so ganz anders zusammengesetzt ist, hängt mit der Entstehungsgeschichte des Planetensystems zusammen. Darüber kann hier nicht gehandelt werden (z. B. II. 10, S. 380ff.). Helium entsteht auch gegenwärtig in den Sternen, was aber mit dem Verhältnis (83) nicht direkt etwas zu tun hat.

Die strahlungsdominante Ära gliedert sich also in die Hadronen-, Leptonen- und Strahlenära. Von da ab ist das All von der Materie (und nicht von der Strahlung) beherrscht. Es können sich Atome mit Elektronenhüllen bilden, schließlich Sterne und Milchstraßensystem, alles im Ablauf der Expansion bis heute.

Das ist in vereinfachter Darstellung das Standardmodell der Kosmologie des Werdens, so wie es sich heute repräsentiert. Für weitere Einzelheiten sei auf (IV. 5) verwiesen. Was auch immer das Schicksal des Standardmodells sein mag, im Augenblick liefert es fundierte Aussagen darüber, warum es Licht und Materie gibt, warum das heutige Verhältnis von Stoff zu Licht 10^{-9} beträgt, warum die Weltallmaterie sich vorzugsweise aus Wasserstoff und Helium zusammensetzt, und daß bereits in unmittelbarer zeitlicher Nähe zum Urknall die gegenwärtigen Strukturen des Alls festgelegt wurden.

3. *Philosophisch-wissenschaftstheoretische Aspekte der Kosmologie des Werdens*

a) Die Singularität des Anfanges

Vergleicht man die Kosmologie des Werdens mit den anderen kosmologischen Modellen, so kann über die Radikalität dieses Neuen in der Geschichte der Kosmologie, ausgelöst durch eine Zufallsentdeckung (S. 211), kein Zweifel herrschen.

Sieht man das abendländische Denken einschließlich der Naturwissenschaften als Ganzes, so zeigen sich in bezug auf das hier in Rede Stehende drei herausragende Ereignisse: Die Gestalt Heraklits, der die Welt als Werden interpretierte (S. 10ff.), den Einbruch Hegelscher Gedanken (S. 39ff.) und die Entstehung der Kosmologie des Werdens, nachdem hier für den Bereich des Organischen Darwin vorangegangen war (S. 181ff.); man könnte vielleicht meinen, daß damit einer irgendwie gearteten Vereinheitlichung der Denkbemühungen der Weg vorgezeichnet werde.

Jedoch schon Heraklit hat die Frage nach dem Woher des Werdens umgangen. Für ihn ist Werden einfach da, das innere Konstituens der Wirklichkeit (S. 10). Hegel setzt an den Anfang seines dialektischen Weltprozesses den absoluten Geist, etwa nach dem Prinzip des 14. Psalms: „Der Tor sagt in seinem Herzen: Es gibt keinen Gott."

Und was tut hier die Kosmologie des Werdens? Auch sie meidet, wie Heraklit, den Anfang! Sie meidet ihn in vollem intellektuellen Bewußtsein. Sie ist dazu gezwungen, denn die Mathematik, ihre Sprache, hilft ihr in diesem Bereich nicht weiter. Andererseits sind dadurch gerade wieder die Möglichkeiten gegeben zu sagen, wie nahe man „zeitlich an das Ureignis" herangehen kann, denn für die Mathematik ist alles immer noch endlich, mag es noch so groß oder noch so klein sein, solange es eben nicht „unendlich", d. h. „unbestimmt", ist.

Hieran sieht man die Besonderheit eines mit der Wirklichkeit in der Sprache der Mathematik (S. 144) geführten Gespräches. Auch dieses muß den Anfang als singuläres Ereignis oder besser Faktum stehenlassen, aber es kann über das Quantitativ-Numerische eine Grenze angeben, wieweit es sich der Singularität des Anfangs nähern kann – oder vielleicht sogar nur will.

Es realisiert sich hier an einer konkreten physikalischen Aussage, was in der Mathematik bei Folgen und Reihen (S. 178ff., Formeln (1)–(3)) in bezug auf deren Grenzwert geschieht: Letzterer ist nicht erreichbar, gehört auch vom Zahlentypus her der Reihe oder Folge nicht an. Genau das praktiziert der Gedankengang des Standardmodells; der Grenzwert, die Singularität, bleibt verschlossen, aber in deren unmittelbarer Nähe kann man sich bewegen und Aussagen machen. Bei der Reihe und Folge ist das auch so: Die einzelnen Glieder, etwa a_n, a_{n+1} in (2), kann man in beliebiger Nähe des Grenzwertes, auf Grund des Bildungsgesetzes der Folge bzw. Reihe angeben. Die zweifelsohne überragende Bedeutung der Hintergrundstrahlung für die ganze Naturwissenschaft korrespondiert hier mit einem intellektuellen Umgang mit Grenzwerten bzw. dem Unendlichen, wie er bisher noch nicht praktiziert wurde bzw. noch nicht werden konnte.

Die Zeit repräsentiert eine Zahlenfolge, deren Grenzwert im Falle des Urknalls, wo mathematisch-physikalisch alles unbestimmt wird, ihr Anfangspunkt ist. Hier steht aber das Unbestimmte an sich: Zeit von etwas Unbestimmtem gibt es nicht, infolgedessen hört auch die Zeitzählung hier auf. Der „Nullpunkt" der Zeitskala, die sich an der Expansion und deren Beginn orientiert, kann nicht erreicht werden; die Zeit selbst ist hier unbestimmt.

Das ist nicht so zu verstehen, als wenn beim Urknall die Zeit aufgehoben wäre. Vielmehr kann über das, was da „Urknall" heißt, keine Zeitangabe gemacht werden; ob da ein „Etwas" war, an dem der Urknall sich „ereignete" oder ein „Ursprung" in des Wortes eigentlichster Bedeutung, ein totales „absolut Neues", kann nicht gesagt werden. Hier ist das völlige Nichtverstanden (S. 82ff.), und ob das einmal anders sein wird, kann nicht gesagt werden.

b) Werden als Welterklärung

Wer die Wirklichkeit durch Werden erklären will, steht unvermeidlich vor dem Problem des Anfanges dieses Werdens. Ist es gelungen, die Wirklichkeit auf einen Anfang zurückzuführen, so ist nur dann eine Welterklärung geleistet, wenn dieser Anfang denknotwendig ist. Ist das nicht der Fall, kann der Anfang nicht als denknotwendig in allen seinen Bezügen erwiesen werden, so daß nichts mehr zu fragen ist, wie in der reinen Mathematik nach einem Beweisverfahren, ist eine Welterklärung noch nicht geleistet.

Aus Werden bzw. aus einer Evolution allein läßt sich die Wirklichkeit nicht erklären; es muß auch ihre Ausgangsbasis vollständig verstanden, an diese keine Fragen mehr zu stellen sein. Wie wenig dergleichen beim Urknall der Fall ist, braucht nach Vorstehendem nicht noch einmal gesagt zu werden. Die Probleme, die offenen Fragen, das Nicht-Verstandene (S. 82ff.) türmen sich in kaum noch übersehbarer Weise; und was es heißt, wie Anaximander es tat, ein ἄπειρον an den Anfang der Welt zu setzen (S. 9), zeigt sich in ihrer ganzen Tragweite bei der Kosmologie des Werdens mit ihrem Feuerball, der „explodiert".

Die Aussageinhalte sind verschieden, die Denkstrukturen die gleichen: Ein Nicht-Verstandenes, das Unbestimmte bei Anaxogoras, der Lichtozean bei der Kosmologie des Werdens – man kennt jeweils die Herkunft nicht. Sollten pulsierende Modelle realisiert sein (Abb. 8) und der Feuerball sich periodisch, nach dem Prinzip der immerwährenden Wiederkehr in den fernöstlichen Kulturen, wiederholen, bleibt die grundsätzliche Frage, worin denn diese immerwährende Wiederkehr begründet ist, d. h. das Problem der unendlichen Zeit im Unterschied zu Ewigkeit (S. 202ff.).

Anaximander ließ die Welt durch den (nicht näher erklärten) Übergang vom Unbestimmten zum Bestimmten entstehen, indem letzteres sich aus ersterem in einem Werdeprozeß herausdifferenzierte, d. h. Unbestimmtes bestimmt wurde.

Im Lichtozean des Feuerballes entstehen aus den Photonen Nukleonen als typische Differenzierungsprozesse, aber sie stehen im Nicht-Verstandenen von $E = m \cdot c^2$, analog zur Situation des Anaximander. Ein Unterschied besteht jedoch darin (Schema XIV), daß der Lichtozean aus Photonen bestehen soll, er wäre also bereits differenziert.

Das Problem des Photons ist, auch wenn kein Zweifel an seiner Realität besteht, bezüglich seiner Individualität im Vergleich etwa zu einem Proton (Wasserstoffkern), weit davon entfernt, verstanden zu sein. Eine Menge Wasser „besteht aus Tropfen" – das ist der beste Vergleich, und es bleibt Ansichtssache, wieweit es sich hier wie auch beim Lichtozean um eine Differenzierung im ontologischen Sinne handelt. In dieser jetzt nicht zu diskutierenden Zwielichtigkeit steckt das Bild vom Wasser, das aus „Tropfen" besteht, wie auch dasjenige vom Lichtozean vor 10^{10} Jahren, der aus „Photonen besteht". Diese Zwielichtigkeit muß stehengelassen werden; sie ist letzten Endes eine Folge des Modell-Denkens in der modernen Naturwissenschaft (S. 310ff.). So kann man, bis zu einem gewissen Grade wenigstens, auch den Lichtozean als nicht differenziert ansehen, und ist damit nicht weit von Anaximander mit seiner Vorstellung vom Undifferenzierten entfernt.

Wenn auch der Feuerball prinzipiell nicht einfach undifferenziert ist, so entsteht doch aus ihm das All durch eine Differenzierung, wie es schon Anaximander wollte; denn im Prinzip (Schema XIV) fügt sich die aus dem Feuerball entstandene Materie durch Zusammenballen, d. h. jeweils durch Absondern von anderem Stoff, zu den gegenwärtigen Gebilden des Alls zusammen. Ohne das Erklärungsprinzip der Differenzierung wäre die Kosmologie des Werdens heute nicht möglich. So nahe steht das Denken der Alten der Gegenwart, trotz aller Unterschiede in technischen und denkerischen Möglichkeiten.

Die Kosmologie des Werdens zeigt noch einen weiteren neuen Aspekt, der so bisher noch nicht in Erscheinung getreten sein dürfte: Sie wäre nämlich, wie aus Vorstehendem sofort hervorgeht, nicht möglich, wenn nicht der Atombegriff auf den Lichtozean angewandt werden könnte; das natürlich nicht in dem Sinne wie bei den stofflichen Elementen, sondern in dem Photonenmodell des Lichtes. Die Photonen sind „Lichtatome", nicht im Sinne der stofflichen Atome, aber wohl in der Idee des Letzten, nicht mehr teilbaren, wie Demokrit (S. 13ff.) den Begriff formuliert hat. Photon und Atom sind in der modernen Physik hinsichtlich der Begriffsinhalte etwas völlig Verschiedenes, aber die Denkstruktur ist dieselbe, sie bezeichnet das Letzte nicht mehr Teilbare.

Versteht man Atom im Sinne von „Letztem nicht mehr Teilbarem", ohne bezug auf dasjenige, was nicht mehr teilbar sein soll, und sollte das Standardmodell der Kosmologie des Werdens eine gewisse Endgültigkeit darstellen (wofür gute Gründe sprechen), dann stände man philosophisch-wissenschaftstheoretisch vor dem Faktum, daß die Wirklichkeit nur atomistisch zu verstehen ist, daß andere Denkwege nicht mehr gangbar sind. In einem fast einmaligen Glanze erschiene dann des Demokrit Konzeption, daß die Realität sich nicht beliebig weit teilen läßt, und vielleicht hat Cicero, der große Staatsphilosoph des vorchristlichen römischen Kulturkreises davon etwas geahnt, wenn er die Schönheit von Demokrits Sprache rühmte und sie mit derjenigen Platons (S. 15ff.), des großen Gegenspielers aller dieser Gedanken bis hin zum Neukantianismus der Jahrhundertwende, vergleicht (S. 44ff.).

Bezeichnet man als Atomistik die These, daß sich die Wirklichkeit nicht beliebig weit teilen läßt, so ist damit von dem Definitionsprinzip der theologia negativa (S. 58ff.) Gebrauch gemacht, indem gesagt wird, was nicht ist; und zwar wird ausgedrückt, welche Verhaltensweise der Wirklichkeit gegenüber nicht möglich ist, nämlich daß man sie nicht beliebig zerkleinern kann. Zwar ist diese Formulierung bereits im griechischen Stammworte τέμνειν (= schneiden) mit dem dies verneinenden „α-privativum" enthalten. Aber Demokrit wollte primär – und mit Recht – das nichtteilbare „Teilchen" ansprechen und nicht so sehr eine Verhaltensweise.

Das geschah erst in der Monadenlehre von Leibniz (S. 33ff.), ohne dessen Erfindung der Differential- und Integralrechnung (unabhängig von Newton) die heutige Kosmologie nicht möglich wäre. Seine Monadenlehre ist der Denkstruktur nach für den Lichtozean (Schema XIV) charakteristischer als Demokrits ursprüngliche Konzeption.

Die Monaden (S. 34ff.) konstituieren durch ihr gegenseitiges Verhalten die Wirklichkeit, und sind durch die „prästabilierte Harmonie" so aufeinander angelegt, daß die Welt nicht in Unordnung kommt.

Genau das läßt sich den Photonen im Lichtozean zugrunde legen: Sie verhalten sich so zueinander, daß sie vergehen und Teilchen und Antiteilchen erzeugen; das wird im Laboratorium beobachtet, aber nicht verstanden. Wenn früher gesagt wurde (S. 34), daß Leibniz die Welt als einen Verhaltenszusammenhang und nicht als Wirkzusammenhang interpretiert, so findet sich diese Denkstruktur im (noch im Gleichgewicht befindlichen) Lichtozean links in Schema XIV wieder. Auch Teilchen und Antiteilchen verhalten sich im Anziehen zueinander so, daß wieder ein Photonenpaar entsteht.

Und wenn Leibniz weiterhin den Monaden die Eigenschaft zuschreibt, nicht durch Zusammensetzung bzw. Auseinanderfallen zu entstehen oder zu vergehen, sondern jeweils „auf einen Schlag", wie es wörtlich heißt, so sind das exakt die Vorgänge im Feuerball bei 10^{13} Grad.

Selbstverständlich ist es für die legitime Sprache der Mathematik innerhalb der Kosmologie des Werdens gleichgültig, ob man den Akzent auf „Wirken" oder „Verhalten" legt. Das sind qualitative Unterschiede, welche die Kosmologie des Werdens als reine Maß-Wissenschaft sowieso nicht greifen kann. Aber ontologisch, den Seinsbezügen nach, sind es Unterschiede, und die Atomistik von Leibniz in Form seiner Monadenlehre ist viel subtiler und flexibler als die starre Stoff-Atomistik des Demokrit, was darzulegen die Thematik dieses Buches aber überschreiten würde. Jedenfalls hätte die östliche Ideologie wesentlich weniger Schwierigkeiten mit sich selbst, wenn sie sich entschließen könnte, Demokrits Atome durch Leibniz' Monaden zu ersetzen.

Dieser Umstand ist unabhängig davon, daß die Dialektik, entfaltet in ersten Anklängen von Empedokles (S. 12), zur Geschichtsmächtigkeit erhoben durch Hegel und Marx, das Bild des Feuerballes beherrscht. Materie–Antimaterie, die Dualität des Photonenpaares, ohne welche dieses Bild nicht konstruierbar wäre, sind typische dialektisch-ontologische Bezüge; und alte Gedanken des Abendlandes repräsentieren sich auch hier wieder.

So sicher diese in der Kosmologie des Werdens reale Bezüge der Wirklichkeit zeichnen, ist damit doch, wie so oft durch solche qualitativen Aussagen über die Natur mehr verhüllt als ausgesagt. Warum es überhaupt die Dialektik gibt, warum positive und negative Elektrizität zur Charakterisierung von Materie und Antimaterie, kann nicht beantwortet werden, ebensowenig die ontologische Bedeutung von $E = m \cdot c^2$.

Nicht nur die Dialektik charakterisiert den Feuerball, auch das auf Aristoteles–Thomas zurückgehende Begriffspaar von Stoff und Form greift hier (S. 22). Es widerspricht dem dialektischen Prinzip nicht. Stoff an sich ist eine Art ἄπειρον, wie Anaximander wollte; und durch ein postuliertes Formprinzip gibt es erst zusammen mit dem Stoff eine reale stoffliche Existenz, einen individuellen Körper etwa. (Für philosophische Einzelheiten sei z. B. verwiesen auf 1. Teil, I. 8, S. 476ff.) Der Stoff-Form Gedanke ist neben der Dialektik vielleicht die tiefgründigste Idee, die das abendländische Denken aus sich entlassen hat.

Der Lichtozean ist nicht geformt, er ist ontologisch amorph. Die Photonen sind potentielle Individuen wie die Tropfen im Wasser (siehe oben), d. h., sie treten erst in bestimmten Prozessen auf; und aus den Photonen werden die individuellen Teilchenpaare, die dann bei einem plötzlichen Temperatursturz (Schema XIV) erhalten bleiben. Aus ihnen bilden sich durch weitere Formprinzipien, zum Teil mathematisch beschreibbar, höhere Kerne, zunächst Helium, womit dann die Grundstruktur der Weltallmaterie gegeben ist (S. 319).

Im Hinblick auf den Charakter einer Einführung wird sich mit vorstehender kurzer Darstellung bezüglich Dialektik und Stoff-Form begnügt. Die philosophischen Problemkreise sind, unabhängig von der Kosmologie, sehr vielfältig. Verwiesen sei, auch für eine allgemeine Orientierung, auf IV. 2.

c) Der von Seeligersche Satz und die Kosmologie des Werdens

Die gesamte mathematische Kosmologie von der Grundlegung an bis einschließlich der Steady-State-Theorie stand unter dem Aspekt des von Seeligerschen Satzes (S. 48), wonach Gesetz, Raumstruktur und Stoffverteilung nicht unabhängig voneinander sind; und die Beachtung dieses Umstandes läßt wissenschaftstheoretisch jene Kosmologie besonders gut verstehen und unter einem einheitlichen ontologischen Gesichtspunkt zusammenfassen.

In der Kosmologie des Werdens begegnet dieser Satz nicht. Der Grund ist, daß hier von vornherein nur „Wirkungen an Etwas" betrachtet werden. „Wo" dieses Etwas sich befindet, steht nicht in Rede. Die Hintergrundstrahlung war entdeckt, zu ihrer Beschreibung braucht man keine Geometrie, wie etwa für eine Beschreibung des Michelsonschen Versuches (S. 60ff.), auch nicht zur Rückrechnung der Hintergrundstrahlung auf den Feuerball hin. Hier werden nur die Größen von Raumvolumina miteinander verglichen, unabhängig von deren Geometrie.

Die Kosmologie des Werdens betrachtet ausschließlich das Werden selbst; die Bühne, auf welcher sich das abspielt, ist nicht im Blickfeld. Dabei wird angenommen, daß dieses Werden sich überall gleichmäßig vollzieht (Übertragungsprinzip S. 176ff.). Ganz besonders eindrucksvoll zeigt sich dies bei dem mathematischen Herantasten an den Urknall (S. 313). Nur um die Zahlenverhältnisse innerhalb des physikalischen Geschehens handelt es sich; was dies Geschehen trägt, steht nicht in Rede. Selbstverständlich ist das All, der Raum, der Träger des Geschehens, nur ist er mit seiner Struktur in letzteres nicht einbezogen.

In der übrigen Kosmologie ist der Raum immer ein Bestandteil der Weltmodelle und mit deren innerer Struktur unlösbar verbunden. Es wurde bereits (S. 300ff.) auf die Unterscheidung von Entwicklung, Evolution oder auch Werden einerseits und Veränderung andererseits hingewiesen. Man sollte, das zeigt sich mit Vorstehendem deutlich, die Rotverschiebung, gedeutet als Expansion, als eine kontinuierliche Entwicklung des Alls ansprechen, denn sie ist von vornherein als eine Struktur im Universum angelegt. Sie ist einfach Veränderung. Es kommt durch sie nichts Neues in das All.

Bezüglich der Rotverschiebung ist immer wieder auf die Problematik ihrer Interpretation hingewiesen worden, nicht um das Expansionsbild zu verunsichern, wohl aber in der Absicht, auf die bestehenden Fragen hinzuweisen. Indirekt kann man in der Kosmologie des Werdens eine weitere Bestätigung des Expansionsbildes sehen; denn ohne dieses wäre ja die Kosmologie des Werdens nicht mit der Fülle ihrer Aussagen möglich, welche ihresgleichen im Rahmen der Kosmologiegeschichte nur in den Erfolgen der Grundlegung findet (Schema II und VII).

Die Frage zu stellen, ob der Kosmologie der Homogenität oder derjenigen des Werdens die Zukunft gehört, ist müßig. Man könnte sie genauso in bezug auf irgendwelche philosophischen Systeme stellen. Die beiden kosmologischen Denkwege sind „anders" und nicht unbedingt „gegensätzlich"; wie einmal die Zukunft aussehen wird, kann nicht gesagt werden, besonders deshalb nicht, weil die Elementarteilchenphysik sich im Augenblick in einer unübersehbaren Entwicklung befindet. Auch sei noch einmal an das Zitat von Leibniz (S. 35) bezüglich der Kontroversen der philosophischen Systeme erinnert. Hier in der Kosmologie ist es so, daß die bisher entwickelten Denkwege sich gegenseitig gar nicht „abzulehnen" brauchen.

Konfrontiert sich der Intellekt mit dem Ganzen der Wirklichkeit, steht er unvermeidbar vor dem Faktum ihrer Vielfalt im Unterschied zum legitimen Spezialistentum, zur speziellen Frage an den speziellen Gegenstand, wie sie in der nachgalileiischen Zeit die astronomische Forschung bestimmte (S. 47).

Ersteres ist die geistesgeschichtliche Situation der Kosmologie heute. Hier ist eben sehr erfolgreich das Modell-Denken (S. 291ff.), das sich in der modernen Naturwissenschaft immer mehr ausbreitet, je umfassender die Fragestellungen werden (IV. 5, S. 60ff.), z. B. gerade auch in der Elementarteilchen-Physik. Im Gegensatz zur Kosmologie der Homogenität gibt es in derjenigen des Werdens nicht eine solche Vielfalt der Modelle, wodurch sie viel einheitlicher erscheint.

Nicht so sehr in die Kosmologie des Werdens von der Grenzsituation des Alls in bezug auf Stoff- und Energiedichte betroffen (S. 192ff.). Es ist, wie gezeigt wurde, gerade ihre Eigentümlichkeit, diese in ihrer numerischen Kleinheit (etwa die Zahl 10^{-9}) zu erfassen, während die Kosmologie der Homogenität hier freies Spiel mit mathematischen Näherungen bei dem Einsatz ihrer Formeln treibt, um zu eindrucksvollen Resultaten zu gelangen (Schema II und VII). Die Wirklichkeit honoriert also in Form von Erkenntniserfolgen beide Verhaltensweisen.

So könnte sich auch vielleicht einmal die Möglichkeit ergeben, die Verschiedenheit von Werden und Homogenität – denn dieser unaufhebbare Unterschied ist letzten Endes der ontologische Grund für die Verschiedenheit der Kosmologien – zwar nicht zu überwinden, wohl aber zu mildern. Die Ansätze der projektiven Relativitätstheorie und die Weylsche Geometrie (Schema XI) könnten dabei behilflich sein. Aus der Welt schaffen kann man die Diskrepanz, falls man das so scharf akzentuieren will, nicht: Beide Denkwege müssen vor dem Unendlichen bzw. vor dem Anfang kapitulieren wie schließlich die Philosophie auch, die hier auch eher verhüllen als Aussagen machen kann.

d) Scientia Viator – Homo Viator

Immer wieder zeigen sich Ähnlichkeiten und Analogien zwischen Philosophie und Kosmologie. Die Naturwissenschaft ist eine „Ereignisreihe", wie H. Heimsoeth es formuliert hat (S. 29), auf welche die Philosophie „immer bezogen bleibt", wenngleich sie selbst keine Naturwissenschaft ist. Das hat sich in jeder Beziehung in Vorstehendem trotz seines fragmentarischen Charakters als einer Einführung immer wieder bestätigt; und oft könnte man umgekehrt fragen, ob nicht die Naturwissenschaft die Ereignisreihe ist, welche auf die Philosophie bezogen bleibt. Daß sich dies gerade in der mathematischen Kosmologie heute so zeigt, hängt mit dem „Ganzen" zusammen, wonach hier jeweils gefragt wird.

Daß die Philosophie immer auf dem Wege, Philosophia Viator, ist, wird niemand bezweifeln, ob er von ihr etwas hält oder nicht. Aber daß die Kosmologie analog auch auf dem Wege ist, mögen manche, gewöhnt an das systematische Vorschreiten der Naturwissenschaft, nicht gerne zugeben. Die Kosmologie im naturwissenschaftlichen Bereich währt jetzt fast 100 Jahre, wenn man sie mit von Seeligers Satz beginnen läßt (S. 46ff.); und man weiß vieles, und zwar unbedingt notwendig zu Wissendes; aber es sind meistens (wichtige) Denkmöglichkeiten, keine definitiven Resultate. Man charakterisiert die geistesgeschichtliche Situation der Kosmologie heute am besten dadurch, daß sie einen gewissen Status im „intellektuellen Abtasten" des Alls als Ganzem erreicht hat. Es sei nochmal betont, daß dieses Wissen genauso wichtig ist wie dasjenige der reinen Mathematik; und wie letztere ihren Sinn hat, so auch die mathematische Kosmologie heute – und die Philosophie, denn letztere ist, das kann man mit Sicherheit sagen, zum mindesten auch ein Abtasten der Wirklichkeit.

Die Geschichte der Naturwissenschaften mit ihren imponierenden Erkenntniserfolgen erweckt den Eindruck, als wenn die Wirklichkeit dem Menschengeist erlaubte, immer tiefer in sie einzudringen und diesem Eindringen kein Ende setzen würde; auf der anderen Seite hat die Wirklichkeit die Eigenschaft, der Forschung immer wieder auszuweichen, und dieses Spiel und Gegenspiel von Eindringen und Ausweichen scheint kein Ende zu nehmen. Parmenides hat, zwar in anderen Termini, diesen Umstand mit der Idee zum Ausdruck gebracht (S. 10), die Welt könne trügen, und Schelling sprach später vom „Sich-Verbergen der Natur".

Eindrucksvoll kommt das heute in der Kosmologie zum Ausdruck: Man kennt den Urknall, sogar seine Zeit. Aber ob er in einem existentiellen Sinne der „Anfang" ist, das ist versperrt. Die Modelle der Kosmologie der Homogenität können in mathematisch bewundernswerter Weise mit „Unendlich" umgehen (S. 177ff.), aber existentiell ontologisch ist alles „offen" wie das „Unendliche" selbst.

Ein kosmologisches Problem, das hier nur mit Namen genannt sei, ist das Problem des Lebens im All. Dabei handelt es sich, kosmologisch gesehen, nicht um Probleme der biologischen Evolution, vielmehr steht hier die Rolle in Rede, welche das Leben im All spielt. Spielt es überhaupt eine? Es handelt sich um jenes phantastische Phänomen, welches auf der Erde, von den Meeren jetzt abgesehen, durch Jahrmillionen mit einer dünnen Stoffschicht von maximal 10–20 m um den Erdball herum auskommt, und dabei die große Fülle der Formen ausgebildet hat. Wo das Leben ist, das kann man wohl aus der Erdgeschichte schließen, nimmt es fast nichts an Materie „vom Weltall" in Anspruch.

Die Frage nach Leben im All kann heute nicht beantwortet werden, man weiß nichts darüber. Ob man einmal diese Frage wird beantworten können, bleibe dahingestellt. Eine andere Position im Augenblick einzunehmen, ist nicht sinnvoll. In nichts kommt der Viator-Charakter der Kosmologie heute mehr zum Ausdruck, trotz ihres imponierenden Gedankengebäudes, als in diesen Frage-Aspekten.

Dieser Scientia Viator – im letzten ist nicht nur die Kosmologie sondern jede Wissenschaft so beschaffen – entspricht der Homo Viator, der Mensch auf dem Wege. Ein französischer Existentialist, G. Marcel (Deutsche Ausgabe, s. IV. 4), hat dies zum besonderen Gegenstand seines Denkens gemacht.

Es ist der Mensch, der nie zur Ruhe kommt, immer weiter fragt, in keine Situation eingeborgen ist, immer vor einem Offenen steht. Dieses wird, ähnlich bei allen Existentialisten, in der vielleicht bedeutendsten philosophischen Strömung der Gegenwart, als eine typische Grundstruktur des Menschengeistes angesehen. In der Tat, wenn dieser nicht so wäre, er hätte niemals von den Griechen bis heute eine Kosmologie aus sich entlassen können, so wie sie in ihrer Entwicklung, in ihrem Fragen und Antworten, in diesem Buch dargestellt wurde.

Aber wenn die Wirklichkeit dem nicht entspräche, ihm nicht immer Gelegenheit zu neuem Forschen und Fragen gäbe, müßte der immer über sich hinauswollende Intellekt einmal an Grenzen stoßen, indem er entweder mit Sicherheit „beweisen" könnte, er werde hier und jetzt nichts wissen, und das niemals, oder aber er hat eine Position erreicht, wo er alles weiß, keine Frage mehr zu stellen hat, wie etwa gegenüber einem Beweis der reinen Mathematik. Aber diese Situation tritt nicht ein; sie verbleibt in der Ambiguität von Verstanden–Nicht-Verstanden.

Diese ist auf S. 82ff. in bezug auf die Grundlegung dargelegt. Da die Kosmologie sich, wie jede Wissenschaft, auf dieses Begriffspaar projizieren läßt, ist es in Schema XV noch einmal dargestellt. Verstanden bedeutet gleichzeitig Verstehbar, und es sind keine Fragen mehr zu stellen. Nicht-Verstanden heißt, daß Fragen offenbleiben, wobei die zwei Möglichkeiten existieren, daß man etwas grundsätzlich nicht weiß (etwa das Geheimnis des Ich, der Person des Anderen, s. S. 87) oder daß man auf Fragen zwar keine Antwort weiß, diese aber grundsätzlich (später, mit fortschreitender Erkenntnis) zu beantworten sind.

Die Frage bleibe offen, ob es in der Naturwissenschaft und auch in der Kosmologie Nicht-Verstehbares gibt. Das ist eine metaphysische Frage mit einer notwendig metaphysischen Antwort, die nicht direkt in den Rahmen dieser Darlegungen gehört.

Die Ambiguität entzündet sich nun an dem Verhältnis der gelösten Fragen zu demjenigen der Nichtgelösten. Prinzipiell ist es im Laufe der Entwicklung einer Wissenschaft denkbar, daß die ungelösten Fragen gegenüber den gelösten immer mehr an Gewicht zunehmen (Schema XV, unten), so daß schließlich de facto die Situation des Nicht-mehr-Verstehbaren entsteht. Wenn z. B. H. Fritzsch (IV. 1, S. 17ff.) in Zusammenhang mit der Begriffsunschärfe (Ungenauigkeitsrelation) von Grenzen der Erkenntnis spricht, wäre die Situation des Nicht-Verstehbaren für die die Elementarteilchenphysik, und damit auch für die Kosmologie des Werdens gegeben. Im übrigen sei noch einmal darauf hingewiesen, daß man im Bereiche der Wissenschaft sehr vorsichtig mit der Behauptung sein muß, es sei etwas grundsätzlich nicht verstehbar, denn dabei handelt es sich letzten Endes um

Schema XV

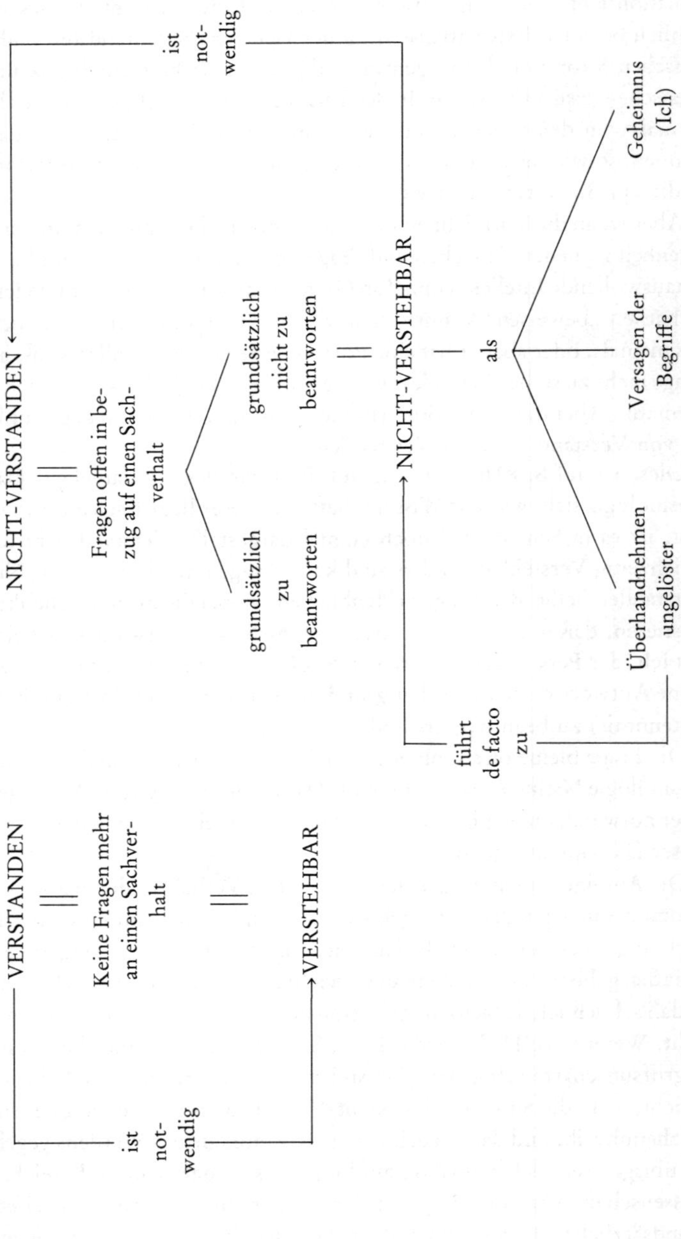
VERSTANDEN
Keine Fragen mehr an einen Sachverhalt
VERSTEHBAR
ist notwendig
NICHT-VERSTANDEN
Fragen offen in bezug auf einen Sachverhalt
grundsätzlich zu beantworten
grundsätzlich nicht zu beantworten
NICHT-VERSTEHBAR
ist notwendig
führt de facto zu
als
Überhandnehmen ungelöster Fragen
Versagen der Begriffe (Atome?)
Geheimnis (Ich)

eine metaphysische Aussage, für die eine Spezial-Wissenschaft, insbesondere eine Maß-Wissenschaft, nicht zuständig ist.

Konfrontiert man nun Schema XV mit der Kosmologie, wie sie im vorstehenden dargestellt ist, so ist es müßig, verstanden gegen nicht-verstanden aufzurechnen. Ihre Grundlegung steht fest, von da ab tastet sich der erkennenwollende Geist an das Ganze des Alls heran. Was im Augenblick möglich ist und was nicht, wurde im vorstehenden, im Spiegel philosophischen Denkverhaltens dargestellt. Die Zukunft kann nicht übersehen werden.

Vielleicht bleibt die „Kosmologie heute" ein ewig Offenes, d. h. ein Etwas, das „nie ganz mit sich zu Rande kommt", weil sie nach dem Ganzen des Alls fragt, so wie die Elementarteilchenphysik nach dem Ganzen des Stoffes und die Philosophie nach dem Ganzen des Menschen sowie nach dem, was nicht des Menschen ist, fragt.

Es besteht jedoch das zentrale Problem, ob es überhaupt wünschenswert ist, ja, ob es dem Wesen des Humanums entspricht, hier einmal „ganz mit sich zu Rande zu kommen". Letzteres würde ja bedeuten, daß die Vernunft, die ratio, alles durchdrungen hat; es wäre alles denknotwendig, und die Freiheit des Menschen, die Freiheit zu sittlichen Entscheidungen, die Freiheit des Nein oder Ja zu Gott, kurz die Freiheit, er selbst zu sein, wäre verloren!

M. Heidegger, der Begründer des Existentialismus, zu dem auch G. Marcel zählt, hat in den Holzwegen (IV. 3), in seiner Abhandlung über Nietzsches Wort „Gott ist tot", eine Unterscheidung zwischen Vernunft und Denken getroffen. Erstere ist die intellektuelle Verhaltensweise, die (legitim) der Wissenschaft als einem Zusammen vieler Spezialbereiche, mit speziellen Methoden am speziellen Gegenstande eigen ist. (Die Kosmologie ist der Maß-Struktur des Alls zugewandt.) Vernunft, obwohl natürlich jeweils Denken, ist nicht das ganze Denken. Letzteres kann jeweils – der Spezialwissenschaftler muß das nicht – die Vernunft und ihre Resultate hinterfragen, wie es im vorstehenden in bezug auf die Kosmologie immer wieder versucht wurde.

Versäumt aber der Intellekt, sich des „ganzen" Denkens zu bedienen, nutzt er nicht seine Möglichkeiten gegenüber sich selbst und der Wirklichkeit, bleibt sein Tun ein Torso. Ein Torso ist, wie das Wort es sagt, ein Bruchstück; das harte, wiewohl treffende Wort vom „Fachidioten" ist heute zur Beschreibung dafür gebräuchlich geworden.

Am Schluß der genannten Abhandlung stellt M. Heidegger die Forderung auf, sich des ganzen Denkens zu bedienen. Er findet hierfür die Worte: „Das Denken beginnt erst dann, wenn wir erfahren haben, daß die seit Jahrhunderten verherrlichte Vernunft die hartnäckigste Widersacherin des Denkens ist." Das ist keine Herabsetzung der Vernunft, der Spezialwissenschaften, sondern ein Aufruf, den Menschen als Ganzes zu seinem Recht kommen zu lassen, in seiner ratio einerseits, aber auch in seiner Freiheit letzten Fragen gegenüber andererseits.

Vielleicht ist heute die Stunde für die Kosmologie, ja für die ganze Naturwissenschaft gekommen, ohne sich selbst zu negieren, dem ganzen Denken Raum zu geben, gerade jetzt, wo der „Homo faber" mit seiner Technik nach dem Weltall greift.

LITERATURVERZEICHNIS*

Teil I

Zu Kapitel I:

[1] Cassirer, E.: Zur modernen Physik, Darmstadt 1972.

[2] Charlier, C. V. L.: Die unendliche Welt, Archiv für Mathematik, Astronomie und Physik, Bd. 4, Nr. 24, 1908.

[3] Eibl, H.: Die Grundlegung der abendländischen Philosophie, Bonn 1934.

[4] Gadamer, H.-G. (Hrsg.): Um die Begriffswelt der Vorsokratiker, Darmstadt 1968.

[5] Glockner, H.: Die europäische Philosophie, Stuttgart 1958.

[6] Heimsoeth, H.: Die sechs großen Themen der abendländischen Metaphysik und der Ausgang des Mittelalters, Darmstadt 1974.

[7] Hellwig, G.: Höhere Mathematik, HTB Bd. 553 und 560, Mannheim 1971/72.

[8] Hirschberger, J.: Geschichte der Philosophie, 2 Bde., Freiburg 1949 u. 1960.

[9] Kanitschneider, B.: Philosophie und moderne Physik, Darmstadt 1979.

[10] Kant, I. (hrsg. v. M. Bock u. N. Hinske): Vorkritische Schriften, Bd. 1 (1. Teil), Darmstadt 1975.

[11] Leisegang, H.: Denkformen, Berlin 1951.

[12] Meurers, J.: Metaphysik und Naturwissenschaft, Darmstadt 1976.

[13] Natorp, P.: Die logischen Grundlagen der exakten Wissenschaften, 3. Aufl., Berlin 1923.

[14] Nik. von Kues: Philosophische Theologische Schriften, Bd. I–III, hrsg. v. L. Gabriel, Wien 1964–1967.

[15] Olbers, W.: Bodes Astronomisches Jahrbuch 1826, Bd. 51, S. 110.

[16] Sachsse, H.: Kausalität – Gesetzlichkeit – Wahrscheinlichkeit. Die Geschichte von Grundkategorien zur Auseinandersetzung des Menschen mit der Welt, Darmstadt 1979.

[17] Seeliger, H. v.: Astronomische Nachrichten 1894, Bd. 137, S. 129.

* Das Literaturverzeichnis bedeutet keine Wertung, ist vielmehr ausschließlich auf den vorstehenden Text ausgerichtet zur Information über das Behandelte hinaus und zur didaktischen Weiterbildung. Es ist getrennt entsprechend den beiden Teilen des Buches, und mit diesen verbunden durch Anmerkungen im laufenden Text; dabei bedeutet z. B. I 1 Werk Nr. 1 der Buchliste für Kap. I usw. Diese Angaben beziehen sich auf den ersten Teil des Literaturverzeichnisses, wenn sie sich in Teil I des Buches befinden. Entsprechendes gilt für Teil II; anderenfalls ist ein besonderer Vermerk gegeben.

[18] Ströker, E.: Einführung in die Wissenschaftstheorie, Darmstadt 1977.
[19] Windelband/Heimsoeth: Lehrbuch der Geschichte der Philosophie, 14. Auflage, Tübingen 1948.

Zu Kapitel II:

[1] Blumenthal, O. (Hrsg.): Lorentz, Einstein, Minkowsky. Das Relativitätsprinzip, Berlin 1923 (Fortschritte der mathematischen Wissenschaften in Monographien, Bd. 2; enthält die ersten Originalarbeiten zur Relativitätstheorie).
[2] Born, M.: Die Relativitätstheorie Einsteins, Heidelberg 1969.
[3] Davies, P. C. W.: Space and time in the modern universe, University Press, Cambridge 1978.
[4] Dijksterhuis, E. J.: Die Mechanisierung des Weltbilds, Heidelberg 1956.
[5] Eddington, A. S.: The mathematical Theory of Relativity, University Press, Cambridge 1965.
[6] Erwe, F.: Differential- und Integralrechnung, Bd. I, HTB Bd. 30 u. Bd. II, HTB Bd. 31, Mannheim 1962 u. 1973.
[7] Gröbner, W.: Matrizenrechnung, HTB Bd. 103, Mannheim 1966.
[8] Gunning, R. C.: Vorlesungen über Riemannsche Flächen, HTB Bd. 837, Mannheim 1972.
[9] Narlikar, Jagant V.: General Relativity and Cosmology, London 1979.
[10] Kastner, G.: Einführung in die Mathematik für Naturwissenschaften, HTB Bd. 752, Mannheim 1971.
[11] Klingbeil, E.: Tensorrechnung für Ingenieure, HTB Bd. 197, Mannheim 1966.
[12] Laszlo, R.: Begründung der euklidischen und nicht-euklidischen Geometrie nach F. Klein, Budapest 1965.
[13] Lichnerowicz, A.: Einführung in die Tensoranalysis, HTB Bd. 77, Mannheim 1966.
[14] Meurers, J.: Zum Grundaxiom der speziellen Relativitätstheorie, Zeitschr. f. Physik, Bd. 102, 1936.
[15] Pascall, E.: Differentialgeometrie, HTB Bd. 80, Mannheim 1973.
[16] Sexl, R. M., u. H. K. Schmidt: Raum, Zeit, Relativität, Hamburg 1978.
[17] Stegmüller, W.: Hauptströmungen der Gegenwartsphilosophie, 2 Bde., Stuttgart 1975.
[18] Weyl, H.: Raum, Zeit, Materie, Berlin 1919.

Teil II

Zu Kapitel I:

[1] Dalfen, J.: Philosophia Naturalis, Bd. 17, Heft 4, 1979.
[2] Hausdorff, F.: Mengenlehre, Leipzig 1927.
[3] Hawking, S. W., W. Israel: General Relativity, Cambridge 1979.
[4] Rohlfs, Kr.: Radioastronomie, Darmstadt 1980.

Zu Kapitel II:

[1] Ambarzumjan, V. A.: Probleme der modernen Kosmogonie (deutsche Übers.), Basel und Stuttgart 1976.
[2] Gerthsen/Kneser/Vogel: Physik, 12. Aufl., Heidelberg 1974.
[3] Heidegger, M.: Hölderlin und das Wesen der Dichtung, München 1937.
[4] Israel/Rückmann/Weinheber: 100 Autoren gegen Einstein, Leipzig 1931.
[5] v. Littrow, J. J.: Die Wunder des Himmels, 11. Aufl., bearbeitet von K. Stumpff, Bonn 1963.
[6] Meurers, J.: Die Zufallsphänomene in Sternketten und Sternassoziationen, Veröff. Univ. Sternwarte Bonn, Nr. 45, 1957.
[7] Müller-Markus, S.: Einstein und die Sowjetphilosophie, Krisis einer Lehre, 2 Bde., Dordrecht (Holland) 1960 und 1966.
[8] Sexl, R. U., H. R. Urbantke: Gravitation und Kosmologie. Eine Einführung, Zürich 1975.
[9] Sammeledition: Sources of gravitational radiation, Cambridge, 1979.
[10] Unsöld, A.: Der neue Kosmos, Berlin 1974.
[11] Westphal, W. H.: Lehrbuch der Physik, 17. Auflage, Berlin 1953.
[12] Yourgrau, W., A. D. Brock (Hrsg.): Cosmology, History and Theology, New York and London 1977.

Zu Kapitel III:

[1] Bond, H.: Cosmology, Cambridge 1952.
[2] Bond, H., T. Gold: Monthly Notices, Bd. 108,1948.
[3] Conrad-Martius, H.: Realontologie, Halle 1923.
[4] Fiedmann, A.: Zeitschrift f. Physik, Bd. 10, 1922 und Bd. 21, 1924.
[5] Heckmann, O.: Theorien der Kosmologie, Berlin 1942.
[6] Hoyle, F.: Monthly Notices, Bd. 108, 1948 und Bd. 109, 1949.
[7] Jordan, P.: Zeitschrift f. Naturforschung, Bd. 22, 1947.
[8] Lemaître, G.: Annales de la Société Scientifique de Bruxelles, Bd. 47, Serie A, 48 (1927).
[9] Ludwig, G.: Fortschritte der projektiven Relativitätstheorie, Braunschweig 1951.
[10] Meurers, J.: Zur Darstellung des zweidimensionalen Raum-Zeit-Kontinuums im de Sitterschen Weltmodell, Jahresbericht d. Deutschen Mathematiker-Vereinigung, Bd. 47, 1937.
[11] Meurers, J.: Helligkeit und Entfernung der Supernovae, Himmelswelt, Bd. 46, 1949.
[12] Milne, E. A.: Relativity, Gravitation and World Structure, Oxford 1935.
[13] Milne, E. A.: Kinematik Relativity, Oxford 1948.
[14] Robertson, H. P.: Astrophysical Journal, Bd. 82, S. 284 (1935), und Bd. 83, S. 187 und Bd. 83, S. 257 (1936).
[15] Robertson, P. A.: Relativistic Kosmology, Rev. Mod. Physics, Bd. 5, S. 62 (1933).

[16] Rottmann, K.: Mathematische Formelsammlung (HTB Bd. 13), Mannheim 1960.

[17] Schaifers, K., und G. Traving (Bearb.): Meyers Handbuch über das Weltall, 5. Aufl., Mannheim 1973.

[18] de Sitter, W.: Monthly Notices, Bd. 78, 1917.

[19] Veblen, O.: Projektive Relativitätstheorie, Ergebnisse der Mathematik und ihrer Grenzgebiete, Berlin 1933.

Zu Kapitel IV:

[1] Fritzsch, H.: Quarks, Urstoff unserer Welt, München 1981.

[2] Gondesch/Helmle/Paul: Lehrbuch der Philosophie, Teil 1 und 2, Frankfurt 1980.

[3] Heidegger, M.: Holzwege, Frankfurt 1950.

[4] Marcel, G.: Homo viator (deutsche Ausg.), Düsseldorf 1949.

[5] Weinberg, St.: Die ersten drei Minuten, München 1977.

REGISTER